波音 737NG 飞机系统

宋静波　李佳丽　主　编
王　兵　副主编

航空工业出版社

北　京

内 容 提 要

本书根据飞机地面维护（机电）专业教学大纲编写，内容涉及新一代波音737（波音737NG）飞机的主要机电系统知识。在所有波音737NG系列飞机中，主要介绍波音737-800型飞机系统。本书共计11章，分别为：总体介绍；燃油系统；液压系统；起落架系统；飞行操纵系统；气源系统；空调系统；氧气系统；防火系统；防冰排雨系统以及舱门及机上设施。

本书主要作为飞机机电专业机型课程专业教材，还可作为电子专业、结构修理专业飞机机电系统熟悉课程的教材。也可用于飞机维修单位机型培训的参考资料。

图书在版编目（C I P）数据

波音737NG飞机系统／宋静波，李佳丽主编. --北京：航空工业出版社，2016. 11（2021. 3重印）
ISBN 978 - 7 - 5165 - 1135 - 0

Ⅰ.①波… Ⅱ.①宋…②李… Ⅲ.①旅客机—飞机系统—高等职业教育—教材 Ⅳ.①V271.1

中国版本图书馆CIP数据核字(2016)第272644号

波音737NG飞机系统
Boyin 737NG Feiji Xitong

航空工业出版社出版发行
（北京市朝阳区京顺路5号曙光大厦C座四层　100028）
发行部电话：010 - 85672663　010 - 85672683
三河市华骏印务包装有限公司印刷　　全国各地新华书店经售
2016年11月第1版　　　　　　　　2021年3月第4次印刷
开本：787×1092　1/16　　　　　　字数：650千字
印张：25.5　　　　　　　　　　　定价：59.00元

前　言

波音737系列飞机是美国波音公司生产的一种中短程双发喷气客机。波音737自研发以来50年经久不衰,成为民航历史上最成功的窄体民航客机系列之一,至今已发展出十多个型号,是民航史上最畅销的民航客机。

波音737主要针对中短程航线的需要,具有可靠性高、运营和维护成本低、经济性能好的特点,但是它并不适合进行长途飞行。

波音737早期经典型的代表波音737-300型于1981年3月正式开始研制,1983年中开始总装,1984年1月第一架原型机出厂,同年2月24日首次试飞,11月28日首次交付使用。由于新一代波音737NG投产,第二代波音737-300型于2000年停产。最后一架波音737-300型于2000年交付。

新一代波音737NG包括波音737-600/波音737-700/波音737-800/波音737-900/波音737-900ER共5种型号,是波音737飞机的改进产品。很多飞机系统都有所提升,更先进、更易于维护、故障率更低、更经济实用。中国国内各大航空公司,大多都装备有数量可观的波音737NG飞机。

本书内容涉及新一代波音737NG飞机系统知识。重点分析波音737-800型飞机。

本书共计11章,分别为:总体介绍;燃油系统;液压系统;起落架系统飞行操纵系统;气源系统;空调系统;氧气系统;防火系统;防冰排雨系统以及舱门及机上设施。

本书第1章、第6章、第8章由宋静波编写;第2章由刘艺涛编写;第3章、第4章、第7章由李佳丽编写;第5章和第11章由王兵编写;第9章和第10章由陆轶编写。

本书主要作为飞机机电专业机型课程专业教材,还可作为电子专业、结构修理专业飞机机电系统熟悉课程的教材。也可用于飞机维修单位机型培训的参考资料。

由于编者水平和能力有限,书中错漏在所难免,恳请读者批评指正。

编　者
2016年10月

目　　录

第1章 总体介绍

1.1 波音737NG飞机

波音737系列飞机分为三大类型：初始型（Original），波音737-100/200型；经典型（Classic，CL），波音737-300/400/500；新一代（NG），波音737-600/700/800/900型，如图1-1所示。

波音737NG与早期的波音737相比，主要的改进方面是：重新设计了机翼，增加了载油量和提高了空气动力学效率，使之可以飞得更高更远。波音737NG驾驶舱的仪表板采用了大屏幕显示器，改进了客舱的天花板及侧壁板，使旅客感到更加宽敞舒适。当今中国民航波音737机队，大多选用了新一代波音737NG系列飞机。

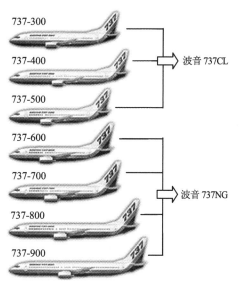

图1-1 波音737系列飞机

波音737-700型飞机是标准型，可以载客126～149名，1993年11月17日开始研制，1997年2月9日首飞，1997年底交付美国西南航空公司使用。

波音737-600是700型的缩短型，可以载客110～132名，1994年9月5日开始研制，1998年1月22日首飞，1998年9月开始交付北欧航空公司使用。

波音737-800是700型的加长型，可以载客162～189名，1994年9月5日开始研制，1997年7月31日首飞，1998年4月交付德国哈帕克·劳埃德航空公司使用。

波音737-900在800型的基础上加长2.6m，机身长达到42.1m。可以载客177～189名，于2000年8月3日首飞成功，2001年5月交付美国阿拉斯加航空公司使用。

波音737-900ER在单级客舱高密度布局下最大载客量增至215人。波音737-900ER采用加固的机翼、一个双位尾橇、对前缘和后缘襟翼系统进行改进，

图1-2 波音737NG飞机

以及可选装融合型翼梢小翼和辅助油箱，使波音737-900ER的起飞重量[①]更大，航程延至5900km，与737-800的航程相当。2007年上半年开始交付。

波音737NG飞机是双发动机中程飞机，设计用于商务客运和货运。如图1-2所示，飞

---

① 本书"重量"均为"质量"（mass）概念，法定单位为千克（kg）。

机装备有两台 CFM56 – 7B 高涵道比涡轮风扇（涡扇）发动机提供推进动力。另装备一台燃气涡轮辅助动力装置（APU）可提供补充气源和电源供应。

    本书将重点分析波音 737 – 800 飞机系统。

1.2   飞机尺寸和布局

1.2.1   飞机尺寸

    波音 737NG 系列飞机的尺寸如图 1 – 3 和图 1 – 4 所示。主要包含有：驾驶舱、客舱、前货舱、后货舱和电子电气（EE）舱。

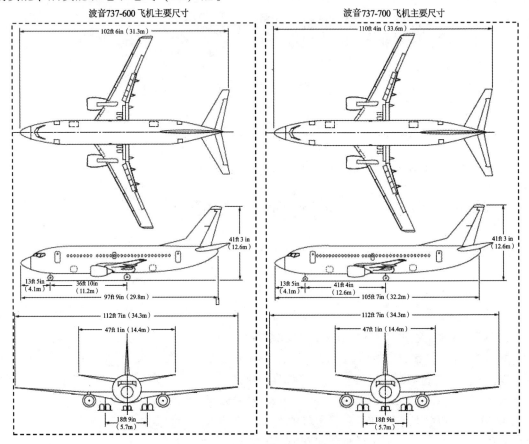

图 1 – 3   波音 737 – 600/700 飞机尺寸

波音 737 – 800 型飞机总体尺寸：

总长：129ft6in[1]；

总高：40ft10.5in；

机身长度：124ft9in；

机身高度：9ft4in；

---

[1]   1ft（英尺）=0.3048m；1in（英寸）=25.4mm。

机身宽度：12ft4in；

主轮距：18ft9in；

前后轮距：51ft2in；

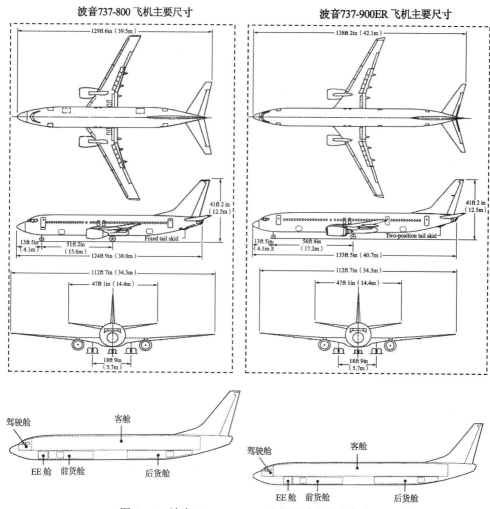

图 1 - 4　波音 737 - 800/900 飞机尺寸和舱室分布

前轮到机头距离：13ft5in；

发动机短舱离地面最小距离：15in；

翼展：117ft5in。

1.2.2　客舱布局

不同的机型以及不同的客舱布局，导致飞机的最大载客量不尽相同。

有些波音 737 - 800 飞机上采用两级客舱布局，最大载客量为 167 人，其中公务舱 8 人，经济舱 159 人。

客舱前后各有两个登机/勤务门。客舱中部左右各有两个翼上应急出口。

前后登机门附近共有 6 个乘务员座椅，前面两个后面 4 个。客舱前后共有 4 个卫生间，前部 1 个，后部 3 个。客舱内共有 3 个厨房。

1.2.3　货舱布局

货舱位于客舱地板下面，分为前后两个货舱，均为散货舱。

1.2.4　驾驶舱座椅布局

驾驶舱座椅布局为两人制机组，除机长和副驾驶座椅外，驾驶舱内还安装了第一观察员和第二观察员座椅。

1.3　飞机基本参数及数据

1.3.1　重量的定义

（1）最大滑行重量（Maximum Taxi Weight，MTW）

最大滑行重量为飞机在地面滑行时受飞机结构强度和适航要求限制的最大重量，它包括飞机在地面起动、运行等待和滑行中消耗的燃油重量。

（2）最大起飞重量（Maximum TakeOff Weight，MTOW）

最大起飞重量为起飞时飞机结构强度和适航要求限制的最大重量，它是开始起飞时的最大重量。

（3）最大着陆重量（Maximum Landing Weight，MLW）

最大着陆重量为着陆时飞机结构强度和适航要求限制的最大重量。

（4）最大无燃油重量（Maximum Zero Fuel Weight，MZFW）

最大无燃油重量为在可用燃油装载在飞机特定区段之前，允许的最大重量。它受到飞机结构强度和适航要求的限制。

（5）制造空重（Manufacturer's Empty Weight，MEW）

制造空重是飞机净重，包括飞机结构、动力装置、装饰、系统和其他特定飞机构型完整部分的设备项目。

（6）使用空重（Operational Empty Weight，OEW）

使用空重等于制造空重加上标准项目和使用项目。标准项目包括：不可用燃油（残余燃油）、发动机滑油、应急设备、厨房结构等；使用项目包括：手册、客舱厨房可移动服务设备等。

1.3.2　结构重量

表 1−1　波音 737NG 飞机结构最大设计重量

机　型	飞机结构最大设计重量							
	滑行重量		起飞重量		着陆重量		无燃油重量	
	lb[①]	kg	lb	kg	lb	kg	lb	kg
波音 737−600	146000	66224	145500	65997	120500	54657	114000	51709
波音 737−700	155000	70306	154500	70080	129200	58604	121700	55202

① 1lb（磅）= 0.454kg。

表 1 – 1 （续）

机　型	飞机结构最大设计重量							
	滑行重量		起飞重量		着陆重量		无燃油重量	
	lb[①]	kg	lb	kg	lb	kg	lb	kg
波音 737 – 800	174900	79333	174200	79015	146300	66360	138300	62731
波音 737 – 900ER	188200	85366	187700	85139	157300	71350	149300	67721

1.3.3　使用重量

表 1 – 2　波音 737NG 飞机使用最大设计重量

机型	飞机使用最大设计重量							
	滑行重量		起飞重量		着陆重量		无燃油重量	
	lb	kg	lb	kg	lb	kg	lb	kg
波音 737 – 600	124500	56472	124000	56245	120500	54657	113500	51482
波音 737 – 700	133500	60554	133000	60327	128000	58059	120500	54657
波音 737 – 800	156000	70760	155500	70533	144000	65317	136000	61688
波音 737 – 900ER	164500	74615	164000	74389	149300	67721	141300	64092

1.3.4　最大使用速度限制

最大使用限制速度：340kn[①]；

最大使用马赫数限制：Ma 0.82。

1.4　飞机机体区域划分

机体区域划分的基本原则是将机体由粗到细逐级划分。先将机体进行大范围划分，划分得出的每个区域称为主区；每个主区再进一步划分成较小的区域，每个区域称为分区；再将分区进一步划分成更小的区域称为区域。机体区域编号用三位数字表示，第一位数字表示主区编号，第二位数字表示分区编号，最后一位数字表示区域编号。

经过以上对机体主区、分区和区域的编号，整个机体都成为用具体编号表示的区域，这给飞机结构的检查、维护和修理带来很大方便。另外，这些编号还可用于管理维护记录系统，使飞机维护记录管理大大简化。

1.4.1　主区

波音 737 飞机被划分成 8 个主区，以便于发现和识别飞机部件，如图 1 – 5 所示。

100：下部机身（以地板分界）；

---

① 1 kn（节）=1.852km/h。

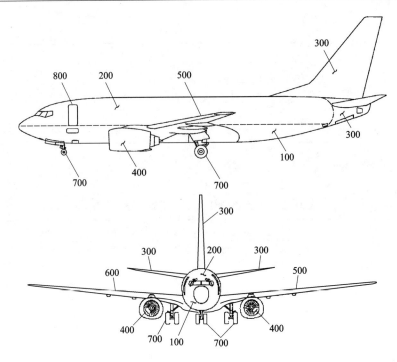

图 1 – 5　飞机机体主区

200：上部机身（以地板分界）；

300：尾翼和机身 48 生产段；

400：发动机和整流吊架；

500：左机翼；

600：右机翼；

700：起落架和舱门；

800：客舱货舱门。

1.4.2　分区

每个主区进一步划分成较小的区域，称为分区。飞机各分区位置如表 1 – 3 所示。

表 1 – 3　飞机主区与分区范围

主区	分区	区域说明	主区	分区	区域说明
100	110	机身站位 130.00 ~ 360.00	300		尾翼和机身 48 生产段
下部机身	120	机身站位 360.00 ~ 540.00		310	机身：机身站位 1016.00 ~ 1217.00
	130	机身站位 540.00 ~ 727.00		320	垂直尾翼（垂尾）和方向舵
	140	机身站位 727.00 ~ 1016.00		330	左水平安定面和升降舵
	190	机翼—机身整流罩		340	右水平安定面和升降舵
200	210	驾驶舱：机身站位 178.00 ~ 259.50	400	410	左发动机
上部机身	220	客舱：机身站位 259.50 ~ 360.00	发动机和整流吊架	420	右发动机
	230	客舱：机身站位 360.00 ~ 639.00		430	左发动机整流吊架
	240	客舱：机身站位 639.00 ~ 1016.00		440	右发动机整流吊架

表 1 - 3 （续）

主区	分区	区域说明
500	510	机翼前缘，前梁前部，整流吊架内部，包括整流罩接口盖板区域
左机翼	520	机翼前缘，前梁前部，整流吊架外部
	530	机翼内梁区域（燃油箱），22 号翼肋内侧，机翼站位 643.50
	540	后缘襟翼滑轨整流罩
	550	机翼后缘，后梁后部，外后缘襟翼内侧
	560	机翼后缘，后梁后部，内后缘襟翼外侧，固定后缘内侧
	570	固定后缘，外襟翼外侧，翼尖内侧，机翼纵剖线 658.17

主区	分区	区域说明
600	610	机翼前缘，前梁前部，整流吊架内部，包括整流罩接口盖板区域
右机翼	620	机翼前缘，前梁前部，整流吊架外部
	630	机翼内梁区域（燃油箱），22 号翼肋内侧，机翼站位 643.50
	640	机翼后缘，襟翼滑轨整流罩
	650	机翼后缘，后梁后部，外后缘襟翼内侧
	660	机翼后缘，后梁后部，内后缘襟翼外侧，固定后缘内侧
	670	固定后缘，外襟翼外侧，翼尖内侧，机翼纵剖线 658.17

主区	分区	区域说明	主区	分区	区域说明
700			800		
起落架和舱门	710	前起落架（前起）和舱门	舱门	820	货舱门
	730	左主起落架（主起）和舱门		830	左客舱门
	740	右主起落架和舱门		840	右客舱门

　　如何查询编号 321 表示的区域？

　　①首先第一位数字"3"表示主区为飞机尾部；

　　②如表 1 - 3 所示，第 2 位数字"2"表示分区为垂直尾翼和方向舵；

　　③如图 1 - 6 所示，第 3 位数字"1"表示垂直安定面下部前缘。因此区域编号 321 表示垂直安定面下部前缘区域。

　　根据图 1 - 6 可以查询垂直尾翼其他位置的编号。

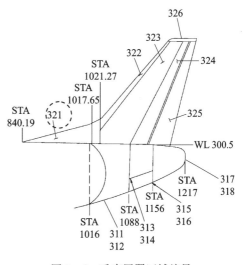

图 1 - 6　垂直尾翼区域编号

1.4.3　飞机舱门

　　如表 1 - 3 所示：分区 820 表示货舱门，830 表示左客舱门，840 表示右客舱门。左登机门和应急出口是从前向后顺序编号。右服务门和应急出口也是从前向后顺序编号。

　　如图 1 - 7 所示：前、后登机门的区域编号分别为 831 和 834；前、后服务门的编号 841 和 844；左侧翼上应急出口的编号分别是 832 和 833（波音 737 - 800 型飞机每侧有两个应急出口门，其他 NG 系列飞机每侧有一个应急出口门）。右侧翼上应急出口的编号分别是 842

和 843。前、后货舱门编号为 821 和 822。

前起落架舱的前部是前舱，前起落架舱的后部是电子电气（EE）舱。其他接近门的位置如图 1 – 7 所示。

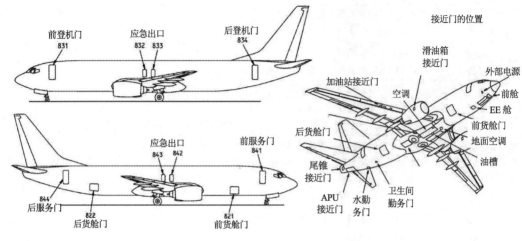

图 1 – 7　飞机舱门区域编号

1.4.4　机身分段

如图 1 – 8 所示为机身分段。对于波音 737 – 800 型飞机，41 段机身站位从 130 ~ 360；43 段机身站位从 360 ~ 540；44 段机身站位从 540 ~ 727；46 段机身站位从 727 ~ 887；47 段机身站位从 887 ~ 1016；48 段机身站位从 1016 ~ 1217。

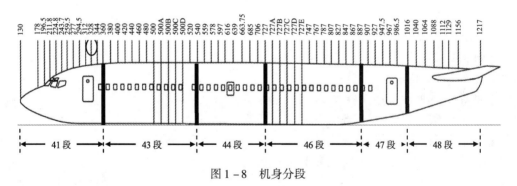

图 1 – 8　机身分段

1.5　驾驶舱仪表板

如图 1 – 9 ~ 图 1 – 11 所示，驾驶舱的仪表板可分为以下几块：

机长仪表板（P_1），中央仪表板 P_2，副驾驶仪表板 P_3。

舱顶仪表板（P_5）板分为前顶板和后顶板，如图 1 – 12 所示。

遮光板仪表板（P_7）位于正、副驾驶的前方，如图 1 – 11 所示。

P_7 板上主要有：自动飞行的方式控制板、电子飞行仪表系统（EFIS）控制板及警告/警示标牌。

后电子仪表板 P_8 位于中央操纵台的后部，由音频控制板、无线电通信板、导航控制板、ATC/TCAS 控制板、防火面板等组成。

前电子仪表板（P_9），如图 1 - 9 所示。

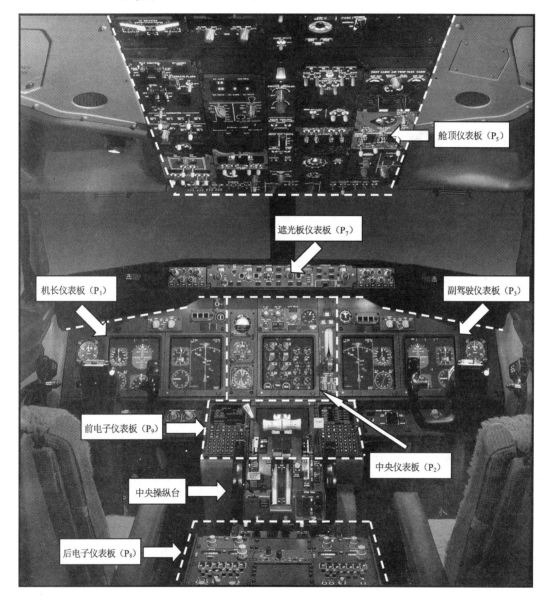

图 1 - 9　驾驶舱仪表板分布（P_1、P_2、P_3、P_5、P_7、P_8、P_9）

跳开关面板（P_6）和（P_{18}）如图 1 - 10 所示。

跳开关面板 P_6 位于副驾驶座椅的后面，驾驶舱的右后侧。另一个跳开关面板 P_{18} 位于机长座椅的后方，驾驶舱的左后侧。它们是飞机主要系统的电源跳开关。

维护提示：在航线上发现某一个跳开关跳出的时候，可以试着将其按回一次。如果按回后该跳开关不跳出，说明是设备载荷过大造成跳开关跳出保护；如果按回后仍会跳出，不要试图再做第二次，而是应当着手排除故障。在做任何电子电气的拆卸工作时，尤为重要的一条是首先把相关的电源跳开关拔出后再做工作，从而避免人员和设备的损伤。

P₁、P₂、P₃ 面板上显示飞机的各种飞行参数，便于飞行员监控各种设备的使用情况。

起落架收放控制手柄位于中央仪表板 P₂，如图 1－9 所示。

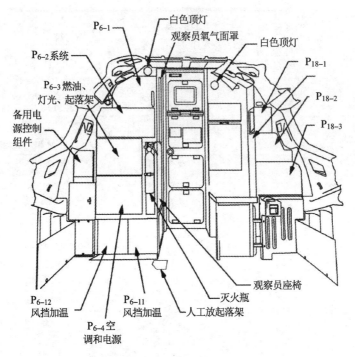

图 1－10　跳开关面板（P₆、P₁₈）

如图 1－12 所示，舱顶板 P₅ 位于飞行员上方。P₅ 前、后顶板是飞机主要系统的控制面板。

P₅ 前板上包含有发动机起动电门、电源控制面板，还有飞行操纵、燃油系统、气源系统、座舱温度控制系统、增压控制和指示系统、液压系统、防冰系统、设备冷却等系统控制面板。其中波音 737－600/700 与波音 737－800/900 的座舱温度和气源系统控制面板有差异，如图 1－12 所示。

前缘装置指示灯和氧气系统控制面板位置 P₅ 后板上，如图 1－12 所示。

如图 1－11 所示，发动机和 APU 防火控制面板位于后电子仪表板（P₈ 板）。

在 P₈ 板的后部区域，有飞行操纵系统的副翼和方向舵配平电门，在电门的上方有方向舵配平指示器。

在 P₇ 板的两端有红色的火警灯、琥珀色的主警戒灯以及警戒区域的标牌灯，如图 1－13 所示。

中央操纵台 P₁₀（如图 1－9、图 1－14 所示）位于正、副驾驶中间，P₈ 和 P₉ 板之间。它主要用于发动机和操纵面的控制。

中央操纵台安装有发动机油门杆、减速板控制手柄、襟翼控制手柄、水平安定面配平手轮等。

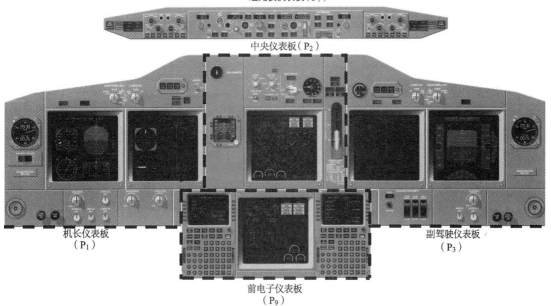

遮光板仪表板（P_7）

中央仪表板（P_2）

机长仪表板
（P_1）

副驾驶仪表板
（P_3）

前电子仪表板
（P_9）

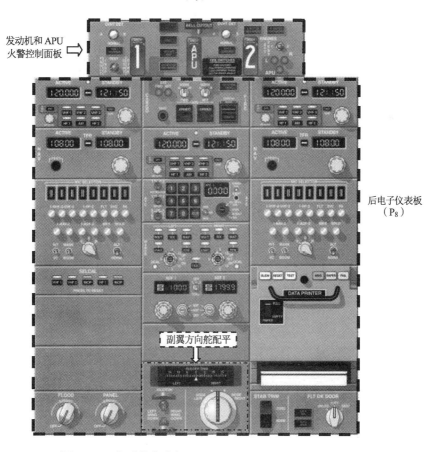

发动机和 APU
火警控制面板

后电子仪表板
（P_8）

副翼方向舵配平

图 1 - 11　驾驶舱仪表板（P_1、P_2、P_3、P_7、P_8、P_9）

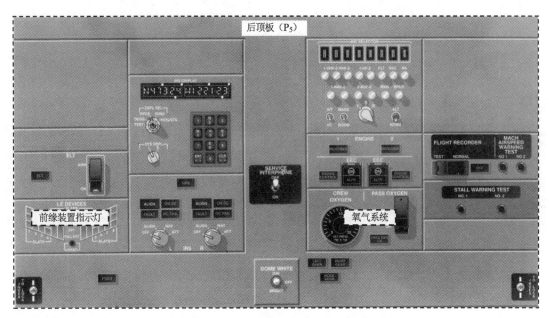

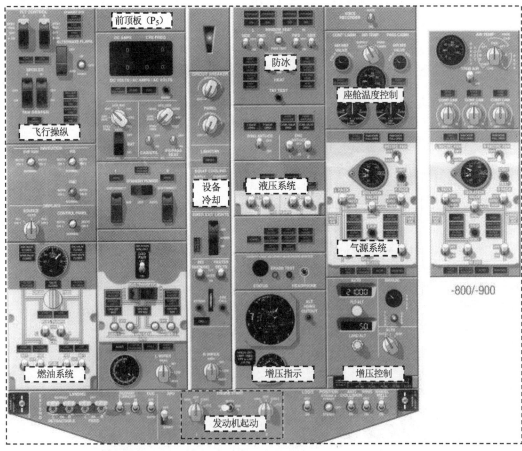

图 1 - 12 驾驶舱前、后顶板（P₅）

图 1 – 13　遮光板面板警告灯和警告标牌（P$_7$ 板）

图 1 – 14　中央操纵台

1.6　机身站位

飞机定位编码系统用于定位机身或某些部件上零件的位置。

机身纵向站位用于沿前后方向（飞机纵轴方向）进行定位；纵剖线用于沿飞机纵向对称面的左、右方向（横向）定位；水线用于上、下（垂直）方向的定位，如图 1 – 15 所示。

1.6.1　机身纵向站位

机身纵向站位参考基准面是一个假想的垂直平面，此基准面垂直于机身中心线，位于机头前 130in 位置，如图 1 – 16 所示。机身上任一位置到纵向站位基准面垂直距离的英寸数即称为此位置的机身纵向站位。机身纵向站位用 "B STA" 表示，参考基准面站位用 "B STA 0.00" 表示。

1.6.2　机身横向站位

机身横向站位即纵剖线。

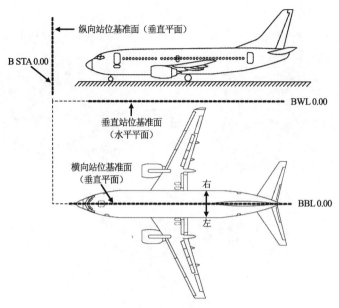

图 1-15　飞机基准面

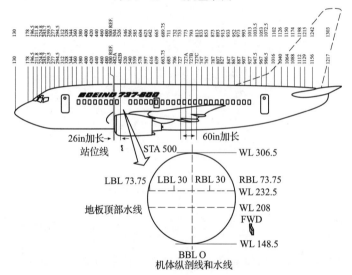

图 1-16　机身纵向站位、纵剖线和水线

其参考基准面是通过飞机中心线的垂直平面。机身上任一位置到横向站位基准面垂直距离的英寸数即称为此位置的横向站位，也称为机身纵剖线，如图 1-16 所示。

基准面处的横向站位用"BBL　0"表示。

基准面左侧纵剖线用"LBL"表示，右侧纵剖线用"RBL"表示。

1.6.3　机身垂直站位（水线）

机身垂直站位参考基准面是一个假想的水平平面，此参考基准面位于机身下 148.5in 处，如图 1-16 所示。机身垂直站位（水线）用"WL"表示，"WL 0"表示水线基准面位置。机身上任一位置到垂直站位基准面垂直距离的英寸数即称为此位置的机身水线。

1.7　机翼站位

1.7.1　机翼站位

机翼站位参考基准面是一个假想的平面，此平面垂直于机翼平面和机翼的后梁，并通过机翼前缘延长线与机身横向站位基准面的交点。机翼站位用"WS"表示，"WS 0.0"表示基准面位置。机翼上任一位置到机翼站位基准面垂直距离的英寸数即称为此位置的机翼站位，如图1－17所示。

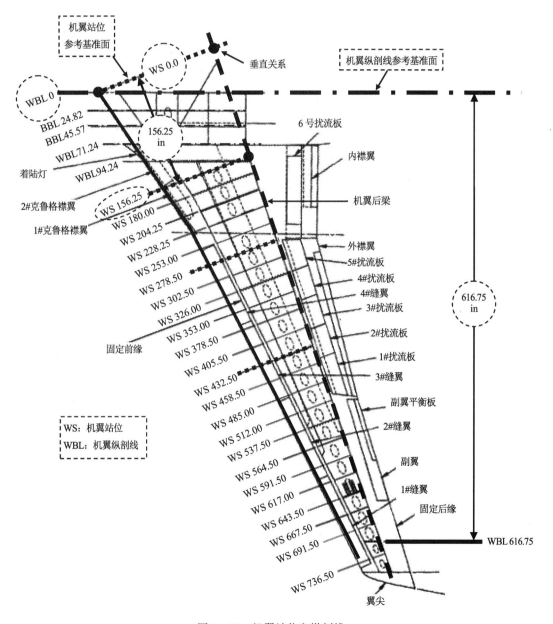

图 1－17　机翼站位和纵剖线

1.7.2　机翼纵剖线

机翼纵剖线的参考基准面即为机身的横向参考基准面。机翼纵剖线用"WBL"表示，"WBL 0"表示基准面位置。机翼上任一位置到机翼纵剖线基准面垂直距离的英寸数即称为此位置的机翼纵剖线。

1.8　地面勤务

1.8.1　地面勤务点

如图1－18所示为飞机主要的勤务点。包括：

①外接电源。

②压力加油。

③空调空气。

④气源。

⑤饮用水。

⑥卫生间勤务。

⑦氧气勤务（选装）。

⑧1号、2号发动机滑油。

⑨1号、2号发动机整体驱动发电机（IDG）滑油。

⑩APU滑油。

⑪液压油箱。

⑫液压油箱

⑬刹车蓄压器。

各勤务点的位置如表1－4所示。

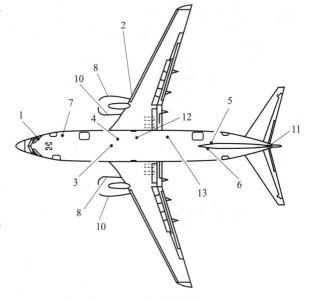

图1－18　飞机地面勤务点

表1－4　飞机勤务点位置

编号	勤务点	位　　置
1	外接电源	驾驶舱风挡下部
2	压力加油	大翼前缘
3	空调空气	机身底部，前货舱后部
4	气源	机身底部，空调空气勤务点后部
5	饮用水	右侧后货舱门和乘客服务门之间
6	卫生间勤务	左侧乘客服务门的前部
7	氧气勤务（选装）	机身底部，电子电气设备舱外部接近门的后部
8	1号、2号发动机滑油	发动机右侧
10	1号、2号发动机IDG滑油	发动机左侧
11	APU滑油	飞机后部
12	液压油箱	右主轮舱前隔框
13	刹车蓄压器	右主轮舱后壁

1.8.2　地面勤务车辆

地面勤务车辆（见图 1 – 19）包括：

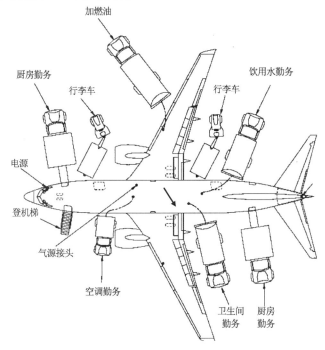

图 1 – 19　勤务车辆分布

①厨房勤务车。
②饮用水勤务车。
③厕所勤务车。
④行李装卸车。
⑤加油车。
⑥登机梯车。
⑦电源车。
⑧气源车。
⑨空调车。

1.9　飞机顶升点

飞机上有 7 个顶升点，用于借助千斤顶顶起和稳定飞机。顶升点包括 3 个主支点和 4 个辅助支点。

如图 1 – 20 所示，主顶升点包括两个机翼顶升点（A，B）和后机身顶升点（C）。使用机体千斤顶作用于这些支点可以将飞机完全顶起。

4 个辅助顶升点包括前机身顶升点，前起落架轮轴千斤顶支点（E）和两个主起落架轮轴千斤顶支点（F）。前机身顶升点（D）用于稳定飞机。顶升点（E）和（F）在起落架轮轴下，

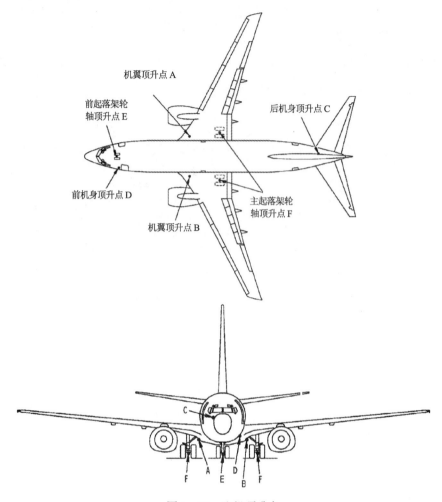

图 1 - 20　飞机顶升点

使用轮轴千斤顶，在不完全顶起飞机的情况下可卸下机轮、轮胎或刹车组件。

在顶起飞机前，确保飞机总重和重心在许可的限制之内。要得到关于顶起和调平飞机的全部信息。

1.10　通信系统

飞机通信系统包括甚高频（VHF）通信系统、空/地呼叫系统、机组内话系统、乘客呼叫系统、勤务内话系统、音频选择系统和录音系统。

地面勤务内话点可用于地面人员进行维护工作时的即时通话联络。

如图 1 - 21 所示，在下列位置有地面勤务内话插孔：

A. 外接电源面板；

B. 电子/电气设备舱；

C. 加油站（右翼加油站接近门后面）；

D. 右起落架舱前部；

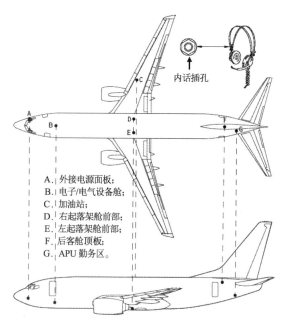

A. 外接电源面板;
B. 电子/电气设备舱;
C. 加油站;
D. 右起落架舱前部;
E. 左起落架舱前部;
F. 后客舱顶板;
G. APU 勤务区。

图 1 - 21　地面勤务内话点

E. 左起落架舱前部;

F. 后客舱顶板;

G. APU 勤务区, 邻近机身 48 段接近门。

1.11　飞机外部检查程序

飞机航行前外部检查 (绕机检查) 通常是指在地面不借助梯子或平台, 对飞机可见部分按程序进行目视检查。在按程序检查飞机时, 如果发现有异常或怀疑有异常时, 需要进行详细目视检查。详细目视检查则需要目视检查飞机的部件、结构、系统是否有损伤、失效或不符合规定。详细检查可能需要额外的直射光源, 如有必要, 检查者需要使用反光镜、放大镜或其他可以帮助检查的工具。在检查过程中如有必要需要清洁检查区域或打开附近盖板以使检查者能更好地、尽可能近地接近检查区域进行检查。

1.11.1　外部检查路线

图 1 - 22 所示为一种常用的顺时针绕机检查路线。从开始位置按图示路线顺时针顺序检查, 直到结束位置为止。夜间检查时要随身携带手电筒。

绕机检查时按照绕机路线进行, 检查项目包含在 12 个区域内:

A. 机头区域 (A区): 包括前起落架舱;

B. 右前机身和翼根区域 (B区);

C. 右发动机区域 (C区);

D. 右机翼区域 (D区);

E. 右主起落架区域 (E区);

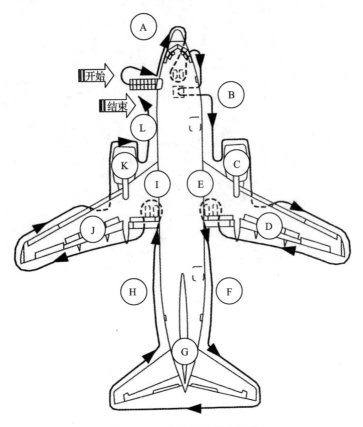

图 1-22　飞机外部检查路线

F. 右后机身区域（F 区）；

G. 机尾区域（G 区）；

H. 左后机身区域（H 区）；

I. 左主起落架区域（I 区）；

J. 左机翼区域（J 区）；

K. 左发动机区域（K 区）；

L. 左前机身和翼根区域（L 区）。

1.11.2　主要检查项目

（1）机头区域（A 区）主要检查项目（见图 1-23）

①飞机蒙皮外表无损伤。

②空速管（又称皮托管）、大气总温探头、迎角探测器无损伤，无堵塞和覆盖物。

③雷达罩无损伤，导电条完好在位，雷达罩安装螺钉无凸出。驾驶舱风挡刷在位且完好。

④前电子设备舱（下前舱）门、外部口盖及勤务面板无丢失和损伤。GPU 正确连接，如果没有使用，检查舱门正确关闭。

⑤前起落架和舱门区域无损伤、无渗漏、无异物。前起落架舱门机构和连杆完好（两侧）。

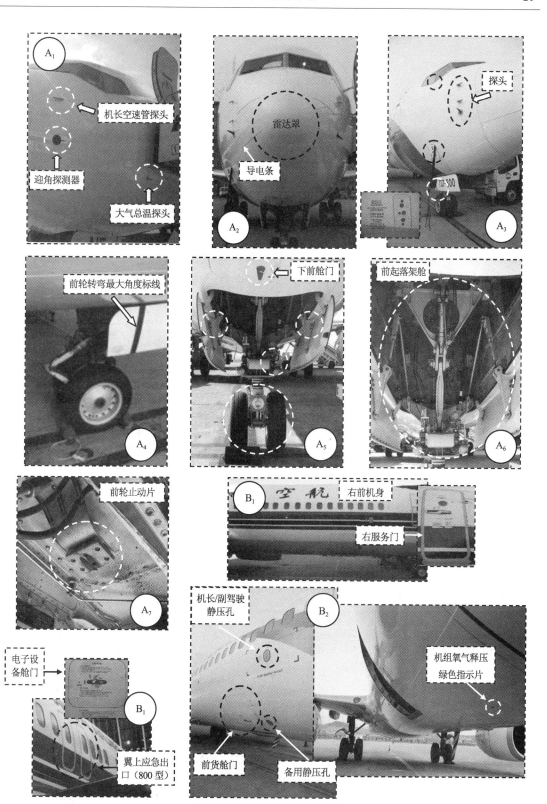

图 1-23 飞机主要外部检查项目（机头、右前机身区域）

⑥前起落架缓冲支柱（旧称减震支柱）无损伤，液压油渗漏不超标。前起落架缓冲支柱未完全压缩。

⑦前轮轮胎损伤不超标。

⑧检查前起落架磨擦片在位（左侧和右侧）。

⑨前起落架滑行灯外表无损伤。

（2）右前机身和翼根区域（B区）主要检查项目（见图1-23和图1-24）

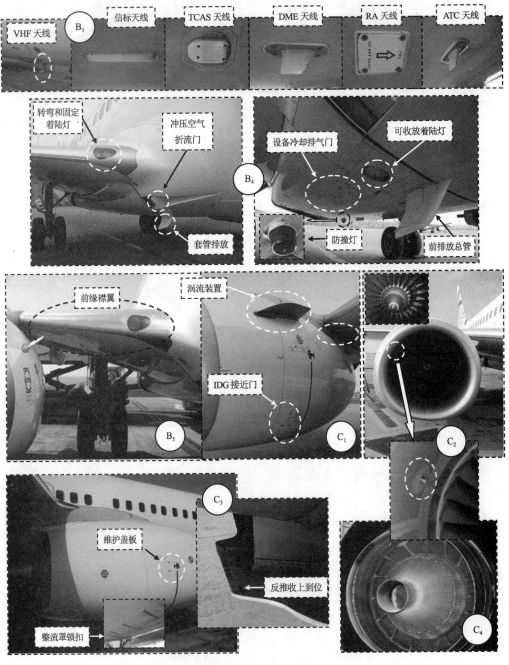

图1-24 飞机主要外部检查项目（右前机身和翼根、发动机区域）

①右机身蒙皮外表无损伤，机翼至机身整流罩外表无损伤，客舱风挡无损伤。

②排放孔/排放口区域无异常渗漏。

③右前服务门和电子设备舱门、外部口盖及勤务面板无丢失和损伤。机身下的设备冷却排气门（关闭）。

④通信/导航天线完整无损。

⑤静压孔无堵塞和覆盖物。

⑥机组氧气系统绿色释放指示片完好。

⑦前货舱门无损伤。货舱无泄漏、无损伤、无可疑行李、灯光工作正常；货舱门工作正常；

⑧右机翼照明灯、右可收放着陆灯、下机身防撞灯、右翼根着陆灯和转弯灯、应急灯外表无损伤。

⑨右空调进/排气口无损伤、无堵塞。

⑩右内侧前缘襟翼无损伤、无外来物，无液压油渗漏。

（3）右发动机区域（C区）主要检查项目（见图1-24）

①涡流装置在位。

②右发动机整流罩、反推罩和吊挂无损伤，各口盖关闭，锁扣扣好，滑油箱加油口盖应盖好；右发动机各余油管/排放管油液渗漏不超标。

③反推力套筒在正确位置。

④右发动机进气道、进气整流罩和风扇叶片无明显损伤；右发动机进气道处的 T_{12} 探头无堵塞和损伤。

⑤右发动机外涵道、尾喷管、尾锥、反推折流门及其连杆、可见涡轮叶片无损伤，无外来物。

⑥发动机下部无可疑泄漏。

（4）右机翼区域（D区）主要检查项目（见图1-25）

①右机翼下表面及各口盖、翼尖、油箱通气口无损伤和燃油渗漏。燃油加油面板无损伤、锁好，燃油油尺收进且与校准标记对齐。

②右机翼各操纵舵面（缝翼、副翼、襟翼）无损伤、无外来物、无液压油渗漏。

③右机翼前/后位置灯、防撞灯外部无损伤。

④右机翼上的放电刷无缺失、无损伤（无翼梢小翼的飞机每侧机翼4个，有翼梢小翼的飞机每侧机翼两个）。

⑤检查机翼表面无冰、雪或霜；目视检查下翼面，如果在下翼表面4号油尺外侧发现有霜或冰，则说明在上翼面也有霜或冰。

注意：由于冷的燃油在机翼下表面产生轻微的一层厚达3mm（1/8in）霜的情况下，飞机是允许起飞的。可是，所有的前缘装置、操纵面、调整片表面、上翼面和平衡板腔室内必须无雪和霜。

（5）右主起落架区域（E区）主要检查项目（见图1-25）

①右主起落架及其舱门区域无损伤、无渗漏、无异物。

②右主起落架缓冲支柱无损伤，液压油渗漏不超标，右主起落架缓冲支柱未完全压缩。

③右主起落架上的刹车组件无损伤、无渗漏、无外来物，刹车磨损指示销未超标。

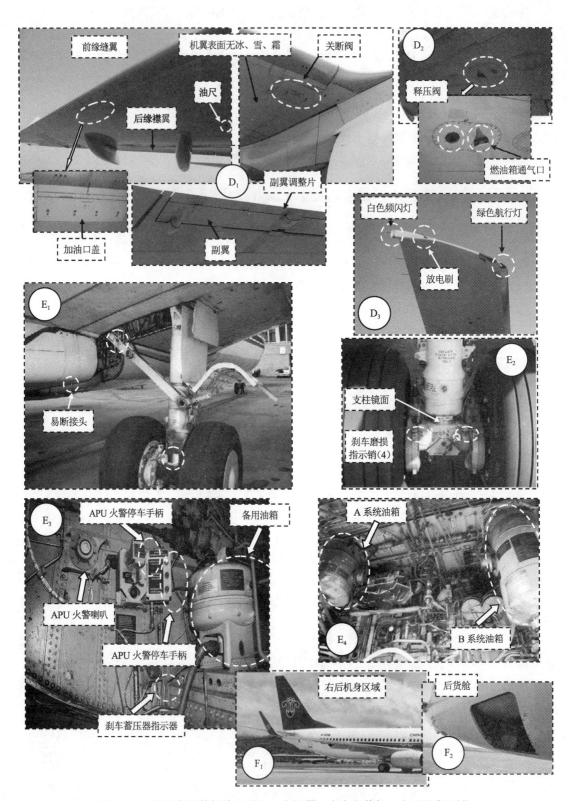

图1-25　飞机主要外部检查项目（右机翼、右主起落架、右后机身区域）

④右主起落架的轮胎损伤不超标，轮毂及轮缘无损伤、无螺栓剪切。

⑤检查地面锁销。

⑥缓冲支柱伸出状况。

（6）右后机身区域（F区）主要检查项目（见图1-25和图1-26）

①右后机身蒙皮外表无损伤，客舱玻璃无损伤。

②排放孔/排放口区域无异常渗漏。

③应急灯外部无损伤，右后服务门、外部口盖及勤务面板无损伤。

④通信导航天线完整无损伤。

⑤后货舱门区域无损伤。

⑥客舱增压系统的正释压阀应在关闭位，排气阀应在打开位且无阻塞。

（7）机尾区域（G区）（见图1-26）

①机尾蒙皮外表无损伤。

②机尾外部口盖及勤务面板无损伤。

③排放孔/排放口区域无异常渗漏。

④升降舵感觉皮托管无损伤、无堵塞和覆盖物。

⑤各操纵舵面（升降舵、安定面、方向舵）的可见部分无损伤、无外来物、无液压油渗漏。

⑥尾橇可压缩缓冲器有无擦地的迹象。若有擦地的迹象，则检查尾橇缓冲器组件的警告标牌能否可见绿区部分，若看不见绿区，则更换缓冲器。（注意：此项只适用于波音737-800飞机）。

⑦机尾防撞灯外表无损伤。

⑧目视检查APU进气口、APU冷却空气进口及排气口无损伤、无阻塞，APU余油口无渗漏或漏油不超标。

⑨放电刷无缺失、无损伤（每侧水平尾翼（平尾）3个，垂尾4个）

（8）左后机身区域（H区）主要检查项目（见图1-26）

①左后机身蒙皮外表无损伤，客舱风挡无损伤。

②排放孔/排放口区域无异常渗漏。

③左翼上应急门和左后登机门、外部口盖及勤务面板无损伤。

④应急灯外部无损伤。

（9）左主起落架区域（I区）主要检查项目（见图1-26）

①左主起落架及其舱门区域无损伤、无渗漏、无异物。

②左主起落架缓冲支柱无损伤，液压油渗漏不超标，左主起落架缓冲支柱未完全压缩。

③左主起落架上的刹车组件无损伤、无渗漏、无外来物，刹车磨损指示销未超标。

④左主起落架的轮胎损伤不超标，轮毂及轮缘无损伤、无螺栓剪切。

⑤检查地面锁销。

⑥缓冲支柱伸出状况。

（10）左机翼区域（J区）主要检查项目

①左机翼下表面及各口盖、翼尖、油箱通气口无损伤和燃油渗漏。

②左机翼各操纵舵面（缝翼、副翼、襟翼）无损伤，无外来物，无液压油渗漏。

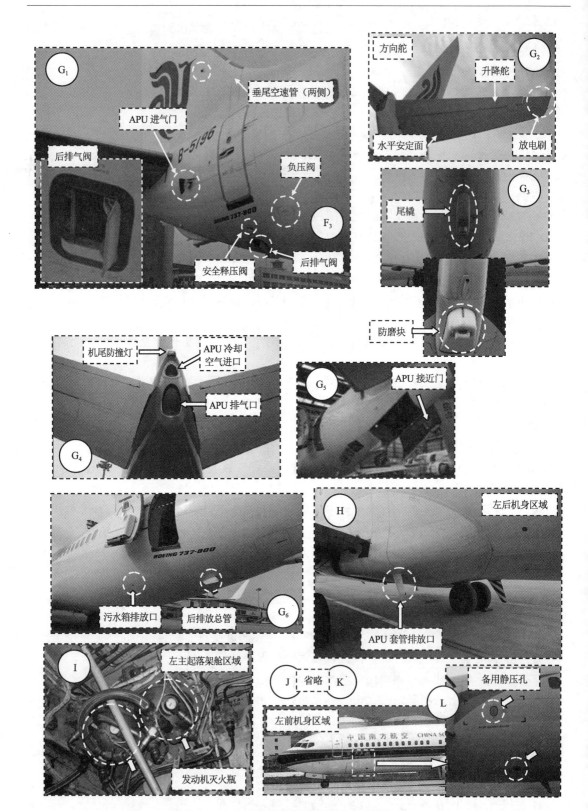

图 1 - 26　飞机主要外部检查项目（机尾区域）

③左机翼前/后位置灯、防撞灯外部无损伤。

④左机翼上的放电刷无缺失、无损伤（无翼梢小翼的飞机每侧机翼 4 个，有翼梢小翼的飞机每侧机翼两个）。

（11）左发动机区域（K 区）主要检查项目（见图 1 - 26）

①涡流装置在位。

②左发动机整流罩、反推罩和吊挂无损伤，各口盖关闭，锁扣扣好，滑油箱加油口盖应盖好；左发动机各余油管/排放管油液渗漏不超标。

③反推力套筒在正确位置。

④左发动机进气道、进气整流锥和风扇叶片无明显损伤；右发动机进气道处的 T_{12} 探头无堵塞和损伤。

⑤左发动机外涵道、尾喷管、尾锥、反推折流门及其连杆、可见涡轮叶片无损伤，无外来物。

⑥发动机下部无可疑泄漏。

（12）左前机身和翼根区域（L 区）主要检查项目

①左前机身蒙皮外表无损伤，机翼至机身整流罩外表无损伤，客舱风挡无损伤。

②排放孔/排放口区域无异常渗漏。

③检查负压阀（关闭）；压力释压阀状态良好；排气阀状态良好（完全打开）。

④左内侧前缘襟翼无损伤、无外来物、无液压油渗漏。

⑤左空调进/排气口无损伤、无堵塞。

⑥左可收放着陆灯、左机翼照明灯、下机身防撞灯、左翼根着陆灯和转弯灯、应急灯外表无损伤。

第2章 燃油系统

2.1 概述

一架飞机完整的燃油系统包括飞机燃油系统和发动机燃油系统，飞机燃油系统的燃油经燃油关断阀供往发动机燃油系统。燃油关断阀上游区域属于飞机燃油系统，本章仅介绍波音737-800飞机的飞机燃油系统。

燃油系统的主要功用有：①储存燃油；②为发动机及APU供油；③调节重心位置，保持飞机平衡和优化机翼结构受力；④作为冷源冷却飞机其他系统的高温流体。

在燃油系统中，主要介绍以下部分：①燃油储存；②油箱通气；③加油/抽油；④供油；⑤指示。

2.2 燃油储存

飞机油箱布局如图2-1所示，共有3个用于储存燃油的油箱：1号主油箱、2号主油箱和中央油箱。1号主油箱在左机翼的翼盒结构中，2号主油箱在右机翼的翼盒结构中，中央油箱则位于机身和左右机翼的翼根部位。燃油箱的容量见表2-1。

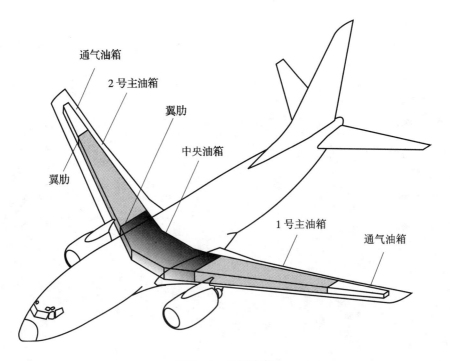

图2-1 油箱分布

表 2 - 1　油箱容量

油箱容量（密度 $0.80 \times 10^3 \mathrm{kg/m^3}$，6.7lb/US gal①）		
	磅（lb）	千克（kg）
1 号主油箱	8630	3915
2 号主油箱	8630	3915
中央油箱	28803	13066
合计	46063	20896

　　在左右机翼翼尖部位各有一个通气油箱，通气油箱正常情况下是空的，仅用于收集加油过量时导致的溢流燃油。当主油箱的燃油消耗到一定程度后，左通气油箱的溢流燃油会通过管道流回到 1 号主油箱，右通气油箱的溢流燃油则流回到 2 号主油箱。每个通气油箱最多可以存储 107kg 的燃油，如超量则燃油会从通气斗中溢出机外。

　　与其他现代民航飞机一样，波音 737 - 800 飞机采用结构油箱（也称整体油箱），即油箱本身是飞机结构的一部分。图 2 - 2 所示为 1 号主油箱和中央油箱的内部结构和接近盖板。油箱内部由肋片隔开，机身侧肋为 1 号肋，外侧肋片依次编号 2，3，4，…。1 号主油箱位于 5 号肋和 22 号肋之间（2 号主油箱与 1 号主油箱对称分布）。中央油箱位于左翼 5 号肋和右翼 5 号肋之间。两个通气油箱位于两翼的 22 号肋和 25 号肋之间。机翼肋片把油箱分隔成一个个隔舱，燃油通过肋片上的开口可以进入相邻隔舱。1 号、2 号主油箱的 8 号翼肋上装有单向阀，保证燃油沿正确的供油方向流动（由翼尖流向翼根），而不能反向流动，以减少飞机机动飞行时燃油的晃荡。油箱两端的翼肋没有开口，起到封闭油箱的作用，不允许燃油流过。

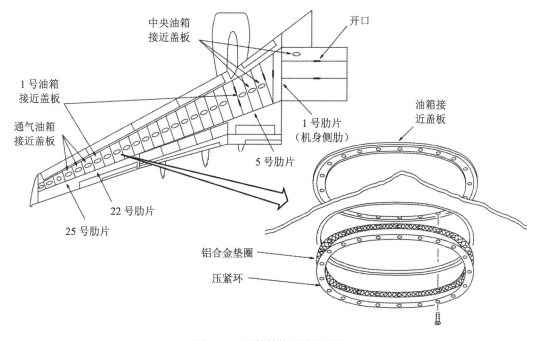

图 2 - 2　油箱结构和接近盖板

---

①　1US gal（美加仑）＝3.785L。

在机翼下表面、翼肋之间有接近盖板，以允许维护人员进入主油箱和通气油箱。中央油箱的接近盖板位于左空调舱内，可以通过机身经此盖板进入中央油箱。燃油箱接近盖板用一个压紧环安装在机翼底部蒙皮上，压紧环和盖板之间有一个铝合金垫圈，兼起导静电的作用。机翼翼根附近是容易受到碰撞的区域，每个机翼内侧的 3 个燃油箱接近盖板是防撞盖板。

在每个油箱的低位处有排放阀（见图 2－3），用来排出燃油以及混进燃油中的水和杂质。主油箱的排放阀位于 5 号肋片外侧的下翼面，向上顶阀的中心即可打开阀；松开，内部弹簧关闭阀。通气油箱的排放阀位于 22 号肋片外侧的下翼面，阀的构造和操作方法与主油箱排放阀相同。中央油箱的排放阀则位于机腹，靠近油箱的中央，可从机身下部的接近门接近排放阀，此接近门位于两个空调舱门之间。打开接近门后可以看到一个带钩拉杆，向下拉此杆，即可打开阀；松开，内部弹簧关闭阀。注意，对主油箱，如果要更换整个排放阀，要先放油，如果仅更换排放阀的主密封圈，只须拆下阀芯和阀芯塞，无须放油；对中央油箱，更换排放阀组件时无须放油。

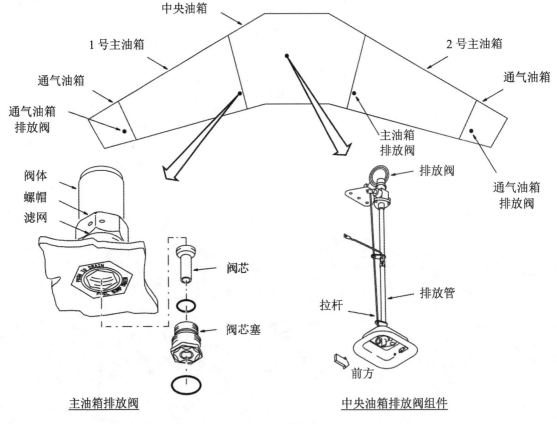

图 2－3 排放阀

2.3 油箱通气

油箱通气系统保持燃油箱中的压力接近环境压力，保证加/抽/供油的正常进行，同时避免出现过大的压差损坏机翼结构。此外，在飞机飞行时，由于冲压空气的影响，还能提供一定的正压力作用在油面上，以减少燃油的蒸发和提高增压泵的供油能力。

通气系统由通气斗、通气油箱、通气桁条、通气管、通气浮子阀和排放浮子阀等组成，如图 2 - 4 所示。为保证飞机在各种姿态都能可靠通气，每个油箱前、后各都有通气口（浮子阀打开时所形成）。当飞机爬升时，外界空气从通气斗进入通气油箱，然后经通气桁条、通气管和前面的排放浮子阀（前通气口）进入燃油箱，以平衡每个燃油箱和通气油箱之间的压力。当飞机处于巡航或下降姿态时，主油箱外侧隔板上的通气浮子阀（后通气口）打开通气；中央油箱的所有排放浮子阀都可以打开通气。

排放浮子阀除了通气，还有将通气桁条和通气管中的燃油排回油箱的作用，又由于靠浮子来开关阀门，所以称之为排放浮子阀。当油面低于浮子时，阀打开，通气桁条和通气管中可能存在的燃油即可排回油箱中；当油面高于浮子时，阀关闭，防止油液进入通气桁条和通气管。

通气油箱还装有单向阀、火焰捕集器和释压阀。单向阀允许通气油箱中的燃油流回主油箱，反向流动则会截断。火焰捕集器可防止过多的热量进入燃油通气系统，如果火焰捕集器堵塞，释压阀会打开。释压阀的作用是超压时释放压力，以保护机翼结构。释压阀正常情况是关闭的，此时阀表面与机翼下表面平齐。当油箱内有太大的正压或负压时，阀会打开，阀一旦打开，就保持在开位，这时它变成了通气系统的另一个通气口。阀打开时，阀结构会有一部分进入油箱，阀表面与机翼下表面不再平齐，要通过拉复位手柄才能把阀关闭。一般情况下，要确保释压阀处在关位，如果释压阀处在开位，则表明油箱通气系统有故障。

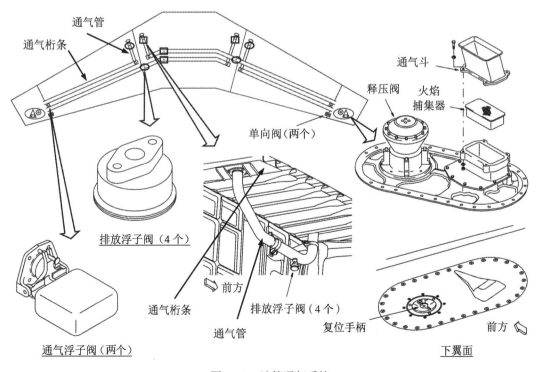

图 2 - 4　油箱通气系统

2.4　压力加油

现代大中型客机上，所携带燃料的量很大，尽管一般有重力加油口（位于机翼上表面），但只作为辅助加油方式，正常情况下都是用压力加油方式。压力加油系统可以给所有油箱加油，当需要在不同油箱中传输燃油时，也可使用该系统。图 2 - 5 为加油和供油系统原理图，其中加油系统主要包括加油站、单向阀和加油管路等。飞机加油时，地面加油车的燃油经加油站、单向阀、加油管路，最后进入各个油箱。

如图 2 - 6 所示，加油站位于右机翼下表面前沿，包括加油面板、加油总管、加油接头和 3 个加油阀。3 个加油阀控制燃油是否流入对应的油箱。单向阀防止燃油倒流，可以在不放油的情况下更换加油接头总管。加油面板上有 3 个加油阀控制电门，电门扳到 "OPEN"位时，相应的加油阀电磁线圈通电，如果加油总管有合适的油压，则阀门被顶开，燃油进入对应油箱。每个油箱各有一个浮子电门，当油箱加满时，浮子电门断开加油阀的电源，加油阀关闭。每个加油阀上有人工超控柱塞，当电磁线圈失效时按下柱塞，燃油压力可以打开阀，注意，进行此操作时浮子电门不能提供满油关断的保护作用。

电门扳到 "CLOSE"位时，加油阀断电，阀门关闭。3 个加油阀对应 3 个位置指示灯，蓝色灯亮时指示阀有电（阀不一定打开），这些灯可以通过按压来测试。加油阀电门下方有 3 个琥珀色圆形 LED 显示器，用来指示燃油量。燃油指示器以数字形式显示燃油量，单位为千克。如果燃油超过了额定的油箱容量，燃油指示器将以 1s 的间隔持续闪亮（驾驶舱燃油指示不闪亮）。

加油面板左侧还有一个加油指示测试电门，是一个三位置电门，并由弹簧保持在中间（中立）位置。在进行加油操作前，应把电门扳倒上位（TEST GAUGES），以测试油量显示器是否正常显示（正常时油量数字全部显示 8），这时驾驶舱中的燃油指示不会变化。如果把电门扳倒下位（FUEL DOOR SWITCH BYPASS），则电源控制继电器接地，作为备用方式给加油站提供电源。

如图 2 - 7 所示，加油电源控制继电器正常，是通过加油电源控制电门控制接地的。该电门装在加油站的面板门上，当打开门时，电门闭合，继电器接地通电，为加油站提供 28V 直流热电瓶汇流条电源。当加油站通电时，外部加油面板泛光灯和加油口泛光灯点亮，加油指示器也通电。如果加油电源控制电门失效，则加油指示测试电门提供备用的接地方式（扳倒下位）。继电器电源来自下列电源之一：电瓶汇流条、1 号直流汇流条、汇流条电源控制组件（BPCU）内部整流变压器。加油所需电源来自下列电源之一：电源系统汇流条上的外部电源、连接到飞机上外部电源（不经电源系统汇流条）、APU 发电机、电瓶电源（电瓶电门必须在 "ON"位）。

由图 2 - 7 可知，当满足以下所有条件时，加油阀打开：①加油面板有电；②加油阀控制电门在打开（OPEN）位；③加油浮子电门在不满（NOT FULL）位；④加油阀电磁线圈通电；⑤加油阀有燃油压力。任一条件不满足，则阀关闭。

当进行加油操作时，需要遵守粘贴在加油站面板门上的加油标牌所示步骤，确保操作正确和安全。加油操作步骤如下：①搭地线，接加油口；②将测试电门扳倒测试位，确认上下显示屏均显示 88888；③按压蓝色阀位置测试灯，确认灯光点亮；④打开须要加油油箱的控

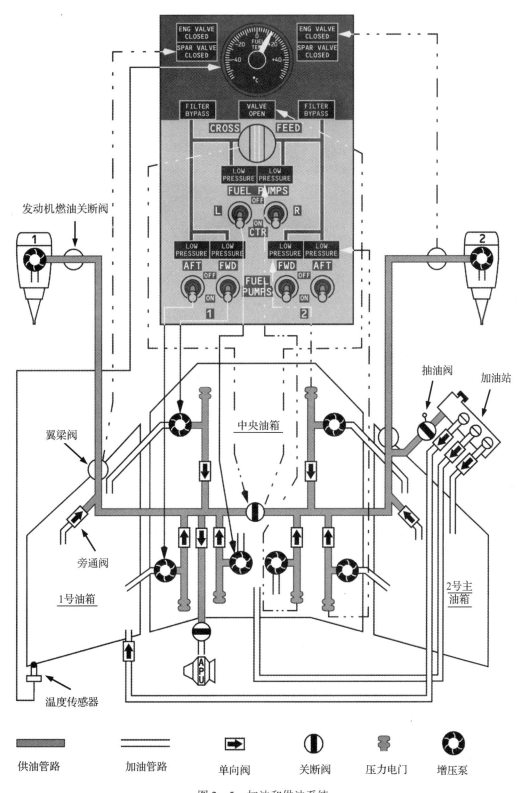

图 2 - 5　加油和供油系统

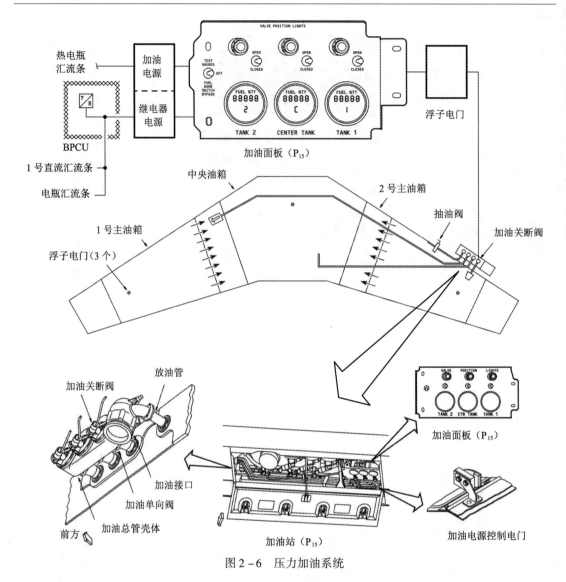

图 2-6 压力加油系统

制电门，开始加油；（注意：仪表闪烁时表明油量已超过油箱最大容量，加油车应停止加油）⑤加油结束时关闭控制电门；⑥卸下加油接头和地线；⑦确认控制电门在关闭位，蓝色阀位置灯熄灭。注意，加油压力不能超过 55psi[①]/379kPa。

2.5　发动机供油

　　波音 737-800 飞机的发动机供油系统采用分散供油方式，电动增压泵将燃油从 1 号主油箱、2 号主油箱和中央油箱抽到供油总管，然后输送到发动机。通过燃油操纵面板、发动机起动手柄和发动机防火电门控制供油系统，系统主要部件包括：中央油箱增压泵、前增压泵、后增压泵、旁通阀、交输阀和燃油翼梁阀。供油系统原理如图 2-5 所示，各主要部件位置如图 2-8 所示。

---

　　①　1psi（磅力/英寸^2）=6.895kPa。

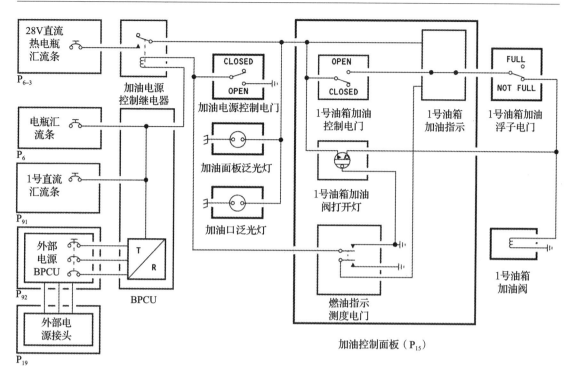

图 2 - 7　压力加油控制电路

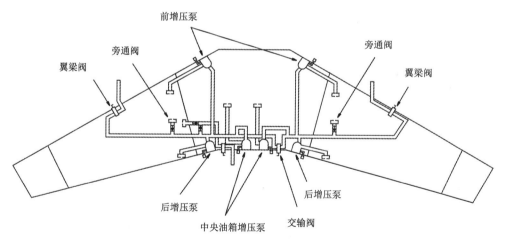

图 2 - 8　发动机供油系统主要部件

　　如图 2 - 5 及图 2 - 8 所示，发动机供油系统共有 6 台增压泵提供供油动力，每个油箱两台。在燃油控制面板上（P₅₋₂），有 6 个控制电门和 6 个低压指示灯，分别控制 6 台增压泵的电源和指示泵出口压力是否过低。中央油箱增压泵最小供油压力 23psi，流量 20000pph[①]（9071kg/h）。主油箱增压泵最小供油压力 10psi，流量 20000pph（9071kg/h）。1、2 号主油箱的增压泵可互换。中央油箱增压泵出口压力大于主油箱增压泵出口压力的原因，是为了达到先消耗中央油箱的燃油，再使用主油箱燃油的目的。这种供油顺序可以有效减轻机翼结构

---

① 　1pph（磅/时）= 1lb/h = 0.454kg/h。

载荷（燃油重力抵消部分升力），同时减少重心移动（中央油箱的燃油更靠近飞机重心）。每台泵出口有压力电门检测压力，对中央油箱，当检测到低压（低于 22psi），且控制电门位于"ON"位时，控制面板上对应的低压指示（LOW PRESSURE）灯亮；对主油箱，只要检测到低压（低于 6psi），对应低压指示灯就亮。

增压泵采用三相 115V 交流电动机驱动，电动机及泵装在壳体内，壳体安装在油箱内，壳体上装有泵进、出口的单向阀（见图 2 – 9）。进口单向阀（拆卸阀）在泵安装到位时打开，卸下泵时关闭，以保证更换泵时油箱无须放油。出口单向阀（排油阀）在泵排油时打开，无油排出时关闭，以防止供油总管的燃油倒流。壳体上还装有排气管路和排气单向阀，并有一根管路将泵出口压力引至压力电门。

图 2 – 9 所示为主油箱增压泵，两个主油箱的增压泵左右对称分布。其中前增压泵在机翼前翼梁上，放出前缘襟翼后可以接近；后增压泵则在机翼后翼梁上，从轮舱接近。前增压泵压力电门在前梁上，从机翼上表面的一个盖板接近；后增压泵压力电门在后翼梁上，从轮舱接近。中央油箱增压泵与主油箱增压泵的结构基本相同，但位置和管路布局有所差异，两台中央油箱增压泵和相应的压力电门都在后翼梁上，分别从左右轮舱接近。

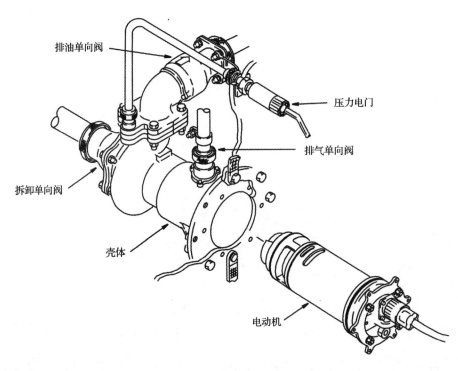

图 2 – 9　主油箱增压泵

燃油由增压泵抽到供油总管后，需要经过燃油翼梁阀（见图 2 – 10），再输送到发动机。翼梁阀受发动机起动手柄和防火电门控制。起动发动机时，阀打开，阀关闭灯（SPAR VALVE CLOSED）熄灭；关闭发动机或发动机灭火时，阀关闭，阀关闭灯暗亮；当阀位置和发动机起动手柄电门位置不一致时，阀关闭灯明亮。阀正常由一个 28V 直流电动机驱动，有一个人工超控手柄，通过手柄可直接作动阀，手柄兼起指示阀位置的作用。两个主油箱的翼梁阀左右对称分布，在发动机吊架外侧的机翼前翼梁上，通过机翼前缘的盖板接近。为确保翼梁阀在任何情况下总有电，专门设有燃油翼梁阀电瓶供电，用于紧急情况下关闭翼梁阀，切断发动机供油。

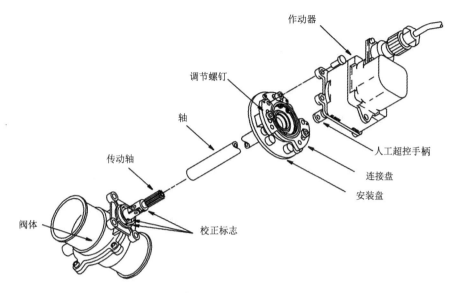

图 2 – 10 翼梁阀

正常情况下，交输阀（CROSS FEED）处于关闭位，保证左、右发动机的供油系统独立，相关泵和管路隔离。交输阀关闭时，打开灯（VALVE OPEN）熄灭。必要时，将阀打开，把左右供油系统连通，可以用部分油箱的油供往两台发动机，此时阀打开灯暗亮。当电门和阀的位置不一致时，阀打开灯明亮。交输阀作动器与翼梁阀作动器完全相同，可以互换。

由于燃油中含有水分，且水的密度比油的要大，所以水分会积聚在油箱低洼部位。为防止水分引起油箱腐蚀，除水引射泵从每个油箱的最低点不停抽水。如图 2 – 11 所示，引射泵装在后翼梁上。1 号主油箱和 2 号主油箱中各有一个引射泵，通过机翼底部的盖板可以接近。中央油箱中有两个引射泵，通过轮舱可以接近。引射泵没有运动部件，当增压泵工作时，引射泵自动工作。引射泵使用增压泵出口的燃油作为引射流，引射流通过引射泵时形成抽吸作用，把油箱最低处的水和燃油吸走，再排到增压泵抽油口。

通常飞机在开始飞行前，将燃油操纵面板（P_{5-2}）上所有增压泵电门置于"ON"位，由于增压泵出口压力的差异，中央油箱优先给发动机供油。当中央油箱空后，主油箱开始供油，此时应将中央油箱增压泵关闭。如果飞行中出现两个主油箱油量不平衡，应打开交输阀，并关闭油量少的主油箱的增压泵。当某个主油箱中所有增压泵都关闭，且交输阀也关闭时，旁通阀自动打开，发动机将从从主油箱吸油。注意，仅两个主油箱有旁通阀，中央油箱没有，所以发动机只能从 1 号和 2 号主油箱抽吸燃油。

2.6 APU 供油

如图 2 –5 及图 2 –12 所示，供油总管的燃油经 APU 燃油关断阀供往 APU，其燃油可以来自任何油箱。当交输阀关闭时，左侧供油系统给 APU 提供燃油；当交输阀打开时，左、右侧供油系统都可以给 APU 提供燃油。如果所有增压泵关闭，APU 可以从 1 号主油箱经旁通阀吸油。

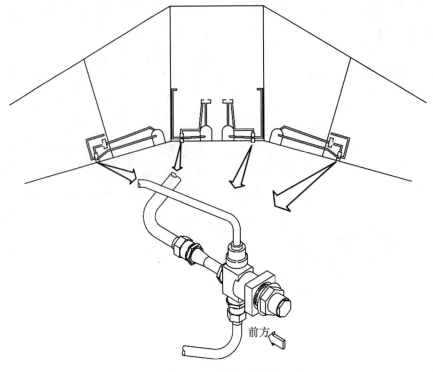

前方

图 2 - 11　除水引射泵

　　APU 供油系统主要部件包括燃油关断阀、供油管路和供油套管等，各部件位置如图 2 - 12 所示。APU 供油管路始于 1 号主油箱，经过中央油箱，然后到达 APU。在燃油箱中的供油管为铝合金管，在油箱外的供油管是由橡胶和凯芙拉材料制成的软管，供油管外包一层铝合金套管。套管通过一根余油管与位于左机翼连机身处的整流罩底部一个排放口相连，用于收集并排出供油管可能漏出的燃油。此排放口也用来排放 A、B 系统液压油箱的液压油。

　　APU 燃油关断阀连接着发动机供油总管和 APU 供油总管，是供油系统的核心部件，由电子控制组件（ECU）控制。ECU 根据 APU 主电门、防火系统和 APU 传感器的输入来控制 APU 燃油关断阀的打开和关闭，从而控制 APU 的供油状况。此阀门位于机翼后梁的中部区域，可以从左主轮舱接近。阀门由一个 28V 直流电动机驱动，有一个人工超控手柄，可在断电情况下操纵阀门，手柄也可以用来指示阀门位置。此关断阀由专用电瓶保证一直有电。

2.7　抽油系统

　　将油箱里的燃油经加油站排出机外，称为抽油。抽油系统与加油、供油系统配合，可以用来串油（将油从一个油箱传输到另一个油箱）。抽油分压力抽油和抽吸抽油两种方式。

　　如图 2 - 5 及图 2 - 13 所示，压力抽油需要使用油箱内的增压泵作为动力，燃油被泵出后经供油管路到抽油阀，再从加油接口排出机外，此方法可以排出任一油箱的燃油。抽油阀在地面人工打开，操纵手柄兼起指示位置的作用，当手柄在打开位时，面板不能关闭。压力抽油的主要操作步骤如下：

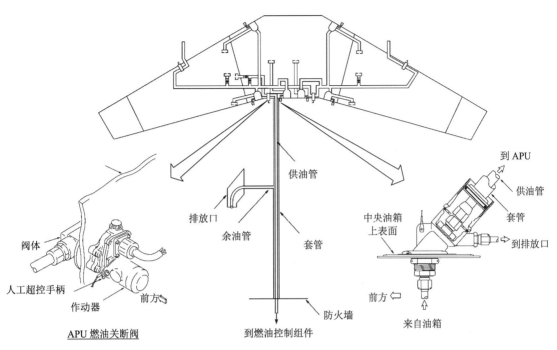

图 2－12 APU 供油系统主要部件

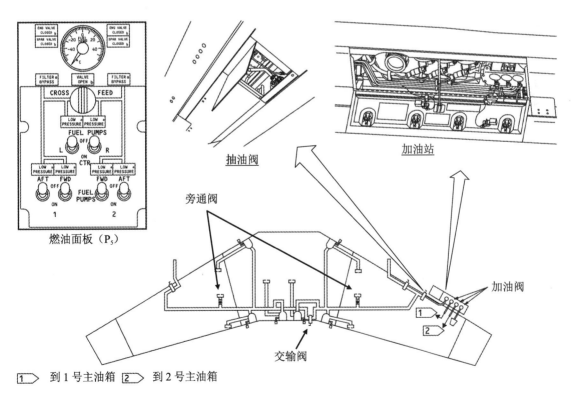

图 2－13 抽油系统

①安装加油嘴。

②将抽油阀上的手柄移到打开位置。

③打开须要抽油油箱的增压泵。

④如果须要打开交输阀（1 号主油箱抽油）。

⑤油箱空后关闭增压泵。

⑥将抽油阀手柄移到关闭位。

⑦拆下加油喷嘴。

抽吸抽油则须要使用地面抽油设备，燃油经旁通阀进入供油管路，再经过抽油阀，最后从加油接口抽出，此方式只能抽出 1 号和 2 号主油箱的燃油（因为中央油箱没有旁通阀）。当 2 号主油箱有油时，1 号主油箱才能进行抽油。因为当 2 号主油箱空时，空气将进入总管，1 号油箱的燃油不能抽出。抽吸抽油的主要操作步骤如下：

①安装加油喷嘴。

②将抽油阀上的手柄移到打开位置。

③如果须要打开交输阀（1 号主油箱抽油）。

④开始用地面设备进行抽油。

⑤当油箱空后，将抽油阀手柄移到关闭位。

⑥拆下加油喷嘴。

燃油可以在任意油箱之间进行传输，称为串油。串油需要综合运用抽油、加油和供油系统，依靠抽油阀、交输阀、加油阀和增压泵等部件协同工作。首先，通过增压泵将燃油打到供油管路，再经抽油阀到加油总管，最后经加油阀进入相应的油箱。例如，要把 1 号主油箱的燃油传输到 2 号主油箱，主要操作步骤如下：

①将抽油阀手柄移到打开位置。

②打开 1 号主油箱的增压泵。

③打开交输阀。

④将 2 号主油箱的加油电门移到打开位置。

⑤在完成燃油传输后，关闭增压泵。

⑥关闭交输阀。

⑦将抽油阀移到关闭位置。

2.8　燃油指示

每个油箱中的燃油重量由燃油油量指示系统（FQIS）计算，并在通用显示系统（CDS）及加油面板上显示。油量处理器组件（FQPU）计算总的燃油重量，送给飞行管理计算机系统（FMCS），并在控制显示组件（CDU）上显示。

图 2-14 为燃油指示系统原理图。飞机燃油箱中共有 32 个油箱组件，其中 1 号和 2 号主油箱各有 12 个，中央油箱有 8 个。油箱组件用来测量燃油的重量。油量处理器会发送一个低阻抗激励信号至油箱组件，油箱组件返回一个高阻抗信号。该响应信号与整个油箱的燃油重量成比例，利用这些信号特性可以计算每个油箱中的燃油量。

每个油箱有一个补偿器，用来修正燃油的物性参数。油量处理器组件给每个补偿器发送低阻抗信号，补偿器返回一个与燃油电容成比例的高阻抗信号。补偿器都在油箱的低处，多数情况下，燃油完全覆盖补偿器，这样每个补偿器的高阻抗响应信号仅随燃油电容的变化而变化。

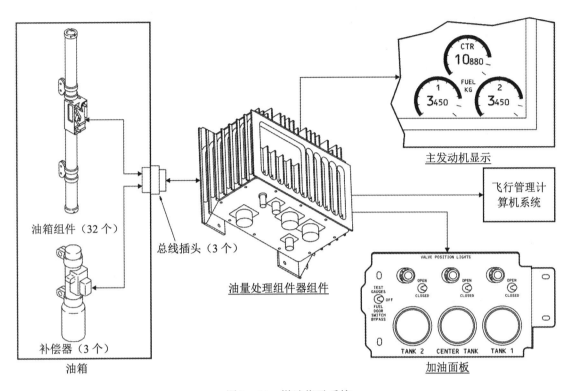

图 2-14　燃油指示系统

油量处理器组件位于前设备舱的后隔板上，其主要功能除了计算燃油重量，数据用以指示和提供给飞行管理计算机（FMC）以外，还能监控、储存和显示故障信息。处理器组件连接到两个独立的 28V 直流电源上，至少其中一个有电，组件就能工作。

两个独立电源又来自以下之一：

①28V 直流电瓶汇流条。

②28V 1 号直流汇流条。

③28V 直流热电瓶汇流条。

正常使用的电源来自 28V 直流电瓶汇流条。此汇流条正常情况由 3 号变压整流器供电，但如果 3 号变压整流器不可用且电瓶电门在"ON"位，电瓶或电瓶充电器也可给该汇流条供电。

当加油站门在关闭位置时，处理器组件电源可来自 1 号直流汇流条，但飞机上必须有交流电源给该汇流条供电。

当加油站门打开且地面电源可用时，处理器组件电源可来自 28V 直流热电瓶汇流条。由电瓶给该汇流条供电，此时电瓶电门不必置于"ON"位。另外，当加油指示测试电门在燃油门旁通电门（FUEL DOOR BYPASS SWITCH）位置时，处理器组件电源也来自 28V 直流热电瓶汇流条。

油量处理器组件有 3 个信号调节器电路卡（SCCC）和一个 BITE 显示卡（BDC）。燃油量显示在通用显示系统（CDS）上。每个油箱配一个 SCCC，每个 SCCC 有下列功能：

①给油箱组件和补偿器发送低阻抗信号。

②从油箱组件和补偿器接收高阻抗返回信号。

③计算油箱的油量。

④将模拟信号变成 ARINC 429 信号。

⑤给 DEU 提供油箱油量数据。

⑥给 BDC 提供故障数据。

其中，2 号油箱的 SCCC 也给 FMC 提供总燃油重量。

BITE 显示卡有下列功能：

①在非易失存储器中储存故障数据。

②给每个 SCCC 提供信号，实时测试并进行故障隔离。

③给飞行管理计算机发送和接收故障数据，并进行故障隔离。

每个油箱的油量都显示在 CDS 和加油面板上，单位为千克。如图 2 – 15 所示，燃油的构型信息显示在 CDS 上，这些信息指示燃油系统相关的构型问题如下。

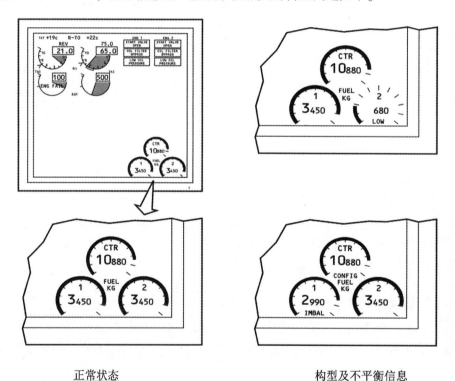

正常状态　　　　　　　　　　　　　构型及不平衡信息

图 2 – 15　燃油油量指示

当 1 号主油箱或 2 号主油箱油量低于 907kg 时，显示 LOW（低）。当该油箱中的燃油量大于 1133kg 时，该信息消失。在显示 LOW 前，低油量状态至少存在 30s。

当 1 号油箱和 2 号油箱间的油量差达到 453kg 时，显示 IMBAL（不平衡）。当油箱间油量差小于等于 90kg 时，该信息消失。不平衡信息只在空中飞行时显示，且在显示低油量信息时，不显示该信息。在显示不平衡信息前，不平衡状态至少存在 60s。

当满足下列条件时，显示 CONFIG（构型）信息：

①中央油箱中燃油大于等于 725kg。

②两个中央油箱增压泵关闭。

③任一发动机在工作。

当需要人工测量飞机油量时，可以使用油尺。每个主油箱有 6 个油尺，油尺位于接近盖板上；中央油箱有 4 个，其中两个在接近盖板上，另外两个在机翼蒙皮上。每油尺上有显示油量的刻度。通过油尺测量飞机油量时，还需要确定飞机的俯仰姿态，具体步骤参考飞机维护手册。

燃油指示系统还能在燃油操纵面板上指示燃油的温度。温度传感器在 1 号主油箱的后梁上，因此指示的是 1 号主油箱的温度。燃油操纵面板上温度指示器使用 28V 直流电，当没电时，指针指在负的一侧。

2.9　燃油箱勤务工作

燃油箱的主要故障是渗漏，因而其主要维护就是渗漏的检查、分类和修理。

渗漏一般分为 4 级：微漏、渗漏、严重渗漏和连续滴漏。渗漏分级是按 15min 内渗漏燃油沾湿的表面区域的大小作为分类标准，如图 2 - 16 所示。检查渗漏时，先用清洁棉布完全擦干渗漏区域，用压缩空气吹干那些难以擦到渗漏区域，再用掺有红色染料的滑石粉撒在渗漏处，当燃油润湿滑石粉后，它会变成红色，使沾湿的区域更易于看见。

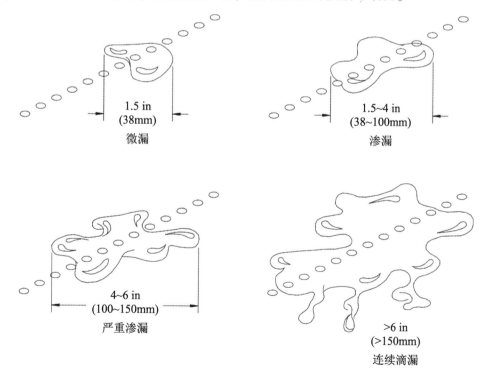

图 2 - 16　燃油渗漏分级

发现有燃油外渗后，要找到飞机蒙皮上外渗的准确区域，清洁燃油渗漏邻近区域的表面，并使用溶剂清除此区域的油脂，用棉布擦干这个区域。如果是连续渗漏，找到最初的滴漏区域，使用胶黏剂或胶带阻止燃油的流淌，确认是否有其他燃油流动路径，在最初的滴漏区域上标记。然后用棉布擦干渗漏区域，撒上滑石粉，监控滑石粉颜色的改变，如果是在边缘处的滑石粉改变颜色，就在边缘处撒上更多的滑石粉，直到覆盖整个渗漏区域。渗漏区域确定后，根据图 2–16 判断渗漏等级，然后按表 2–2 进行处理。

表 2–2　燃油渗漏处理分类表

渗漏位置	微漏	渗漏	严重渗漏	连续滴漏
外露的、空气流通的、滴油后不会流向火源的区域，如没有整流罩的上、下机翼表面	①	①	②	③
没有完全封闭、流通状况不好的区域，如在后襟翼处的后梁、前缘襟翼或缝翼处的前梁及轮舱区域	①	②	③	③
封闭不通风的区域，如有整流罩的机翼下表面、空调舱、翼/身整流罩、有整流罩的前后梁和内封补偿平衡板	②	③	③	③
增压泵的外部空间	①	②	③	③
机翼中央油箱的增压区域	④	④	④	④

说明：
①不须要修理但要时常检查渗漏是否扩大。
②不必马上进行修理，但要定时检查渗漏是否扩大，必须在下次定检时修理。
③必须立即修理，要使渗漏满足①、②类处理的标准。
④必须立即修理，修理后不允许再有渗漏。

第3章 液压系统

3.1 概述

液压系统是飞机主要的机载系统之一。随着现代飞机的重量和飞行速度的不断增大，用人力来操纵飞机的某些部件变得日益困难，因此飞机上绝大部分的助力机构采用的是液压助力机构。液压系统通过液压泵提高液压油的压力，利用油压驱动飞机的部件工作，具有重量轻、安装方便、稳定性好、响应快、效率高、抗干扰能力强等优点，主要为发动机反推装置、起落架系统和飞行操纵系统提供液压动力。

3.1.1 系统的组成

液压系统的工作情况与飞行安全密切相关。为保证液压系统工作可靠，特别是提高飞行操纵系统的液压动力源的可靠性，波音737NG飞机具有3个独立的液压系统，分别是液压A系统、液压B系统和辅助液压系统。如图3-1所示，每个独立的液压系统都具有单独的液压元件，可以独立地向用压系统供压。

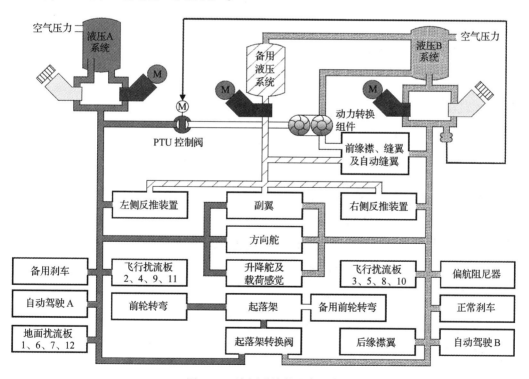

图3-1 液压系统的基本组成

如图3-2所示，飞机的液压系统由4大部分组成：主液压系统、辅助液压系统、地面勤务系统和液压指示系统。

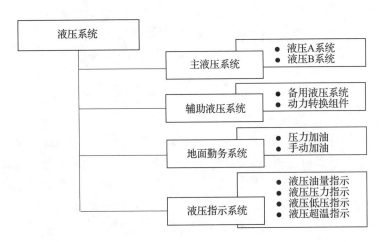

图 3 - 2　液压系统的 4 大组成部分

主液压系统包括液压 A 系统和液压 B 系统，给飞机提供正常的液压动力。液压 A 与液压 B 系统的组成部件类似，系统的液压动力源均来自于一个发动机驱动泵（EDP）和一个电动马达泵（EMDP），输出压力为 3000psi。液压 A 系统为左发反推、主飞行操纵舵面、飞行扰流板（2、4、9、11 号）、地面扰流板、备用刹车、起落架收放、前轮转弯、自动驾驶提供液压动力。液压 B 系统为右发反推、主飞行操纵舵面、增升装置、飞行扰流板（3、5、8、10 号）、偏航阻尼、正常刹车、备用收起落架、备用前轮转弯、自动驾驶提供液压动力。

辅助液压系统由备用液压系统和动力转换组件（PTU）组成，为液压 A、B 系统提供备用压力。备用液压系统属于需求系统，在飞机有需求的情况下为双侧发动机反推、备用方向舵和前缘装置提供液压动力。一个电动马达驱动泵（EMDP）是该系统唯一的液压动力来源，输出压力为 3000psi。动力转换组件（PTU）是在液压 B 系统失压时向前缘襟翼、缝翼以及自动缝翼系统提供液压动力的备用来源。

地面勤务系统从一个中心点对所有的液压油箱进行加油，有压力加油和手动加油两种方式。

如图 3 - 3 所示，液压指示系统向驾驶舱 P_5 板提供液压 A、B 和备用系统的油量指示、液压 A 和 B 系统的压力指示，液压油泵低压警告以及液压油过热警告；向驾驶舱 P_7 板提供主警告指示；在显示组件（DU）上有液压 A、B 系统的油量（满油量的百分比）指示和压力指示。

3.1.2　部件位置

主液压系统、辅助液压系统和地面勤务系统的部件主要位置有 4 处：发动机附件齿轮箱、主起落架轮舱、主燃油箱和后机翼—机身整流罩。

液压 A、B 系统的附件大部分是相同的。如图 3 - 4 所示，液压 A 系统的附件位于飞机的左侧，液压 B 系统的附件位于飞机的右侧，备用液压系统的附件位于主起落架轮舱中间偏后。安装在发动机附件齿轮箱上的附件有：发动机驱动泵（EDP）以及 EDP 的壳体回油滤。安装在主起落架轮舱的附件有：液压油箱（3 个）、电动马达泵（EMDP）（两个）、

EMDP 壳体回油滤（3 个）、EDP 关断阀（两个）、系统压力组件（3 个）、系统回油滤（两个）、动力转换组件（PTU）、地面勤务系统等。安装在主燃油箱的附件是主液压系统的热交换器。安装在后机翼—机身整流罩的附件是备用液压系统的电动马达泵（EMDP）。液压 A、B 系统的地面勤务接头分别位于左、右冲压空气舱。

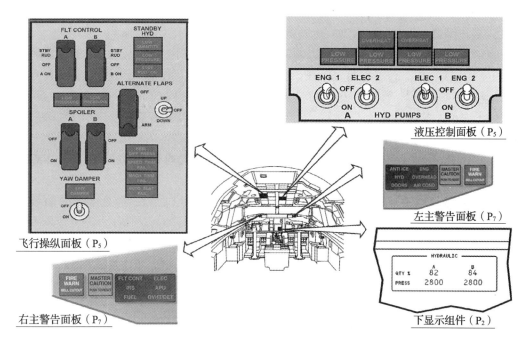

图 3 - 3　液压系统的控制和指示

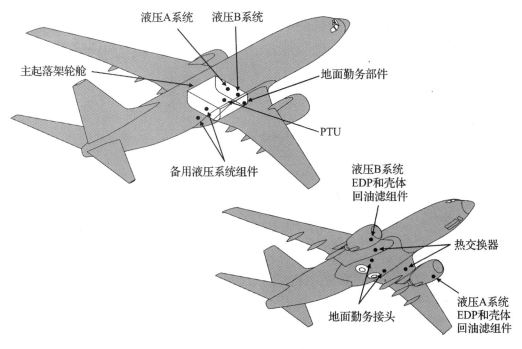

图 3 - 4　液压系统部件位置

3.1.3　液压系统的工作

通过地面勤务车或液压泵均可以给液压系统增压。

液压系统的控制面板位于驾驶舱 P_5 顶板上的液压控制面板、飞行操纵面板和 P_8 过热/防火面板上。

（1）液压泵增压

当利用主液压系统的液压泵给系统增压时，需将液压控制面板上液压 A、B 系统液压泵的控制电门放在"ON"位，即打开液压泵，液压泵在主液压系统开始工作时持续增压。液压控制面板上的"ENG 1"和"ENG 2"电门用于操纵 EDP，"ELEC 1"和"ELEC 2"电门用于操纵 EMDP。当液压压力正常时，液压低压灯熄灭。正常情况下，"ENG 1"和"ENG 2"电门处于"ON"位。当发动机运转，发动机驱动泵为 A、B 系统增压。如果将"ENG"电门打到"OFF"位，EDP 将停止输出压力。液压 A、B 系统均有一个过热灯监控 EMDP 工作。但备用液压系统没有过热指示。

当需要利用备用液压系统的液压泵给系统增压时，可以将位于飞行操纵面板上的"FLT CONTROL A 或 B"电门放在备用方向舵"STBY RUD"位，则启动备用液压系统的 EMDP，并打开备用系统压力组件的备用方向舵关断阀；也可以将备用襟翼预位电门"ALTERNATE FLAP"放在"ARM"预备位，启动备用液压系统的 EMDP，再将备用襟翼控制电门放在放下"DOWN"位，则立刻打开备用液压系统压力组件里的前缘襟翼和缝翼关断阀。

（2）地面勤务车增压

可以利用地面勤务断开组件，通过地面勤务车对液压 A、B 系统增压。若要对液压 A 系统增压，需将地面勤务车连接至位于左侧冲压空气舱后壁板上的左地面勤务断开组件。若要对液压 B 系统增压，需将地面勤务车连接至位于右侧冲压空气舱后壁板上的右地面勤务断开组件。每个断开组件都具有压力接头、回油接头和压力油滤。注意，不能通过地面勤务车对备用液压系统进行增压。

3.2　液压油箱增压系统

为保证液压油不间断地供向液压泵，防止飞机在高空低压工作时液压泵的进口压力过低而产生气穴现象，油箱增压系统将来自于气源系统的空气进行增压过滤后供向液压 A、B 系统以及备用液压系统的油箱，将油箱增压至 45 ~ 50psi。此外，也可以通过外部地面气源对油箱进行人工增压。

3.2.1　部件位置

如图 3 – 5 所示，油箱增压系统的部件位于右主起落架轮舱，在液压 A、B 系统油箱之间，靠近前壁板的位置。增压系统主要的组成部件有：油箱增压组件、限流孔组件、油箱减压阀、压力表、释压阀、通气孔、地面增压接头等。油箱增压组件位于主起落架轮舱前壁板的支架上。

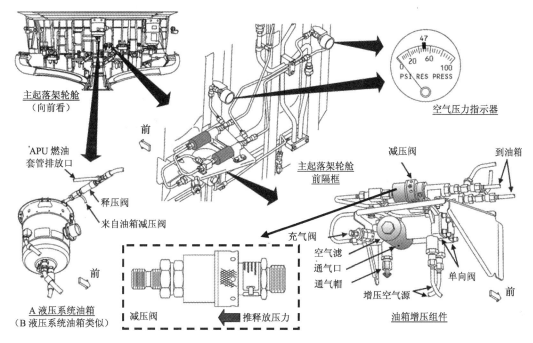

图 3 - 5　油箱增压系统部件位置

3.2.2　工作原理

现代飞机的液压油箱增压通常是通过发动机压气机的引气增压，也可以从 APU 引气增压。当油箱增压组件增压时，增压系统向液压 A、B 系统的油箱提供引气压力，备用液压系统则通过与液压 B 系统相连的加油平衡管增压。如图 3 - 6 所示，气源系统的引气通过限流

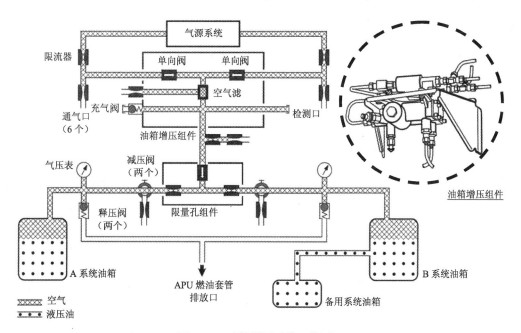

图 3 - 6　油箱增压系统工作原理

器进入油箱增压组件，流经通气装置去除水分等杂质。在组件内，气体经过清洁，小部分气体逸出系统，大部分气体则流经单向阀、限流器、油箱减压阀、气压表，然后到达油箱，将油箱的压力控制在45～50psi，使油箱至泵的供油和系统的回油增压。气压表可显示对应油箱的气压。当油箱内的气压超过60～65psi，释压阀会自动打开释压。

在地面勤务时，通过油箱减压阀对每个主液压系统的油箱单独释压。在油箱释压前，必须先将发动机或APU引气系统释压，再将减压阀上的滚花胀圈移到通气位置时，空气从通气孔溢出。当空气停止流动时，油箱便处于环境压力下。在维护时，通气锁定装置将滚花胀圈锁定在打开位。若将油箱减压阀的滚花胀圈移到正常位，接通液压A、B系统油箱的增压管路。油箱增压组件的主要组成部件如表3－1所示。

表3－1 油箱增压组件的主要组成部件

部件名称	个数	作　　用
单向阀	2	隔离左、右发动机引气系统，防止任意一台发动机引气失效时引气压力泄漏
气滤	1	无旁通、可清洁、15～20μm级的筒形气滤，用于清洁，防止杂质污染系统下游
充气阀	1	对油箱增压组件和限流孔上游的引气管减压，也可以在地面维护时增压液压系统油箱
检测口	1	安装维护用的地面压力源或做维护测试用的压力器
限流孔组件	1	位于油箱增压组件和主液压系统油箱之间，把来自于油箱增压组件的气体送往A、B系统油箱。限流孔组件由一个单向阀和两个限流器组成，当任意油箱减压阀失效时，防止增压管路失压
减压阀	2	用于地面维护时对液压油箱人工放气
释压阀	2	位于液压A、B系统油箱顶部的旁边。当油箱内的气压达到60～65psi时，释压阀会自动打开释压，以保护油箱。任意油箱的多余压力从APU燃油排放套管的排放口排出
流量限制器	9	防止下游管道破裂，使气源系统的压缩空气损失太多
通气口	6	用于清除增压系统的污染物和水汽

3.3　主液压系统

主液压系统由液压A系统和液压B系统组成，两个液压系统相互独立工作，分别向发动机反推装置、起落架和飞行操纵系统提供液压动力。正常情况下，系统输出的压力为3000psi左右。

如图3－7所示，油箱增压系统将来自气源系统的气体增压过滤后供给液压油箱，增压油液。增压后的液压油再流向液压泵。主液压系统主要的组成部件有：油箱（两个）、过热/防火面板、液压面板、发动机驱动泵关断阀（两个）、发动机驱动泵EDP（两个）、电动泵EMDP（两个）、压力组件（两个）、壳体回油滤组件（两个）、热交换器（两个）、系统回油滤组件（两个）。

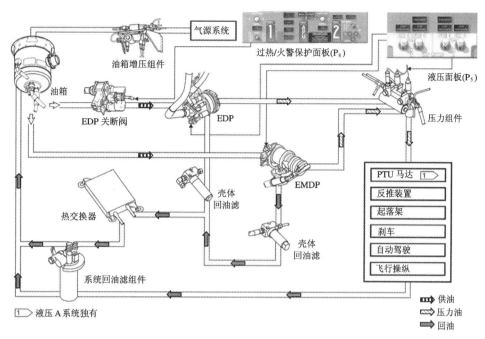

图 3 - 7　主液压系统的组成

3.3.1　控制和指示

（1）控制

如图 3 - 8 所示，飞行员可以通过位于 P_5 前部顶板上的液压控制面板控制主液压系统的泵，通过 P_8 后电子设备面板上的发动机灭火电门控制供往 EDP 的液压油。

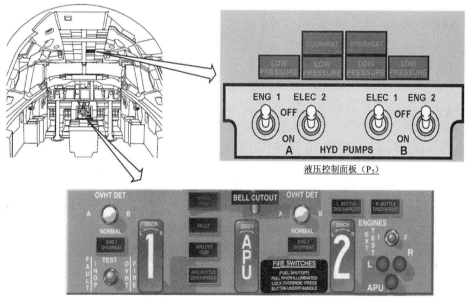

图 3 - 8　主液压系统的控制指示

在液压控制面板上，主液压系统的每个 EDP 和 EMDP 都有一个相应的控制电门，这些电门均为双位置电门，有"ON"和"OFF"两个位置。"ENG 1"液压泵电门控制 A 系统的 EDP；"ENG 2"液压泵电门控制 B 系统的 EDP。"ELEC 2"液压泵电门控制 A 系统的 EM-DP；"ELEC 1"液压泵电门控制 B 系统的 EMDP。

发动机灭火电门的作用是当发动机出现火警时隔离发动机，即切断向发动机的供油、供气和供电。每个发动机灭火电门控制对应发动机的 EDP 供油关断阀。当操纵某个灭火电门时，立即切断相应发动机的 EDP 供液压，并且解除对应油泵的低压灯。

（2）指示

在液压控制面板上有关于主液压系统的泵的低压警告和过热警告。

由压力组件内的压力电门负责监控 EDP 和 EMDP 的出口压力。当 EDP 和 EMDP 输出的压力低于正常值时，与油泵相对应的琥珀色低压指示灯"LOW PRESSURE"点亮。低压琥珀灯在相应液压泵控制电门的上方。

在 EMDP 电动马达壳体和 EMDP 的壳体回油管上各有一个的温度电门，分别监控 EMDP 电马达壳体和 EMDP 壳体回油管路的温度。当电动马达内壳体温度或 EMDP 壳体回油温度超过正常值时，相应的 EMDP 琥珀色过热指示灯"OVER HEAT"亮。过热指示灯位于相应的 EMDP 低压琥珀灯上方。

3.3.2　主要部件

3.3.2.1　油箱

液压油箱的作用是用来存储液压油，将一定压力下的液压油供到液压泵，并且收集从飞机用压系统的回油。

（1）位置

如图 3-9 所示，液压 A 系统的油箱位于主轮舱前壁板的中部，液压 B 系统的油箱在主轮舱前壁板的右侧。

（2）结构

A 系统油箱总容量为 6.8USgal（25.8L），B 系统油箱总容量为 10.7USgal（40.6L）。

每个油箱都是一个密封的金属外壳，油箱上连接有：空气压力接头、EDP 和 EMDP 供油管接头、回油管接头、放油阀、液压油量传感器/指示器。

油箱顶部的空气压力接头连接至油箱增压组件，以进行油箱增压。A 系统油箱的底部有两根供油管，分别向 A 系统的 EDP 和 EMDP 供油。其中，往 EDP 的供油管带有竖管，从而造成 EDP 不能使用油箱底部的 2.3USgal 油液。而往 EMDP 的供油直接连接于油箱的底部，EMDP 可以使用油箱中全部的油液。B 系统油箱的底部也有两根供油管。其中，一个供油管带有竖管，用于向 B 系统的 EDP 和 EMDP 供油，从而造成 EDP 和 EMDP 不能使用油箱底部的 1.3USgal 油液。另一个供油管则直接连接至油箱的底部，用于向 PTU 供油。B 系统油箱通过加油平衡管连接到备用液压系统油箱，因此 B 系统油箱的压力也可以给备用系统的油箱增压。在 A、B 系统油箱的底部各有一个人工操作的放油阀。

（3）油量指示

油箱内有一个浮子式的油量传感器，直接控制油箱外的直读式油量表，并向驾驶舱内的系统显示面板提供电信号，指示主液压系统的油量，以满油量的百分比显示。油箱外的油量

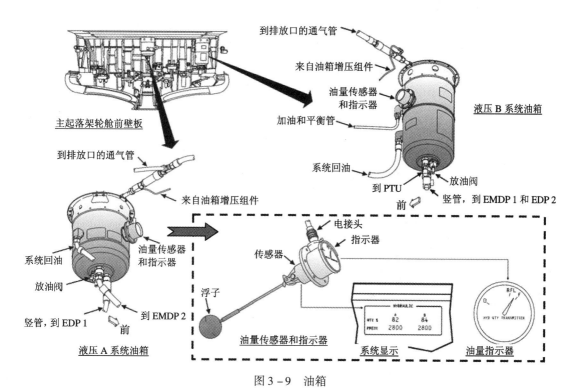

图 3 – 9　油箱

表主要用于在地面加油时指示油量。直读式油量表上有 3 个标记"O""RFL"和"F"。"O"表示油箱是空的,"RFL"表示须要加油,"F"表示油箱满油量。当指针在 O – RFL 区域时,须要加油。加油时,必须加到满油量。

表 3 – 2 给出油箱在不同液面高度时,上中心显示组件上的显示值。

表 3 – 2　液压系统油箱容量

油箱		油量/（USgal/L）	上中心显示组件上的显示值
液压 A 系统	满油量	5.7/21.6	100%
	加油	4.7/17.7	76%
	EDP 立管	2.3/8.5	20%
	超量	超过 5.7/21.6	101% ~ 106%
液压 B 系统	满油量	8.2/31.1	100%
	加油	6.9/26.0	76%
	加油和平衡	6.6/25.1	72%
	EDP/EMDP 立管	1.3/4.9	0
	超量	超过 8.2/31.1	10% ~ 106%

3.3.2.2 EDP 供油关断阀

EDP 供油关断阀位于液压油箱和 EDP 之间的供油管路上，受制于发动机的灭火电门。当发动机灭火手柄推下，阀门在正常位，打开。当移动 1 号发动机灭火电门至"UP"位时，A 系统的 EDP 供油关断阀移动至关断位，切断 A 系统油箱向 EDP 的供油；当移动 2 号发动机灭火电门至"UP"位时，B 系统的 EDP 供油关断阀移动至关断位，切断 B 系统油箱向 EDP 的供油。

(1) 位置

如图 3 – 10 所示，A 系统的 EDP 供油关断阀位于主轮舱前壁板的上部左侧，在 A 系统油箱与 1 号发动机 EDP 之间的供油管上。B 系统的 EDP 供油关断阀位于主轮舱前壁板的上部右侧，在 B 系统油箱与 2 号发动机 EDP 之间的供油管上。

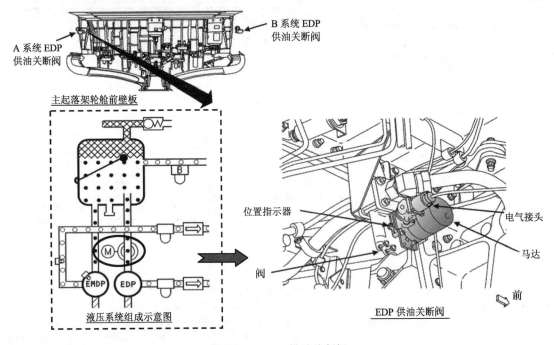

图 3 – 10　EDP 供油关断阀

(2) 维护

EDP 供油关断阀是一个由 28V 直流马达驱动的双位置，通常保持在开位。阀门体上有位置指示器，显示阀的位置：OPEN（打开）或 CLSD（关闭）。不能用位置指示器人工打开或关闭该阀门。

当拉起灭火手柄时，由于停止了向油泵的供油，油泵壳体的回油也将不流经 EDP。当阀门处于关断位时，如果发动机继续运转（风车状态），则 EDP 可能会受损。此时，必须检查 EDP 的压力和壳体回油滤。注意：更换 EDP 供油关断阀之前，要将油箱释压、放油。

3.3.2.3 发动机驱动泵（EDP）

液压泵通常是由飞机发动机带动的。发动机的高压转子通过附件齿轮传动带动 EDP 的转子转动，EDP 开始工作，从对应的油箱抽油，将油液增压之后供向液压 A、B 系统的用户。当发动机转子转动，EDP 立即工作；当发动机停车，EDP 也随之停止工作。

（1）位置

EDP 用卡箍装在发动机左侧附件齿轮箱的前表面上。如图 3-11 所示，有 3 条管路与油泵相连，分别是：液压供油管、输出压力管、壳体回油管。供油管和输出压力管都是采用一种自密封、快卸的接头与泵相连，防止漏油并隔绝外部空气。而壳体回油管采用的则是螺纹形接头与泵相连。位于发动机勤务连接板支撑梁上的快卸接头，便于发动机的维护或拆卸。EDP 的重量为 32lb。

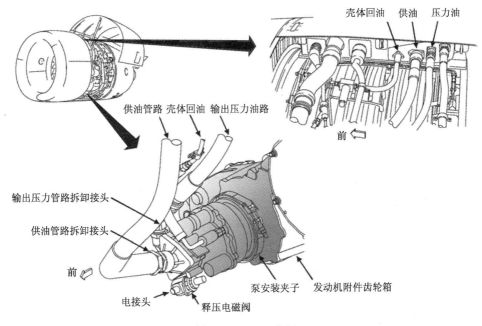

图 3-11　EDP 位置

（2）工作

EDP 是一种带有电磁控制释压阀的，变量压力补偿柱塞泵。电磁线圈控制的释压阀控制油泵的出口压力，从而控制液压泵的工作模式。EDP 具有 3 种工作模式：正常（即增压）模式、自动释压模式、人工释压模式。在正常模式下，油泵向液压系统供压，压力为 3000psi，流量为 36GPM①。在释压模式下，泵与液压系统隔离，没有输出液压油。工作原理如图 3-12 所示。

①正常工作模式

当液压控制面板上 "ENG 1 HYD PUMP" 或 "ENG 2 HYD PUMP" 电门置于 "ON" 位时，释压电磁阀的电磁线圈断电，释压电磁阀处于极上的位置，补偿阀在弹簧力的作用下也处于极上位置，作动活塞的左腔通回油，在弹簧力的作用下推动斜盘到最大倾斜角的位置。随着发动机工作，发动机转子通过附件齿轮箱驱动泵转子转动，油泵不断将进口油液输送到泵的出口，油泵出口压力提高。当泵出口的压力升高到足以克服阻断阀弹簧力时，阻断阀打开，油泵开始向系统供压。在正常模式下，油泵在 3750r/min 时，最大输出 37.5GPM，输出压力是 2850psi。稳定的最大输出压力是 2950~3075psi。

_____

① GPM（gpm）是流量单位，即加仑/分钟（USgal/min）。

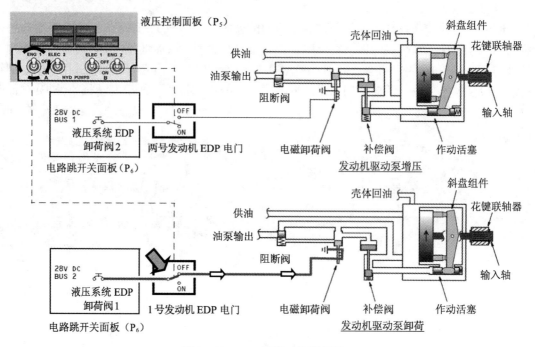

图 3 - 12　EDP 卸荷工作原理图

②自动卸荷工作模式

当液压系统用户不作动、系统压力逐渐升高时，油泵出口的压力也逐渐升高。补偿阀在高油压的影响下逐渐向下移动，油压开始推动斜盘作动活塞，使斜盘角度逐渐减小，以减少供油量。当系统压力继续升高达到某一数值时，斜盘角度减到最小，泵停止向外供油，限制泵出口压力进一步升高。但此时油泵仍有约 1USgal/min 的输出，满足油泵内部组件润滑和冷却的需要。这部分油液最后经过油泵壳体回油管路回到油箱。此时 EDP 的负荷很小，输出流量为 0、压力保持在 3000psi。

当操纵某传动部分工作而使系统压力下降时，补偿阀在其下部弹簧的作用下上移，斜盘角度在控制弹簧的作用下逐渐加大，油泵又向系统输出压力。

③人工卸荷工作模式

当对应的发动机运转，EDP 投入工作。当液压面板上的 "ENG 1 HYD PUMP" 或 "ENG 2 HYD PUMP" 电门扳到 "OFF" 位时，接通一个 28V 的直流电路，电磁阀的电磁线圈通电，作动电磁阀至关闭位（极下位）。当电磁阀关闭，液压油同时供给阻断阀的上腔和下腔，阻断阀两端液压压力相等，在弹簧力作用下关闭，EDP 停止向外供压。液压流向补偿阀，克服下部弹簧力，使补偿阀下移。当补偿阀打开，油液流向作动活塞的左腔。当作动活塞左腔的压力大于弹簧力时，推动活塞右移，推动斜盘组件移动至近 0° 倾角的位置。此时 EDP 的输出流量为 0、压力为 0，但油泵仍在旋转，其内部仍有 1USgal/min 的输出，以保证 EDP 的润滑和冷却。

（3）EDP 的控制

EDP 的控制取决于驾驶舱 P_5 板液压控制面板上的 "EDP HYP PUMP" 电门和 P_8 板上的对应发动机的灭火手柄。

油箱往 EDP 的供油取决于 EDP 供油关断阀的开关状态。EDP 供油关断阀受控于驾驶舱 P_8 板上的对应发动机的灭火手柄。当把发动机灭火手柄收回到正常位，EDP 供油关断阀移向开位，液压油顺利的供给 EDP；当拉起灭火手柄，EDP 供油关断阀移向关位，切断了通向 EDP 的液压供油。在这种条件下，泵内也没有壳体回油。当操作任意发动机灭火手柄时，泵的低压琥珀灯解除。

正常情况下，在液压控制面板上，当操作"ENG 1 HYD PUMP"或"ENG 2 HYD PUMP"电门在"ON"位时，EDP 供油关断阀打开，EDP 有压力输出到液压系统。当操作"ENG 1 HYD PUMP"或"ENG 2 HYD PUMP"电门在"OFF"位，EDP 供油关断阀关闭，泵停止输出，但此时油泵内部仍有壳体回油。

注意：不论飞机电源是否关掉，"ENG 1 HYD PUMP"或"ENG 2 HYD PUMP"电门都应保持在"ON"位。除非需要关掉泵的压力。这样可以延长电磁卸荷阀的寿命。

3.3.2.4　电动马达泵

在液压 A、B 系统中各有一个电动马达泵（EMDP）。EMDP 由 115V 的三相交流马达驱动，由控制电门控制其工作。EMDP 与主液压泵 EDP 是并联工作的，可以同时向液压系统供压。

（1）位置

EMDP 位于主起落架轮舱前壁板中部，如图 3 – 13 所示。

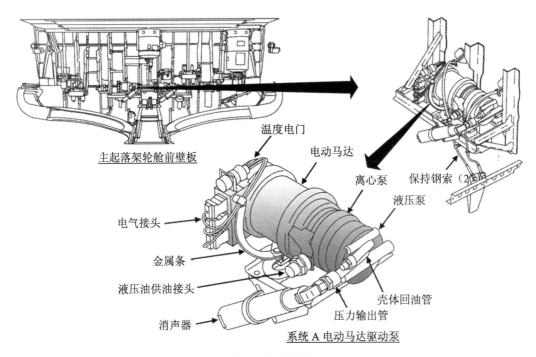

图 3 – 13　EMDP

EMDP 是由 115V 三相交流马达驱动的二级增压泵，供压级是离心泵，高压级是柱塞泵。有 3 条油管与 EMDP 相连接，分别是：供油管（在 EMDP 与 A、B 系统油箱之间各有一个快卸接头）、压力管、壳体回油管。在 EMDP 压力油路上有一消声油滤，可减低噪声和管路振动。EMDP 无油时的重量为 30lb。

（2）工作

在进入离心泵之前，液压油先进入电动马达的壳体，冷却电动马达。离心泵对油液预增压，然后将油液送入单级、变量且带有压力补偿的柱塞泵。通过改变斜盘角度，改变供油量，以保持泵出口压力恒定。两个 EMDP 的额定状态是 2700psi，流量为 5.7GPM。供给液压泵的一部分油液变成壳体回油，冷却并润滑油泵，再通过壳体回油管到达热交换器，散热后回到油箱。两个温度电门分别监控 EMDP 电动马达壳体及 EMDP 壳体回油管路的温度。当温度超温时，温度电门闭合，将电信号传递至驾驶舱内的液压控制面板，并点亮该泵的过热指示灯。当温度回落正常值时，温度电门复原位，对应泵的过热指示灯熄灭。

（3）控制

液压控制面板上的"ELEC HYD PUMP"电门控制电动泵（EMDP）。当"ELEC HYD PUMP"电门在"ON"位，115V 交流电接到 EMDP，EMDP 马达开始工作。当"ELEC HYD PUMP"电门在"OFF"位时，EMDP 马达停止工作。

3.3.2.5　压力组件

压力组件是把多个液压元件组装在一起形成的组件。压力组件位于液压泵出口的压力管路上，主要的作用是将液压泵的出口压力分配给用户系统；清洁 EDP 和 EMDP 的出口压力油；监控液压泵的压力和系统压力；对系统实施超压保护。

（1）位置

如图 3 – 14 所示，液压 A 系统压力组件位于主起落架轮舱前壁板的左侧，液压 B 系统压力组件靠近主起落架轮舱前壁板的中部。压力组件内主要包括有以下附件：压力油滤（两个）、油泵低压电门（两个）、EDP 自动缝翼系统压力电门（仅 B 系统）、单向阀（两个）、压力传感器（一个）、释压阀（一个）。

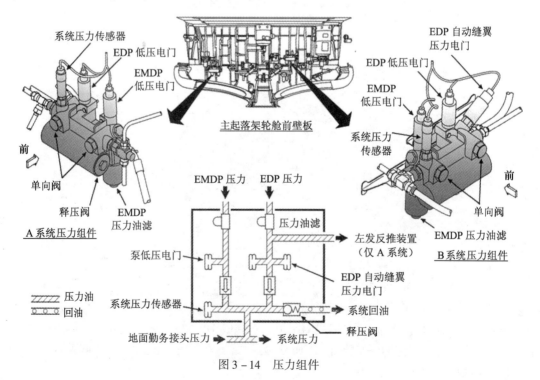

图 3 – 14　压力组件

（2）工作

EDP 和 EMDP 出口的压力油流经压力油滤。两个压力油滤均为 5～15μm 级、非旁通式的套筒式滤芯的油滤，滤芯不可清洗，须定期更换。两个油泵低压电门位于压力油滤的下游，分别感受 EDP 和 EMDP 出口的油液压力。当 EDP 和 EMDP 的出口压力下降且低于正常值时，低压电门向液压控制面板发送低压信号。在 B 系统的压力组件中，在 EDP 出口的压力油滤下游还有一个 EDP 自动缝翼压力电门。当 B 系统的 EDP 出口压力下降低于 2350psi 时，EDP 自动缝翼压力电门向液压动力转换组件（PTU）发送信号。两个单向阀位于油泵低压电门的下游，目的是防止液压油倒流，并将油泵低压电门、系统压力与地面勤务接头压力三者隔离。油液流过单向阀后，两条油泵出口的压力油路混合。在混合管路上有系统压力传感器和释压阀。系统压力传感器监测系统压力，并向电子设备舱的电子显示组件（DEU）传送电信号。DEU 将数据传送到位于驾驶舱内的公用显示系统。释压阀对下游用户系统进行超压保护，当系统压力超过正常值达到 3500psi 时，释压阀打开释压。

3.3.2.6　壳体回油滤组件

油滤的作用是过滤杂质和金属微粒，防止传动时损伤部件。壳体回油滤组件的作用是清洁发动机驱动泵 EDP 和电动马达驱动泵 EMDP 的壳体回油，同时监测液压泵的磨损情况。

（1）位置

如图 3-15 所示，EDP 的壳体回油滤组件位于 EDP 和发动机支架上的液压接头之间。EMDP 的壳体回油滤组件位于相应泵减振支架的下方，在主起落架轮舱的前壁板上。

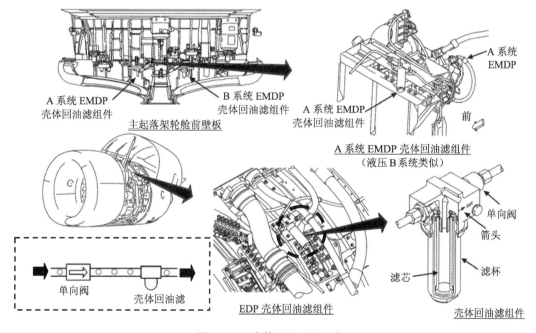

图 3-15　壳体回油油滤组件

（2）工作

壳体回油滤组件是一个 10～20μm、非旁通式、不可清洁的套筒式滤芯的油滤，主要组成元件是：滤杯、可更换的滤芯、单向阀。组件上的箭头显示油液流经油滤组件的方向。组件出口的单向阀防止系统中其他油泵造成的反流。

（3）维护

如果因油泵故障而更换油泵时，必须同时更换该泵的壳体回油滤的滤芯。滤芯不能清洗、不可重复使用。

如果操纵发动机灭火手柄且 EDP 运行 5min，必须检查 EDP 的壳体回油滤，确定油泵是否损坏，并更换滤芯。

受污染的 EMDP 壳体回油滤将导致 EMDP 超温，并点亮过热警告灯、主警告灯和信号牌上液压灯。如果 EMDP 的壳体回油滤内发现金属屑，必须完成 EMDP 壳体回油滤金属屑检查的工作。

3.3.2.7　系统回油滤组件

在液压系统工作时，选择阀门、油泵和其他一些液压附件在正常磨损中会产生一些金属微粒。另外，液压油还可能混入其他杂质，这些杂质如果混入运动部件的间隙中，会导致磨损加剧，损伤部件。因此，要在液压系统中安装油滤，过滤系统中的杂质。系统回油滤组件的作用是清洁及引导返回油箱的用压系统的回油。

（1）位置

液压 A、B 系统的系统回油滤组件均位于主起落架轮舱的前壁板上，系统油箱下，如图 3-16 所示。

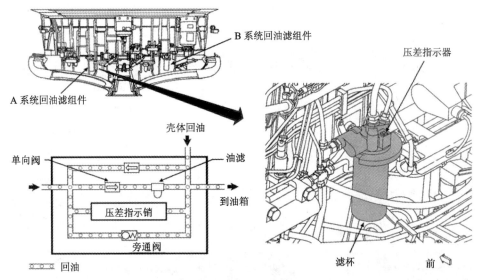

图 3-16　系统回油滤组件

（2）工作

系统回油滤是一个 15μm 级、旁通式、不可清洁的套筒式滤芯的油滤，主要组成元件是：头部组件、滤杯、可更换的滤芯。油滤的头部组件包含以下元件：旁通阀、压差指示销、单向阀、关断阀。

当回油滤堵塞时，在滤芯两侧产生 65psi 的压差，红色的压差指示销会自动伸出，提示维护人员需要更换滤芯。压差指示销需要人工按压复位。当温度低于 36℉①（2℃）时，压

---

①　t_F（℉，华氏度）$= 32 + 1.8t$（℃）。

差指示销不会伸出。如果滤芯两侧压差达到100psi或更高时，旁通阀打开，使液压油不经过油滤直接回到油箱，保证液压系统的循环。系统回油滤的头部组件内有两个单向阀形成一个负压回路。该负压回路的作用是在当前液压用户系统不增压的情况下，允许油液不经滤芯从油箱返回系统，防止液压系统出现气隙和油滤反冲现象。在拆卸油滤更换滤芯时，通过关断阀关断油路，防止油箱中的油液泄漏。

（3）维护

在更换滤芯后，按回压差指示销，使其复位。

3.3.2.8　热交换器

热交换器用于冷却油泵的壳体回油。

（1）位置

如图3-17所示，液压A系统的热交换器位于EDP和EMDP公共的壳体回油管上，安装于1号燃油箱的底部。液压B系统的热交换器同样位于EDP和EMDP公共的壳体回油管上，安装于2号燃油箱的底部。

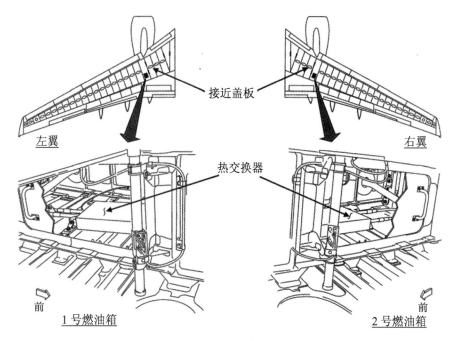

图3-17　热交换器

（2）工作

热交换器是一个翅片管式组件，具有以下部件：翅片管核心、入口、出口、托架组件。热交换器重量7.6lb，两个系统的热交换器可以互换。热交换器接受来自EDP和EMDP的壳体回油，通过热交换，将液压油的热量传给燃油箱中的燃油。

（3）维护

当1号或2号燃油箱的油量低于250USgal（1675lb，760kg）时，其相应的A系统或B系统的EMDP不得操作超过2min。再次操作泵之前，必须等油箱温度降至环境温度。否则，可能损伤设备。

3.3.2.9　地面勤务接头组件

地面勤务接头组件用于连接地面勤务车，对液压 A、B 系统进行增压。

（1）位置

A 系统的地面勤务接头组件位于左冲压空气舱的后壁板。B 系统的地面勤务接头组件位于右冲压空气舱的后壁板，如图 3-18 所示。

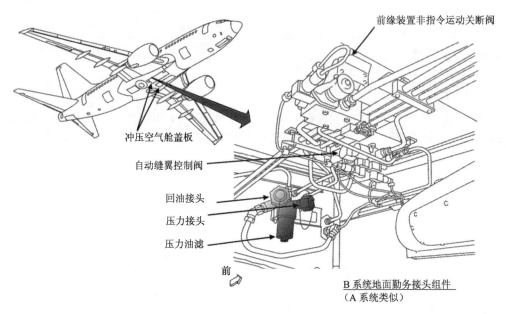

图 3-18　地面勤务接头组件

（2）工作

地面勤务接头组件包含以下部件：压力接头、回油接头和压力油滤。压力接头和回油接头都是快卸接头。压力油滤是一个 5～15μm、非旁通式、不可清洁的套筒式滤芯的油滤。

地面液压车给 A、B 系统供压的操作是相同的。由勤务车来的油液经过压力油滤清洁，进入 A 或 B 系统，到达系统压力组件的单向阀以及用压系统。用压系统被作动，经地面勤务接头组件的回油接头回油，油液返回勤务车。当地面液压车给飞机增压时，任意系统的压力也将显示在驾驶舱的压力指示器上。

3.3.2.10　地面勤务系统

地面勤务系统从一个中心位置给所有的液压油箱加油。

（1）位置

如图 3-19 所示，地面勤务系统的部件位于右主起落架轮舱前壁板的下外侧区域，主要部件有：油箱加油选择阀、油箱加油过滤组件、人工加油泵、压力加油接头。

（2）工作

对液压油箱的加油有两种方式：地面勤务车压力加油和人工加油。地面勤务车通过压力加油接头为液压系统油箱加油。不使用时，压力加油接头用口盖遮盖。人工加油泵是一个双行程柱塞式泵，在没有压力勤务设备时，可以对所有油箱进行人工加油。一根吸油软管连接在手摇泵上，在人工加油时，将吸油软管的另一端插在液压油罐中。不用时，将吸油管的末端放在保护套中。

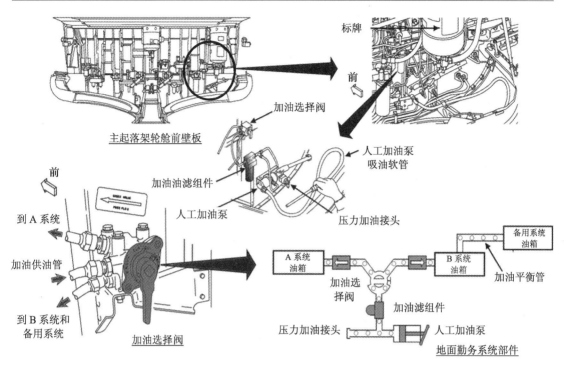

图 3 - 19　地面勤务接头系统

　　加油滤是一个 0 ~ 3μm、非旁通式、不可清洁的套筒式滤芯的油滤，对进入任意一液压油箱的油液进行清洁。不论是哪种加油方式，都要通过加油选择阀选择加油的对象。该阀门是一个人工操纵的三位置选择阀，分别是 A 端口、B 端口和关闭 3 个位置。当该阀置于"A 端口"即为液压 A 系统油箱加油，当阀门置于"B 端口"则为液压 B 系统和备用油箱加油。勤务结束后，把加油选择阀移到"关闭位"。

3.3.2.11　液压 A 系统

（1）系统用户

　　液压 A 系统为以下系统提供液压油：左反推；动力转换组件（PTU）马达；起落架收放；前轮转弯；备用刹车；副翼；自动驾驶 A 系统；升降舵；升降舵感觉计算机；方向舵；2 号、4 号、9 号、11 号飞行扰流板；1 号、6 号、7 号、12 号地面扰流板。

（2）系统工作

　　液压 A 系统的工作原理如图 3 - 20 所示。来自气源系统的气体经过油箱增压组件的过滤和调压后，到达液压油箱，为油箱进行增压。油箱底部有两根供油管向 EDP 和 EMDP 提供液压油。其中，向 EDP 的供油管带有竖管，使 EDP 不能使用油箱底部的 2.3USgal 的油液。EDP 供油关断阀位于油箱向 EDP 的供油管路上。正常的情况下，该阀门处于打开位；当发动机出现火警时，该阀门关闭，切断油箱向 EDP 的供油。EDP 和 EMDP 持续增压。增压后的液压油进入系统压力组件，经过油滤清洁，被分配至 A 系统的各个用户。当用户被作动后，液压油流经系统回油滤组件，最终回到油箱。EDP 和 EMDP 的壳体回油均流过各自的壳体回油滤组件和公共的热交换器，最后回到油箱。系统压力组件中的两个油泵压力电门监控 EMDP 和 EDP 的出口压力，系统压力传感器监控系统压力。在 EMDP 电动马达的壳体和 EMDP 壳体回油管路上各有一个温度电门，监控 EMDP 的温度。

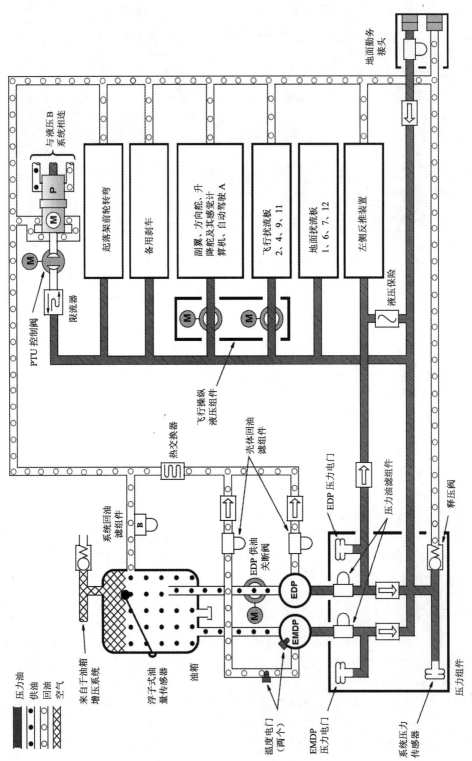

图 3-20 液压 A 系统

液压 A 系统还可以通过地面勤务接头组件，由地面勤务车给用压系统增压。

3.3.2.12　液压 B 系统

（1）系统用户

液压 B 系统为以下系统提供液压油：右反推；动力转换组件（PTU）泵；备用收起落架；备用前轮转弯；正常刹车；副翼；自动驾驶 B 系统；升降舵；升降舵感觉计算机；方向舵；3 号、5 号、8 号、10 号飞行扰流板；后缘襟翼、前缘襟翼和缝翼。

（2）系统工作

液压 B 系统的工作原理如图 3-21 所示。来自气源系统的气体经过油箱增压组件的过滤和调压后，到达液压油箱，为油箱进行增压。与 A 系统不同的是，液压 B 系统油箱有一根带有竖管的供油管，该管同时向 EDP 和 EMDP 提供液压油，使 EDP 和 EMDP 不能使用油箱底部的 1.3USgal 的油液。EDP 供油关断阀位于油箱向 EDP 的供油管路上。正常的情况下，该阀处于打开位；当发动机出现火警时，该阀关闭，切断油箱向 EDP 的供油。EDP 和 EMDP 持续增压。增压后的液压油进入系统压力组件，经过过滤，被分配至系统各个用户。当用户被作动后，油液流经系统回油滤组件，最终回到油箱。EDP 和 EMDP 的壳体回油均流经各自的壳体回油滤组件和公共的热交换器，最后回到油箱。PTU 组件由一个液压马达和一个液压泵组成，两者连接在同一根轴上。当 PTU 控制阀打开时，PTU 的马达得到液压 A 系统的压力，从而带动液压泵。PTU 的液压泵将 B 系统的油液增压后输出，为前缘襟翼和缝翼提供紧急液压动力。系统压力组件中的两个油泵压力电门监控 EMDP 和 EDP 的出口压力，系统压力传感器监控系统压力。在 EMDP 电动马达的壳体和 EMDP 壳体回油管路上各有一个温度电门，监控 EMDP 的温度。

液压 B 系统也可以通过地面勤务接头组件，由地面勤务车给用压系统增压。

3.4　辅助液压系统

辅助液压系统作为液压 A、B 系统的备用压力源，由备用液压系统和液压动力转换组件（PTU）系统两部分组成。

3.4.1　备用液压系统

备用液压系统为备用方向舵作动筒、前缘襟翼和缝翼、双发反推装置提供压力。如图 3-22 所示，备用液压系统主要的组成部件有：油箱、电动泵（EMDP）、备用液压系统压力组件、壳体回油滤组件、飞行操纵面板。

3.4.1.1　控制和指示

备用液压系统的控制与指示位于驾驶舱 P_5 前顶板的飞行操纵面板上，如图 3-23 所示。

（1）控制

在飞行操纵面板上，与备用液压系统控制相关的电门是：飞行操纵 A/B 电门、备用襟翼预备电门、备用襟翼控制电门。将"FLT CONTROL A/B"飞行操纵 A/B 电门任意一个扳到"STBY RUD"备用方向舵位，备用液压系统的 EMDP 开始工作，且打开备用液压系统压力组件中的备用方向舵关断阀；或把备用襟翼"ALTERNATE FLAPS"的预备电门扳到"ARM"预备位，备用液压系统的 EMDP 开始工作。

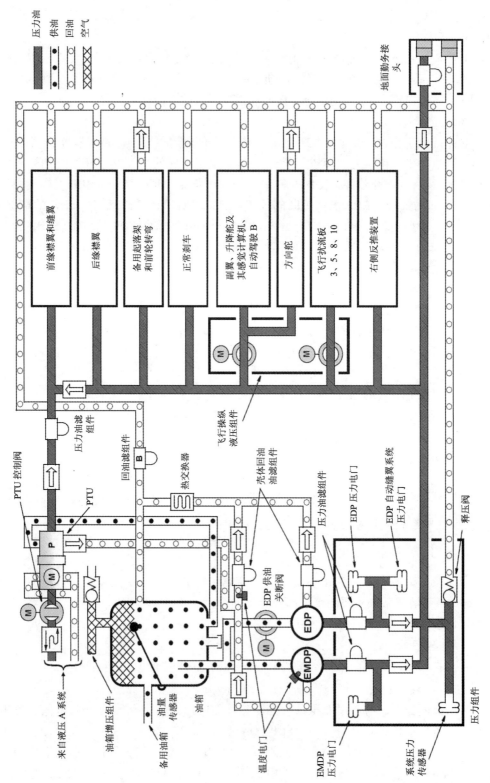

图 3 – 21　液压 B 系统

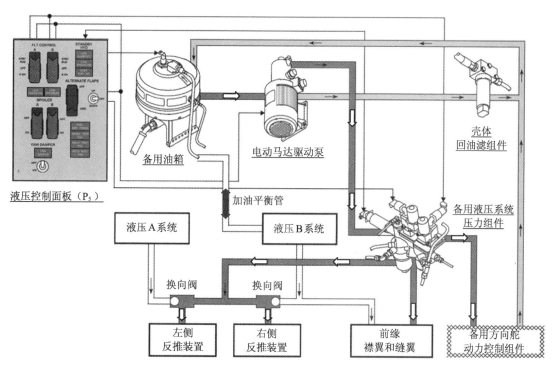

图 3 - 22　备用液压系统

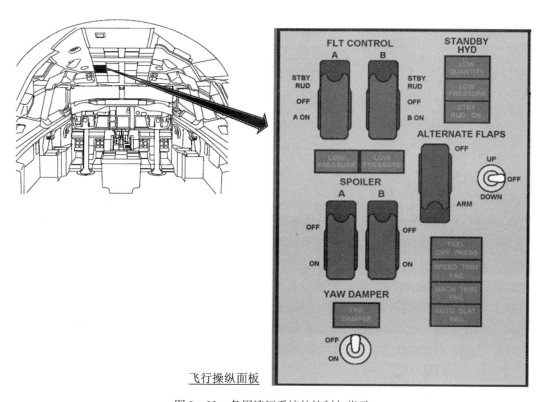

图 3 - 23　备用液压系统的控制与指示

（2）指示

在飞行操纵面板上有关于备用液压系统的两个警告指示：备用液压低油量灯、备用液压低压灯。当备用油箱的液压油少于 50% 时，低油量琥珀灯亮。若 EMDP 的出口压力低于正常值时，低压琥珀灯亮。

3.4.1.2　主要部件

（1）油箱

备用液压系统的油箱为备用液压系统 EMDP 提供增压的液压油。油箱从备用方向舵 PCU 和与 B 系统油箱相连的平衡管得到回油。

①位置

如图 3 - 24 所示，备用液压系统油箱位于主起落架轮舱龙骨梁上，油箱是一个密封的金属壳，容量为 3.6USgal（13.3L）。

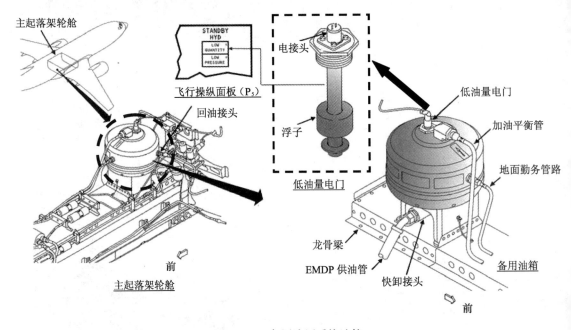

图 3 - 24　备用液压系统油箱

②结构

备用液压系统油箱上主要部件有：地面勤务管、加油与平衡管、EMDP 供油管、低油量电门。此油箱没有放油阀。通过地面勤务接头，地面勤务系统可对备用液压系统和液压 B 系统的油箱进行加油。加油与平衡管将备用油箱与 B 系统油箱相连，具有以下功能：液压油过满时通过勤务系统供往 B 系统油箱；备用液压系统油箱的热膨胀；从液压 B 系统油箱获得增压压力。EMDP 供油管将液压油供给泵，并可清洗油箱。当油箱中液压油液面低于 50% 时，低油量电门送出信号给飞行操纵面板上的备用液压低油量琥珀灯。油箱底部还有一个连接备用液压系统 EMDP 供油管的快卸接头。

（2）电动马达泵

与主液压系统不同，在备用液压系统中只有一个电动马达泵（EMDP）为备用液压系统提供液压压力。

①位置

如图 3-25 所示，备用液压系统的 EMDP 位于右后机翼机身整流罩，刹车蓄压器的内侧。

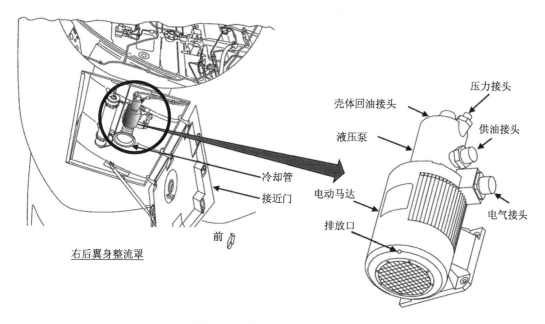

图 3-25　备用液压系统 EMDP

②结构

EMDP 由一个三相 400Hz 115V 的交流电动马达驱动。马达固定在飞机结构上，泵则固定在马达上。EMDP 在额定状态下压力为 2700psi，流量为 3.7GPM。

③工作

EMDP 从备用油箱抽油，为备用液压系统的压力组件提供压力供应。壳体回油冷却并润滑油泵，流经壳体回油滤后返回油箱。马达通过一个冷却管道进行空冷。飞机外部的空气从位于右后机翼—机身整流罩接近门上的通气装置流入 EMDP 的冷却管道，流经 EMDP 后进入机舱。在机身另一侧的左后机翼—机身整流罩上也有一个通风孔。

（3）压力组件

一旦备用液压系统的 EMDP 投入工作，和主液压系统类似，EMDP 出口的压力油也是先经过系统压力组件的处理再供给用户。备用液压系统压力组件的作用：清洁来自备用 EMDP 的液压油；控制向前缘襟翼和缝翼的供压；控制向备用方向舵动力控制组件（PCU）的供压；向反推装置提供压力；监控系统压力；超压保护。

①位置

如图 3-26 所示，备用液压系统压力组件位于主起落架轮舱的后壁板上。

②结构

备用液压系统的压力组件的主要部件包括：前缘襟翼和缝翼关断阀、备用方向舵关断阀、压力油滤、释压阀、壳体回油滤组件、EMDP 低压电门。

前缘襟、缝翼关断阀与备用方向舵关断阀是同样的由 28V 直流马达操作的阀门。每个阀门都有一个人工超控手柄，手柄指示阀位置，亦可用于开、关阀门。压力油滤是一个具有 $5\sim15\mu m$、非旁通式、不可清洗的套筒式滤芯的油滤。来自 EMDP 的压力油流经压力油滤到达备用方向舵关断阀和前缘襟、缝翼关断阀。当 EMDP 的出口压力低于正常值时，油泵低压电门向飞行操纵面板上的备用液压系统低压指示灯发送信号。电控的备用方向舵关断阀控制到备用方向舵 PCU 的备用压力。电控的前缘襟、缝翼关断阀控制到前缘襟翼和缝翼的备用压力。将备用襟翼预备电门移到预备位和备用襟翼操纵电门置于放下位，该阀门打开。当系统压力大于 3500psi 时，释压阀打开，将压力释放到回油管。当系统压力降至 3400psi 时，释压阀关闭。

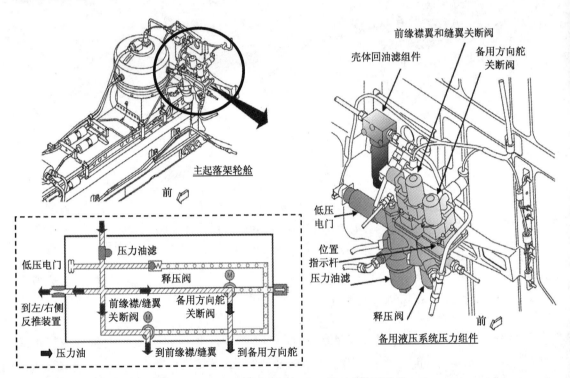

图 3-26　备用液压系统压力组件和壳体回油滤

（4）壳体回油滤

壳体回油滤组件也位于主起落架轮舱的后壁板上，用于过滤来自备用泵的壳体回油。壳体回油组件是一个 $10\sim20\mu m$ 级、非旁通式、不可清洗的套筒式滤芯的油滤。

3.4.1.3　系统工作

备用液压系统的工作如图 3-27 所示。

当备用液压系统开始工作，备用油箱给 EMDP 提供液压油。备用油箱通过一根加油平衡管与液压 B 系统的油箱相连，因而可以通过 B 系统油箱给备用油箱增压和供油。此外油箱上还有一根加油管，通过地面勤务系统，为备用油箱加油。当备用油箱加满时，也可以给 B 系统油箱加油。

一个 EMDP 为备用系统增压，具有人工操作和自动操作两种工作方式。一个泵低压电门，监控油泵的工作情况。当油泵故障出口压力降低到正常压力下时，电门将低压信号传递至驾驶舱内的备用液压低压灯。

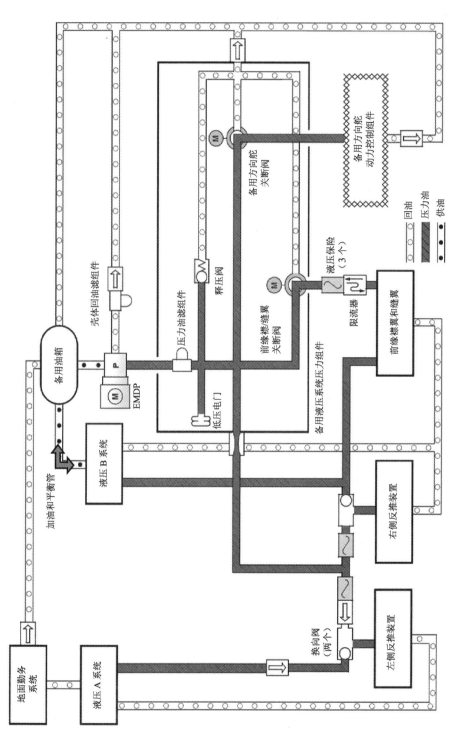

图 3 - 27 备用液压系统

压力组件对来自于 EMDP 的压力油进行过滤、监控及分配。组件里有两个关断阀：前缘襟/缝翼关断阀和备用方向舵关断阀。前缘襟/缝翼关断阀控制到前缘襟翼和缝翼的压力。备用方向舵关断阀控制到备用方向舵动力控制组件的压力。

在往前缘襟翼和缝翼的供压管路上，当管路下游出现渗漏，液压油流量提高到 270 ~ 350in³[①] 时，管路下游的液压保险关闭。一个流量限制阀位于液压保险的下游，将管路流量限制在 2.1GPM，限制前缘襟翼和缝翼的收放速度。在往左、右反推装置的供压管路上，分别有一个液压保险和一个换向阀。当管路下游渗漏导致液压流量提高到 175in³ 时，液压保险关闭，防止系统压力损失过大。换向阀选择液压 A、B 或备用系统的压力供给反推。与往右反推的供压管路不同，在往左反推的供压管路上、换向阀的上游，有一个单向阀。此单向阀可防止 A 系统的液压油流向 B 系统。

3.4.1.4　备用系统操纵模式

如何启动备用液压系统的 EMDP，让备用液压系统投入工作？

关于备用液压系统的操纵存在两种工作模式：人工模式和自动模式，如表 3 - 3 所示。

表 3 - 3　备用液压系统的工作模式

备用液压系统工作模式	人工模式	1. 将 P$_{5-3}$ 板上的 "FLT CONTROL A/B" 电门任一电门扳到备用方向舵 "STBY RUD" 位。备用液压系统的 EMDP 工作，且备用方向舵关断阀打开。 2. 将 "ALERNATE FLAPS" 准备电门扳到 "ARM" 位，备用液压系统的 EMDP 投入工作。
	自动模式	当下列条件同时满足时，28V 直流电激励备用液压泵继电器，EMDP 自动投入工作。 a. 飞机在空中或飞机在地面且轮速大于 60kn；b. 襟翼未收上；c. "FLT CONTROL A/B" 电门至少有一个在 "ON" 位；d. 液压 A、B 系统飞行操纵部分低压（一个或两个）。

3.4.2　动力转换组件

当液压 B 系统的发动机驱动泵（EDP）出口压力低于正常值时，液压动力转换组件（PTU）向前缘襟翼和缝翼提供备用压力，增加飞机的安全裕度，如图 3 - 28。

3.4.2.1　主要部件

液压动力转换组件 PTU 的主要组成部件及功用如表 3 - 4 所示。

3.4.2.2　PTU 的操纵

PTU 的工作情况如图 3 - 29 所示。液压动力转换组件系统通过一个动力转换组件（PTU），利用液压 A 系统的压力给液压 B 系统增压。EDP 自动缝翼系统压力电门位于液压 B 系统压力组件上，用于监控 B 系统 EDP 的低压信号。当液压 B 系统 EDP 出口低压且 PTU 控制阀打开时，PTU 的马达得到来自液压 A 系统的压力。在 PTU 控制阀上游安装一个流量限制器，限制通往 PTU 马达的流量为 13.7GPM，从而限制马达的最大速度。当马达工作时，马达通过共轴驱动 PTU 的泵。PTU 油泵从液压 B 系统油箱获得供油，将油液增压后，通过单向阀和压力油滤组件，最后供向前缘襟翼和缝翼。来自 PTU 油泵的壳体回油在进入系统 B 油箱之前，流经单向阀和液压 B 系统 EMDP 的壳体回油滤。

---

① 　1in³ = 16.387cm³。

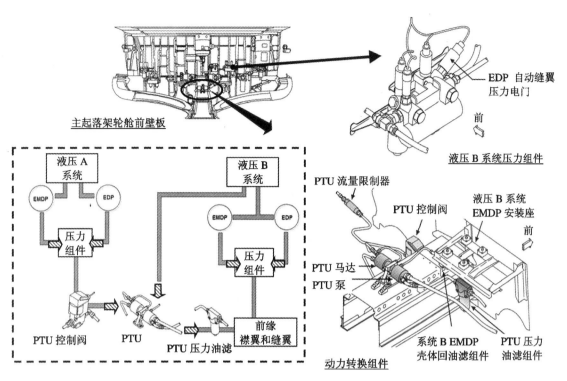

图 3 - 28　动力转换组件的主要部件

表 3 - 4　动力转换组件的组成部件

部件名称	位　　置	功　　用
动力转换组件 PTU	主起落架轮舱的龙骨梁上	PTU 由一个固定排量的活塞型液压马达和一个固定排量的直列活塞型液压泵组成,二者连接同一根轴。来自于液压 A 系统的压力油冲击马达,马达带动位于同一根轴上的泵。泵将液压 B 系统油箱的油抽出来,增压后向用户输出。液压 A、B 系统的油液不串通。如果油泵的壳体回油温度高于正常值,会导致液压 B 系统的 EMDP 壳体回油超温,使得驾驶舱内液压 B 系统的过热灯点亮
EDP 自动缝翼系统压力电门	液压 B 系统的压力组件上	当 B 系统的 EDP 出口压力降至 2350psi 以下时,EDP 自动缝翼压力电门系统送出接地信号到 PTU 控制阀的控制电路
PTU 限流器	主起落架轮舱前壁板,PTU 控制阀上游	限制由液压 A 系统流过 PTU 控制阀的液压流量为 13.7GPM。此时液压泵的流量是 11.6GPM
压力油滤组件	主起落架轮舱液压 B 系统 EMDP 的支架下	清洁 PTU 油泵出口的压力油。压力油滤组件是一个具有 5～15μm、非旁通式、不可清洗套筒式滤芯的油滤,由头部组件、滤杯和可更换的滤芯组成
单向阀	压力油管和 PTU 油泵壳体回油管上	防止液压 B 系统油液倒流
PTU 控制阀	位于主起落架轮舱前隔框	阀门打开时,引导 A 系统的压力油去冲击 PTU 马达。该阀门是一个由 28V 直流马达操纵的双位置关断阀,阀门上的有手动的位置指示器显示阀在打开或关闭位置,亦可通过该指示器人工地打开或关闭 PTU 控制阀

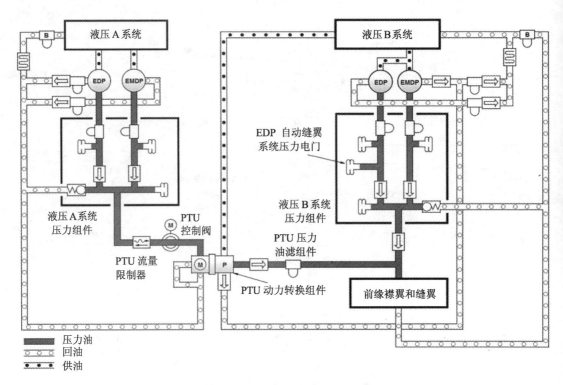

图3-29 液压动力转换组件

关于 PTU 的操纵，如表3-5所示。

表3-5 PTU 的操纵

PTU 的操纵	1. 打开	当下列条件同时满足时，PTU 控制阀打开，压力油流向 PTU 马达，PTU 投入工作： a. 飞机在空中；b. 后缘襟翼未收上位，且放下角度在0~10个单位之间；c. 液压 A 系统压力正常；d. 液压 B 系统 EDP 出口压力低于2350psi 超过0.5s
	2. 自动关断和禁止	PTU 控制阀在下列条件之一时移到关断位，PTU 停止工作： a. 飞机在地面；b. 飞机在空中且后缘襟翼收上或放下角度大于10个单位
	3. 人工关断和禁止	将飞行操纵面板上的备用襟翼预位电门置于到预备位"ARM"且备用襟翼操纵电门移到"DOWN"位时，PTU 控制阀关断，停止 PTU 的工作

3.5 液压指示系统

液压指示系统显示液压系统油量、系统压力、油泵低压和油液超温，包含以下几个子系统：液压油量指示系统；液压压力指示系统；液压油泵低压指示系统；液压油超温警告系统，如图3-30所示。

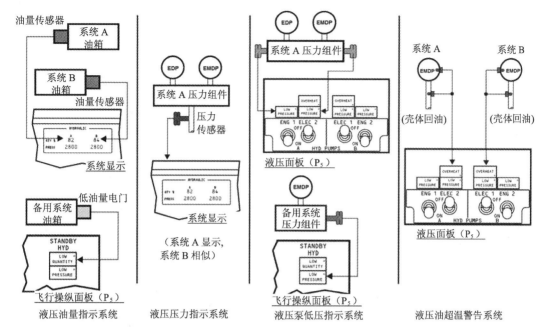

图 3 – 30　液压指示系统

3.5.1　液压油量指示系统

液压油量指示系统提供液压 A、B 系统和备用油箱内油量的指示。该系统利用位于 A、B 系统油箱内的油量传感器向公共显示系统发送信号。A、B 系统的油量以满油量的百分比在指示系统上显示。位于备用油箱内的低油量电门向位于飞行操纵面板上的备用液压低油量指示灯发送信号。

（1）主液压系统油量指示

位于在主起落架轮舱内的液压 A 和 B 系统的油箱内均具有直读式指示器的浮子式油量传感器。液压油量传感器具有以下部件：浮子、指示器和传感器。浮子随油箱内油液升降并绕传感器主体转动。浮子连杆操纵传感器和指示器。指示器是位于油箱外壁面上的机械式指示器，显示液压油量，具有以下指示刻度："0" 为全空；"RFL" 为须加油；"F" 为全满。传感器向显示电子组件（DEU）传送信号，DEU 再将信号传送至公共显示组件（DU）。DU 在系统显示上以满油量的百分比的形式显示液压油量，如图 3 – 31 所示。

因为油量传感器的安装螺栓孔是固定排列的，所以液压 A 系统的油量传感器不能用于 B 系统。

液压 B 系统的油量传感器还具有一个低油量电门。当液压 B 系统流量少于 21% 时，该电门打开禁止备用前轮转弯操纵。

（2）备用液压系统油量指示

备用液压系统通过油箱低油量电门监控备用液压系统低油量。如图 3 – 32 所示，该油量电门位于备用油箱的顶部，是一个磁弹簧片电门。机械浮子在油箱内油液表面上下移动，浮子控制一个磁弹簧片电门。弹簧片电门在油量少于 50% 时发送一个信号，将信号传送至飞行操纵面板上的琥珀色备用液压低油量指示灯。

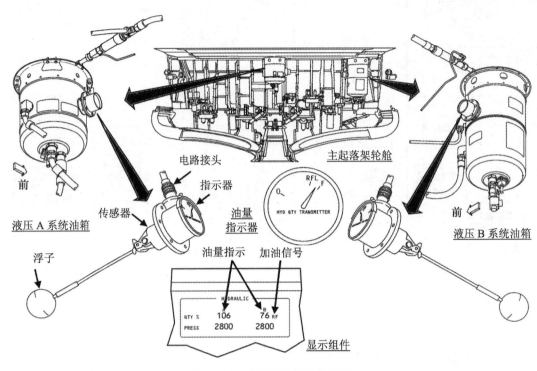

图 3 – 31   主液压系统油量指示

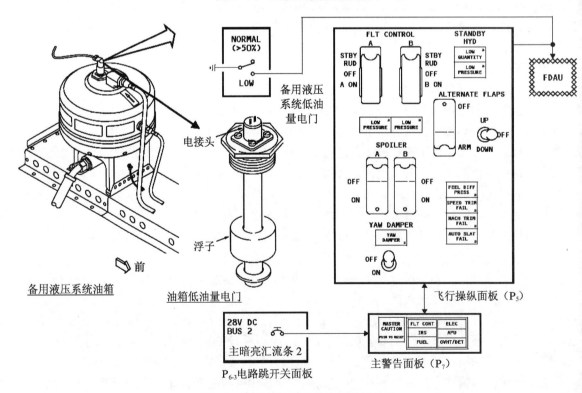

图 3 – 32   备用液压系统箱低油量电门

3.5.2　液压压力指示系统

液压压力指示系统通过 A 和 B 系统的压力传感器感受主液压系统的压力，向驾驶舱的显示系统提供系统压力指示。

液压 A 和 B 系统的压力传感器位于主起落架轮舱前壁板的液压 A、B 系统压力组件上。压力传感器是一个具有活塞、盘片弹簧和电气电门的密封组件。液压 A 和 B 系统压力传感器是可以互换的。压力传感器发送介于 0 ~ 4000psi 之间的压力信号。系统 A 传感器向 1 号显示电子组件发送信号。系统 B 传感器向 2 号显示电子组件发送信号。显示电子组件再将该数据传送到系统显示器，如图 3 - 33 所示。

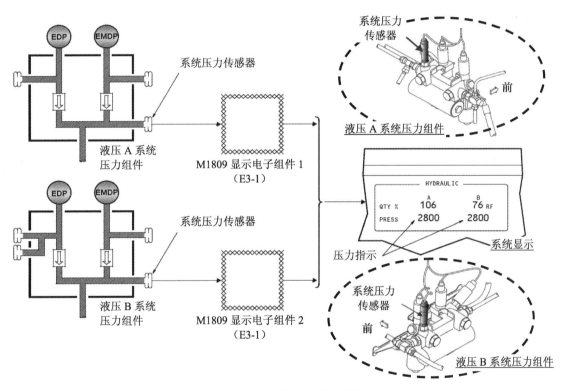

图 3 - 33　液压油压力指示系统

3.5.3　液压泵低压警告系统

液压 A 系统和 B 系统的油泵低压电门在油泵压力低于正常值时向驾驶舱发送低压信号。备用液压系统的油泵低压电门在油泵压力低于正常值时向驾驶舱发送低压信号。

A 系统和 B 系统的 EDP 和 EMDP 油泵低压电门位于主起落架轮舱前壁板 A 和 B 系统的压力组件上。备用液压油泵低压电门则位于主起落架轮舱后壁板上的备用液压系统压力组件上。

如图 3 - 34 和图 3 - 35 所示，液压油泵低压电门是一个具有活塞、盘片弹簧和电气电门的密封组件。当油泵出口压力低于 1300psi 时，油泵所对应的琥珀色油泵低压指示灯会点亮，当液压压力高于 1600psi 时，琥珀色低压指示灯熄灭。

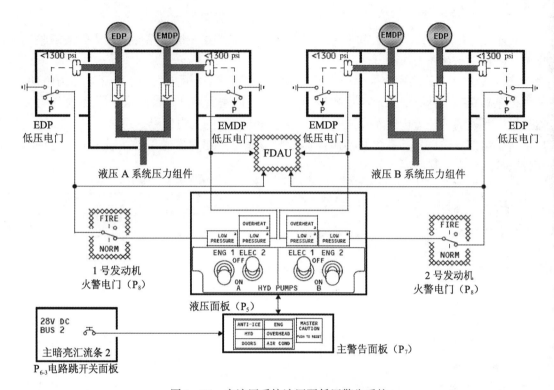

图 3-34　主液压系统液压泵低压警告系统

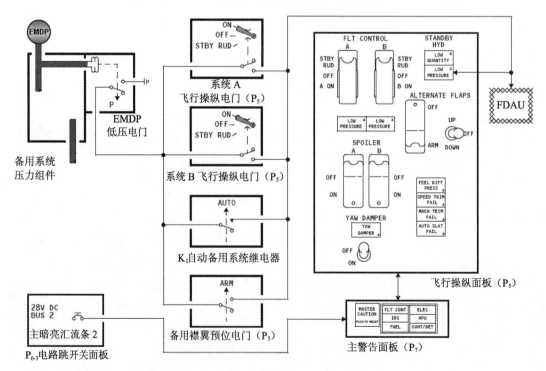

图 3-35　备用系统液压泵低压警告系统

3.5.4　液压油超温警告系统

液压油超温警告系统监控液压 A、B 系统电动马达驱动泵（EMDP）的温度，当 EMDP 的温度高于正常值时，警告系统向位于驾驶舱液压控制面板上的液压泵超温警告灯发送信号。

如图 3 – 36 所示，液压油超温警告系统主要有两大部件组成，分别是液压泵过热电门和液压油过热电门。

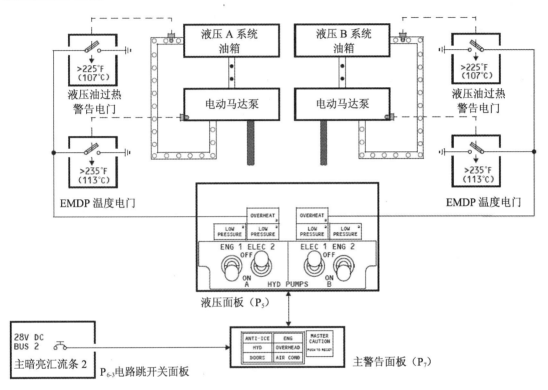

图 3 – 36　液压油超温警告系统

液压泵过热电门位于液压 A 系统和 B 系统的 EMDP 内，监控用于冷却电动马达的液压油的温度。当 EMDP 电动马达壳体内的液压油温度超过 235 ℉（113 ℃）时，该电门向液压面板发送超温信号，点亮琥珀色液压泵超温指示灯。当壳体回油管内的液压油温度下降到低于 215 ℉（102 ℃）时，琥珀色液压油泵超温指示灯熄灭。

液压油过热电门位于液压 A、B 系统 EMDP 的壳体回油管路上，监控液压 A、B 系统液压油的温度。当来自 EMDP 壳体回油管内的液压油温度上升到 225 ℉或更高时，该电门向液压面板发送超温信号，点亮琥珀色液压泵超温指示灯。当壳体回油管内的液压油温度下降到低于 185 ℉（85 ℃）时，琥珀色液压油泵超温指示灯熄灭。液压油过热电门的闭合还使主警告灯和信号牌 "MASTER CAUTION" 灯和 "HYD" 灯亮。当液压控制面板的任一琥珀灯亮时，这些灯也亮。

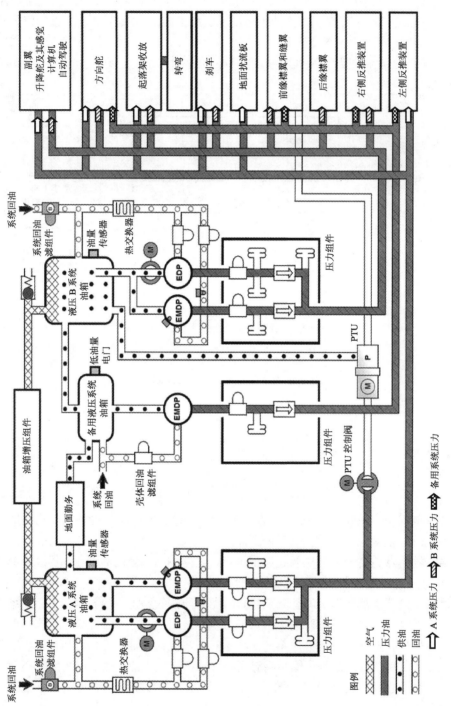

图 3 – 37　液压动力

3.6　维护与排故

液压系统的维护工作很多，这里仅介绍液压系统维护工作的注意事项，以及液压油箱加油、液压系统打压等工作。

（1）注意事项

①严格执行液压系统的安全操作规程。

②不要将液压油弄到身上，BMS 3－11 液压油对人体有害。如果液压油洒到皮肤上或眼睛里，请及时用清水清洗并就医。如果误吃或误饮液压油，请及时就医。

③在给液压系统打压前，确保所有的起落架地面安全销都插好，没有安全销，起落架可能会收起，造成人员伤亡和设备损坏。

④在给液压系统打压或释压时，应确保飞行操纵面的行程内没有障碍物。

⑤在用液压泵给液压系统打压时，运转液压泵不要超过 2min，除非相对应的燃油油箱里有至少 1675lb（760kg）燃油。如果油箱里没有燃油，当液压泵运转达 2min 时，应让液压泵停下，在继续测试之前，让液压油箱冷却到环境温度。如果连续运转液压泵，则液压油会变得太烫。

⑥在给液压系统排故时，可以通过感觉液压管或作动筒发热，或听液压油渗漏的声音来找出有问题的部件。但只要可能，尽量使用标准设备测量温度、振动或声音。在接近移动部件之前，操作它们以使它们不会伤到你。

（2）液压油箱加油

必需的加油设备位于右轮舱前壁板上。油量指示器的介绍参见本章3.5 节，当液压 B 系统油箱显示满时，则液压 B 油箱和备用油箱都已经满。

①确保襟翼和前缘设备收上。

②断开液压 A、B 和备用系统的动力。注意：在加油前，不必将油箱释压。

③在给 B 油箱加油前，确保刹车储压器压力至少在 2800psi（19305kPa）（液压泵不工作）。

④如果使用手动泵，则将吸管放到液压油容器（5USgal）中。

注意：液压油加油压力不要超过 75psi（517kPa），超过 75psi 的压力会损坏液压系统。

⑤如使用 1104 型加油车，将加油管接到压力加油接头上。

⑥将加油选择阀转到将要加油的油箱指示位上。

注意：A 端口给 A 油箱加油，B 端口给备用油箱和 B 油箱加油。另外，在加油过程中，请使用干净的液压油和设备，污垢会损坏液压系统。

⑦加 BMS3－11、Ⅳ型液压油，直到油量指示器指到指定位置；注意：所有现在取得资格的 BMS 3－11、Ⅳ型液压油都可以互换，并按任意比例混合。

⑧加油完毕，将加油选择阀放在关闭（CLOSED）位。

⑨将手柄和吸管放回它们原来的位置，或者断开加油车1104。

⑩检查驾驶舱内的液压油量指示，确保油量高于"须加油"RFL 位置。

（3）用 EMDP 给液压系统打压

①确保前起落架和主起落架地面安全销在位；

②给飞机通电；

警告：在打开/闭合 P_{91} 和 P_{92} 面板上的跳开关时，要小心避免触电，这里有触电危险，可能造成人员伤亡和设备受损。

③对于 A 系统，确保如下跳开关闭合：92C8 ELEC HYD PUMP CONTROL SYS A；

④对于 B 系统，确保如下跳开关闭合：91C8 ELEC HYD PUMP CONTROL SYS B；

⑤将 P_5 面板上的下述电门放在"ON"位：

a. 对于 A 系统，ELEC 2；

b. 对于 B 系统，ELEC 1。

（4）用 EDP 为 A、B 系统打压

①确保前起落架和主起落架地面安全销在位；

②给飞机通电；

③将 P_5 面板上的下述电门放在"ON"位：

a. 对于 A 系统，ENG 1；

b. 对于 B 系统，ENG 2。

警告：在发动机试车不安全的地方，不要使用这种方法给液压系统打压，在不安全的地方运转发动机可能会造成人员伤亡和设备损坏。

④起动发动机维持液压系统被打压；

⑤确保液压系统压力稳定在 2900～3200psi 之间。

（5）用便携式液压勤务车为 A、B 系统打压

①确保前起落架和主起落架地面安全销在位；

②打开空调舱冲压空气进口混合管盖板，192BL（A 系统）或 192BR（B 系统）；

③连接液压车到地面勤务断开组件上：

a. 连接液压车的液压管到地面勤务断开组件的液压管接头上；

b. 连接液压车的回油管到地面勤务断开组件的回油管接头上；

c. 操作液压车，给相应的液压系统打压。

第4章 起落架系统

4.1 简介

当飞机在地面停放及滑行时，起落架支撑飞机，使其在地面灵活运动，同时起落架还可以吸收飞机运动时产生的撞击载荷。

波音737–800飞机的起落架为前三点式、油气式缓冲支柱的起落架，由主起落架及其舱门、前起落架及其舱门两大结构组成。起落架收放系统利用液压对起落架进行正常收放，也可以人工应急放下起落架。当飞机在地面滑行时，前轮转弯系统为飞机提供方向控制。缓冲支柱的压缩可用于空/地感应控制。主起落架的机轮内安装有刹车组件，用于飞机止动。防滞刹车系统提高机轮刹车效率。

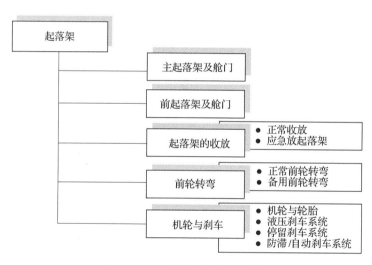

图4–1 起落架系统的5大模块

4.1.1 起落架控制和指示系统的组成

如图4–2所示，起落架控制和指示系统的主要组成部件有：起落架手柄组件、人工放出机构、转换阀、选择阀、主起落架、前起落架、减摆器、接近电门电子组件（PSEU）、起落架面板、起落架位置指示灯。起落架控制和指示系统具有以下4大功能：

（1）起落架收放控制

在正常情况下，起落架收放系统利用液压A系统为起落架提供收放动力，液压B系统是应急收起落架的压力源。起落架转换阀接受接近电门电子组件（PSEU）的信号，转换起落架收放的压力源，即选择由液压A系统或者是由液压B系统供压。起落架的收放由位于P_2板起落架面板上的手柄组件来操纵。手柄组件通过钢索作动起落架选择阀。选择阀的位置决定往起落架收上管路供压，还是往放下管路供压，亦或是切断压力油，使整个起落架收

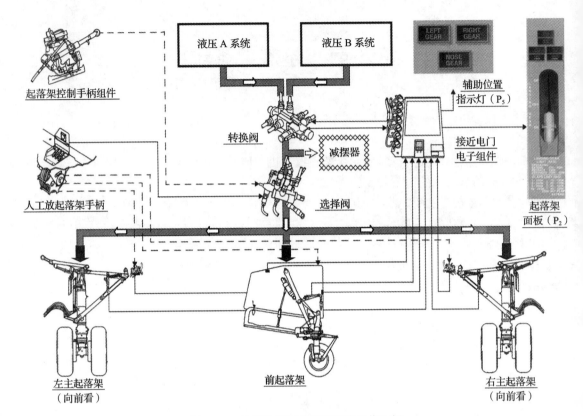

图 4 – 2　起落架控制和指示系统工作逻辑

放系统通回油，即收起落架、放起落架或是巡航的过程中不作动起落架。选择阀还可从起落架的人工放出机构获得电信号输入。当人工应急放起落架时，作动位于驾驶舱地板上的人工放起落架手柄，选择阀内的旁通阀使起落架收上系统的液压回油。

（2）起落架位置指示

起落架位置灯指示起落架的位置。如图 4 – 3 所示，在驾驶舱 P$_2$ 板起落架面板上有正常起落架位置指示灯，在 P$_5$ 后顶板上有备用起落架位置指示灯。正常和备用的起落架位置指示灯均由 PSEU 控制，起落架上的传感器接向 PSEU 传递起落架的位置信号。若绿灯亮，表示起落架放下锁好；若红灯亮，表示起落架处于运动过程中或收放手柄与起落架位置不一致；若所有的灯都不亮，则表示起落架收上锁好。

（3）前轮转弯控制

当飞机在地面运动时，由前轮转弯系统提供方向控制。前轮转弯系统从前起落架的放下管路中获得压力。正常情况下，液压 A 系统通过起落架控制系统给前轮转弯提供压力。转弯手轮位于机长座椅旁边的侧壁上，可提供左右 78° 的最大转弯角度。飞机在地面时，也可以通过方向舵脚蹬操纵前轮偏转，最大转弯角度是左右 7°。在 P$_1$ 板上有一个备用前轮转弯电门，将该电门置于"ALT"备用位时，由液压 B 系统供压进行备用前轮转弯操纵。

（4）起落架控制系统还为主起落架减摆器、收起落架刹车系统提供正常或者备用的液压压力。

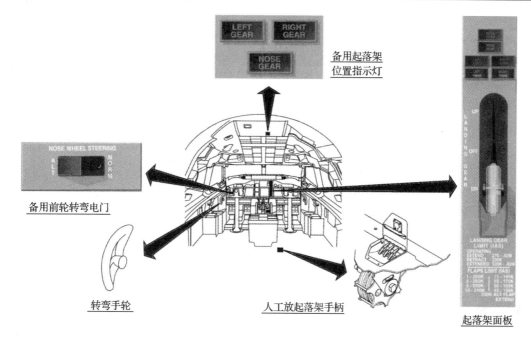

图 4 - 3　起落架控制和指示系统

4.1.2　下位锁销

在起落架上安装下位锁销，目的是当飞机在地面时确保外力无法将起落架开锁。在前起落架和每一个主起落架上各有一个下位锁销，下位锁销安装于下位锁销孔内。如图 4 - 4 所示，前起落架的下位锁销孔位于前起落架锁连杆铰接点的附近。主起落架的下位锁销孔位于主起落架下锁连杆铰接点的附近。当飞机在地面停留时，勤务人员必须仔细地安装所有起落架的下位锁。起落架的意外收上可导致人员伤亡和设备损坏。

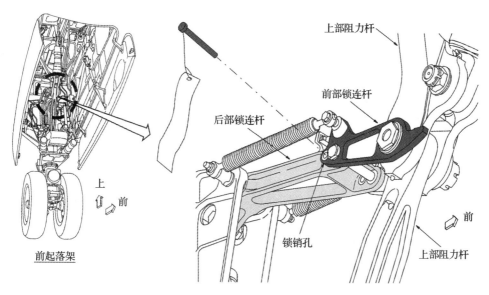

图 4 -4A　前起落架下位锁销

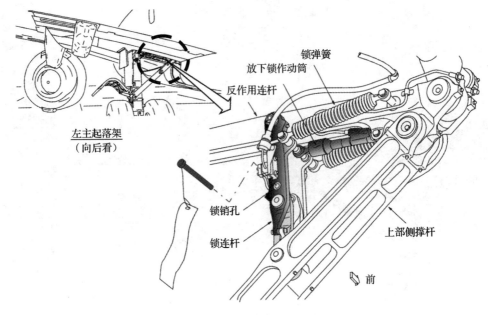

图 4 –4B　主起落架下位锁销

4.2　主起落架及其舱门

当飞机在地面时，主起落架支撑飞机大部分的重量。主起落架采用油气式的缓冲支柱来吸收、消耗飞机着陆和滑行时的撞击能量，消除滑行过程中所出现的振动，并将刹车力传递给飞机结构。主起落架舱门在起落架放下时打开，在起落架收上后关闭，以保持飞机在主轮舱处的气动外形。

4.2.1　主起落架结构

波音 737NG 的主起落架每边有两个主轮。主起落架的结构包括：缓冲支柱、阻力杆、侧撑杆、勤务阀、游动梁、反作用连杆、防扭臂、减摆器、轮轴、千斤顶座、主起落架舱门、主起落架舱门密封，如图 4 –5 所示。

（1）缓冲支柱

①结构

缓冲支柱是主起落架结构的重要组成部分，其主要部件包括外筒、内筒、节流孔支撑管、缓冲阀和计量油针。缓冲支柱的顶部固定在两个耳轴轴承内。耳轴轴承固定在飞机机翼的梁上。当起落架收放时，缓冲支柱在耳轴轴承内旋转。

②工作原理

缓冲支柱上部充有高压氮气，下部充有 BMS（波音材料认证）3 –32 油液。缓冲支柱利用气体的压缩变形吸收飞机着陆时的撞击动能，利用油液高速流过节流小孔的摩擦消耗能量。当缓冲支柱压缩时，气体受到压缩，吸收能量，起到缓冲减振作用。同时节流孔下面的油液受到挤压，通过节流孔向上流动。当缓冲支柱伸长时，气体膨胀，节流孔上面的油液又

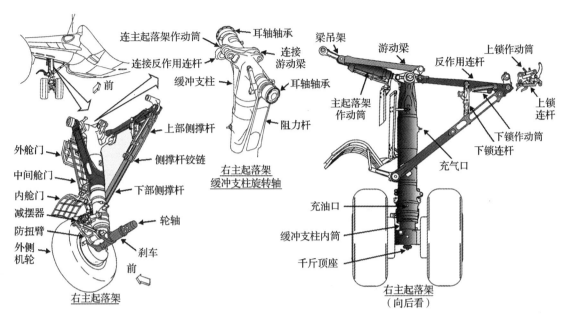

图 4 - 5　主起落架结构

要通过节流孔向下流动。油液高速流过节流孔时，产生大量的热，消耗能量。计量油针是锥形的。当缓冲支柱压缩时，油针向上运动，使节流孔面积逐渐减小，油液的流量逐渐减小，缓冲支柱压缩速度逐渐减慢，防止内、外筒发生刚性撞击。

③缓冲支柱的密封

缓冲支柱是油气式的缓冲支柱。为保证起落架正常的缓冲减振性能，缓冲支柱的密封为内、外筒提供了油气密封。密封均为橡胶密封，如图 4 - 6 所示。缓冲支柱的内筒与外筒间有一组正常密封（由一个静态密封和一个动态密封组成）。此外还有两组备用的静态和动态密封。在正常密封不好时，可以使用备用密封，而无须拆卸内筒。正常和备用密封均由上、下支承环保持。防尘圈保护备用密封免受外物污染及氧化。刮油环防止外物进入内筒，保护内部部件。大螺帽和止动螺栓保证了下支撑环的准确位置。

（2）阻力杆

阻力杆也是缓冲支柱的一部分，在前后方向上支撑缓冲支柱，以保持缓冲支柱的稳定。

（3）侧撑杆

侧撑杆的作用是将主起落架保持在放出位置。侧撑杆分为上、下两段，中间铰接在一起。下侧撑杆的底端与缓冲支柱相连，上侧撑杆的顶端与反作用连杆相连。当起落架收上时，侧撑杆在铰接处折叠收上。

（4）游动梁

游动梁的内端连接于缓冲支柱的凸耳，外端连接于主起落架作动筒的头部和梁吊架上。梁吊架铰接在飞机结构（起落架支撑梁和大翼后梁之间）上。游动梁与主起落架作动筒配合，既增大了收放起落架的作用力，又减小了通过梁吊架传递给飞机结构的力。

（5）反作用连杆

反作用连杆将作用在起落架上的大部分侧向载荷传递到缓冲支柱上端。

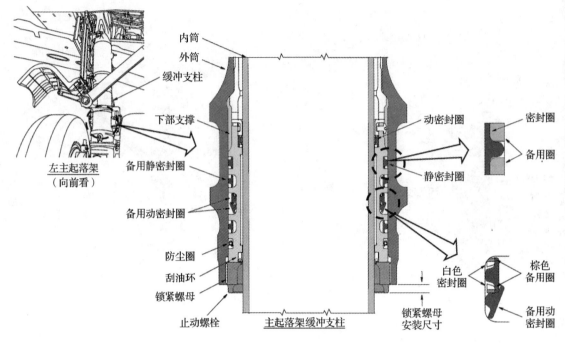

图 4 - 6　主起落架缓冲支柱的密封

反作用连杆的外侧与缓冲支柱相连接，内侧端连接到起落架上锁支架的结构上。因而，缓冲支柱、侧撑杆和反作用连杆成了起落架的空间框架。

主起落架的放下锁机构位于反作用连杆上。放下锁机构的主要部件包括下锁连杆、下锁作动筒，弹簧等。下锁弹簧在没有液压的情况下，施加作用力，保持起落架在放下锁好位置。当地面起落架下位锁销插上时，锁连杆不能折叠，防止地面收起落架。

（6）防扭臂

防扭臂的作用是防止缓冲支柱内筒和外筒间的相对转动。防扭臂由上、下两部分组成。上防扭臂连杆被连接到缓冲支柱外筒的接耳，下防扭臂连杆被连接到内筒上的接耳，两防扭臂中间铰接。在上、下防扭臂铰接的铰链里有一个减摆器。

（7）减摆器

减摆器的作用是在飞机高速滑行和重刹车期间避免缓冲支柱内、外筒之间产生过量振动。

①组成

如图 4 - 7 所示，减摆器由上防扭臂内的缸筒和与下防扭臂固定的活塞组成，活塞上有节流小孔。另外，减摆器还包含帮助其工作的补偿器、单向阀和释压阀。

②工作原理

缓冲支柱内、外筒间的振动会导致内筒向内侧转动，带动与下防扭臂相连的减摆器活塞在缸筒内来回移动。当活塞移动时，液压油从减摆器限流孔流过，使得活塞的移动减慢。油液高速流过节流小孔，摩擦产生大量的热，消耗摆振能量，消除机轮摆振。

减摆器与主起落架收放作动筒的回油管路相连，当减摆器活塞缸筒里的油液消耗时，由起落架收放系统的回油来补充。补偿器的作用在于保证缸筒里始终充满油液，保持减摆器内

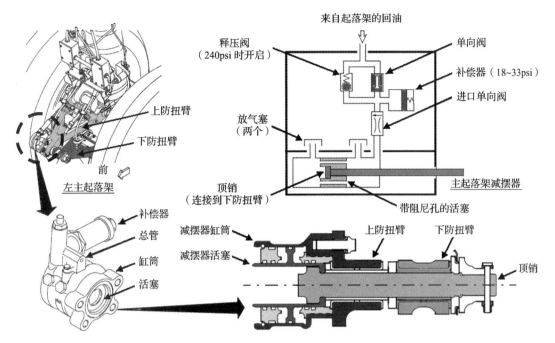

图 4 – 7 主起落架减摆器

的压力始终处于 18 ~ 33psi。进口单向阀控制进入减摆器腔体的液压流量为 70in/min、压力保持在 50psi，流出腔体的液压流量为 14in/min、压力保持在 3750psi。当减摆器内的压力超过 240psi 时，释压阀释压，以保护补偿器。此外，减摆器还有两个放气口，目的是在安装新的减摆器时，通过放气口先对系统放气。

（8）轮轴

主起落架轮轴在缓冲支柱的底部。当轮轴或刹车盘的轴套损坏时，可以进行更换。

（9）千斤顶座

千斤顶座位于缓冲支柱的底部。在更换主轮或刹车盘时，通过千斤顶座将缓冲支柱的内筒顶起。

（10）主起落架舱门

①组成

当主起落架放出时，主起落架舱门提前打开。当主起落架收上后，主起落架舱门盖住减振支柱在机翼中的开口，可以减少气动阻力。每个主起落架有 3 个舱门：外舱门、中间舱门和内舱门，均由铝合金材料制成的。外舱门沿着顶部边缘通过铰链与飞机的机翼结构相连。中间舱门的顶部通过两根可调节的连杆与缓冲支柱相连，底部则用架子固定。内舱门则通过铰链与中间舱门的底部相连，如图 4 – 8 所示。

②操纵

与起落架的收放不同，主起落架舱门的作动是无须液压力操纵的。外舱门与缓冲支柱的耳轴间通过一根可以调节的推杆相连。在收放起落架的过程中，耳轴带动推杆，从而作动外舱门。中间舱门连接在缓冲支柱上不能移动，只能跟随缓冲支柱一起运动。内舱门和下侧撑杆之间也通过一根可以调节的推杆连接，在起落架收放的过程中，侧撑杆带动推杆，使得内舱门打开或关闭。

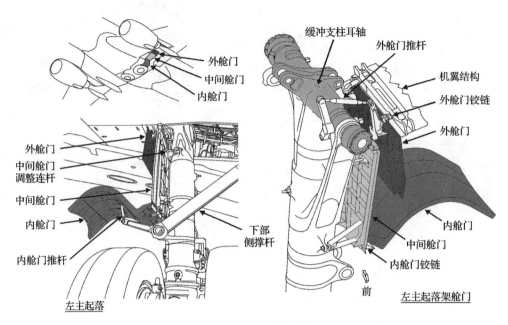

图 4 - 8　主起落架舱门

（11）　主起落架轮舱密封

波音 737 - 800 飞机的主起落架轮舱没有安装门。如图 4 - 9 所示，沿轮舱底部的开口边缘安装了一圈叶片形的密封。当主起落架收上后，主轮舱密封将机轮和轮舱开口之间的间隙盖住，保持机轮舱外部的气动外形。

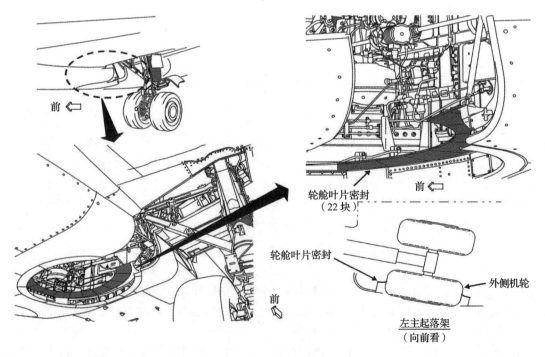

图 4 - 9　主起落架舱门

4.2.2　主起落架缓冲支柱的灌充

　　缓冲支柱内灌充的是 BMS3 - 32 油液和压缩的干燥空气或氮气。如图 4 - 10 所示，通过一个位于主起缓冲支柱内侧的空气阀进行充气；通过一个位于主起缓冲支柱后侧的单向阀组件进行充油。主起落架缓冲支柱的灌充，应遵循灌充曲线，如图 4 - 11 所示。灌充曲线位于主轮舱后壁板的左侧，反映的是支柱内部压力与缓冲支柱伸长量之间的关系。

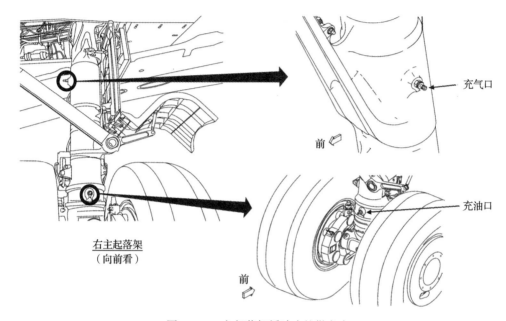

图 4 - 10　主起落架缓冲支柱勤务点

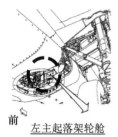

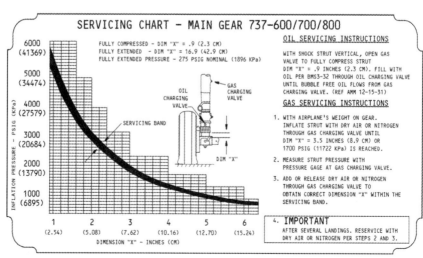

图 4 - 11　主起落架灌充勤务曲线

　　为确保勤务灌充的正确，勤务人员要检查缓冲支柱内的油面，必须在飞机两次不同重量的情况下，测量缓冲支柱伸长量和压力两次。两次重量差别越大，测量越准确。例如，可以在飞机加油前后分别测量缓冲支柱伸长量和压力。

　　（1）器材

　　0～3000psi 压力表、F70200-1 充气工具、氮气、压缩空气。

　　（2）准备工作

　　插入起落架下锁销。

　　（3）第一次检查缓冲支柱油面

　　①取下充气阀盖，用压力表（0～3000psi）测量缓冲支柱的充气压力。说明：必须松开旋转螺帽。

　　②测量缓冲支柱伸长量（尺寸 X）。

　　③将测得的伸长量和气压与图表（见图 4-11）进行比较。

　　④如果所测数据不在图表的勤务曲线上，做如下步骤之一：

　　a. 如果所得数据在勤务曲线之上，将缓冲支柱放气，直至所测数据落在勤务曲线上为止。

　　b. 如果所测数据在勤务曲线之下，用充气工具 F70200-1 将氮气充进支柱直至所测数据落在勤务曲线上为止。

　　（4）第二次检查缓冲支柱油面

　　①测量缓冲支柱气压和伸长量。

　　②将测得的伸长量和气压与图表进行比较。

　　③如果所测数据落在勤务曲线上，则油面正确。

　　④如果所测数据不在勤务曲线上，则需进行起落架缓冲支柱勤务。

　　（5）拧紧旋转螺帽至 5～7lbf[①]·ft，并安装充气阀盖。

　　（6）将飞机恢复至正常状态。

4.3　前起落架及其舱门

　　前起落架安装在驾驶舱的后壁板上，提供机身前端的支撑并吸收着陆时的冲击力。当前起落架放出时，前起落架舱门打开，在前起落架收上后，舱门关闭，保证前轮舱的气动外形。

4.3.1　前起落架结构

　　波音 737NG 的前起落架有两个机轮。如图 4-12 所示，前起落架包括以下部件：缓冲支柱、阻力杆、锁连杆、勤务阀、防扭臂、轮轴、拖钩、千斤顶座、前起落架舱门。正常情况下，利用液压作动收放前起落架。当起落架收进时，阻力杆折叠。操纵前轮转弯时，缓冲支柱内筒可在外筒内转动。起落架收上时，前起落架舱门机械作动关闭；当前起落架放下时，前起落架舱门机械作动打开。

　　（1）缓冲支柱

　　①结构

---

　　① 1lbf（磅力）=4.448N。

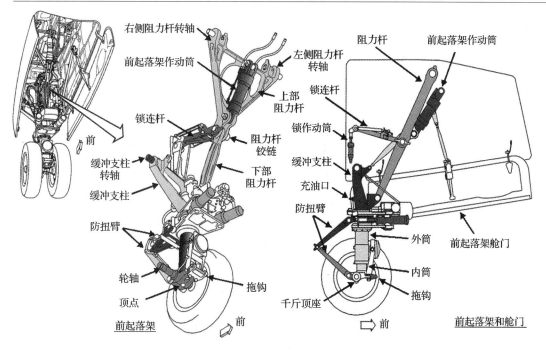

图 4 – 12 前起落架结构

前起落架缓冲支柱支撑飞机的前部。缓冲支柱内部包括内筒、外筒、计量油针、上部和下部节流孔组件、上部和下部定中凸轮组件、上和下支撑组件。上和下支撑组件提供内、外筒滑动表面且保持内筒和外筒之间同心。内筒和外筒各有一个定中凸轮。当缓冲支柱伸出时，下部定中凸轮与上部定中凸轮配合，把前轮固定在中立位。

在缓冲支柱外部，缓冲支柱外筒的上部连接 Y 形的耳轴，一直延伸至轮舱的侧壁。通过轴销将耳轴连接到飞机结构上。Y 形臂和轴销为缓冲支柱提供横侧稳定。在起落架收放过程中，起落架以轴销为转轴转动。

②工作原理

前起落架缓冲支柱的工作原理和主起落架缓冲支柱相同。

当缓冲支柱被压缩时，计量油针上移，节流孔开度逐渐减小，限制了压缩后期飞机的下沉速度，防止缓冲支柱内筒和外筒之间出现刚性撞击。在上部定中凸轮的环槽内有一个活塞环，活塞环上有两个小孔。当缓冲支柱压缩时，活塞环下移，离开上部定中凸轮的凸缘，油液绕过活塞环自由流动。当缓冲支柱伸出时，活塞环上移，靠在定中凸轮的凸缘，油液只能通过活塞环上的两个节流孔流动，限制了缓冲支柱的伸长速度，防止飞机接地后出现反跳。

③缓冲支柱的密封

前起落架缓冲支柱是油气式的缓冲支柱，内筒和外筒可以相对运动，缓冲支柱的密封为内筒和外筒提供油气密封。与主起落架缓冲支柱的密封相同，如图 4 – 13 所示。缓冲支柱内筒与外筒间有一组正常密封（由一个静态密封和一个动态密封组成）。此外还有备用的静态和动态密封。若在正常密封不好时，可以使用备用密封，无须拆卸缓冲支柱内筒。正常和备用密封由上、下支撑环保持。O 形环保护备用密封免受外物污染及氧化。刮油环防止外物进入内筒，保护内部部件。大螺帽和止动螺栓保证了下支撑环的准确位置。

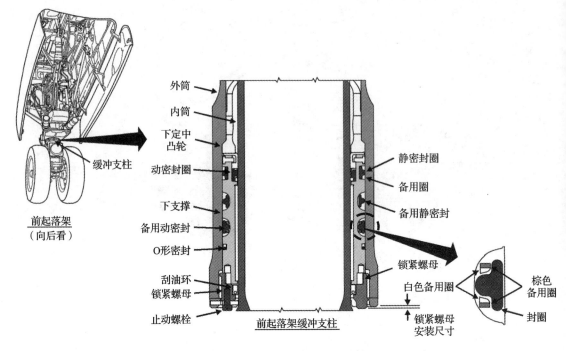

图 4 – 13 前起落架缓冲支柱的密封

（2）阻力杆

前起落架阻力杆承受前后方向的载荷，把前起落架保持在收上或放下位置。阻力杆由上、下两部分组成。上阻力杆呈 Y 形，分别通过两个销子穿过耳轴轴承并固定在前轮舱的侧板上。起落架在收上和放出期间，阻力杆围绕轴销转动。当起落架作动时，耳轴螺栓可防止耳轴销钉退出。右耳轴销还安装有旋转阀，便于刚性液压管路的安装。左耳轴销是中空的。上阻力杆下部有和收放作动筒连接的球形轴承。下阻力杆的上端和上阻力杆铰接，锁连杆也铰接在此处。下阻力杆的末端与缓冲支柱的外筒相连。

（3）锁机构

锁机构的作用是将起落架锁定在放下或收上的位置，并且为阻力杆在前后方向上提供稳定性。锁机构包括两根锁连杆，两根弹簧和锁作动筒。

（4）前起收放作动筒

前起收放作动筒为前起落架的收放提供了动力。

（5）防扭臂

除前轮转弯时，防扭臂在不影响内筒和外筒内上下移动的情况下，防止缓冲支柱内筒和外筒之间的相对转动。

与主起落架不同，前起落架防扭臂位于缓冲支柱的后部。防扭臂由上、下臂组成，上、下臂的尾端由螺栓相连。上臂的前端与外筒上的转弯衬套相连，下臂的前端与内筒相连。前轮转弯时，转弯作动筒可将转弯动作传递给转弯衬套，再由防扭臂传到缓冲支柱内筒，驱动前轮偏转。

当转弯角度超过正常转弯限制角度 78°时，必须先将上、下防扭臂拆开。

（6）轮轴

机轮轮轴在内筒的底部，如果被损坏，是无法单独更换的。

（7）千斤顶座

在更换前轮时，用千斤顶通过千斤顶座将起落架内筒升起。

（8）拖钩

一个拖车挂钩和插销用于安装前起落架拖把。

（9）前起落架舱门

前起落架舱门是两个蛤壳式的舱门，当起落架收起时，舱门关闭，起整流作用。舱门是复合材料蜂窝夹层结构，铰接在轮舱侧壁上。当起落架收上或放出时，由缓冲支柱上的联动机构带动开或关，如图 4 - 14 所示。

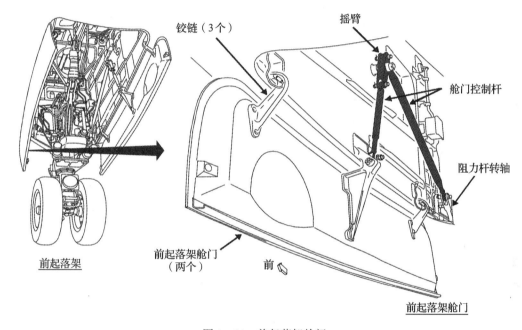

图 4 - 14　前起落架舱门

4.3.2　前起落架缓冲支柱的灌充

缓冲支柱内灌充的是 BMS3 - 32 油液和压缩的干燥空气或氮气。如图 4 - 15 所示，通过一个位于前起缓冲支柱的顶部的充气阀进行充气，通过一个位于前起缓冲支柱的后侧的加油阀进行充油。前起缓冲支柱的灌充也应遵循灌充曲线。如图 4 - 16 所示，灌充曲线位于前起落架舱左侧壁板，反映的是缓冲支柱内部压力与缓冲支柱伸长量之间的关系。

为确保缓冲支柱灌充的正确，勤务人员要检查缓冲支柱内的油面，必须在飞机两次不同重量的情况下，测量缓冲支柱伸长量和压力两次。两次重量差别越大，测量越准确。例如，可以在飞机加油前后分别测量缓冲支柱伸长量和压力。

（1）器材

与主起落架检查所需器材相同。

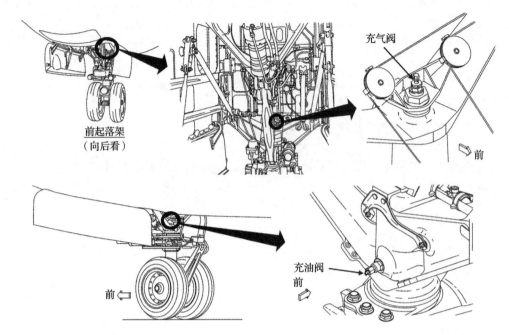

图 4 – 15　前起落架缓冲支柱的勤务点

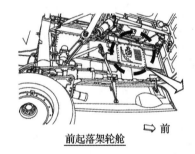

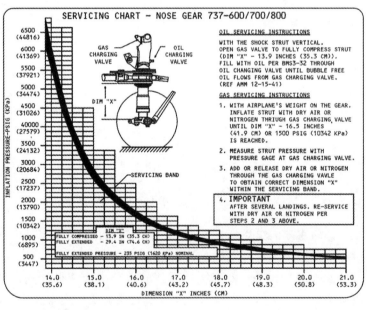

图 4 – 16　前起落架灌充勤务曲线

（2）准备工作

插入起落架下锁销。

（3）第一次检查前缓冲支柱液压油面

①取下充气阀盖，用压力表（0～3000psi）测量缓冲支柱的充气压力。说明：必须松开旋转螺帽。

②测量缓冲支柱伸长量（尺寸 X）。

③将测得的伸长量和气压与图表（见图 4 - 16）进行比较。

④如果所测数据不在图表的勤务曲线上，做如下步骤之一：

a. 如果所得数据在勤务曲线之上，将缓冲支柱放气，直至所测数据落在勤务曲线上为止。

b. 如果所测数据在勤务曲线之下，用充气工具 F70200 - 1 将氮气充进缓冲支柱直至所测数据落在勤务曲线上为止。

（4）第二次检查缓冲支柱油面

①测量缓冲支柱气压和伸长量。

②将测得的伸长量和气压与图表进行比较。

③如果所测数据落在勤务曲线上，则油面正确。

④如果所测数据不在勤务曲线上，则需进行起落架缓冲支柱勤务。

⑤拧紧旋转螺帽至 5 ~ 7lbf · ft，并安装充气阀盖。

⑥将飞机恢复至正常状态。

4.4　起落架的收放

起落架收放系统控制起落架的收放运动。对于收放系统有 3 点要求：①收放起落架所需要的时间应符合要求；②保证起落架在收上和放下时都能可靠地锁住；③使飞行员了解起落架收放情况。

起落架液压收放系统包括以下子系统：起落架控制系统、主起落架收放系统、前起落架收放系统、主起落架人工放出系统、前起落架人工放出系统。起落架控制系统控制前起落架和主起落架的收放，并且为主起落架减摆器和收起落架刹车系统提供正常或备用的液压动力。主起落架收放系统控制主起落架的收放。前起落架收放系统控制前起落架的收放，并为前轮转弯提供正常或备用的液压动力。在液压失效时，主起落架人工放出系统可以人工放出主起落架，前起落架人工放出系统可以人工放出前起落架。

4.4.1　起落架收放控制系统

起落架收放控制系统控制前起落架和主起落架的收放，并为主起落架减摆器和主轮收上刹车系统提供了正常或备用的液压动力。

起落架收放系统的主要组成部件包括起落架操纵手柄组件、操纵手柄前扇形轮、起落架转换阀、选择阀、选择阀扇形轮组件等。

如图 4 - 17 所示，起落架的正常收放由液压 A 系统供压，通过操纵起落架手柄来实现。起落架手柄通过钢索控制起落架选择阀，决定往起落架收放系统供液压的方向。应急收起落架时，液压 B 系统通过起落架转换阀为起落架收放提供备用压力。选择阀也受到人工放出系统的控制。从人工放出系统输送来的信号使得选择阀内的旁通阀工作，将起落架收上管路与液压回油相通。应急放起落架装置在没有液压的情况下，靠重力放下起落架。

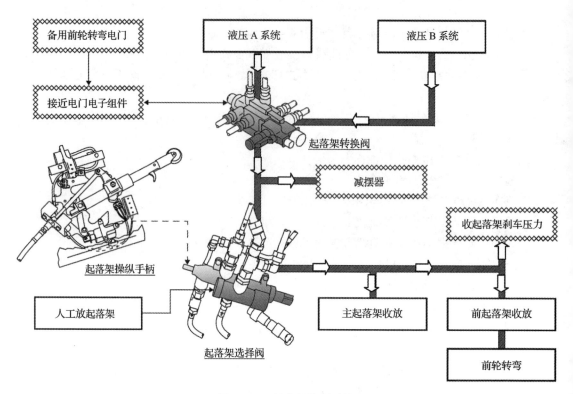

图 4 – 17　起落架控制系统

前轮转弯的液压动力只来自前起落架放下系统。正常状况下，液压 A 系统通过起落架控制系统为前轮转弯提供压力。当 P_1 板上备用前轮转弯电门置于"ALT"备用位时，起落架转换阀作动至备用位，将起落架收放和前轮转弯的液压源从液压 A 系统转换为液压 B 系统。

4.4.1.1　起落架操纵手柄组件

起落架操纵手柄将操纵动作通过钢索传递到选择阀，进行起落架的液压收放操纵。

（1）位置

手柄位于驾驶舱内 P_2 板的中间。如图 4 – 18 所示，手柄组件由以下部件组成：手柄、位置电门、锁机构和手柄电磁锁。

（2）工作

起落架操纵手柄具有 3 个位置：UP（收上）、OFF（关断）、DOWN（放出）。移动手柄时，须将手柄拔出。手柄通过推拉钢索与前扇形轮相连，再通过控制钢索连接至起落架的选择阀。

手柄组件内有一套由手柄电磁锁控制的锁机构，目的是防止飞机在地面时将手柄移动到"UP"位，地面误收起落架。当飞机在空中时，亦可作为地面扰流板内锁阀打开的指示。

飞机在空中时，电磁锁通电，锁机构保持在解锁位置。而飞机在地面时，电磁锁断电，锁销伸出，上锁，阻止起落架手柄板到"UP"位。如果手柄电磁锁失效在锁定位置，可以通过超控机构将手柄从"DOWN"位拉至"UP"位，即超控扳机将手柄的前端缩回，使锁机构失效。

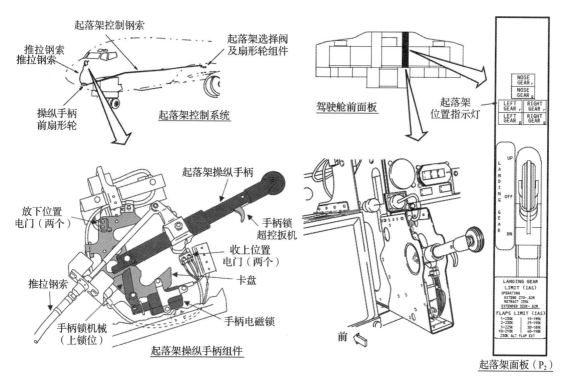

图 4-18 起落架操纵手柄组件

起落架操纵手柄有 4 个位置电门：两个放下位置电门，两个收上位置电门。当起落架手柄在"DOWN"位时，放下位置电门闭合，为起落架指示系统和警告系统提供信号。起落架指示系统得到信号来控制起落架位置灯。当起落架手柄在"UP"位时，收上位置电门闭合，为防滞系统提供信号。防滞系统在机轮收上刹车时得到信号，抑制防滞系统工作。

4.4.1.2 操纵手柄前扇形轮

操纵手柄前扇形轮通过钢索控制起落架选择阀。

前扇形轮位于前设备舱内前增压隔框的后侧面，可由前设备舱门接近。当起落架手柄作动时，带动推拉钢索，钢索通过齿轮箱带动扇形轮，扇形轮再通过钢索作动起落架选择阀。

4.4.1.3 起落架转换阀

转换阀控制起落架收放的压力源，可将收起落架的压力源从液压 A 系统转换为液压 B 系统。

（1）位置

起落架转换阀位于主轮舱龙骨梁的前段，如图 4-19 所示。转换阀由电磁控制阀、分油阀和位置电门组成。壳体上有 6 个通油接头，分别连接液压 A、B 系统的压力油路和回油油路以及起落架收放系统的压力油路和回油油路。

（2）工作

那么转换阀什么时候会发生转换？表 4-1 列出了转换阀发生转换的 3 种情况。

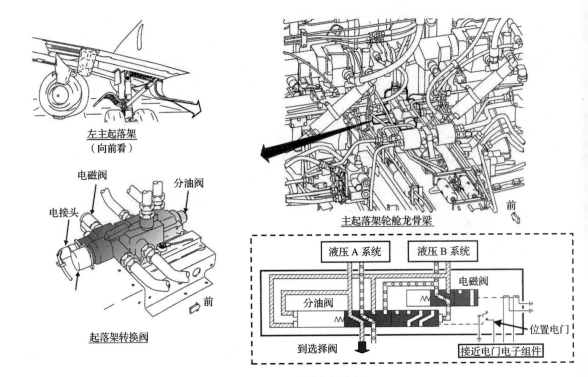

左主起落架
（向前看）

电磁阀　　分油阀
电接头

起落架转换阀

主起落架轮舱龙骨梁　　前

图 4 - 19　起落架转换阀

表 4 - 1　转换阀的三种工作情况

转换阀 3 种转换情况		条　件
1	自动转换	转换阀从接近电门电子组件 PSEU 获得控制信号。当下列条件同时满足时，电磁线圈通电，阀门自动转换，由液压 B 系统为阀门供压，以便备用收起起落架：a. 飞机在空中；b. 起落架手柄未在 "DOWN" 位；c. 任一主起不在收上并锁好位；d. 左发 N_2 转速小于 50%
2	人工转换	当飞机在地面且液压 B 系统油量足够，将位于 P_1 板上的备用前轮转弯电门置于备用位，转换阀转换，由液压 B 系统为阀门供压。 在液压 B 系统油量减少至 21% 以下时，即使将备用前轮转弯电门打至备用位，液压 B 系统低油量锁也将抑制转换阀作动
3	接近电门电子组件 PSEU 自检	接近电门电子组件 PSEU 的自检 BITE 操作中也可以控制转换阀。当转换阀作动至备用位时，阀门上的位置电门输送信号给 PSEU

4.4.1.4　起落架选择阀

起落架选择阀引导来自于转换阀的压力油去收上或放出起落架。

（1）位置

如图 4 - 20 所示，选择阀位于主轮舱的顶板。起落架选择阀为三位四通阀，由分油阀、电磁阀和旁通阀组成。

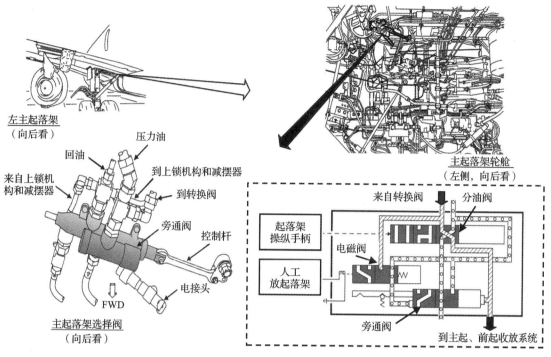

图 4 - 20　起落架选择阀

（2）工作

起落架手柄通过钢索与起落架选择阀上的操纵杆相连，从而控制了分油阀的位置。操纵手柄在"DOWN"位，操纵钢索和扇形轮移动使分油阀柱塞伸出，放下管路通压力油，收上管路通回油；操纵手柄在"UP"位，操纵钢索和扇形轮移动使分油阀柱塞缩入，收上管路通压力油，放下管路通回油；操纵手柄在"OFF"位，分油阀柱塞处于中立位，压力口被堵住，收上和放下管路都通回油。

人工放出系统提供一个电信号给选择阀内的电磁阀，电磁阀通过液压作动旁通阀。旁通阀旁通时，起落架收上压力管路通过分油阀连接到系统回油，能防止分油阀堵塞时起落架收放系统产生液锁。

4.4.1.5　起落架收放控制系统的工作

起落架收放控制系统的工作如图 4 - 21 所示。

液压 A 系统为起落架的正常收放提供压力动力，只在备用情况下利用液压 B 系统的压力收起落架。在应急情况下，也可以人工放起落架。

起落架转换阀的状态（正常位或备用位）决定了起落架收放系统的压力源。当电磁阀未接收信号时，液压 A 系统的压力将分油阀保持在正常位置，A 系统的压力被输送至起落架选择阀。若电磁阀接收到来自接近电门电子组件 PSEU 的信号，阀门移动，液压 B 系统的压力将分油阀移至备用位置。在备用位置下，转换阀将液压 B 系统的压力输送至起落架选择阀。当分油阀作动到备用位置时，转换阀上的位置电门闭合，给 PSEU 内的自测设备提供接地。

起落架选择阀受控于起落架手柄。当手柄置于"OFF"位时，选择阀保持关断位置，阻

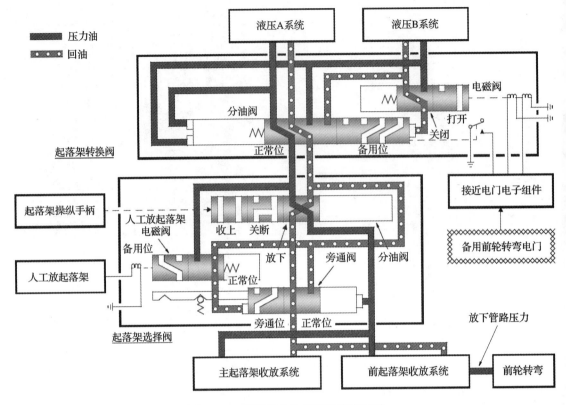

图4-21　起落架收放控制系统液压图

断各收放部件的液压动力。当手柄置于"DOWN"位时，选择阀作动至放下位置，压力油被输送至起落架的放下部件，放出起落架，同时液压压力将旁通阀作动在正常位置。当手柄置于"UP"位时，选择阀作动至收上位置，液压压力通过旁通阀输送至起落架的收上部件。人工放起落架电磁阀有正常和备用两个位置。当人工放出电磁阀的线圈没有接收信号时，弹簧将电磁阀保持在正常位置。旁通阀也有两个位置，即正常和旁通位。从分油阀来的压力和从人工放起落架电磁阀来的压力决定了旁通阀的位置。正常收放起落架时，旁通阀在正常位。而当人工放出盖板打开时，人工放出电磁阀被激励，电磁阀处于备用位置，旁通阀被旁通，使起落架收上管路与系统回油管路相连，起落架收上压力被断开。这样保证了即便在选择阀的分油阀被卡滞在收上位置时，也能通过人工放出系统放出起落架。

　　前轮转弯只从前起落架放下系统获得压力，通常是由液压A系统提供。当P₁板上的备用前轮转弯电门至于备用位时，起落架转换阀作动至备用位。只有飞机在地面且液压B系统油量足够时，才能利用液压B系统的压力实施备用前轮转弯。

4.4.2　主起落架收放系统

　　主起落架的收放正常是由液压A系统供压，液压B系统只在备用时收起落架。起落架转换阀负责转换主起落架收放的压力源。起落架手柄控制起落架选择阀，选择阀为主起落架的收放管路提供压力。减摆器连接在选择阀与转换阀之间的回油管路上，减少飞机在地面时主起落架的摆动。起落架收上系统还提供压力给收起落架刹车系统，在主起落架收上后将旋转的主机轮刹住。

　　如图 4 – 22 所示，主起落收放系统由以下部件组成：主起落架收放作动筒、上锁机构及作动筒、下锁机构及作动筒、传压筒、易碎接头、液压保险。主起落架的收放过程如图 4 – 23 所示。

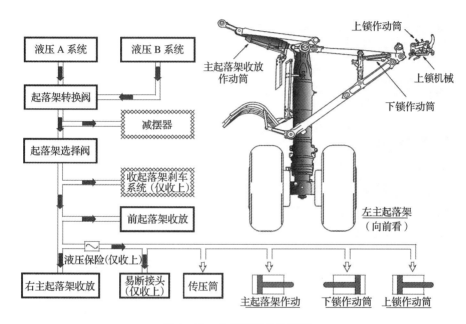

图 4 – 22　主起落架收放系统

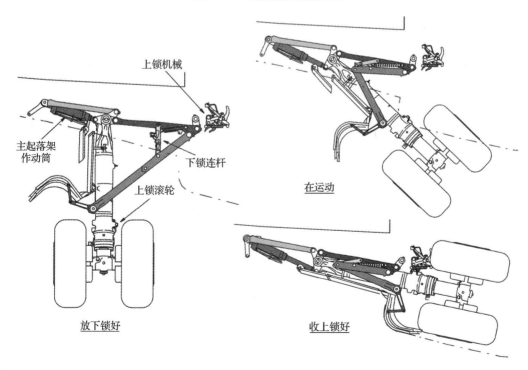

图 4 – 23　主起落架收放过程

4.4.2.1　主起落架收放作动筒

带有游动梁的主起落架收放作动筒将液压能转换成机械作用力，用来收放主起落架。

（1）位置

如图 4-24 所示，主起落架收放作动筒是双向非平衡型的作动筒，位于缓冲支柱的外侧。作动筒头端通过游动梁与机翼结构相连，杆端通过耳轴与缓冲支柱相连。作动筒头端内部带有可变限流器，控制起落架收放速率。液压油通过两条软管供往作动筒。作动筒上的两个液压接头采用不同尺寸，以防止装错。

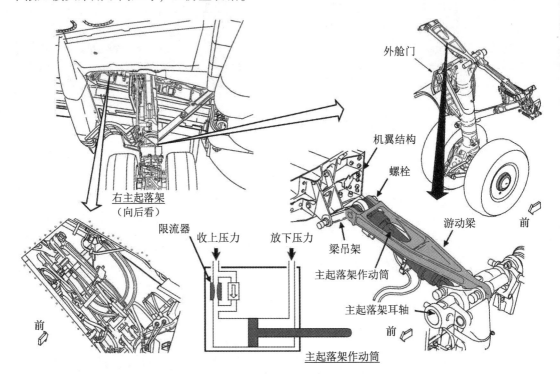

图 4-24　主起落架收放作动筒

（2）工作

作动筒与游动梁合作，将起落架收上或放下。游动梁的内端连接于缓冲支柱的凸耳，外侧端连接于作动筒的头部和梁吊架上。梁吊架铰接在起落架支撑梁和大翼后梁之间。游动梁与主起落架作动筒配合工作，既增大了收放起落架的作用力，又减小了通过梁吊架传递给飞机结构的力。起落架收上时，作动筒杆端对起落架有推的作用力。作动筒头端的反作用力则通过游动梁传递到缓冲支柱上，游动梁对缓冲支柱有拉的作用力。这两个力叠加，绕起落架的耳轴产生同一方向的旋转力矩，使得起落架旋转向上运动。

同样在放起落架时，在一对反向力作用下，起落架旋转向下放出。起落架放出时，作动筒头端收上管路的限流器将作动筒内的流量减少到 8GPM，防止在液压管路失效时起落架放出不受控制。与限流器并联的单向阀保证起落架收上时是全流量液压。

4.4.2.2　上锁机构及作动筒

主起落架上锁机构保证起落架收上并在锁好的位置。上位锁机构使用过中心位置将主起落架锁定在收上位；当上位锁作动筒缩入，起落架解锁。

（1）位置

如图 4-25 所示，主起落架的上锁机构位于主轮舱外侧边缘的顶板，主要部件包括：上锁锁钩、弹簧、上锁作动筒。主起落架上锁作动筒与锁机构水平连接。上锁作动筒为双位置活塞型作动筒。

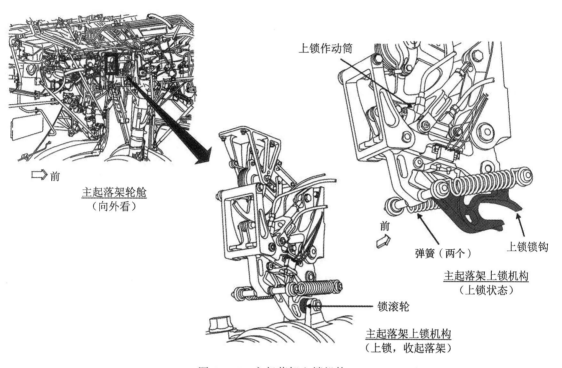

图 4-25　主起落架上锁机构 A

（2）工作

液压控制上锁作动筒，为上锁机构解锁，如图 4-26 所示。起落架放出时，上锁作动筒增压，杆端缩回，锁机构解锁。起落架收上时，上锁作动筒并没有增压。主起缓冲支柱上的滚轮进入锁钩，将锁机构拉至过中心位，锁定。两个弹簧保证锁钩处于收上并锁好的位置。在滚轮进入锁钩时，上锁作动筒杆端的限流器使锁机构的运动减慢。限流器使得液压流量减少至 0.41GPM，压力为 3000psi。

4.4.2.3　下锁机构及作动筒

主起落架下锁机构保证起落架在放下并锁好的位置。下锁作动筒在起落架放下时锁定起落架，在起落架收上时为起落架解锁。

（1）位置

如图 4-27 所示，主起落架的下锁机构与作动筒位于反作用连杆及上部侧撑杆之间。放下锁机构属于过中心锁，包括放下锁作动筒、锁弹簧、锁连杆等部件。锁弹簧连接在反作用连杆的内侧和下锁机构之间。下锁作动筒为双向活塞式作动筒。作动筒的头端壳体在反作用连杆的内侧，杆端与下锁机构相连。下锁作动筒头端的限流器限制液压流量在 0.26GPM、压力 2550psi。并联的释压阀的打开压力为 2800~3100psi。下锁作动筒杆端的限流器限制液压流量为 0.29GPM，压力 3000psi。

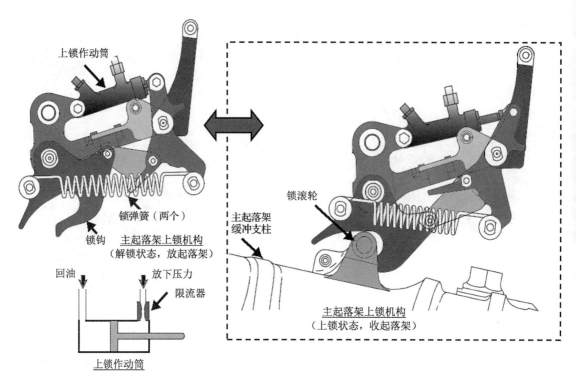

上锁作动筒

锁弹簧（两个）

锁钩 主起落架上锁机构
（解锁状态，放起落架）

回油 放下压力
限流器
上锁作动筒

锁滚轮

主起落架
缓冲支柱

主起落架上锁机构
（上锁状态，收起落架）

图 4 - 26 主起落架上锁机构 B

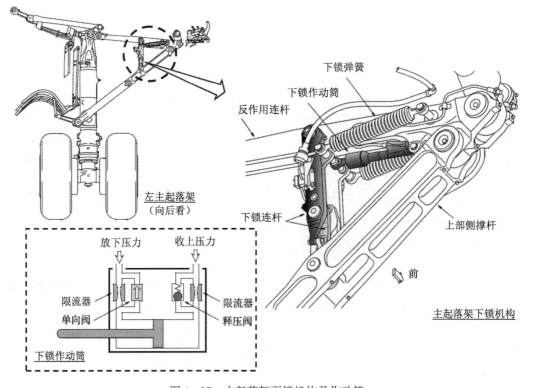

左主起落架
（向后看）

下锁弹簧

下锁作动筒

反作用连杆

下锁连杆

上部侧撑杆

前

主起落架下锁机构

放下压力 收上压力

限流器

单向阀 释压阀

限流器

下锁作动筒

图 4 - 27 主起落架下锁机构及作动筒

（2）工作

起落架放下时，下锁作动筒缩回，将下锁机构锁定。起落架收上时，下锁作动筒伸出，为下锁机构解锁。锁弹簧在主起落架放下并锁好位置时保持锁机构位于过中心的锁定位。

4.4.2.4　传压筒

起落架收放时，由传压筒造成延时，使上锁或下锁作动筒优先于主起落架收放作动筒获得压力，解锁。

（1）位置

如图 4 - 28 所示，传压筒位于左、右机翼后梁。传压筒内的活塞可以在壳体内自由移动，活塞一边与收上管路相连，另一边与放下管路相连。

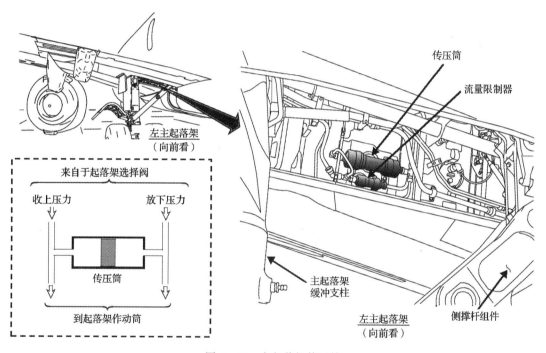

图 4 - 28　主起落架传压筒

（2）工作

当收上或放出管路来的压力到达传压筒时，活塞在壳体内移动，直到活塞移动到另一侧时停止，这样就提供了一个延时，在主起落架的锁机构解锁之后，液压才能到达主起落架收放作动筒。

4.4.2.5　易碎接头

当损伤且转动中的机轮进入主轮舱时，易碎接头可以释放掉主起收放作动筒的收上压力，停止收起落架，防止轮舱内的部件受到损伤。主轮舱两边轮圈的外侧边，如图 4 - 29 所示。易碎接头正常状况下是个关闭的阀门，在外力破坏了装置的杆端时打开。当机轮受损掉块且未刹停时，打开的易碎接头使同侧起落架收放作动筒的收上压力被释放，主起落架停止收上，在自重的带动下回到放下位置。当下游油液的泄漏量到达一定值时，起落架收上管路内的液压保险关闭。

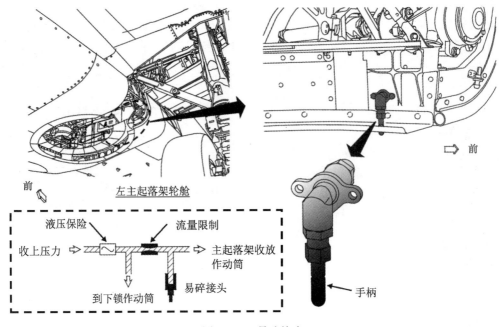

图4－29　易碎接头

4.4.2.6　主起落架收放系统操纵

（1）放主起落架

放主起落架的流程如图4－31所示。将起落架手柄置于"DOWN"位，选择阀供压至起落架的放下管路。液压首先到达传压筒，为上锁作动筒解锁提供延时。传压筒内的流量限制器（限流阀/单向阀）控制了传压筒的速度，即延迟的时间。液压同时到达上锁作动筒，作动筒杆端缩回，上锁机构解锁。当传压筒的活塞到达收上一侧时，主起落架收放作动筒杆端压力增加，拉动主起落架。在作动筒、自重和气动力的影响下，主起落架放出。最后，液压缩回下锁作动筒，将主起落架锁定在放下位置。

当飞机在地面时，减摆器工作降低机轮摆振。

（2）收主起落架

收主起落架的流程如图4－32所示。将起落架手柄置于"UP"位，选择阀供压至起落架的收上管路。主起落架作动筒收上管路内的流量限制器限制了主起落架作动筒内的流量，防止收上起落架时产生压力波动，阻碍其他飞机系统使用液压。流量限制器还控制了传压筒的速率，从而控制了起落架收放的速率。收上液压先到达传压筒，使得传压筒的活塞向放下位置运动，造成主起落架收放作动筒延时。液压到达下锁作动筒，作动筒杆端伸出将锁机构解锁。当传压筒的活塞到达放下一侧时，收放作动筒头端压力增加，推动起落架收上。当起落架上锁滚轮进入上锁锁钩时，锁机构锁定起落架在收上位，上锁作动筒失压。

在受损掉块且未刹停的机轮要收进主轮舱时，易碎接头释放主起落架收放作动筒内的收上压力，防止轮舱内的部件受损。当通过易碎接头的液压油增加到 $180 \sim 250 \text{in}^3$ （$3 \sim 4\text{L}$）时，压力管内的液压保险关闭，防止液压系统的流失。

收上管路的液压同时提供到机轮收上刹车系统，在主起落架收上后将仍在转动的主轮刹住。

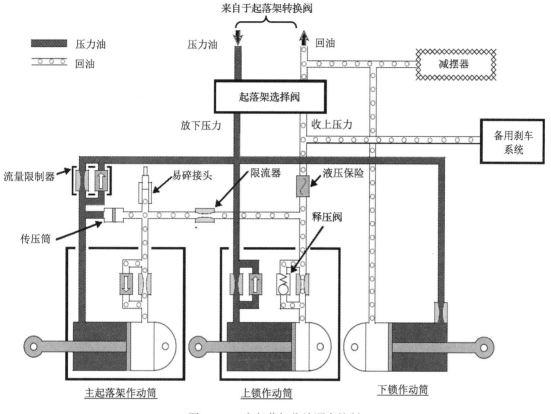

图 4-30 主起落架收放顺序控制

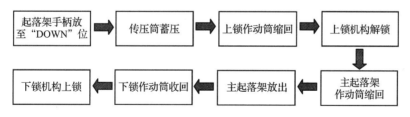

图 4-31 放主起落架流程

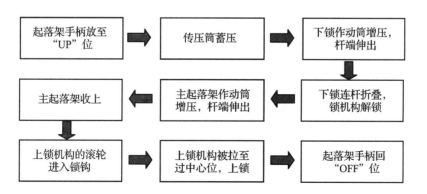

图 4-32 收主起落架流程

4.4.3 前起落架收放

前起落架的收放相对于主起落架而言比较简单，由液压作动向前收进机身。

如图 4-33 所示，与主起落架的收放类似，正常情况下由液压 A 系统为前起落架收放系统供压，备用情况下则由液压 B 系统供压；起落架转换阀负责转换前起落架收放的压力源；起落架手柄控制起落架选择阀，选择阀为前起落架的收放管路提供压力。放前起落架时，液压也将提供到前轮转弯系统，用于实施前轮转弯。

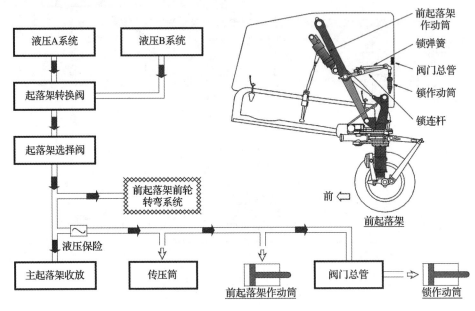

图 4-33　前起落架收放系统

前起落架收放系统由以下部件组成：前起落架作动筒、锁作动筒、锁机构、弹簧、阀门总管、传压筒、液压保险。前起落架的收放过程如图 4-34 所示。

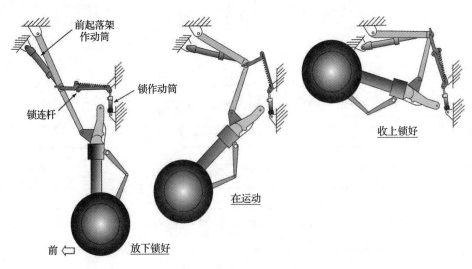

图 4-34　前起落架收放过程

4.4.3.1 前起落架作动筒

前起落架作动筒作动前起落架收上或放出。如图4-35所示，前起落架作动筒位于前轮舱，上部阻力杆的前面。作动筒头端与轮舱上壁板相连，杆端与上部阻力杆连接。

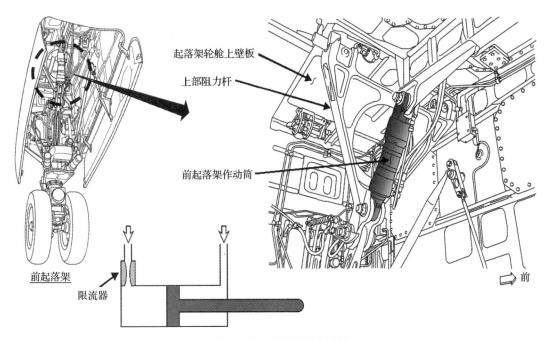

图4-35 前起落架作动筒

该作动筒为双位置活塞式的作动筒，作动筒缩回放出前起落架，伸出则收上前起落架。在前起落架放出时，收上管路中的限流器将管路中的流量限制在3GPM，防止在液压管路故障时放起落架失控。

4.4.3.2 锁机构及锁作动筒

前起落架的锁机构利用过中心位的锁连杆将起落架锁定在收上或放下位置，既是收上锁，又是放下锁。两根锁弹簧保持锁连杆在上锁位置。在收上或放出前起落架之前，锁作动筒先解锁；当前起落架完全伸出或收上时，锁作动筒再上锁。

（1）位置

前起落架的锁机构连接在上下阻力杆的铰接点和前轮舱后壁板之间。锁作动筒位于前轮舱后壁板、阀门总管的旁边。锁机构由前部锁连杆、后部锁连杆和锁弹簧组成。

（2）工作

锁作动筒为双位置液压作动筒。如图4-36所示，收起落架前，锁作动筒缩回，解锁。起落架收上时，液压持续缩回作动筒。起落架完全收上后，锁作动筒将锁机构移到锁定位置。放起落架前，锁作动筒伸出，解锁。起落架放出时，液压持续伸出锁作动筒。起落架完全放出后，锁作动筒将锁机构锁定。弹簧保持锁连杆在过中心位置。

4.4.3.3 阀门总管

如图4-37所示，阀门总管位于前起落架轮舱的后壁板上，锁作动筒的旁边。阀门总管包含两个限流器和两个释压阀。

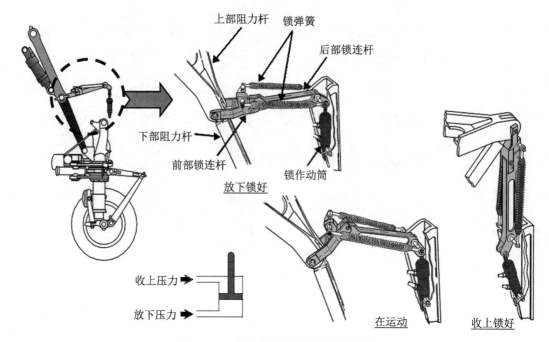

图 4 – 36　前起落架锁机构及锁作动筒

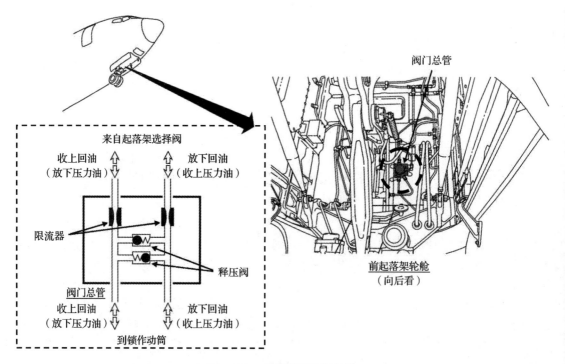

图 4 – 37　前起落架阀门总管

阀门总管控制流入和流出锁作动筒的液压，同时也限制锁作动筒内的液压压力。限流器限制供给锁作动筒的压力，将液压流量限制在 0.4GPM。当压力超过 3150psi 时，释压阀释放起落架作动中附加在锁作动筒上的剩余压力。

4.4.3.4　传压筒

在收放前起落架的过程中，传压筒提供延时，在前起落架作动筒获得液压动力之前，让起落架的锁机构先解锁。

如图 4 - 38 所示，前起落架的传压筒位于前起落架轮舱的前壁板。传压筒内的活塞可以在壳体内自由移动，壳体一端与收上管路相连，另一端与放下管路相连。当起落架的收上或放下压力到达传压筒时，活塞开始在壳体内运动，直到运动到壳体的另一端，压力才会供给前起落架作动筒，为锁作动筒解锁提供了延时。

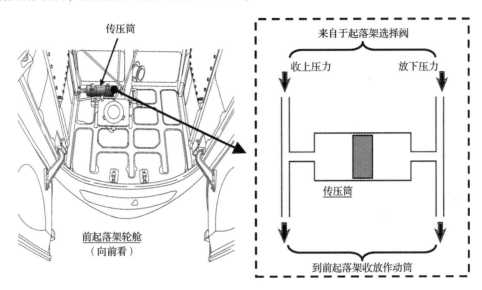

图 4 - 38　前起落架传压筒

4.4.3.5　前起落架收放操纵

（1）放出前起落架

放前起落架的流程如图 4 - 40 所示。将起落架手柄置于"DOWN"位，选择阀向前起落架放下管路供压。当液压流量增加到 10GPM 时，放下管路中的液压保险（流量保险，位于前起落架轮舱前壁板）关闭，防止系统内的油液大量流失。流量保险还可对供给前轮转弯的流量进行调节。液压到达传压筒，使传压筒的活塞向收上位置移动，为锁机构解锁提供延时。同时，液压也进入锁作动筒，将作动筒推出，使得锁机构解锁。当传压筒的活塞到达另一侧时，前起落架作动筒杆端压力增加，拉动前起落架放出。在前起落架放出的过程中，锁作动筒继续伸出，直至锁机构到锁定位置。

当起落架操纵手柄在"DOWN"时，液压系统也向前轮转弯系统供压。

（2）收前起落架

收前起落架的流程如图 4 - 41 所示。将起落架手柄置于"UP"位，选择阀向前起落架收上管路供压。当液压流量增加到 $100 \sim 140 in^3$ 时，收上管路中的液压保险（位于前起落架轮舱内）关闭，防止系统有渗漏时液压流失。收上管路中的流量限制器将收放作动筒中的液压稳定在 3GPM，防止在起落架收上时液压系统的波动，阻碍其他飞机系统的使用。流量限制器还控制传压筒的速率，从而控制前起落架的收放速率。收上压力首先到达传压筒，使活塞向放出位置移动，为锁机构解锁提供延时。同时，收上压力到达锁作动筒，锁机构解锁。

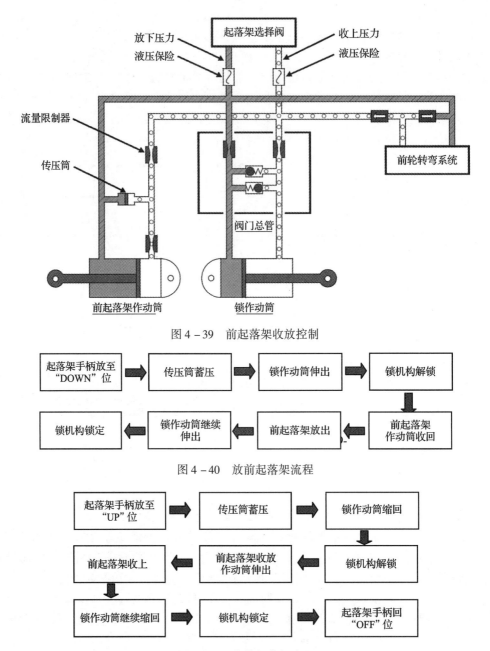

图 4 - 39　前起落架收放控制

图 4 - 40　放前起落架流程

图 4 - 41　收前起落架流程

当传压筒的活塞到达另一侧时，前起落架作动筒头端压力增加，推动前起落架收上。在前起落架收上的过程中，锁作动筒持续缩回，直到锁机构锁定。

4.4.4　起落架人工放出系统

如果正常起落架收放系统失效，起落架人工放出系统（应急放起落架系统）确保起落架的放下。现代飞机的驾驶舱一般都有应急放起落架操纵手柄或电门。应急放起落架系统独立于正常起落架收放系统。当操纵人工放起落架手柄时，起落架的收上锁被打开，舱门及起落架依靠气动力和自身重量自由下落。

4.4.4.1　主起落架人工放出系统

主起落架人工放出系统的操作独立于正常收放系统。利用主起落架人工放出系统可将左、右主起落架从收上并锁好位置放出。

（1）组成

如图4－42所示，主起落架人工放出系统由操纵机构、联动装置和操纵钢索组成。

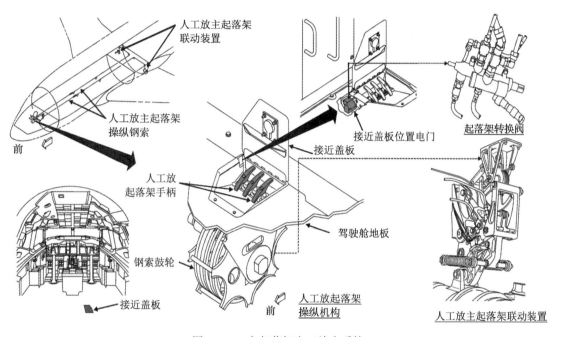

图4－42　主起落架人工放出系统

人工放出系统控制机构位于驾驶舱的地板下，通过驾驶舱中央操纵台后部的地板可以接近人工放出系统控制机构的手柄。共有3个人工控制手柄。一个是控制前起落架的，其余各控制一边的主起落架，可以实现对任意一个起落架的单独操作。手柄通过钢索与扇形轮相连。人工放出控制钢索从钢索扇形轮连接至前起落架放下机构的释放机构和主起落架的放出连杆。

当打开人工放出控制机构的接近盖板时，接近盖板位置电门输送一个信号至起落架选择阀内的人工放出电磁阀，使选择阀内的旁通阀旁通，从而正常起落架收放系统通回油，防止起落架收放系统液锁。

（2）操作

通过拉动控制机构中的手柄，联动钢索，从而带动钢索相连的放出机构或连杆。主起落架放出连杆能解除主起落架的收上锁定位置放出起落架。松开手柄后，复位弹簧将放出连杆拉回正常位置。

4.4.4.2　前起落架人工放出系统

前起落架人工放出系统的操作与正常的收放系统是相互独立，通过前起落架人工放出系统可将前起落架从收上锁好位置放下。

如图4－43所示，前起落架人工放出系统由释放机构和控制钢索组成。

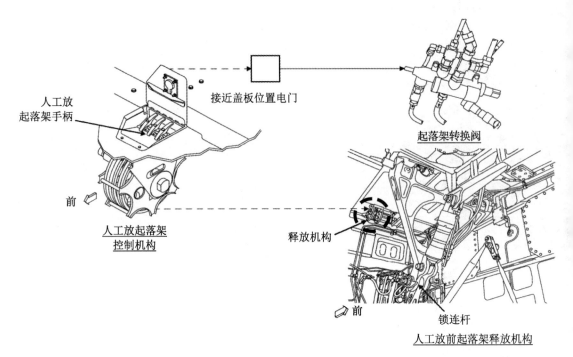

人工放
起落架手柄

接近盖板位置电门

起落架转换阀

前

**人工放起落架
控制机构**

释放机构

前

锁连杆

人工放前起落架释放机构

图 4 – 43　前起落架人工放出系统

操作前起落架人工放出系统时，将人工放出系统控制机构的手柄拉出，手柄带动控制钢索转动前起落架释放机构。前起落架释放机构转动将前起落架锁连杆解锁，起落架就在自身重量和空气载荷作用下放出。

4.5　前轮转弯

飞机在地面滑行时，前轮转弯系统控制飞机的运动方向。前轮转弯系统可以通过前轮转弯手轮或方向舵脚蹬来操纵。前轮转弯手轮主要用于飞机在低速滑行且转弯半径较小的情况或拖飞机时使用，此时前轮控制偏转角度较大，最大角度为左、右各78°。方向舵脚蹬主要在飞机起飞和着陆过程中高速滑跑时使用，此时前轮转弯与飞机的方向舵同时受到操纵，前轮控制偏转角度较小，最大角度为左、右各7°。采用两种前轮转弯操纵方式主要是为了操纵方便，避免倾翻，适应小转弯半径和拖行的需要。飞机在空中时，由旋转作动器切断方向舵脚蹬输入，脚蹬只能操纵方向舵。

如图 4 – 44 所示，前轮转弯由液压驱动。正常情况下由液压 A 系统提供压力收放起落架。在放出起落架的同时，起落架收放系统也为前轮转弯提供液压动力。起落架转换阀可以将前轮转弯的压力源从液压 A 系统转换为液压 B 系统。转弯计量阀为转弯作动筒提供压力。两个前轮转弯作动筒安装于前起落架缓冲支柱外筒的前侧，在小角度的转弯范围内采用推拉的作动方式，即在作动前轮转弯时，一个作动筒推，而另一个作动筒拉，转动转弯环，从而带动前轮转弯。

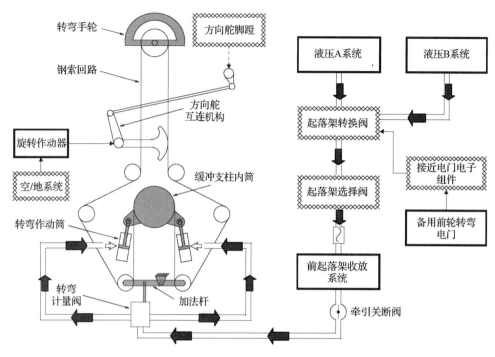

图 4 - 44　前轮转弯系统

4.5.1　系统组成

前轮转弯系统的部件基本都位于驾驶舱和前起落架轮舱内，如图 4 - 45 所示。

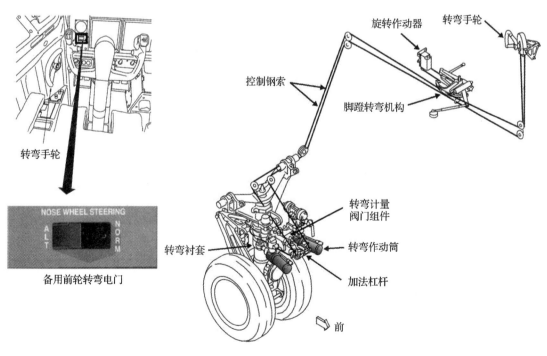

图 4 - 45　前轮转弯系统组成

位于驾驶舱内的前轮转弯系统的部件包括备用前轮转弯选择电门、转弯手轮和控制钢索。备用前轮转弯选择电门位于 P₁ 板机长仪表板。转弯手轮位于机长边 2 号风挡下的侧板上。方向舵脚蹬转弯机构和旋转作动器都在驾驶舱左侧地板下，可以通过前轮舱左壁板的接近盖板接近。控制钢索从转弯手轮穿过方向舵脚蹬转弯机构，连接到前起落架的加法机构上。

位于前起落架轮舱内的前轮转弯系统的部件有：控制钢索、方向舵脚蹬转弯机构、方向舵脚蹬旋转作动器、加法机构、转弯计量阀组件、转弯作动筒、转弯衬套。其中，加法机构、转弯计量阀组件、转弯作动筒、转弯衬套位于前起落架上。

4.5.2　方向舵脚蹬转弯机构和旋转作动器

方向舵脚蹬转弯机构具有三大功能：混合来自于方向舵脚蹬和转弯手轮的转弯输入信号；当飞机在空中时切断方向舵脚蹬的转弯输入；提供定中力。飞机在地面时，旋转作动器使方向舵脚蹬参与前轮转弯。方向舵脚蹬操纵前轮转弯的同时也可以作动方向舵。飞机在空中时，脚蹬只能操纵方向舵。

（1）位置

如图 4-46 所示，方向舵脚蹬转弯机构位于驾驶舱地板下，通过前起落架轮舱左壁板的接近盖板可接近该机构。旋转作动器位于方向舵脚蹬转弯机构的后面。

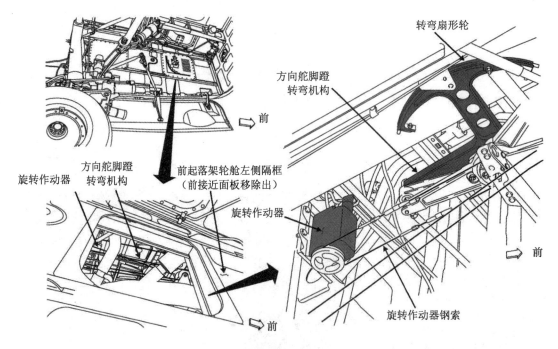

图 4-46　方向舵脚蹬转弯机构和旋转作动器

（2）工作

方向舵脚蹬机构受控于旋转作动器。如图 4-47 所示，方向舵脚蹬机构由转弯摇臂、转弯扇形轮、离合器、离合器摇臂、止动块和偏心轮组成。旋转作动器是双位的电控作动器，作动器通过底部的控制鼓轮和钢索与方向舵脚蹬转弯机构相连接。飞机在空中时，空/地系统为旋转作动器供电。作动器将偏心轮移动到空中位置，离合器摇臂与转弯摇臂脱开，隔离方向舵脚蹬与前轮转弯控制钢索。飞机在地面时，空/地系统为旋转作动器供电。作动器将偏心轮移动到地面位置，离合器摇臂与转弯摇臂止动块相接触。此时方向舵脚蹬的作动力通过方向舵脚蹬的输入杆→转弯臂→定中弹簧→转弯扇形盘→钢索直到前轮转弯计量阀，从而驱动前轮转弯。

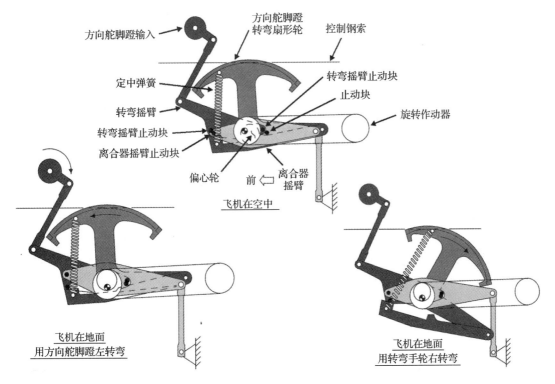

图 4 - 47　方向舵脚蹬转弯机构

当操纵方向舵脚蹬进行前轮转弯时，前轮转弯手轮会随动；当使用前轮转弯手轮转弯时，方向舵脚蹬不会随动。转弯手轮的运动也会使得控制钢索与转弯扇形轮移动。当转弯扇形轮转动时，离合器摇臂与转弯摇臂止动块相连，使得定中弹簧伸长。由于方向舵系统的定中弹簧刚度比脚蹬转弯机构定中弹簧的刚度强，转弯摇臂并不运动，所以当使用前轮转弯手轮转弯时，方向舵脚蹬不随动。转弯定中弹簧的弹簧力提供前轮转弯的感觉力。当松开前轮转弯手轮时，在定中弹簧的作用下，前轮转弯手轮恢复到中立位置，从而作动前轮返回到中立位置。

由于手轮通过控制钢索与计量阀直接相连，转弯手轮超控方向舵脚蹬的输入。

方向舵脚蹬输入连杆通过剪切销与转弯摇臂相连。如果转弯系统阻滞，方向舵脚蹬上的力将剪切销剪断，将方向舵脚蹬与转弯系统脱开，保证方向舵系统可以正常使用。

4.5.3　加法机构和转弯计量阀组件

前轮转弯的加法机构综合来自转弯手轮的输入信号和前起落架位置的反馈信号，控制前轮转弯计量阀。转弯计量阀组件计量进入转弯作动筒的液压，控制转弯的方向和角度。

（1）位置

加法机构位于前起落架的前部，转弯盘的上面，带有保护盖，如图 4 - 48 所示。转弯计量阀也位于转弯盘的上面。加法机构由以下部件组成：加法杆、滑轮和输入杆。滑轮连接在加法杆的两边，控制钢索穿过滑轮连接到相应的部件。转弯计量阀包含以下的部件：计量阀、动态载荷阻尼器、旁通阀、补偿器、牵引关断阀及手柄、旋转阀。

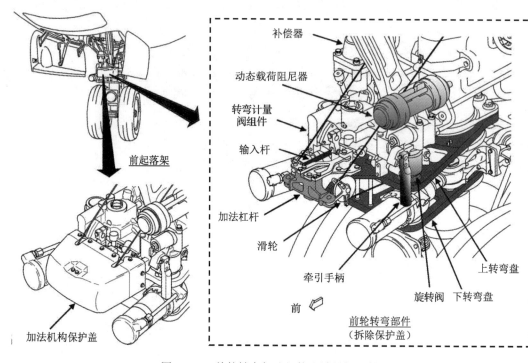

图4-48 前轮转弯加法机构和计量阀组件

（2）工作

转弯手轮和方向舵脚蹬的输入使得加法机构围绕其中心转动。如图4-49所示，加法机构通过输入杆连接到转弯计量阀，作动转弯计量阀偏离中立位，将液压输送到转弯作动筒，两个转弯作动筒驱动前轮转弯。传动钢索的另一端固定于转弯衬套上的一个钢索鼓轮上。当前轮转动时，此钢索鼓轮会带动钢索运动，将前轮的转弯信号反馈至加法机构，当前轮偏转到与转弯手轮或方向舵脚蹬的指令位置一致时，加法机构回复到中立位置，切断往转弯作动筒的供压。

前轮转弯动力的传递路径是：缓冲支柱外筒→转弯作动筒活塞杆→转弯作动筒外筒→转弯衬套→上部防扭臂→下部防扭臂→缓冲支柱内筒→前轮。

补偿器是一个弹簧加载的活塞式蓄压器。补偿器使转弯系统的回油管路保持220～290psi的压力，在没有指令输入的情况下，转弯作动筒不能回油，保持在现有位置。

在地面拖飞机转弯（阀门已释压）时，转弯作动筒的任一条油路出现高压，都可以打开旁通阀，使作动筒的两条油路直接连通，消除作动筒液锁。当计量阀有压力时，旁通阀保持在关闭位。

旋转阀控制液压流向转弯作动筒的两边。

液压-机械式的动态载荷阻尼器减轻前起落架转弯时的振动。

转弯计量阀组件上的牵引手柄控制牵引关断阀，可将前轮转弯系统释压。

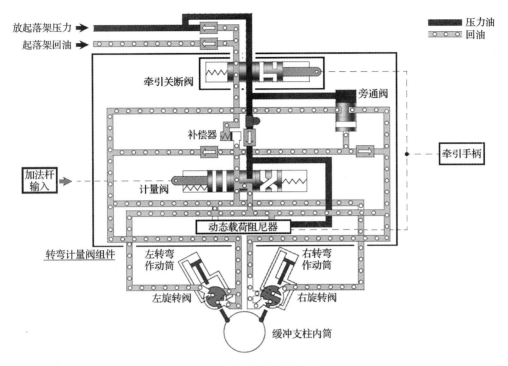

图 4 – 49　前轮转弯系统工作

4.5.4　转弯作动筒及转弯衬套

转弯作动筒驱动转弯衬套转向，转弯衬套通过上、下防扭臂将转弯扭矩传递到前起落架内筒，带动前轮偏转。

如图 4 – 50 所示，转弯作动筒轴向固定在上、下转弯盘之间，一端连接着旋转阀，另一端则与转弯衬套相连接。转弯衬套则是径向固定在前起缓冲支柱的外筒上，通过防扭臂连接到缓冲支柱的内筒。转弯作动筒是偏塞式作动筒，从起落架收放系统获得压力，驱动转弯筒进行前轮转弯。

4.5.5　前轮转弯系统工作

前轮转弯系统利用起落架的放下压力来进行转弯，具有正常前轮转弯和备用前轮转弯两种工作模式。

（1）正常前轮转弯

转弯手轮或方向舵脚蹬的转弯信号通过控制钢索送到加法机构，加法机构的运动控制转弯计量阀，使液压通过旋转阀到达转弯作动筒。转弯作动筒伸出或缩入运动，使得前轮在 0°～78°之间偏转。

在前轮偏转于 0°～23°之间时，一个作动筒的杆端获得压力、另一个作动筒的头端获得压力，于是一个作动筒缩回、另一个伸出，前轮就在扭力臂的带动下转动。当前轮偏转到 23°时，缩回作动筒的旋转阀使得该作动筒的两端都获得液压压力，作动筒停止运动。而伸出的作动筒持续伸出，继续推动前轮转弯。当前轮偏转大于 23°时，通过旋转阀，缩回作动筒的头端获得压力，开始伸出，在两个作动筒伸出的作用下，前轮可持续转弯到极限的 78°。

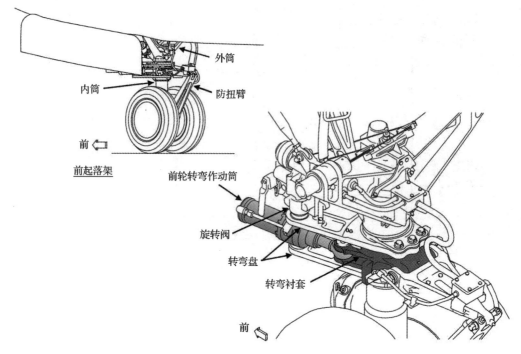

图 4 – 50　前轮转弯作动筒和转弯衬套

通过反馈钢索的反馈，当前轮转弯到指令位置时，加法机构使得计量阀回到中立位置，切断到转弯作动筒的液压，使得前轮在新的位置上稳定下来。

（2）备用前轮转弯

飞机在地面且液压 B 系统油箱油量正常时，如果将 P_1 板上的备用前轮转弯选择电门放到"ALT"备用位，起落架转换阀作动至备用位置，前轮转弯系统由液压 B 系统供压。而当液压 B 系统油量低时，起落架转换阀的作动会受到抑制。

4.5.6　飞机牵引

前轮转弯液压系统本来是用于帮助驾驶员进行前轮转弯的。但当需要用拖车拖行飞机时，前轮转弯的液压压力又会对拖行飞机产生阻碍。在拖行飞机时，前轮转弯作动筒就像一个液压泵，而油液的流动又受到限制，使作动筒两边产生很大的压力差，阻碍前轮转动，称为液锁。为防止这种现象的发生，现代飞机的前轮转弯系统通常有一个牵引关断阀。在需要拖飞机时，地面人员通过牵引手柄控制该阀，使前轮转弯作动筒的两腔连通，转弯作动筒内的油液自由地从一腔流向另一腔，防止液锁对转弯的限制。

（1）位置

如图 4 – 51 所示，牵引柄位于转弯作动筒上方，转弯计量阀组件的左侧。可以通过牵引设备推、拉飞机。

（2）操作

牵引手柄由弹簧加载在关断位置。向前扳动手柄可将手柄放置在牵引位置，然后在手柄上的转弯销孔插上转弯销，可将手柄保持在牵引位置。计量阀保护罩上的标牌指示了手柄的两个位置和有关飞机牵引的介绍。

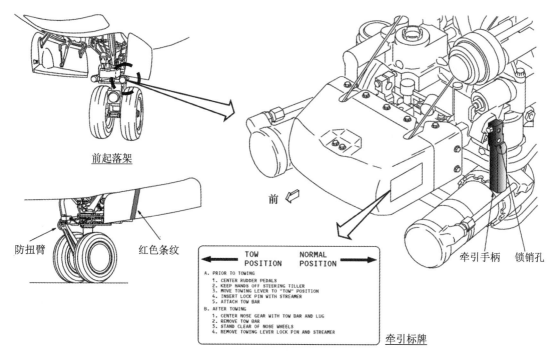

图 4 - 51　前轮转弯作动筒和转弯衬套

如果在飞机牵引的过程中，前轮的转弯角度要超过 78°，则需将上、下扭力臂脱开。扭力臂脱开之后，请将下扭力臂固定，防止它在地面上拖曳。每个前起落架舱门上都标有一条红色的转弯限制线，指示前轮的转弯极限角度 78° 时的位置。当拖杆与红线对齐时，表示此时的转弯角度为极限角度 78°。如果牵引飞机时的转弯角度要超过 90°，则必须将滑行灯的线束脱开。

维护手册中一般规定：当飞机前起落架缓冲支柱伸出长度超过规定值时不允许拖行。此时飞机重心太靠后，拖行有可能造成飞机后倾，同时缓冲支柱内上、下轴承距离太近，拖行会造成前起落架受弯矩过大，发生损坏。另外，前轮转弯系统自动定中机构也可能受到损坏。

4.6　空/地系统

空/地系统为飞机系统提供空中模式及地面模式的信号。

空/地系统由以下部件组成：前起落架压缩传感器、左主起落架压缩传感器、右主起落架压缩传感器、接近电门电子组件 PSEU、空/地继电器、PSEU 故障灯。

在波音 737NG 飞机上共有两套空/地系统来监控起落架缓冲支柱的压缩状况。每个起落架都有两个压缩传感器。一个为空/地系统 1 提供输入，另外一个为空/地系统 2 提供输入。传感器将信号送到 PSEU，由 PSEU 处理来自每套空/地系统 3 个传感器的信号。然后 PSEU 输出空/地的离散信号，这些离散信号将操作空/地继电器。相关飞机系统使用空/地的离散信号及继电器为飞机提供空/地输入。当 PSEU 的存储器存储了一个故障，或者是任何一个空/地系统处于超控模式时，位于 P_5 后顶板上琥珀色的 "PSEU" 灯将被点亮。

4.6.1　前起落架压缩传感器

位于前起落架上的两个压缩传感器给空/地系统提供前起落架缓冲支柱的压缩位置信号。

（1）位置

起落架压缩传感器是感应式的传感器。每个传感器都有一个金属靶标和一个接近电门。如图 4 – 52 所示，压缩传感器在上防扭臂的左侧和右侧，由连杆连接到前起落架的外筒。靶标位于减振支柱外筒的下部区域。位于传感器支架上的传感器识别标牌给出了传感器的编码。在前轮舱左侧面上有传感器的接线盒，汇集了传感器的线束。

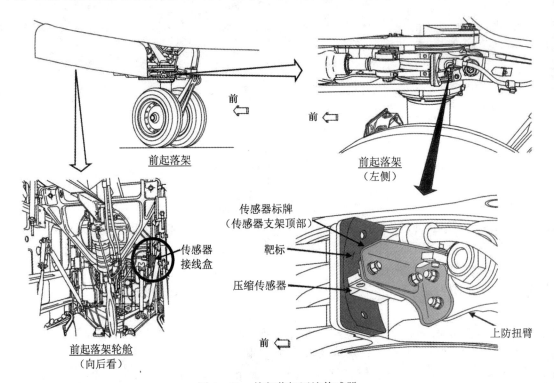

图 4 – 52　前起落架压缩传感器

（2）工作

当飞机在地面时，前起落架缓冲支柱压缩，靶标接近传感器，这个信号传送至 PSEU。当 PSEU 探测出传感器感应的变化时，判定为靶标临近了传感器。如果靶标超出了判断的范围，传感器的状态则默认为远离靶标。如果 PSEU 探测到一个传感器失效时，传感器的状态也将被默认为远离靶标。

4.6.2　主起落架压缩传感器

每个主起落架上各有两个压缩传感器，为空/地系统提供主起落架缓冲支柱的压缩位置信号。

（1）位置

主起落架压缩传感器同样是由金属靶标和接近电门所组成的感应式传感器。如图 4 – 53 所示，压缩传感器位于主起落架缓冲支柱外筒的下部区域。靶标位于上扭力臂的两侧，并由连杆连接到缓冲支柱外筒。位于压缩传感器支架上的传感器识别标牌给出了传感器编码。每个传感器的上面都有接线盒，汇集了传感器的线束。

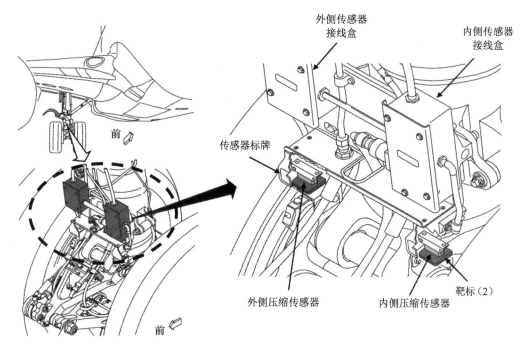

图 4 - 53　主起落架压缩传感器

（2）工作

当飞机在地面时，主起落架压缩，靶标接近传感器。传感器将接近信号送到 PSEU 中的空/地系统。当 PSEU 探测出传感器感应的变化时，判定为靶标临近了传感器。如果靶标超出了判断的范围，传感器的状态则默认为远离靶标。

4.6.3　接近电门电子组件

接近电门电子组件（PSEU）处理从空/地传感器来的信号，并将空/地信号送到飞机各系统和空/地继电器。

（1）位置

如图 4 - 54 所示，PSEU 位于前设备舱，可以通过位于前起落架轮舱前部、飞机底部的维护接近门来接近。PSEU 是航线可更换件，由内部两块集成卡和前部的自测试面板组成。位于自测试面板下部的两个红灯显示空/地系统是否处于空中模式。在 PSEU 上贴有关于如何操作自测试的介绍标牌。PSEU 上有 7 个电插头，其中 J1 ~ J4 为空/地系统 1 的，J5 ~ J7 为空/地系统 2 的。

（2）工作

PSEU 执行以下功能：监测起落架压缩传感器、操作空/地继电器、输送空/地离散信号。

由 PSEU 控制的飞机系统与部件有：起落架转换阀、起落架位置指示和警告系统、减速板放出指示系统、起飞警告系统、舱门警告系统、空/地继电器、起落架转换阀转换、备用

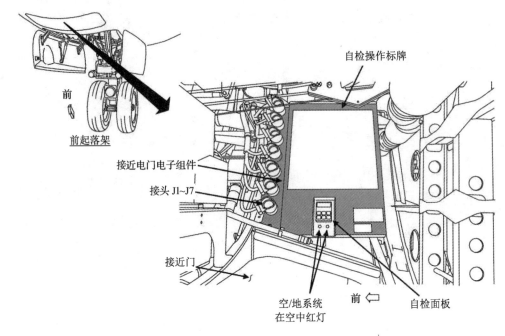

图 4 – 54　接近电门电子组件

收起落架即由液压 B 系统供压收起落架。起落架位置指示和警告系统提供起落架状态的指示，同时在不安全的状况时给飞行员提供警告信息。当地面扰流板在不安全状况下放出时，减速板放出指示"SPEEDBRAKES EXTENDED"的琥珀色灯亮。在地面或者在空中飞机有不安全的起飞构型时，起飞警告系统将提供声响警告。舱门警告系统为飞机舱门的状态提供指示。

通过 PSEU 上的 BITE 面板，PSEU 能找到并隔离他所监控的系统故障。PSEU 可以进行现存故障检测、显示故障历史、地面测试、空/地超控、起飞警告报告、起落架转换阀报告、查看传感器信息、监控 PSEU 的输入与输出、查看 PSEU 的构型。

4.7　起落架位置指示和警告系统

起落架位置指示及警告系统指示起落架是否放下并锁好、是否收上并锁好，并对起落架位置与操纵手柄位置的不一致状况和着陆前起落架未能及时放下并锁好的状况提出警告。

如图 4 – 55 所示，起落架位置指示及警告系统接受来自左/右主起落架收上并锁好传感器、左/右主起落架放下锁传感器、前起落架收上/放下锁传感器和前起落架放下传感器提供的起落架位置数据；起落架手柄位置电门提供手柄位置信号；飞行操纵计算机提供无线电高度数据；失速管理偏航阻尼计算机和位于后缘襟翼控制组件上的一个电门提供了后缘襟翼的位置；自动油门电门组件提供了油门杆位置数据。接近电门电子组件 PSEU 处理所有的输入并将数据送到起落架位置灯光及声响警告组件。当起落架在伸出或收上期间，或起落架未放下并锁好，3 个红色起落架位置灯将点亮。当起落架伸出至放下锁好位置时，3 个主要及辅助的绿色起落架位置灯将点亮。PSEU 也将有关起落架状态的信号输送给飞行数据获取组件 FDAU。

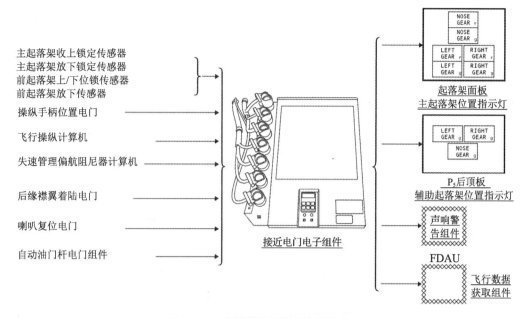

图 4 – 55　起落架位置指示和警告电门

4.7.1　起落架位置灯和手柄位置电门

　　起落架位置灯指示起落架的状态。当起落架操纵手柄移到放下位时，手柄电门向起落架位置指示及警告系统传递信号。

　　起落架主位置灯位于 P_2 中央仪表板上的起落架面板上，起落架手柄的上方；辅助位置灯在 P_5 板上。手柄位置电门位于 P_2 中央仪表板的起落架面板上，如图 4 – 56 所示。

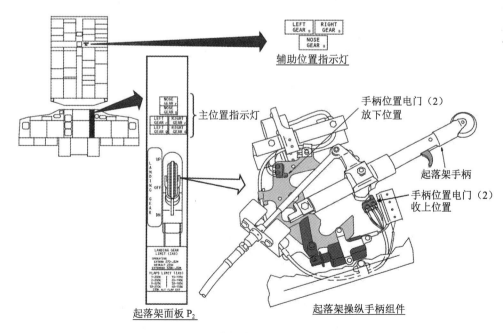

图 4 – 56　起落架位置灯及手柄位置电门

当起落架放下并锁好时，绿色的主、辅起落架位置灯点亮。当起落架位置和手柄的位置不一致时，红色的位置灯点亮。红色的位置灯也是起落架未放下的一种灯光警告。在起落架操纵手柄前端有一个电门驱动的凸轮。当起落架手柄移动到 DOWN（放下）位时，该凸轮将操纵手柄位置电门推到闭合位。当起落架手柄位于"UP"和"OFF"位时，操纵手柄电门处于打开位。两个起落架操纵手柄放下位电门，其中一个向 PSEU 发送起落架操纵手柄在放下位信号。另一个为"NO SMOKING"禁止吸烟信号继电器提供接地。

4.7.2　主起落架收上并锁好位置传感器

每个主起落架的收上锁机构中有两套收上并锁好位置传感器，该传感器向起落架位置指示及警告系统输送主起收上并锁好信息。

如图 4-57 所示，传感器位于主起落架上锁机构的前侧和后侧。靶标也位于锁机构上并随动于锁钩。锁机构框架上方的传感器标牌标注了传感器的编号。当锁机构进入收上锁好位置时，靶标接近传感器，为 PSEU 内的位置指示系统提供主起落架收上并锁好信号。传感器线束插头在上锁机构旁。

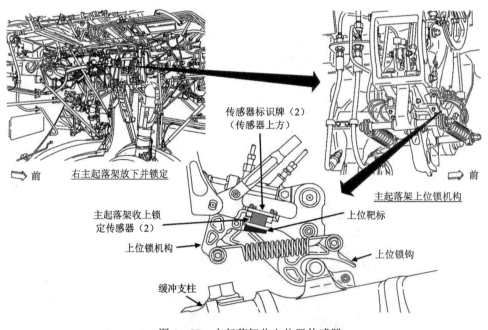

图 4-57　主起落架收上位置传感器

4.7.3　主起落架放下锁位置传感器

在主起落架下锁机构中有两个下锁位置传感器，向起落架位置指示及警告系统提供主起放下并锁好位置信号。

如图 4-58 所示，下锁传感器位于每边主起落架的下锁机构的上连杆。靶标则位于每边主起落架的下锁机构的下连杆。下连杆上的标牌标注了传感器的编号。当下锁机构进入放下并锁好位置时，靶标接近传感器，为 PSEU 内的指示及警告系统提供起落架放下并锁好信号。传感器有两个插头，分别位于下锁机构上连杆旁的反作用连杆的前、后侧。

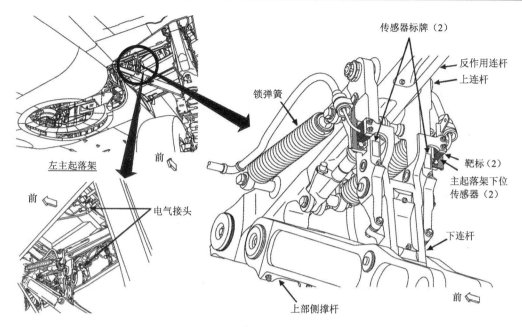

图 4 - 58　主起落架放下锁位置传感器

4.7.4　前起落架收上/放下锁位置传感器

前起落架锁连杆上有两套收上/放下锁位置传感器，向起落架位置指示及警告系统提供锁定位置信号。

如图 4 - 59 所示，两个传感器位于后锁连杆的上部。两个靶标位于前锁连杆的上部。锁机构框架上方的传感器标牌标注了传感器的编号。两个传感器的插头分别位于前轮舱左、右侧壁板后部的两个接线盒内。

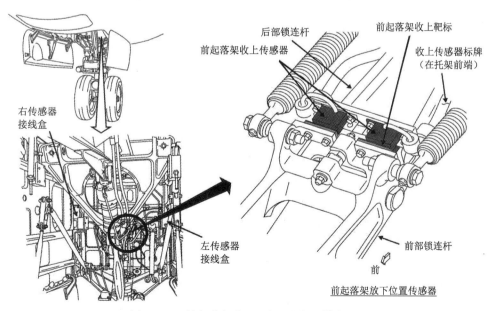

图 4 - 59　前起落架收上/放下锁位置传感器

　　当锁连杆移到锁定位置时，靶标接近传感器。当前起落架锁定在放下或收上位置时，传感器为 PSEU 内的位置指示系统提供位置信号。

4.7.5　前起落架放下位置传感器

　　前轮舱顶板上有两个前起落架放下位置传感器，向起落架位置指示及警告系统提供前起落架放下信号。

　　如图 4 - 60 所示，两个放下位置传感器位于前轮舱顶板。在上阻力托架顶部两端各有一个靶标。传感器支架前面有传感器的标牌，标注了传感器的编号。两个传感器的插头分别位于前轮舱左、右侧壁板的两个接线盒内。

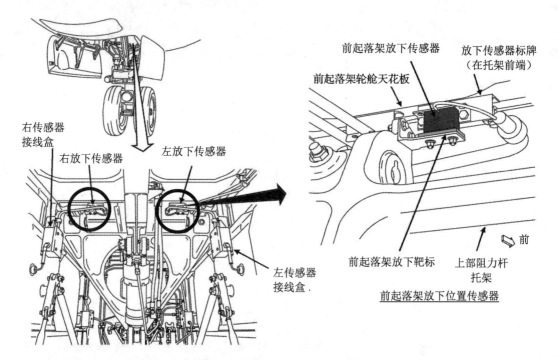

图 4 - 60　前起落架放下位置传感器

　　当阻力臂移至放下位置时，靶标接近传感器，当前起放下并锁好时，传感器为 PSEU 内的位置指示系统提供位置信号。

4.7.6　声响警告

　　声响警告组件为着陆警告提供持续的喇叭声响。如图 4 - 61 所示，导致着陆警告的状况共有 4 种。

　　第一种状况：起落架未放下锁好、襟翼位置在 0 ~ 10 个单位、油门手柄在慢车位、雷达高度在 200 ~ 800ft 中，发出喇叭声响警告。在第一种状况下，可以通过按压襟翼手柄边的喇叭切断电门抑制喇叭声响。

　　第二种状况：起落架未放下锁好、襟翼位置在 0 ~ 10 个单位、油门手柄慢车位、雷达高度低于 200ft，发出喇叭声响警告。这个状况下，不能抑制喇叭声响。

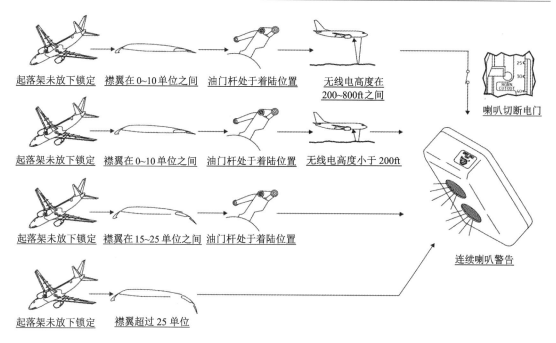

图 4 - 61　起落架声响警告

第三种状况：起落架未放下锁好、襟翼位置在 15 ~ 25 个单位、油门手柄在慢车位，发出喇叭声响警告。这个状况下，也不能抑制喇叭声响。

第四种状况：当起落架没有放下锁好且襟翼位置超过 25 个单位时，发出喇叭声响警告。这个声响警告也无法被抑制。在第四种状况下，当飞行员将起落架手柄放置 UP 位置后，系统可将声响警告抑制 12s。

4.8　机轮与刹车

飞机在起飞、着陆、地面滑行时，机轮用来支撑飞机，并使飞机可以灵活运动。刹车系统用来止动飞机。

4.8.1　轮胎与机轮

波音 737 飞机每边主起落架都有两个机轮组件及轮胎，前起落架有两个机轮组件及轮胎，均使用无内胎的轮胎。轮毂通过锥形滚棒轴承安装于缓冲支柱内筒下部的轮轴上。在主起落架机轮的轮毂里面安装有刹车组件。

4.8.1.1　主起落架轮胎与机轮

如图 4 - 62 所示，主起落架机轮是由内轮毂及外轮毂组成的，轮毂之间用螺栓连接。刹车转动键和隔热片都在每个机轮的内侧轮毂上。在内轮毂上有一个轮胎充气阀。一个超压释压阀也内轮毂上。当轮胎内的压力超过 375 ~ 450psi 时，释压阀打开，释放掉轮胎内所有的气压。超压释压阀释压后必须更换。内轮毂上还有 4 个热熔塞，用来防止刹车产生的高温导致轮胎爆炸。在温度达到 177°C（351°F）时，热熔塞熔化释放掉轮胎内的气压。热熔塞熔化后必须更换。

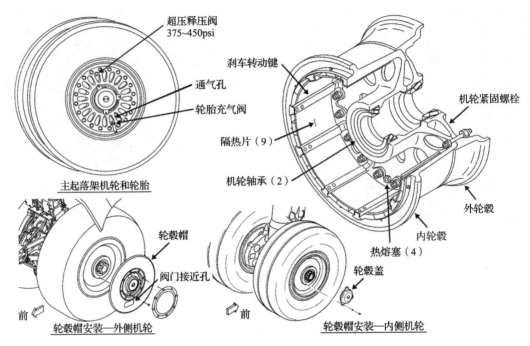

图 4 - 62　主起落架机轮与轮胎

主起落架轮胎有 28 层，尺寸（外径×轮宽－内径）为：44.5in×16.5in－21in。

4.8.1.2　前起落架机轮与轮胎

如图 4 - 63 所示，前起落架机轮也是由内轮毂及外轮毂组成，轮毂间用螺栓连接起来。

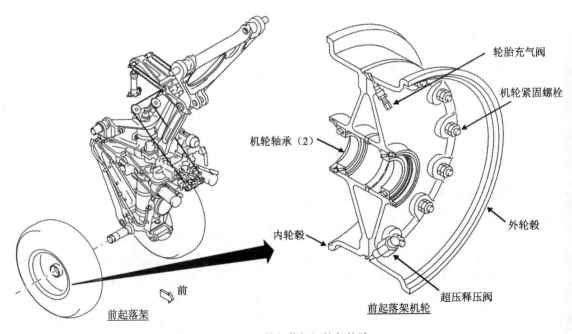

图 4 - 63　前起落架机轮与轮胎

轮胎充气活门位于外轮毂上。超压释压活门也在外轮毂上。当轮胎内的压力超过 375 ~ 450psi 时，释压阀将轮胎内的压力释放掉。前起落架轮胎有 12 层，尺寸（外径 × 轮宽 – 内径）为：$27in \times 7.75in – 15in$。前起落架机轮内没有安装刹车组件。在前轮收进轮舱时，通过两块位于前轮舱顶部的刹车片摩擦，止动前轮。

4.8.2　液压刹车系统

液压刹车系统控制供向主起落架刹车组件的液压压力，用于飞机止动。飞行员操纵刹车时，液压油进入固定在轮轴上的刹车作用筒，推动刹车片，使动片和静片压紧。由于动静片之间的摩擦作用，增大了阻止机轮滚动的力矩，机轮在滚动中受到的地面摩擦力也增大，飞机的滑跑速度随之减小。飞行员刹车越重，进入刹车作动筒内的油液压力就越大，刹车片之间也就压得越紧，阻止机轮滚动的力矩越大，在一定程度上可以有效缩短飞机着陆的滑跑距离。

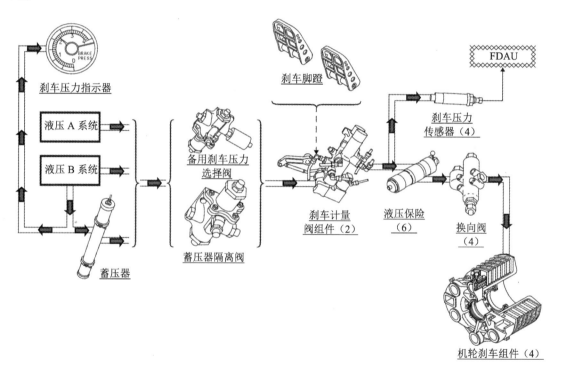

图 4 – 64　液压刹车系统

根据刹车压力源的不同，刹车可分为正常刹车、备用刹车、蓄压器刹车和收起落架刹车 4 种刹车功能。备用刹车选择阀和蓄压器隔离阀用来选择刹车压力源。刹车脚蹬控制正常和备用刹车系统。正常刹车由液压 B 系统供压。当液压 B 系统不能供压时，由液压 A 系统供压，实施备用刹车。当液压 A、B 系统都不能供压时，还可以利用蓄压器的压力进行正常刹车。在收上起落架时，备用刹车的液压管路从收起落架系统获得压力，将转动的机轮刹住。

刹车系统的组成部件有：刹车脚蹬共用机构、刹车钢索、刹车压力指示器、刹车计量阀、备用刹车压力选择阀、蓄压器隔离阀、蓄压器、蓄压器勤务组件、刹车液压保险、刹车换向阀、刹车盘组件、刹车释压阀。

4.8.2.1 刹车脚蹬共用机构、刹车钢索和刹车压力指示表

驾驶舱里或驾驶舱附近的刹车系统部件有：刹车脚蹬机构、刹车钢索、刹车压力指示表。

刹车脚蹬机构给刹车计量阀提供输入，人工控制刹车计量压力。如图4-65所示，刹车脚蹬机构的主要组成部件有：正/副驾驶脚蹬、垂直控制杆、下摇臂、前－后控制杆、刹车脚蹬共用曲柄组件、钢索扇形轮、共用连杆、刹车钢索。脚蹬和垂直控制杆位于驾驶舱地板以上，操纵杆穿过地板通到前设备舱，其余的部件都在驾驶舱地板之下。两套脚蹬作动刹车脚蹬共用机构。脚蹬通过垂直操纵杆作动下摇臂机构，下摇臂通过前－后操纵杆与刹车共用曲柄组件和钢索扇形轮相连。左钢索扇形轮通过左机身内的刹车钢索作动左刹车，右钢索扇形轮同样通过右机身内的刹车钢索作动右刹车。共用连杆将左右脚蹬共用曲柄组件连接起来，使正、副驾驶脚蹬可以同时控制左右刹车。

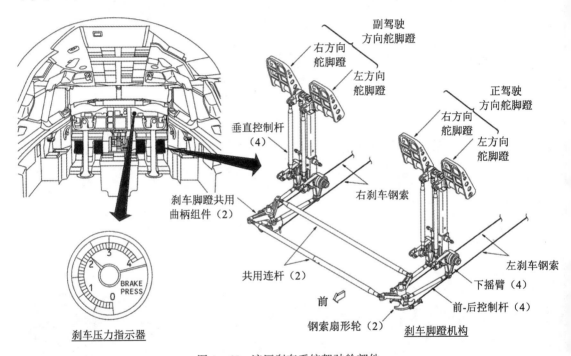

图4-65　液压刹车系统驾驶舱部件

刹车钢索将刹车脚蹬机构与主轮舱的刹车计量阀连接起来。

液压压力指示表位于P_3副驾仪表板。

4.8.2.2 刹车计量阀

刹车计量阀的作用是根据驾驶员踩刹车的输入信号，调节压力口、回油口与刹车管路的沟通情况，从而输出与输入信号成正比的刹车压力。

（1）位置

如图4-66所示，两个刹车计量阀安装在主轮舱后部的天花板上，刹车计量阀之间是可互换的。计量阀包括3个主要部件：正常刹车计量阀、备用刹车计量阀、收起落架刹车作动筒。正常和备用刹车计量阀使用共同的壳体组件连接在一起，并且使用共同的输入轴。收起落架刹车作动筒与备用刹车计量阀安装在一起。

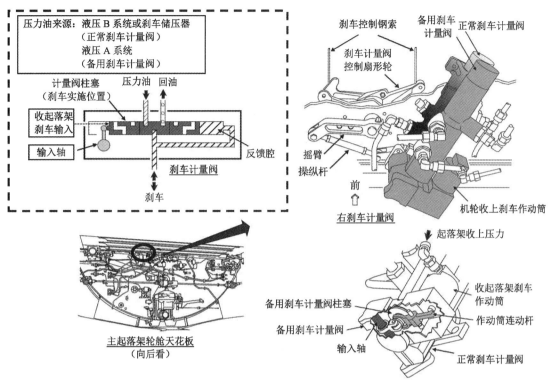

图 4 - 66　刹车计量阀

（2）工作

在刹车计量阀组件上，正常和备用计量阀的结构基本上相同，两者共用一个壳体和输入轴。除收起落架刹车过程外，两个计量阀一般不同时工作。正常刹车计量阀使用液压 B 系统或蓄压器压力来进行正常的刹车。当液压 B 系统失效时，备用刹车计量阀使用液压 A 系统进行备用刹车。在起落架收上时，备用刹车计量阀获得来自起落架收上管路的压力，刹住转动的主轮。

①正常和备用刹车程序

刹车脚蹬通过钢索和连杆机构控制计量阀，脚蹬联动计量阀的输入轴。当输入轴转动时，同时移动两个计量阀内的滑阀。在刹车系统不工作时，计量阀的滑阀是由弹簧保持在"OFF"关断位置。当踩刹车时，输入信号通过输入轴→复位弹簧（此时未压缩）→滑阀移动（复位弹簧被压缩）→压力油进入刹车管路，同时关闭回油口。部分压力油流过滑阀后，通过另一个通道流到反馈腔。反馈腔的压力产生恢复力，力图使滑阀伸出，使阀开度减小。此恢复力在刹车脚蹬上产生感觉力，且随刹车压力的增大而增大，当感觉力和驾驶员操纵力相等时，阀门开度保持不变，刹车压力恒定。松开刹车脚蹬时，在反馈腔压力和复位弹簧的作用下，使滑阀伸出，关闭压力油路，打开回油路，刹车管中压力下降，从而解除刹车。

②收起落架刹车系统

起落架收上时，收上管路通过起落架选择阀为收起落架刹车作动筒供压。收起落架刹车作动筒通过一个叉形的作动筒连杆控制备用刹车计量阀的滑阀。由于收起落架刹车作动筒与刹车计量阀的输入轴之间不联动，所以也不联动刹车脚蹬。当踩刹车时，输入信号通过收起落架刹车作动筒→作动筒连杆→备用刹车计量阀的复位弹簧（此时未压缩）→滑阀移动（复位弹簧被压缩）→压力油进入刹车管路，同时关闭回油口，使主轮在进入轮舱前停转。

4.8.2.3 备用刹车选择阀和蓄压器隔离阀

备用刹车压力选择阀输送液压 B 系统或液压 A 系统到正常或备用刹车系统。当备用刹车系统有压力时，蓄压器隔离阀闭合，保持蓄压器压力。

（1）位置

如图 4-67 所示，两个阀门均为双位置阀，位于主轮舱天花板。除了备用刹车选择阀上多了一个压力电门，两个阀的结构基本一样，可互换。备用刹车压力选择阀和蓄压器隔离阀均接受来自液压 A 和液压 B 系统的压力油，共同控制正常刹车系统和备用刹车系统的压力。

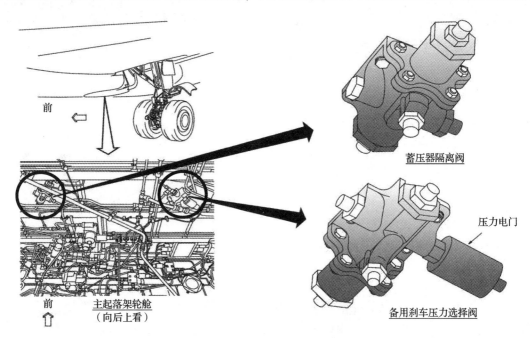

图 4-67　备用刹车选择阀和蓄压器隔离阀

（2）备用刹车压力选择阀工作

如图 4-68 所示，当液压 A 和 B 液压系统压力均正常时，液压 B 系统的压力控制该阀，使液压 A 系统的压力不能进入备用刹车系统。与此同时，备用刹车压力选择阀接受来自与起落架收上管路的压力，在起落架收上时为备用刹车系统供压。

当液压 B 系统失效时，备用刹车压力选择阀作动，输出液压 A 系统压力，为备用刹车系统供压。当备用刹车系统获得压力时，备用刹车选择阀内的压力电门给防滞/自动刹车控制系统（AACU）和飞行数据记录器（FDAU）提供信号。

（3）蓄压器隔离阀工作

当液压 B 系统不供压时，从备用刹车压力选择阀过来的压力作动隔离阀，将蓄压器压力与正常刹车系统隔离。当液压 A、B 系统都不供压时，由蓄压器的压力作动蓄压器隔离阀，蓄压器为正常刹车系统供压。

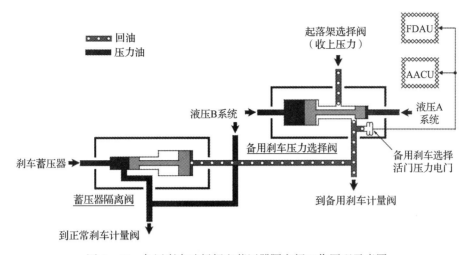

图 4 - 68　备用刹车选择阀和蓄压器隔离阀工作原理示意图

4.8.2.4　蓄压器

刹车蓄压器储存能量用于刹车，可减缓系统压力脉动，保证油液及时供往刹车装置，为正常刹车系统、停留刹车系统供压。

（1）位置

如图 4 - 69 所示，蓄压器位于右后翼身连接处，可以从翼身整流罩底部的铰链门接近。蓄压器勤务组件位于主起落架轮舱后壁板。蓄压器和勤务组件包含的主要部件有：蓄压器、充气阀、压力传感器、压力表和刹车压力释压阀。

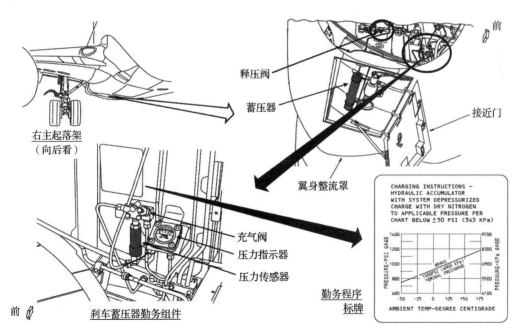

图 4 - 69　蓄压器及蓄压器勤务组件

（2）工作

蓄压器是活塞式储压器，一端充气，一端充油，可装 $300in^3$ 液压油，正常充气压力

1000psi（25℃时），可充填干燥的氮气或空气。液压 B 系统为蓄压提供液压。

压力传感器传递压力信号给驾驶舱的压力指示表。主起落架轮舱内的压力表可以直接读出蓄压器的压力。充气阀和传感器旁有勤务介绍的标牌。蓄压器完全充压后，至少可以提供 6 次刹车或设置 8h 的停留刹车。当蓄压器内的压力超过 3500psi 时，释压阀打开释压，防止蓄压器损坏；当压力减到 3100psi 以下时，释压阀自动关闭。

4.8.2.5　液压刹车保险

液压保险的作用是当液压管路的下游发生油液泄漏时切断液压，防止液压流失。整个刹车系统中共有 6 个液压保险，在正常刹车系统工作时，4 个液压保险保护 4 个正常刹车管路。在备用刹车系统工作时，两个液压保险分别保护对应主起落架的刹车管路。

正常刹车系统的 4 个液压保险位于主轮舱的后壁板，而备用刹车系统的两个液压保险位于主轮舱顶板的外侧，如图 4 - 70 所示。

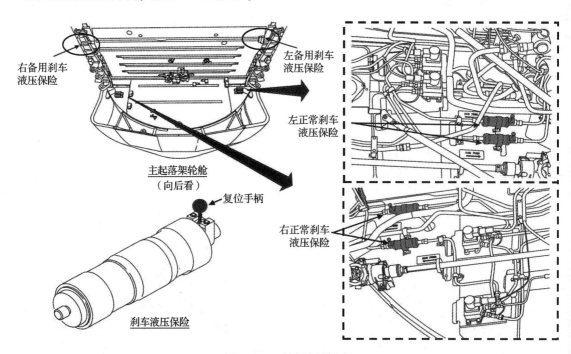

图 4 - 70　刹车液压保险

该液压保险是容积式的，当 $60 \sim 95 \mathrm{in}^3$（$0.91 \sim 1.5 \mathrm{L}$）的流量流过液压保险时，保险关闭。在保险两端的压差减少到 $0 \sim 30 \mathrm{psi}$ 之间时，液压保险复位。通过复位手柄也可以人工复位液压保险。按液压保险标牌所示方向转动复位手柄，可重置液压保险。保险关断没有可视指示。

4.8.2.6　刹车换向阀

刹车换向阀选择正常/自动刹车或备用/收起落架刹车中压力的最高值，并将液压压力输送至刹车装置进行刹车。

如图 4 - 71 所示，刹车换向阀是具有转换活塞和弹簧定位装置的非偏移往返阀，位于主轮舱顶板的外侧，阀门都是可互换的。当两个输入压力源之间的压差大于 80psi 时，换向阀作动到止动位置，将更高压力的管路连接到刹车管路上，同时将压力偏低的管路关闭。

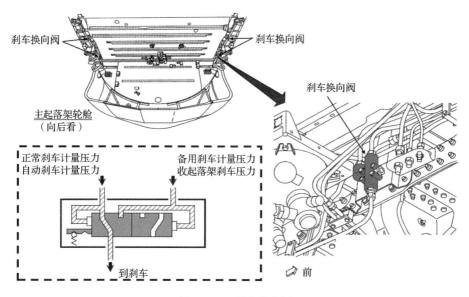

图 4 - 71　刹车换向阀

4.8.2.7　刹车组件

主起落架的机轮刹车是通过液压作动多盘式的刹车装置使着陆或滑行中的飞机减速或停止。

（1）位置

每个刹车盘都安装在主起落架的轮轴上。刹车盘是由以下部件组成：静子、转子、传压盘、调节销、轴套、磨损指示销、刹车管路接头/液压放气口，如图 4 - 72 所示。

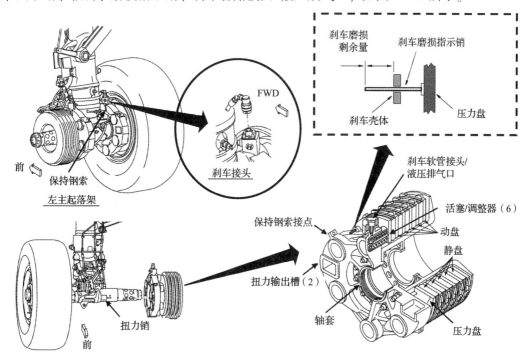

图 4 - 72　刹车组件

（2）工作

刹车轴套安装在可更换的主起落架轴套的衬套上。刹车组件上的扭力销定位槽与主起落架内筒底部的扭力销对接，将刹车时产生的扭矩传递给主起落架缓冲支柱。一条保持钢索将同侧主起落架上的两个刹车盘连接起来。刹车时，由刹车作动筒作动压力盘，压力盘将静片和动片压在一起，从而使机轮减速或停止下来。磨损指示销根据刹车盘的磨损程度自动调整长度。

4.8.2.8　刹车系统工作

根据液压刹车系统工作的压力源不同，刹车系统工作可分为 4 种方式：正常刹车、备用刹车、蓄压器刹车、收起落架刹车，如图 4 - 73、图 4 - 74 和表 4 - 2 所示。

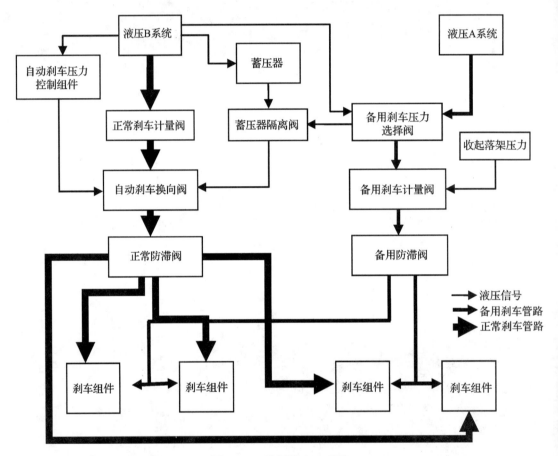

图 4 - 73　液压刹车 A 系统

当一个液压刹车源失效时，备用刹车压力选择阀自动转换，向下游输出另一个可用液压源的压力。液压源供压至正常或备用刹车计量阀。在备用刹车工作时，蓄压器隔离阀隔离蓄压器，以保持压力。当液压 A、B 系统失效时，蓄压器隔离阀打开，将蓄压器的压力输送至正常刹车计量阀。

脚蹬通过刹车脚蹬共用机构和钢索控制刹车计量阀，计量阀根据脚蹬的输入计量刹车压力。

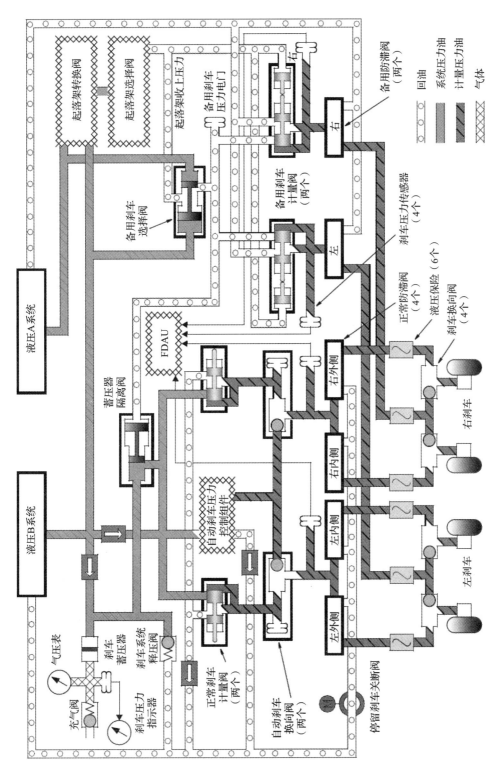

图 4 – 74 液压刹车 B 系统

表 4-2 刹车系统的 4 种工作方式

工作方式		条 件
1	正常刹车	在液压 B 系统正常供压时，备用刹车压力选择阀作动，隔离备用刹车系统。正常刹车计量阀计量液压 B 系统压力，提供液压刹车。同时，液压 B 系统还为蓄压器充压并控制蓄压器隔离阀。 液压 B 系统的压力→正常刹车计量阀→自动刹车换向阀→正常防滞阀→液压保险→刹车换向阀→刹车作动筒
2	备用刹车	当液压 B 系统不供压时，液压 A 系统为备用刹车压力选择阀供压。备用刹车压力选择阀将 A 系统的压力输送到备用刹车系统，由备用刹车计量阀计量刹车压力。同时，备用刹车系统压力作动蓄压器隔离阀，隔离蓄压器。 液压 A 系统的压力→备用刹车计量阀→备用防滞阀→液压保险→刹车换向阀→刹车作动筒
3	蓄压器刹车	当液压 A、B 系统都不供压时，蓄压器隔离阀作动，由蓄压器向正常刹车计量阀输送液压，提供刹车力。当蓄压器的压力增加到超过 3500psi 时，释压阀打开释压，以保护蓄压器。 蓄压器压力→正常刹车计量阀→自动刹车换向阀→正常防滞阀→液压保险→刹车换向阀→刹车作动筒
4	收起落架刹车	在起落架收上过程中，备用刹车压力选择阀将起落架收上压力输送到备用刹车系统，备用防滞阀不工作，在机轮收进轮舱前将机轮刹住。 收起落架的压力→备用刹车计量阀→备用防滞阀→液压保险→刹车换向阀→刹车作动筒

4.8.3 停留刹车系统

若要保持住刹车状态，驾驶员必须持续踩住刹车踏板，如果松开刹车踏板，刹车机构在复位弹簧的作用下返回到松刹车的位置。停留刹车的功用是当飞机长时间在地面停留时，通过停留刹车系统将刹车机构保持在刹车位置，无须驾驶员持续踩住刹车踏板。

在飞机停留时，停留刹车系统使用正常刹车系统为主起落架提供刹车压力。停留刹车系统由以下主要部件组成：停留刹车手柄、停留刹车连杆、停留刹车电门、停留刹车指示灯、停留刹车关断感觉继电器、停留刹车关断阀。

停留刹车手柄位于驾驶舱的中央操纵台上。在手柄旁边，有一个红色的停留刹车指示灯指示停留刹车的状态。施加停留刹车时，必须先踩下刹车脚蹬，再拉起停留刹车手柄。如图 4-75 所示，停留刹车连杆机构将会把脚蹬锁在刹车位。通过控制钢索，刹车信号传递至正常刹车计量阀，计量阀工作为刹车提供压力。同时，停留刹车电门输送一个信号去关闭停留刹车关断阀，并将施加停留刹车的信号输送给接近电门电子组件 PSEU。停留刹车关断阀关闭，阻断正常防滞阀的回油，正常防滞阀被液锁。停留刹车关断阀输出两路电信号，一路信号将中央操纵台上的停留刹车灯点亮；另一路信号通过停留刹车关断感觉继电器输送到防滞/自动刹车控制组件 AACU。完全充压好（3000psi）的刹车蓄压器能够保持至少 8h 的刹车。飞机在地面停留超过 8h，则需要在主起落架使用轮挡。

若要释放停留刹车，踩下脚蹬直到停留刹车手柄弹下即可松开脚蹬。刹车管路通过正常刹车计量阀回油。

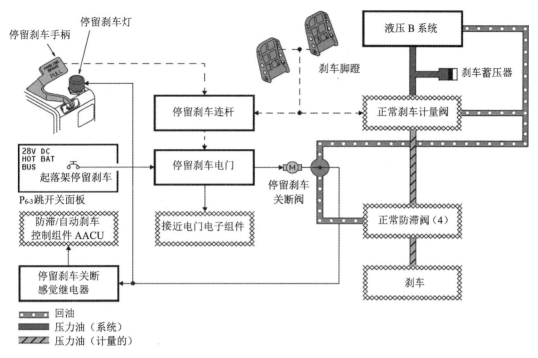

图 4 - 75 停留刹车

4.8.3.1 停留刹车连杆

停留刹车杆机构将脚蹬锁在刹车位。如图 4 - 76 所示，停留刹车连杆的包含以下部件：停留刹车手柄、停留刹车电门、锁棘爪、回复弹簧。停留刹车连杆位于前设备舱内。停留刹车电门安装在连杆上。

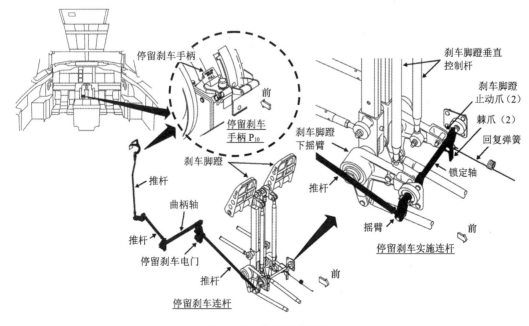

图 4 - 76 停留刹车连杆

当踩下脚蹬拉起手柄时，脚蹬的运动使垂直控制杆向下运动，垂直控制杆推动止动爪向下运动。停留刹车手柄移动推杆和摇臂，摇臂转动棘爪，从而抓住止动爪。当脚蹬松开时，棘爪保持止动爪保持在下位。同时，停留刹车电门移至关断位。最后，松开停留刹车手柄，刹车脚蹬保持在刹车位置。

解除停留刹车，只需快速将脚蹬踩到底，推动止动爪向下运动，使棘爪与止动爪脱开。此时，回复弹簧拉动棘爪，使其回到初始位置。当松开脚蹬后，脚蹬回到刹车关断位置。

4.8.3.2　停留刹车关断阀

停留刹车关断阀关闭，防止刹车蓄压器的压力经过正常防滞阀泄漏。

如图 4 –77 所示，阀门位于主轮舱的后壁板。该阀门由 28V 直流马达驱动，具有一个人工超控手柄，可以人工操作阀门，亦可指示阀门位置。马达上的标牌指示超控手柄的超控位置。当手柄接近标牌上 POSITION2（位置 2）或 CLOSED（关断）位时，表示停留刹车关断阀处于关断位，即正常防滞阀的回油管路被切断。如果正常防滞阀关不严，常会导致停留刹车时间过短。停留刹车关断阀内的位置电门向停留刹车关断感觉继电器输送位置信号。

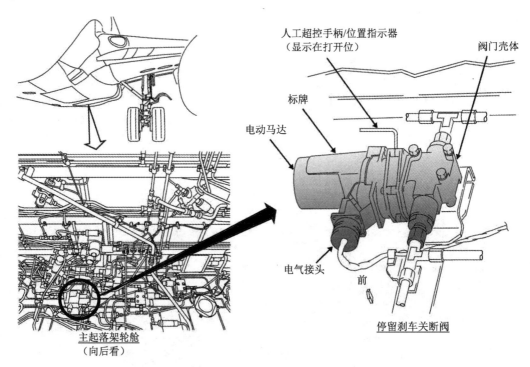

图 4 –77　停留刹车关断阀

4.8.4　防滞/自动刹车系统

当飞机在着陆滑跑过程中，防滞刹车系统使刹车压力围绕着临界刹车压力的变化规律变化，以获得较高的刹车效率。防滞刹车系统通过监控机轮的减速率及控制刹车计量压力来防止机轮的打滑，具有防滞控制、锁轮保护、触地保护、滑水保护和机轮收上抑制保护 5 大功能。防滞刹车系统的主要组成部件有：防滞阀、传感器、起落架手柄收上电门、备用刹车压力电门、防滞/自动刹车控制组件（AACU）、"ANTISKID INOP" 防滞不工作的琥珀色灯。

在飞机着陆之后或是中断起飞时，自动刹车系统提供计量好的刹车压力来对飞机进行减速。当飞行员选择"AUTO BRAKE"（自动刹车）时，如果所有预位和实施条件正确时，AACU 控制自动刹车压力控制组件。自动刹车压力控制组件将调节好的压力输送到刹车作动筒。从飞机触地到完全停止，自动刹车系统监控机轮的减速率并控制刹车压力。自动刹车系统有 4 个位置"1""2""3" 和"MAX"，用来选择不同的飞机减速率。"RTO"位置使得自动刹车系统提供全压力进行刹车，将飞机制动。在地速大于 88kn，飞行员进行中断起飞的操作时，自动刹车系统工作。在自动刹车过程中，防滞系统正常工作。自动刹车的主要组成部件有：防滞/自动刹车控制组件 AACU、自动刹车选择电门、自动刹车压力控制组件、自动刹车换向阀、自动刹车解除的琥珀色灯。

4.8.4.1 轮速传感器

轮速传感器提供轮速信号给防滞/自动刹车控制组件 AACU。

每个机轮的轮轴都安装有一个轮速传感器，如图 4－78 所示。当机轮转动时，轮毂帽轴带动传感器的轴一起转动。当传感器的轴转动时，就提供了机轮的转速。传感器上的凸耳一定要与适配器组件上的槽配合安装。

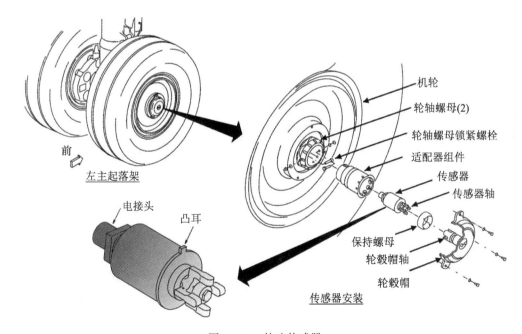

图 4－78 轮速传感器

传感器是航线可更换件。当拆下轮毂帽和两个轮轴螺母锁紧螺栓时，可从轮轴上卸下适配器组件。拆下保持螺母后，可从适配器组件上拆下传感器。拆卸过程不用拆卸轮轴螺母。

4.8.4.2 防滞/自动刹车控制组件 AACU

如图 4－79 所示，防滞/自动刹车控制组件（AACU）位于电子设备舱的 E1－3 架上，包含防滞/自动刹车系统和相应的 BITE 自检功能电路板。

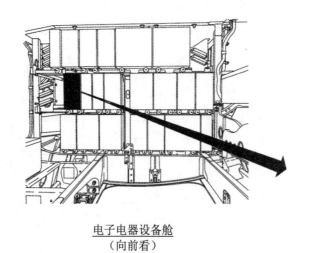

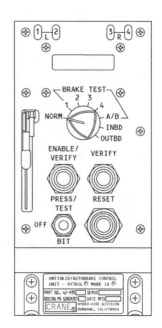

图 4 - 79　防滞/自动刹车控制组件

防滞/自动刹车控制组件输送松刹车信号至防滞阀，输送刹车信号到自动刹车压力控制组件。同时，AACU 也监控防滞和自动刹车系统故障，并执行机载检测功能。在防滞/自动刹车控制组件 BITE 面板上的 BITE 功能可显示防滞系统和自动刹车系统故障并进行检测。

4.8.4.3　防滞控制阀

防滞阀对刹车压力进行释压，防止机轮滞动。正常刹车工作时，有 4 个正常防滞阀分别为每个机轮提供防滞保护。而备用刹车工作时，有两个备用防滞阀分别给每个主起落架的两个机轮提供防滞保护。6 个防滞阀的结构相同，如图 4 - 80 所示。

正常刹车系统的防滞阀位于主轮舱的后壁板上。备用刹车系统的防滞阀位于主轮舱的顶板外侧。

防滞控制阀由电控一级阀、液控二级阀、三个油滤和一个单向阀组成。

三个金属网油滤分别位于防滞控制阀的进入管路、流出阀管路和进入刹车管路，去除压力油中的杂质。

电控的一级阀根据 AACU 的输入电信号建立对应的控制压力。液控的二级阀则保持与一级阀腔压力相对应的刹车压力。第一级阀腔的压力取决于两个喷嘴之间的挡板的位置。挡板的位置由来自 AACU 的电流控制。挡板两侧各有一个喷嘴，一个连接到计量压力管路，另一个连接回油管路。当没有电流进入阀时，挡板靠在回油喷嘴上。二级阀在弹簧力、一级阀腔的压力和计量压力三者的作用下保持最下的位置。此时计量压力通过二级阀直接进入刹车组件。当满电流进入阀时，挡板移动靠在压力喷嘴上，一级阀通回油，一级阀腔的压力与回油压力相等。在弹簧力、一级阀腔的压力和刹车压力三者的影响下，二级阀上移。当刹车压力与弹簧和一级阀腔的压力的合力相等时，二级阀稳定下来，使不需要的刹车压力回油。对于任意中间值的输入电流，挡板在两个喷嘴之间移动，调节一级阀腔的压力。

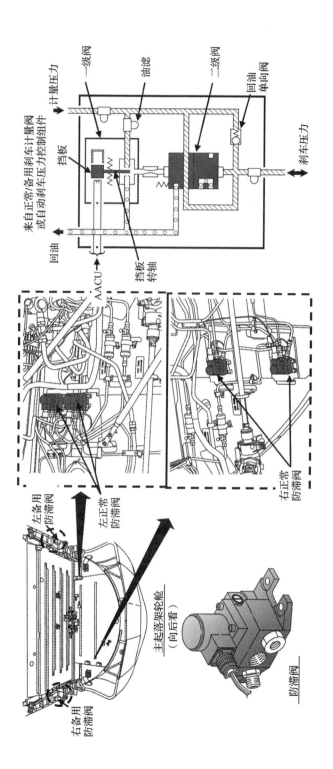

图 4 – 80　防滞阀

如果回油管路阻塞且回油压力超过刹车压力时，回油单向阀将刹车压力释放到计量压力。

4.8.4.4 自动刹车压力控制组件

自动刹车工作时，自动刹车压力控制组件根据来自 AACU 的输入信号调节液压 B 系统的压力，向正常刹车系统供压。

①位置

控制组件位于主轮舱的顶板。控制组件是航线可更换件，包括以下部件：油滤、控制阀压力电门、控制阀、电磁阀压力电门、电磁阀，如图 4 – 81 所示。

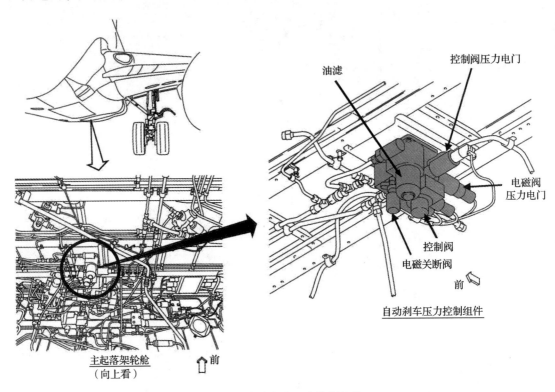

图 4 – 81　自动刹车压力控制组件 A

如图 4 – 82 所示，电磁阀是两级阀。第一级是电磁线圈操作阀，接受来自 AACU 的电信号，控制进入二级阀的压力。第二级阀是一个压力操作阀，控制进入下游控制阀的压力。同时，AACU 通过电磁阀压力电门对来自电磁阀的压力进行故障监控。当刹车压力小于 750psi 时，电磁阀压力电门也将输送刹车压力信号给飞行数据获得组件（FDAU）以供记录。

②工作

控制阀也是一个两级阀。第一级是电液控制阀，发送控制压力来操纵第二级阀。第二级阀是一个几乎与刹车计量阀相同的计量阀。第二级阀向正常刹车系统输送与来自 AACU 的电信号成比例的自动刹车压力。来自 AACU 的信号操纵控制阀的第一级阀。同时，AACU 使用控制阀压力电门来监控来自控制阀的压力以监控其故障。当来自控制阀的控制压力低于 1000psi 时，压力电门作动。

当将自动刹车选择电门放在 "1" "2" "3" 或 "RTO" 位时，选择的位置信号将输送到 AACU。AACU 将信号送给电磁阀和控制阀的第一级。控制压力进入两阀的第二级操作，

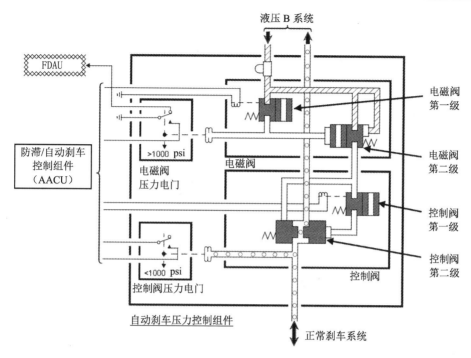

图 4 - 82　自动刹车压力控制组件 B

提供自动刹车压力进行刹车。电磁阀压力电门和控制阀的压力电门监控阀的工作状况。任意阀门发生故障时，AACU 都将解除自动刹车。

4.8.4.5　自动刹车换向阀

两个自动刹车换向阀将自动刹车压力和正常刹车压力进行比较，将两者中的高的压力提供给刹车组件。

如图 4 - 83 所示，自动刹车换向阀位于主轮舱后壁板，是具有定位装置的非偏移往返阀。阀门之间是可互换的。当正常刹车计量阀的压力增加到 750psi 时，计量压力电门将输送信号给 AACU，解除自动刹车。

4.8.4.6　自动刹车的选择电门和解除预位灯

自动刹车选择电门让飞行员选择着陆时自动刹车的减速率，或在中断起飞时刹车的自动工作。当自动刹车系统处于未准备状态时，琥珀色的"AUTO BRAKE DISARM"灯将点亮。

如图 4 - 84 所示，自动刹车选择电门位于 P₂ 中央仪表板，在上中显示组件的上方。"AUTO BRAKE DISARM"灯在选择电门的上方。自动刹车选择电门是 6 位选择电门。电门可以选择着陆后的自动减速率从 1 到 MAX，在选择"MAX"位时，必须将电门拉起才能旋转。当飞行员中断起飞时，"RTO"位的指令会实施最大能量的刹车。

当自动刹车选择电门在"1""2""3"或"MAX"位时，"AUTO BRAKE DISARM"灯在下列几个条件满足时将点亮：着陆未准备逻辑真实；"RTO"开始自检；选择 RTO 刹车时，RTO 刹车未准备逻辑真实；从起飞开始，电门如果选择"RTO"位，在触地 1.4s 内；有 RTO 指令但自动刹车电磁阀却在低压时。

当自动刹车选择电门在"OFF"位，且自动刹车压力控制组件中的电磁阀的压力却增加超过 1000psi 时，"AUTO BRAKE DISARM"灯也将点亮。

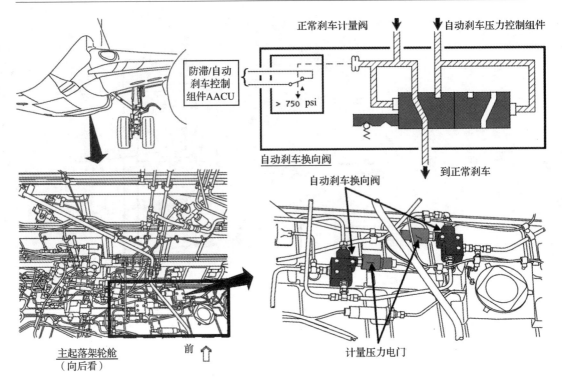

图 4 - 83 自动刹车换向阀

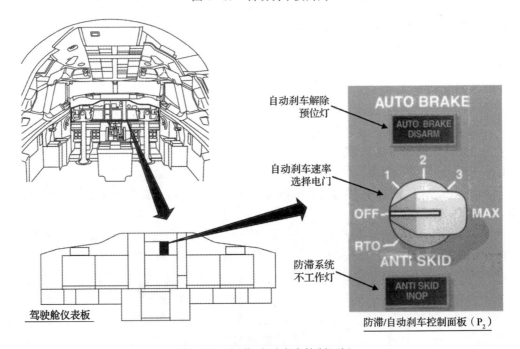

图 4 - 84 防滞/自动刹车控制面板

将自动刹车选择电门旋转至"OFF"位，使得"AUTO BRAKE DISARM"灯熄灭。

4.8.4.7 防滞功能介绍

防滞系统具有防滞控制、锁轮保护、触地保护、滑水保护和机轮收上抑制保护5大功能。

（1）防滞控制

正常防滞控制是在机轮转速降低但还没有停转的时候进入工作的。防滞系统的工作逻辑如图 4 – 85 所示。当机轮减速到刚好开始打滑但还没有达到完全滑动的程度时，AACU 向防滞阀发送信号，防滞控制阀开始工作，将机轮刹车的液压压力减小，从而使机轮转动加快，停止打滑。机轮滑动越严重，所需释放的刹车压力也就越多。4 个主起落架机轮的打滑探测与控制是互相独立的。当轮速低于某一值时正常防滞控制电路脱离工作。

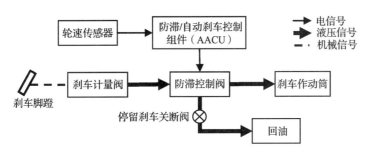

图 4 – 85　防滞系统工作逻辑

正常刹车系统工作时，正常防滞阀释放机轮的刹车压力，允许机轮速度上升并结束打滑。正常防滞阀通过停留刹车阀释放多余的刹车压力。防滞系统监控停留刹车关断阀的工作，确保多余的刹车压力能被释放。备用液压刹车系统工作时，备用防滞系统的工作几乎与正常防滞系统相同。如果一个主起落架上的一个机轮打滑，备用防滞阀将同时释放该主起落架的两个刹车装置的刹车压力，并发送信号到备用防滞感觉继电器和飞行数据获得组件（FDAU）。

当轮速超过 60kn 时，AACU 发送信号到自动放减速板组件。自动放减速板组件在中断起飞功能中使用这一轮速输入来控制自动放减速板作动筒。

（2）锁轮保护

当飞机通过结冰地段时，由于轮胎与地面的摩擦力不够，机轮开始出现打滑。如果正常防滞控制不能把一个处于完全打滑的机轮解脱，则将发生卡滞现象。此时需要锁轮保护电路发出控制信号，释压时间比接触正常打滑控制的时间长。锁轮保护电路监控两个对应机轮，即内侧（或外侧）的两个机轮的轮速，当一个机轮的速度降低到了另一个机轮速度的 30%，锁轮保护电路工作，释放低速机轮的刹车压力。锁轮保护在轮速低于 25kn 后脱离工作。

（3）接地保护

当飞机在空中，主起落架缓冲支柱处于伸长的状态，AACU 发出电信号到防滞控制阀，将释放 2 号及 4 号主轮的刹车压力，以实现接地保护，防止飞机刹车接地。接地保护的作用是在飞机接地的瞬间解脱刹车，即使在着陆前已踏下刹车脚蹬，从而防止刹车接地。当直到两个机轮轮速大于 70kn 之后 0.7s，或当飞机感知地面模式后 3s，同时 PSEU 为 AACU 提供了空/地信号，接地保护才脱离工作。

（4）滑水保护

飞机的滑水现象是指飞机在有水或潮湿的跑道上滑行时，轮胎接地表面与跑道道之间会产生流体动压力。由于受水浮力的影响，出现轮胎像浮在水面的现象。常常因为滑水，出现刹车失灵的情况。滑水保护调节机轮的刹车压力，使飞机安全平稳地制动。滑水保护把机轮速度数据与大气数据惯性基准组件（ADIRU）的地面速度数据相比较，当机轮速度下降到比地速低 50kn 时，滑水保护松开刹车压力。滑水保护功能只为 1 号和 3 号机轮提供保护。

（5）起落架收上禁止

为允许在起落架收上过程中进行刹车，在起落架手柄从"OFF"位移到"UP"位后12.5s 内，防滞系统停止工作。

4.8.4.8 防滞控制故障指示

AACU 中的故障检测卡通过继电器向驾驶舱输送故障信号。如果存在故障，防滞/自动刹车控制面上的"ANTISKID INOP"（防滞失效）琥珀色灯将点亮。

（1）当正常防滞阀工作，在以下状况时，"ANTISKID INOP"琥珀色灯点亮：

①内侧或外侧防滞卡失效。

②内侧或外侧防滞卡掉电。

③一个或多个正常防滞阀故障。

④速度电门故障（空中轮速高）。

⑤一个或多个传感器故障。

⑥停留刹车手柄位置和停留刹车关断阀位置不一致。

⑦显示测试进行。

正常防滞阀通过停留刹车关断阀释放多余的刹车压力。因此，防滞系统也监控停留刹车系统的故障。当停留刹车关断阀不在指令位置时，导致外侧和内侧防滞的故障，"ANTISKID INOP"琥珀色灯点亮。

（2）当备用刹车选择阀有压力，在以下状况时，"ANTISKID INOP"琥珀色灯也将点亮：

①内侧或外侧防滞卡失效。

②内侧或外侧防滞卡掉电。

③一个或多个传感器故障。

④备用防滞阀故障。

4.8.4.9 自动刹车功能介绍

自动刹车系统用于减轻驾驶员的工作量，并使刹车持续、平稳，使乘客感觉舒适。当 P_2 板上的自动刹车控制旋钮选定减速率后，AACU 处理控制信号和监控自动刹车系统，如果条件满足，就输出控制信号到自动刹车压力控制组件。自动刹车压力控制组件接受液压 B 系统的压力，将调节好的压力输送到自动刹车的换向阀→正常防滞阀→液压保险→刹车换向阀→刹车作动筒。在自动刹车过程中，防滞刹车系统监控自动刹车压力，以防止拖胎。

自动刹车则包括起飞自动刹车和着陆自动刹车两种方式。着陆自动刹车指在着陆之前，使用"自动刹车速率选择电门"选择刹车减速率。刹车减速率要根据着陆机场的跑道长度选择。选择好自动刹车减速率后，自动刹车系统要进行自检，如果通过自检，则自动刹车系统处于准备状态。一旦满足自动刹车条件，则可在飞机着陆后自动进行刹车。如果自动刹车系统未通过自检或有故障，则"自动刹车解除"灯亮，此时只能进行人工刹车。起飞自动刹车指在中断起飞过程中的自动刹车。在起飞之前把刹车减速率选择电门放在"RTO"（中断起飞）位置，随后自动刹车系统就会进行自检，如果自检通过，则自动刹车系统处于准备状态。在起飞滑跑过程中，如果满足中断起飞的条件（如地面扰流板打开），则自动以最大减速率刹车，迅速中断起飞。如果未通过自检，则刹车解除灯亮，自动刹车不工作，只能使用人工刹车。

AACU 接受下列部件发送的信号：自动油门杆微动电门组件的油门杆位置信号、接近电门电子组件的空/地信号、放减速板手柄预位电门、计量压力电门、大气数据惯性基准组件的地速信号、控制阀压力电门监控自动刹车压力控制组件控制阀内的故障信号、电磁阀压力电门监控自动刹车压力控制组件电磁阀内的故障信号。这些电门被用于自动刹车预位和解除预位操作。

当自动刹车解除的状况发生时，AACU 将切断自动刹车压力控制组件上电磁阀和控制阀的电源，同时使得自动刹车解除继电器接地并激励至解除位置，"AUTO BRAKE DISARM" 灯点亮。要复位自动刹车解除继电器，只要将自动刹车选择电门放回 "OFF" 位，"AUTO BRAKE DISARM" 琥珀色灯也将熄灭。

4.8.4.10　自动刹车着陆准备和实施逻辑

（1）着陆准备逻辑

当以下条件都具备时，自动刹车系统预位：

①自动刹车选择电门不在 "OFF" 位。

②两个空/地系统在空中模式或两个油门杆慢车位或一个或两个空/地系统在地面模式时间不超过 3s。

③一个 ADIRU 的输入有效。

④自动刹车系统无故障。

⑤正常防滞系统无故障。

⑥正常刹车计量压力小于 750psi。

当选择电门位于 "1" "2" "3" 或 "MAX" 位，而以上至少一个条件不满足时，"AUTO BRAKE DISARM" 灯将点亮。

（2）着陆实施逻辑

下列条件满足时，自动刹车功能实现刹车：

①自动刹车预位。

②双发油门杆慢车位。

③任一空/地系统在地面模式超过 0.2s。

④收起落架刹车（SPIN – UP）探测工作或者 "SPIN – UP" 锁设置。

当每个主起落架的任一机轮转速增加到至少 60kn 或轮速持续高于 30kn，则 "SPIN – UP" 锁设置。在空/地系统位于地面模式且 "SPIN – UP" 状态触发 3s 之后 "SPIN – UP" 锁定。当空/地系统位于空中或自动刹车关闭或处于解除模式下，"SPIN – UP" 锁定则被复位。当着陆时自动刹车功能进行刹车时，将激励 AACU 内的阀门继电器，为自动刹车压力控制组件内的电磁阀和控制阀供电。

自动刹车工作时，可以改变减速率而不会解除系统工作。

当自动刹车时，有一个或多个条件不再具备，选择电门会停留在所选择的位置，且 "AUTO BRAKE DISARM" 灯将点亮。

4.8.4.11　自动刹车着陆解除逻辑

下列任一条件满足时，自动刹车将解除：

①自动刹车选择电门"OFF"位。

②一个正常刹车计量压力超过 750psi。

③飞机落地后 3s 后前推任一油门杆（3s 内释放刹车压力但不解除自动刹车）。

④减速板手柄从"UP"位放至"DOWN"位。

⑤正常防滞系统故障。

⑥自动刹车系统故障。

⑦ADIRU 输入无效。

自动刹车解除时，系统点亮"AUTO BRAKE DISARM"灯。若将选择电门放至"OFF"位，"AUTO BRAKE DISARM"灯也熄灭。

4.8.4.12　自动刹车 RTO 预位和实施逻辑

（1）RTO 预位逻辑

当把自动刹车选择电门放置"RTO"位，AACU 开始实行自测。当以下自测条件都满足时，自动刹车的 RTO 功能预位：

①选择电门"RTO"位。

②RTO 自动刹车功能没有故障。

③两套空/地系统在地面模式。

④所有轮速的平均值小于 60kn。

⑤正常防滞系统没有故障。

⑥双发油门杆在慢车位。

⑦自动刹车压力控制组件中的电磁阀和控制阀压力小于 1000psi。

自测开始时，也同时对 AACU 及相关部件进行测试。在自测时，"AUTO BRAKE DISARM"灯将点亮 1.4s。如果自测失败，RTO 自动刹车不会预位，并且"AUTO BRAKE DISARM"灯保持长亮。

（2）RTO 实施逻辑

下列条件满足时，自动刹车功能实现：

①RTO 预位。

②双发油门杆在慢车位。

③所有轮速的平均值大于 88kn。

④正常防滞系统没有故障。

⑤两套正常刹车计量压力小于 750psi。

当 RTO 自动刹车时，它激励 AACU 中的一个继电器，给自动刹车压力控制组件中的电磁和控制阀供电。自动刹车系统使用全压力进行刹车将飞机减速至停止。

4.8.4.13　自动刹车 RTO 解除逻辑

下列条件满足时，自动刹车系统将释放 RTO 自动刹车（如果正在实施中）且使自动刹车系统处于解除状态（"AUTO BRAKE DISARM"灯不会点亮）：

①自动刹车选择电门"OFF"位。

②两套空/地系统位于空中模式。

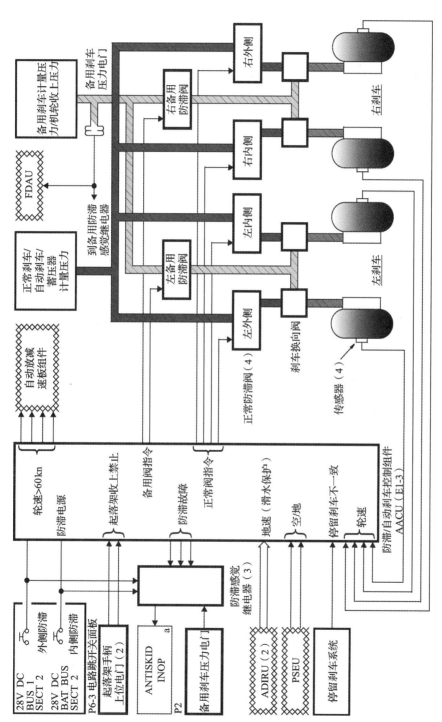

图 4－86　防滞/自动刹车系统

当 RTO 自动刹车在进行中时，下列任一条件满足时，自动刹车系统将释放 RTO 自动刹车，使自动刹车系统处于解除状态（"AUTO BRAKE DISARM"灯点亮）：

①一个或两个正常刹车计量压力大于 750psi。

②前推一个或两个油门手柄。

③自动刹车系统故障。

④正常防滞系统故障。

⑤减速板手柄从"UP"位移至"DOWN"位。

将自动刹车选择电门放"OFF"位，熄灭"AUTO BRAKE DISARM"灯。

第5章　飞行操纵系统

5.1　概述

　　波音 737 - 800 飞机上的飞行操纵系统为飞机提供横向、纵向、竖直方向的姿态控制，并在起飞、着陆时增加升力，在减速运动时增加阻力。飞行操纵系统拥有可移动的操纵面，这些操纵面集中在飞机的大翼和机尾。飞行操纵系统由主操纵系统、辅助操纵系统和警告系统组成。主操纵系统提供飞机的横向、纵向、竖直方向的姿态控制，由副翼系统、升降舵系统和方向舵系统组成。辅助操纵系统由扰流板/减速板系统、后缘襟翼系统、前缘襟翼和缝翼系统、水平安定面系统组成。警告系统分为失速警告系统和起飞警告系统两部分。失速警告系统当飞机将要失速时，向驾驶员提供警告。起飞警告系统在飞机起飞滑跑时，如果某些部件不在正确的位置，给驾驶员一个声响警告。

　　飞行操纵系统各操纵面的位置如图 5 - 1 所示。两个副翼带有平衡调整片，安装在每个机翼的后缘，靠近翼尖的位置，用于完成飞机绕纵轴的滚转操作。水平安定面位于机身尾部，是全动式的，用于纵向配平。两个升降舵带有平衡调整片安装在每个水平安定面的后缘，用于完成飞机绕横轴的俯仰操作。方向舵位于垂直尾翼的后缘，用于完成飞机绕垂直立轴的方向控制。后缘襟翼位于机翼后缘，共有 4 块，每侧机翼两块，分别安装在发动机的内侧和外侧。前缘襟翼位于机翼前缘、发动机的内侧，共有 4 块，每侧机翼两块。前缘缝翼位于机翼前缘、发动机外侧，共有 8 块，每侧机翼 4 块。扰流板/减速板位于机翼上表面、襟翼

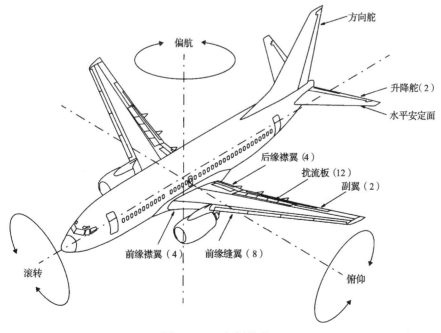

图 5 - 1　飞行操纵舵面

的前方，共有 12 块，每侧机翼 6 块，发动机内侧 1 块，外侧 5 块，每个扰流板都有一个编号，从左向右依次排列，从左机翼翼尖到右机翼翼尖扰流板编号分别为 1、2、…、12，其中在每侧大翼上，最内和最外侧的扰流板是地面扰流板，所有其他扰流板属于飞行扰流板。

如图 5-2 所示，飞行员在驾驶舱可以通过液压、电动、人工等方式操作飞机各操纵面，同时自动驾驶系统也可以对飞机进行自动操纵。

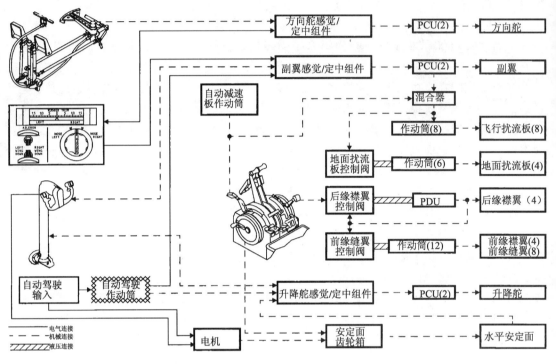

图 5-2 飞行操纵系统图

副翼驾驶盘通过钢索将飞行员指令输入到副翼感觉/定中组件上，再传到副翼的动力控制组件（PCU），最后，由 PCU 驱动副翼钢索以及副翼。副翼配平电门提供一个电气信号到副翼感觉/定中组件并且改变副翼的中立位置。副翼动力控制组件（PCU）在驱动副翼同时将位移量输入到扰流板混合器，混合器通过飞行扰流板大翼钢索控制飞行扰流板作动筒，进而驱动飞行扰流板，辅助副翼完成滚转操纵。另外，自动驾驶作动筒通过感觉/定中组件提供一个机械输入到动力控制组件（PCU），然后通过 PCU 移动副翼大翼钢索以及副翼，完成副翼的自动控制。减速板手柄通过钢索控制扰流板混合器，混合器通过扰流板大翼钢索控制飞行扰流板作动筒，同时，混合器也控制地面扰流板控制阀，对地面扰流板的伸出提供液压动力。在自动减速板伸出模式中，自动减速板作动筒对相同的钢索提供输入并且反向驱动减速板手柄。驾驶杆通过钢索对升降舵感觉/定中组件提供输入，从而控制升降舵的 PCU，然后 PCU 通过扭力管驱动升降舵。自动驾驶作动筒通过感觉/定中组件对 PCU 提供机械输入，从而驱动升降舵。方向舵脚蹬通过钢索向方向舵感觉/定中组件提供一个输入，然后通过 PCU 来驱动方向舵。方向舵配平电门对方向舵感觉/定中组件提供电气输入信号，从而改变方向舵的中立位置，使方向舵保持一定角度的偏转。水平安定面配平手轮通过钢索对安定面齿轮箱提供输入，然后，齿轮箱通过驱动蜗杆而操纵水平安定面。水平安定面配平电门控制齿轮箱上的电机，然后通过齿轮箱驱动水平安定面，同时，自动驾驶系统也可以控制水平安定面的配平。当水平安定面移动的时候，同时也会通过升降舵感觉/定中组件驱动升降舵。襟翼控制手柄控制后缘襟翼控制阀，使用液压驱动动力控制组件（PDU）上的液压马达，液压马达对襟翼驱动系统提供动力。随动钢索对后缘襟翼控制阀提供反馈信号，从而使襟翼停留在指令位置。随动钢索同时也对前缘襟翼控制阀提供输入信号，从而控制前缘装置，前缘襟翼和缝翼的移动由液压通过作动筒来实现。备用襟翼电门通过电动方式控制后缘襟翼，另外，该电门还可以控制备用液压系统放出前缘襟翼和缝翼。

5.2　副翼系统

副翼用于控制飞机绕纵轴的滚转操作，位于两侧机翼的后缘，靠近翼尖的位置。当飞机进行滚转操作时，一侧副翼向上打起，另一侧副翼向下移动。驾驶员可以通过转动驾驶盘手动操纵副翼，完成滚转动作，也可以接通自动驾驶功能自动控制副翼，并且在自动驾驶工作期间，副翼的移动会反馈到驾驶盘。同时，飞行扰流板也可以提供滚转操纵。

5.2.1　副翼操纵系统

如图 5-3 和图 5-4 所示，副翼系统由以下部件组成：副翼驾驶盘（2）、副翼驾驶盘鼓轮、鼓轮联动钢索（ACBA 和 ACBB）、左右机身钢索（AA 和 AB）、左右机翼钢索（ABSA 和 ABSB）、副翼操纵扇形盘、副翼感觉/定中组件、副翼动力控制组件 PCU（2）、副翼机身扇形盘（2）、副翼机翼扇形盘（2）、副翼（2）、平衡板（8）和调整片（2）、副翼弹簧筒、副翼转换机构和空动设备。

正副驾驶通过两个驾驶盘操纵飞机的滚转姿态，两个驾驶盘通过驾驶杆下部的鼓轮上的联动钢索连接，在副驾驶一侧的传动机构为两个驾驶盘之间提供一个机械连接，当其中一个驾驶盘不能移动时，另外一个可以继续提供操纵。驾驶盘通过钢索和连杆对动力控制组件（PCU）提供机械输入，然后液压压力经过 PCU 产生作动力，接着通过大翼钢索和扇形盘机械地驱动副翼运动。当驾驶盘移动时，它同时会对滚转驾驶盘转向力（CWS）传感器和驾驶盘位置传感器提供一个机械输入，然后，这些信号传到飞行操纵计算机（FCC），另外，驾驶盘位置传感器给飞行数据采集组件（FDAU）提供一个驾驶盘位置信号。当没有液压动力的时候，驾驶盘通过钢索和连杆给动力控制组件（PCU）一个机械输入，PCU 中的机械止动块使整个 PCU 壳体移动，然后通过钢索和扇形盘，机械地驱动副翼，完成人力操纵副翼。在进行副翼配平操纵时，飞行员不须操纵驾驶盘，当驾驶员移动位于副翼/方向舵配平面板上的副翼配平电门时，此电门会发送一个信号到副翼配平作动筒和 FDAU 上，作动筒再驱动副翼感觉/定中机构，接着传到副翼的 PCU 上，最后，副翼的 PCU 通过大翼钢索和扇形盘驱动副翼。同时，在副翼配平过程当中，驾驶盘会随之运动并在驾驶杆顶部显示其转动单位。当接通自动驾驶时，飞行控制计算机控制副翼自动驾驶作动筒，该作动筒给感觉/定中组件和副翼位置传感器提供一个机械输入，感觉/定中组件的运动传给副翼 PCU，从而作动副翼，同时，副翼位置传感器将副翼位置的信号反馈给 FCC。扇形盘也给副翼位置传感器提供机械输入，此信号传给 FDAU。此外，飞行扰流板也对飞机滚转提供辅助控制，当副翼的 PCU 移动时，它也对飞行扰流板系统提供一个输入。

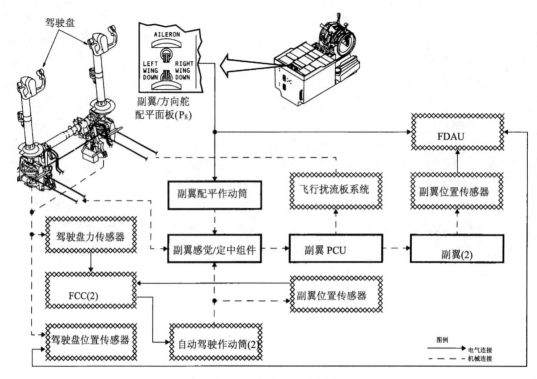

图 5 – 3　副翼操纵系统图

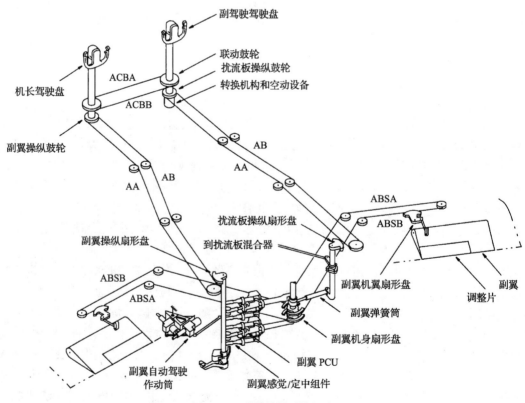

图 5 – 4　副翼操纵系统组成

5.2.2　驾驶盘

　　飞行机组人员使用两个驾驶盘进行飞机的滚转操纵，驾驶盘将飞行员的输入指令传给副翼操纵系统。驾驶盘位于驾驶舱，装在驾驶杆的顶端，其传动机构在驾驶杆内和地板下的前舱内。左右驾驶盘分别由机长和副驾驶操纵，通过副翼操纵鼓轮驱动副翼机身钢索。在地板下方，两个驾驶盘由联动鼓轮和联动钢索联系起来，同步运动。驾驶盘鼓轮和副翼转换机构的机械止动保证将驾驶盘的位移限制在左右 107.5° 之内。机长驾驶盘的操纵力通过输入轴传到副翼操纵鼓轮，而副驾驶驾驶盘的操纵力经过输入轴传到副翼联动鼓轮和联动钢索，传给机长侧的副翼操纵鼓轮。如图 5-5 所示，副翼驾驶盘与其他波音飞机的驾驶盘一样，每个驾驶盘的外侧包括安定面配平电门和自动驾驶断开电门，副翼配平指示器标牌在驾驶盘顶上。

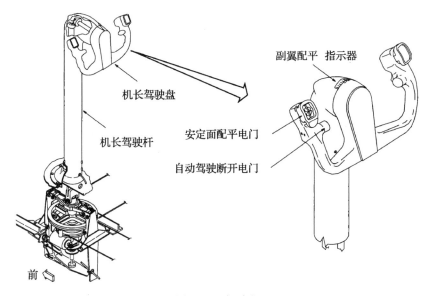

图 5-5　驾驶盘

5.2.3　转换机构

　　副翼转换机构为飞机的滚转操纵提供载荷通道，安装在副驾驶的驾驶杆下面，可以通过前设备舱门接近。转换机构将副翼系统和扰流板系统分开，当一边卡死时，另一边仍可进行横向操纵。

　　如图 5-6 所示，副翼转换机构包括一个扭矩弹簧和一个空动设备。右联动鼓轮和右驾驶盘轴之间结构不是固定的，通过扭矩弹簧将副翼操纵联动鼓轮连接到右驾驶盘轴上。在正常操纵期间，扭矩弹簧为滚转操纵提供负载通道。左驾驶盘的运动经过右驾驶盘联动鼓轮传到扭矩弹簧，此时阻力扭矩较小，扭矩弹簧不会变形，相当于扭矩弹簧是刚性的，弹簧将这一运动传递到右副翼驾驶盘轴上，同样右驾驶盘的运动通过轴传给扭矩弹簧，扭矩弹簧将该运动传递到右副翼操纵联动鼓轮，经过左副翼联动鼓轮传到在左驾驶盘和左机身钢索上，使左右驾驶盘同步运动。

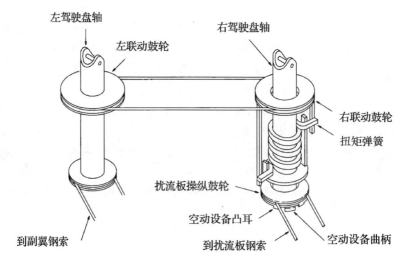

图 5 – 6　副翼转换机构

　　如果作用到扭矩弹簧的阻力扭矩较大（一边钢索卡死）时，扭矩弹簧变形，左右两侧驾驶盘即可分开运动。如果右驾驶盘不能运动，机长可以用较大的力单独操纵左驾驶盘，扭矩弹簧被压缩，右驾驶盘不动，这样可以单独操纵副翼。如果左驾驶盘不能运动，副驾驶可以用较大的力单独操纵右驾驶盘，扭矩弹簧被压缩，当驾驶盘转动 12°时，空动设备被接通。空动设备包含一个曲柄和两个凸耳，曲柄连接到右驾驶盘轴上，两个凸耳是扰流板操纵鼓轮的一部分，在曲柄两侧和凸耳之间有 12°的间隙。当正常工作时，右驾驶盘轴不会驱动扰流板操纵鼓轮，扰流板钢索系统是由副翼弹簧筒来定位的。当副翼机械卡阻时，左驾驶盘不能运动，单独操纵右驾驶盘，扭矩弹簧被压缩，当右驾驶盘转动超过 12°后，就消除了空动设备的间隙，右驾驶盘就会驱动扰流板操纵鼓轮，由右机身钢索操纵飞行扰流板单独运动，实现飞机的横向操纵。

5.2.4　副翼感觉/定中和配平机构

　　副翼感觉/定中和配平机构接受副翼钢索传给副翼操纵扇形盘的输入信号，并控制副翼PCU。当驾驶员操纵副翼时，感觉/定中组件给驾驶员提供感觉力。当驾驶员松开驾驶盘时，感觉/定中组件将驾驶盘拉回并保持在中立位置。当驾驶员进行副翼配平操作，副翼配平作动筒有输出时，感觉/定中组件改变副翼和驾驶盘的中立位置，也就是改变整个副翼系统的中立位，实现配平操纵。

　　感觉/定中组件安装于主起落架舱内的副翼操纵扇形盘组件上，在副翼输入轴的底部，副翼配平作动筒安装在副翼感觉/定中组件上。如图 5 – 7 所示，副翼感觉/定中组件由两个定中弹簧，一个定中凸轮和一个滚轮组成。定中凸轮由螺栓连接在输入轴上，滚轮通过滚轮臂连接在支撑结构上，两个弹簧连接在有支撑的滚轮臂上。定中弹簧保持滚轮压在定中凸轮的中央。当驾驶盘转动时，凸轮随输入轴转动，无论往哪个方向操纵副翼，凸轮都要推开滚轮，定中弹簧被拉伸，使定中弹簧拉伸的作用力，就是须要施加到驾驶盘上的操纵感觉力。

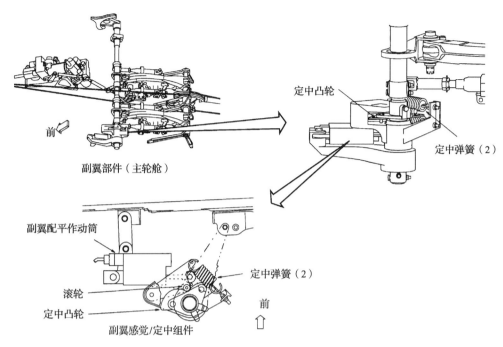

定中凸轮

定中弹簧（2）

副翼部件（主轮舱）

副翼配平作动筒

定中弹簧（2）

滚轮

前

定中凸轮

副翼感觉/定中组件

图 5 - 7 副翼感觉/定中和配平机构

当驾驶员松开驾驶盘，操纵力消失，定中弹簧拉动滚轮臂，使滚轮向定中凸轮的中央位置移动，迫使定中凸轮回转，当滚轮回到定中凸轮的最低点时，整个副翼系统也回到中立位。

如图 5 - 8 所示，副翼配平作动筒连接在固定支架滚轮臂支撑上，作动筒是一个 115V 交流、单相、可逆电机。驾驶员可以操作 P_8 板上的两个副翼配平电门来完成副翼配平，配平电门控制副翼配平作动筒，驾驶员必须同时操纵两个电门才能给配平作动筒提供动力。当操作副翼配平电门时，配平作动器产生伸缩运动，驱动滚轮远离定中凸轮的最低点，由于定中弹簧拉紧了凸轮和滚轮臂，滚轮又卡在凸轮形面的最低处，因此，定中凸轮被迫转动。定中凸轮的转动会驱动整个副翼系统偏转，即改变了系统的中立位，副翼和驾驶盘都偏离了之前的中立位置，副翼一侧向上移动，另一侧向下移动，驾驶盘也有一定的偏转，并指示在副翼配平指示器上。副翼配平指示器位于驾驶杆顶端，指示器标牌以单位显示配平量，每个单位表示驾驶盘转动 6°，副翼最大配平量即驾驶盘最大转动 9.5 个单位（57°）。需要注意的是，在进行副翼配平操作时必须接通液压系统压力才能够转动副翼。

5.2.5 副翼动力控制组件

两个副翼动力控制组件（PCU）通过 4 根输入杆接收机械输入信号，分别使用液压 A、B 系统的压力来驱动副翼机身扇形盘偏转，然后通过钢索驱动副翼机翼扇形盘，进而操作副翼偏转。PCU 安装在主起落架舱的前壁板上，上面的 PCU 由液压 B 系统供压，下面的 PCU 由液压 A 系统供压。需要注意的是，两个副翼 PCU 是一样的，且可以和升降舵 PCU 互换。如图 5 - 9 所示，PCU 由作动筒、控制阀、旁通阀、油滤、输入摇臂等部件组成。作动筒活塞杆端和机体结构铰接，可移动的缸筒壳体连接在副翼机体扇形盘上。

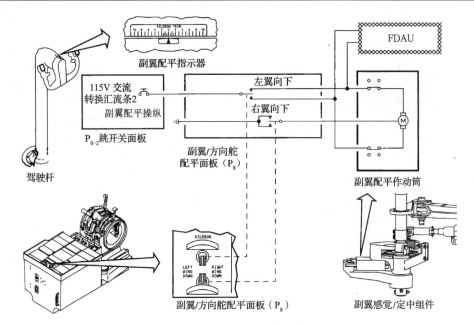

图 5 - 8 副翼配平作动筒

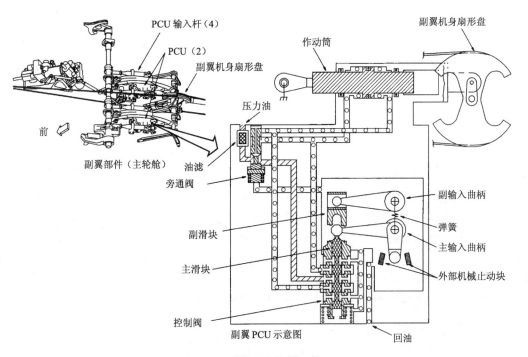

图 5 - 9 副翼动力控制组件 PCU

　　在正常操纵时，副翼 PCU 输入杆驱动相应的输入曲柄，上下输入曲柄作动内部控制阀，给作动筒提供液压压力。PCU 内部的张力弹簧连接到两个输入曲柄上，主滑块的移动提供一半的流量，副滑块的移动提供另一半流量，当主滑块移动到有效行程后，副曲柄才开始作动副滑块。当主副滑块移动时，液压压力经过控制阀传递到作动筒的一侧，而作动筒的另一侧接通回油，使作动筒壳体移动，驱动作动筒壳体以及相应的副翼机体扇形盘到指令位置。

当一个液压系统故障时，一个副翼 PCU 失去液压压力，内部旁通阀移动到旁通位，使作动筒两端直接连通防止出现液锁。当驾驶员转动驾驶盘时，另一个副翼 PCU 仍然正常移动到指令位置，驱动相应的副翼机身扇形盘并反馈机械信号给失效的 PCU 作动筒壳体，失效的 PCU 处于随动状态，通过旁通阀液压油从作动筒的一侧流到另一侧。

如果一个 PCU 输入杆不能自由移动，则驾驶员必须额外地增加 20lbf 以压缩或拉伸输入杆内的弹簧。另一个 PCU 输入拉杆仍然驱动相应的输入曲柄，作动滑阀滑动到指令位置，想要作动 PCU 壳体移动，壳体的移动使卡阻输入杆对应的曲柄给出反向的操作输入，使作动筒两端的压力相等，从而防止作动筒形成液锁，作动筒处于随动状态。

当液压 A 和 B 系统都失效时，两个 PCU 的旁通阀都处于旁通位，PCU 的输入摇臂运动时，没有液压响应。当驾驶员转动驾驶盘超过 3°时，主副输入曲柄碰到作动筒壳体外侧的机械止动块，作动筒壳体可被输入摇臂直接驱动，此时 PCU 液压旁通，PCU 壳体靠人力直接驱动机身扇形盘到指令位置，副翼的铰链力矩由驾驶员的操纵力矩来平衡。

5.2.6　输出联动鼓轮（副翼机身扇形盘）

输出联动鼓轮也叫副翼机身扇形盘，它接收 PCU 的输出，驱动机翼内的副翼钢索，使副翼偏转，控制副翼的位置。联动鼓轮安装在主起落架舱的前壁板上，PCU 的右侧。如图5-10 所示，联动鼓轮由上下两个扇形盘组成，每个扇形盘连接到一个曲轴上，PCU 的壳体连接到曲轴上，上 PCU 驱动上扇形盘，通过钢索连接到右副翼机翼扇形盘，驱动右副翼偏转，下 PCU 驱动下扇形盘，通过钢索连接到左副翼机翼扇形盘，驱动左副翼偏转。

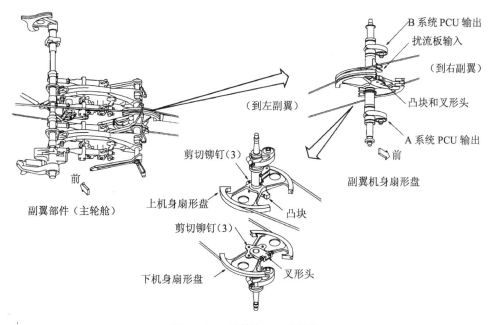

图 5-10　副翼输出联动鼓轮

在联动鼓轮的上扇形盘下部装有一个凸块，下扇形盘的上部装有一个叉形头，分别由 3 个剪切铆钉固定在扇形盘上，两个扇形盘装配在一起时，凸块卡在叉形头里，两个扇形盘同步转动，组成联动鼓轮。如果单一液压系统失效，则对应的 PCU 旁通，另一个正常工作的 PCU 驱动相应的扇形盘，在驱动相应副翼运动的同时，也通过凸块和叉形头带动另一个扇形盘运动，就使得两个副翼同时由一个 PCU 驱动。如果一侧机翼里发生机械卡死，则相应的扇形盘无法转动，此时凸块和叉形头要承受很大的载荷，当载荷达到 3 个剪切铆钉的剪切极限时，剪切铆钉会被剪断，上下扇形盘从此脱开，各自单独运动，没有出现卡阻现象的副翼还可以被 PCU 驱动，独自完成滚转操纵。

5.2.7　自动驾驶作动器

自动驾驶作动器接收飞行控制计算机（FCC）的电信号指令，通过液压动力转换成机械输出，通过一根自动驾驶输入杆驱动副翼输入轴转动，给副翼 PCU 提供自动驾驶的操纵信号，自动控制副翼完成滚转操纵，同时向自动驾驶系统提供反馈信号。

如图 5 – 11 所示，两个自动驾驶作动器安装在主起落架舱左侧前壁板上，一个作动器接收来自 FCC A 的电信号，从液压 A 系统得到液压动力；另一个作动器接收来自 FCC B 的电信号，从液压 B 系统获得液压动力。单独用自动驾驶作动器 A 或自动驾驶作动器 B 就可实现对副翼的控制，但是在双通道工作方式下，A、B 两个自动驾驶作动器共同工作控制副翼完成滚转操纵。作动器输出摇臂上的剪切铆钉在作动器内部阻塞时起保护作用，当施加载荷大约为 100lbf 时会使剪切铆钉剪断，自动驾驶作动器就会脱开。

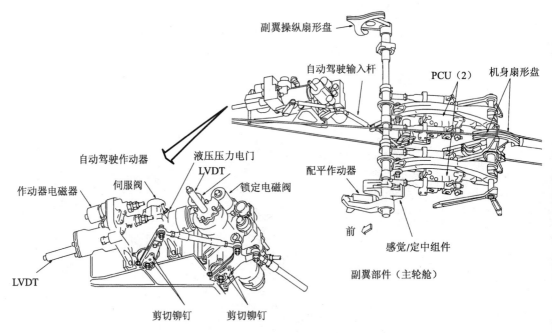

图 5 – 11　副翼自动驾驶作动器

自动驾驶作动器由活塞、输出摇臂、作动器电磁阀、电液伺服阀、锁定电磁阀、液压压力电门、线性位移差动传感器（LVDT）等部件组成。自动驾驶作动器工作过程中，LVDT 向自动驾驶系统提供反馈信号。同时需要注意的是，两个自动驾驶作动器可以互换，并且可以和升降舵自动驾驶作动器互换。

5.2.8　副翼系统工作

如图 5 - 12 所示，当副翼驾驶盘在中立位置时，驾驶盘顶部的副翼配平指示器显示副翼配平量。感觉/定中机构也在中立位置，滚轮停在定中凸轮的底部，弹簧没有被拉伸。副翼PCU 输入曲柄位于中立位置，PCU 没有液压输入，副翼处于中立位置。

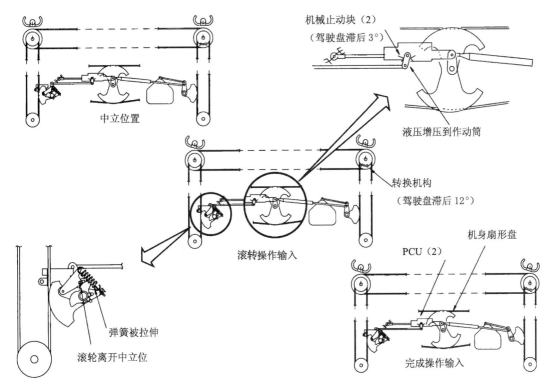

图 5 - 12　副翼操纵

当需要进行滚转操纵时，机长或副驾驶转动驾驶盘，在联动鼓轮的作用下，两个驾驶盘同时转动。副翼操纵鼓轮带动钢索作动，再通过副翼操纵钢索作动副翼操纵扇形盘。此时感觉/定中机构的滚轮滚动到定中凸轮的上部，弹簧被拉伸帮助提供驾驶员的感觉力；同时PCU 的输入杆带动了副翼 PCU 上的输入曲柄，曲柄作动 PCU 内部控制阀接通液压到 PCU 作动筒，液压动力推动 PCU 壳体移动。PCU 壳体驱动联动鼓轮，并通过钢索使副翼偏转，一边副翼向上转动，另一边向下转动，同时 PCU 外曲柄和控制阀通过作动筒壳体的反馈而回到中立位置，使副翼的偏转对应驾驶盘的偏转量。

飞行扰流板也提供滚转操纵，两个弹簧机构将副翼系统和飞行扰流板隔开，它们是转换机构和副翼弹簧筒。当副翼 PCU 运动时，同时驱动副翼弹簧筒移动，从而转动扰流板操纵鼓轮组件，扰流板输入杆驱动扰流板混合器和比例变换器连杆，操纵飞行扰流板升起。当副翼操纵量较大时，在副翼上偏一侧的飞行扰流板打开，另一侧的飞行扰流板不动，辅助副翼完成滚转操纵。同时右机体钢索移动，完成到右驾驶杆的回路，使转换机构中的空动设备处于中立位弹簧不被压缩。当副翼机械卡阻时，左驾驶盘不能运动，单独操纵右驾驶盘，扭矩弹簧被压缩，当右驾驶盘转动超过 12°后，就消除了空动设备的间隙，右驾驶盘就会驱动扰流板操纵鼓轮，由右机身钢索操纵飞行扰流板单独运动，单独靠扰流板实现飞机的横向操纵。

当需要进行副翼配平时，驾驶员同时拨动两个配平电门，使配平作动器运动，通过感觉/定中和配平机构，改变整个副翼系统的中立位置，对 PCU 的输出使副翼偏转，对操纵扇形盘的输出使驾驶盘偏转。在副翼配平期间，驾驶盘的移动在驾驶盘杆的顶端提供副翼配平指示。副翼配平电门和配平作动筒使飞行员在配平操作时不需要提供额外的驾驶盘力。

当自动驾驶接通时，自动驾驶作动筒接收飞行控制计算机的指令，通过液压动力输出位移，使副翼操纵扇形盘组件偏转，对 PCU 的输出使副翼偏转，对操纵扇形盘的输出使驾驶盘偏转，自动完成飞机的滚转操纵。

当液压 A、B 系统都失效时，副翼 PCU 内部液压旁通，当转动驾驶盘超过 3°后，副翼 PCU 输入曲柄碰到机械止动块，使 PCU 壳体移动，可以用人力驱动副翼 PCU 输出来偏转副翼，完全靠驾驶员的人力来完成滚转操纵。

5.3　扰流板/减速板系统

飞机在空中时，飞行扰流板协助副翼完成飞机的滚转动作；在飞机着陆或中断起飞过程中，扰流板作为减速板使用，起到减少升力和增加阻力的作用。如图 5 – 13 所示，每侧大翼各有 6 块扰流板：在发动机吊架内侧有一块，外侧 5 块。每个扰流板都有一个编号，从左翼尖向右数依次为 1 ~ 12 号，在每侧大翼上，最内和最外侧的扰流板是地面扰流板，所有其他扰流板都是飞行扰流板。

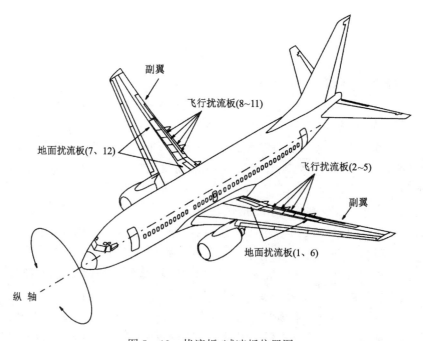

图 5 – 13　扰流板/减速板位置图

在滚转操纵期间，在副翼升起一侧机翼上的飞行扰流板打开，而所有其他扰流板保持收上位置。驾驶员使用驾驶盘人工操纵滚转，飞行扰流板自动辅助副翼动作。当自动驾驶接通时，自动驾驶操纵副翼系统同时作动飞行扰流板。在减速板操纵时，两侧机翼的扰流板对称打开，驾驶员通过操纵台上的减速板手柄人工对减速板进行操纵。减速板也可自动打开，称为自动减速板，在着陆或中断起飞期间，所有扰流板自动打开或收上。

5.3.1 飞行扰流板系统组成

如图 5 - 14 和图 5 - 15 所示，飞行扰流板系统包括以下部件：扰流板操纵扇形盘、扰流板比率变换器、扰流板混合器、飞行扰流板作动筒扇形盘、飞行扰流板作动筒、飞行扰流板。飞行扰流板操纵系统可以从驾驶盘和减速板手柄接收输入信号。

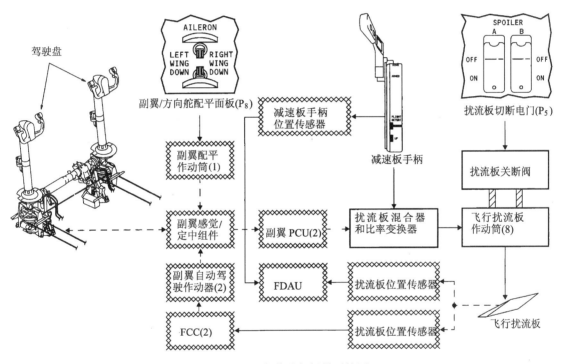

图 5 - 14 飞行扰流板操纵系统图

飞行扰流板协助副翼完成飞机的滚转动作，驾驶盘对副翼感觉/定中机构提供一个机械输入，从而驱动 PCU，接着，副翼 PCU 通过扰流板混合器及比率变换器带动扰流板机翼钢索，对飞行扰流板作动筒提供机械信号，经过扰流板关断阀的液压压力作用于作动筒。当驾驶杆移动超过特定的角度，各个扰流板的控制阀会控制液压压力进入作动筒，从而作动飞行扰流板。位于 P_5 顶面板上的扰流板切断电门用于关闭扰流板关断阀，使液压力不能进入作动筒并且收回飞行扰流板，对于飞行扰流板是没有人工收回操作的。当自动驾驶接通时，自动驾驶会操纵副翼系统，并且通过副翼的 PCU 提供信号到飞行扰流板作动筒，当由飞行控制计算机（FCC）发出的驾驶杆命令超过某个特定的滚转角度时，作动筒作动飞行扰流板。

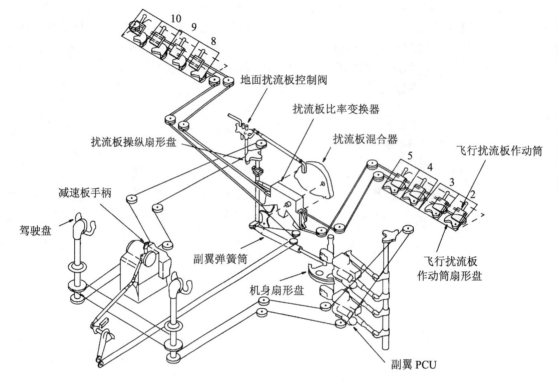

图 5 – 15 飞行扰流板系统组成

当驾驶员顺时针转动驾驶盘时，副翼作动，左侧副翼放下，右侧副翼升起，与此同时，右机翼的飞行扰流板作动升起，左机翼飞行扰流板保持不动，配合副翼完成滚转动作。当驾驶员逆时针转动驾驶盘时，左飞行扰流板升起，右飞行扰流板保持不动，配合副翼完成滚转动作。当驾驶盘转动越多，右机翼的飞行扰流板升起越多，在驾驶盘转动达到顺时针最大 70°位置时，右机翼飞行扰流板达到最大位置。如果由于机械卡阻右驾驶盘不能转动，扰流板操纵扇形盘也不能转动，当驾驶员转动左驾驶盘时，副翼弹簧筒被压缩或伸张，单独作动副翼完成滚转操纵，左右飞行扰流板保持不动。如果由于左驾驶盘不能转动，机组只能使用右驾驶盘，在右驾驶盘转动 12°前，右机身钢索不被作动，副翼和飞行扰流板都保持不动，当右驾驶盘转动超过 12°后，消除了空动设备的间隙，右驾驶盘就会驱动扰流板操纵鼓轮，由右机身钢索操纵飞行扰流板单独运动，单独靠扰流板实现飞机的滚转操纵。

当使用减速板手柄操纵飞行扰流板时，首先，减速板手柄通过扰流板混合器和比率变换器向飞行扰流板作动筒提供机械输入，然后，扰流板混合器将驾驶杆的输入信号和减速板手柄的输入信号混合共同传入作动筒，最后，作动筒对称作动每侧机翼的飞行扰流板，使两侧飞行扰流板同时升起。

5.3.2 减速板手柄

减速板手柄位于中央操纵台上，驾驶员通过手柄的转动人工操纵减速板，该手柄通过钢索驱动减速板扇形盘，给混合器提供输入。当飞机在地面上，所有扰流板都能向上打开，当飞机在空中飞行时，只有飞行扰流板能打开。如图 5 – 16 所示，减速板手柄下面的标牌指示手柄的位置，在下列位置上减速板手柄有卡槽："DOWN""ARMED" 和 "FLIGHT"；"UP"位没有卡槽，指示手柄的最大位置。当手柄被锁定在操纵台的卡槽内时，手柄必须向上提起才能移动。

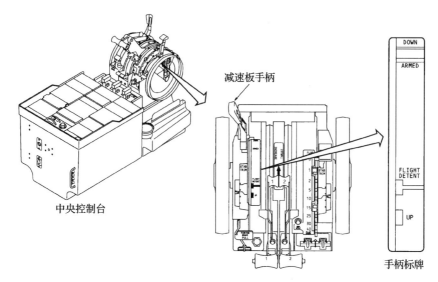

图 5 – 16　减速板手柄

减速板手柄从 "DOWN" 位到 "UP" 位间的最大行程是 48°，操作减速板手柄的摩擦力大约为 25lbf。当减速板手柄超过 29° 时，6 号和 7 号地面扰流板打开到 52°，1 号和 12 号地面扰流板打开到 60°。当减速板手柄在 "FLIGHT DETENT"（35.5°）时，2、3、10 和 11 号飞行扰流板打开 19.5°，4、5、8 和 9 号飞行扰流板打开 24.5°。当减速板手柄在完全打开位时（48°），2、3、10、11 号飞行扰流板打开 33°，4、5、8 和 9 号飞行扰流板打开到 38°。表 5 – 1 中给出了在减速板手柄的某些位置时，飞行扰流板的位置，所有位置单位为度。

表 5 – 1　减速板手柄与扰流板位置对应关系

手柄角度/(°)	卡槽	飞行扰流板位置/(°)	地面扰流板位置/(°)
0	DOWN	0	0
4	ARMED	0	0
5 ~ 8	–	开始移动	0
29		在 0 和 20/22.5 间	52/60
35.5	FLIGHT	19.5/24.5	52/60
48	UP（没卡槽）	33/38	52/60

5.3.3　扰流板混合器和比率变换器

如图 5 –17 所示，扰流板比例变换器安装在主起落架轮舱的前壁板上，扰流板混合器用

4 个螺栓和 4 个花键轴连接在比例变换器上。驾驶盘和减速板手柄给扰流板混合器和比例变换器提供混合输入，并将指令传送给飞行扰流板和地面扰流板控制阀，在减速板手柄向上打开时，比例变换器可以减少驾驶盘输入所产生的运动。扰流板比率变换器从扰流板操纵扇形盘和减速板手柄接收输入信号，将该指令传送给扰流板混合器，扰流板混合器综合来自扰流板操纵扇形盘和减速板手柄的输入，然后混合器将飞行扰流板指令信号回传给比率变换器操作飞行扰流板，同时将地面扰流板指令传给地面扰流板控制阀，地面扰流板控制阀控制地面扰流板的操作。

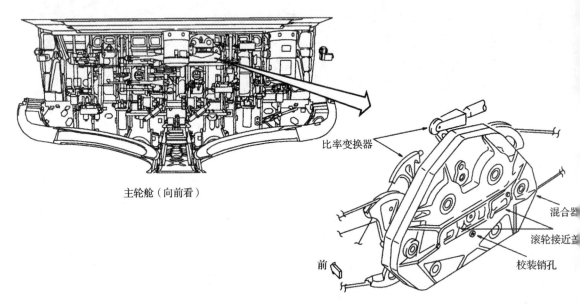

主轮舱（向前看）

比率变换器

混合器

滚轮接近盖

校装销孔

前

图 5 – 17　扰流板混合器和比率变换器

在扰流板混合器上，有一个校装销孔，在扰流板混合器的拆卸期间，必须在扰流板混合器上安装校装销，否则会损坏扰流板混合器。扰流板混合器在规定时间内，必须用油脂对内部滚轮进行润滑，我们需要拆下滚轮接近盖，然后用指定的油脂润滑滚轮，如果滚轮润滑不足，可能导致飞行扰流板打起角度不够。

5.3.4　飞行扰流板作动筒

飞行扰流板作动筒安装在机翼后梁，每个飞行扰流板的下面，当需要接近飞行扰流板作动筒时，必须打开后缘襟翼。扰流板作动筒扇形盘，通过钢索接收来自扰流板比例变换器的机械输入信号，并将这一输入传给扰流板作动筒，飞行扰流板作动筒用液压动力驱动飞行扰流板。

如图 5 – 18 所示，飞行扰流板作动筒由输入曲柄、控制阀、油滤、伸出单向/释压阀、活塞组成。输入曲柄通过输入臂从扰流板作动筒扇形盘接收输入，带动控制阀。当升起扰流板时，控制阀给活塞伸出一侧提供液压动力，也给伸出单向/释压阀提供液压动力，伸出单向和释压阀打开，使活塞收回一侧的液压油接通回油，活塞顺利伸出，飞行扰流板升起。当扰流板放下时，控制阀向相反方向运动，将液压动力经过伸出单向/释压阀到达活塞收回一侧，而活塞的伸开一侧接通回油，活塞顺利收回，飞行扰流板放下。当液压关断时，弹簧使伸出单向/释压阀复位，挡住液压以防止扰流板飘浮，如果因热膨胀而出现超压现象，将使释压阀打开释放高压液压。

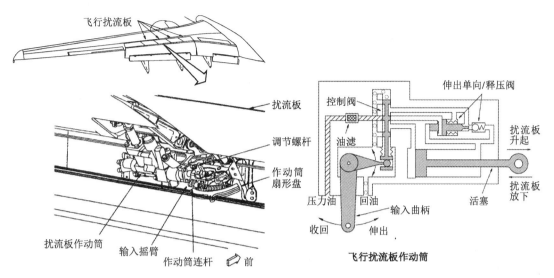

图 5－18　飞行扰流板作动筒

　　飞行扰流板关断阀控制了供向飞行扰流板液压压力，正常飞行扰流板关断阀是打开的，允许液压动力提供给每个飞行扰流板。飞行扰流板作动筒 2、4、9 和 11 由液压 A 系统提供液压动力；飞行扰流板作动筒 3、5、8 和 10 由液压 B 系统提供液压动力。通过操作 P_5 面板上的扰流板切断电门，可以控制飞行扰流板关断阀关闭，可以分别切断供向飞行扰流板作动筒的系统 A 或系统 B 液压。

5.3.5　减速板操纵系统组成

　　如图 5－19 和图 5－20 所示，减速板操纵系统包括减速板手柄、自动减速板作动筒、地面扰流板控制阀、地面扰流板内部锁阀、地面扰流板作动筒和地面扰流板。每侧机翼上有两块地面扰流板，地面扰流板位于机翼的固定后缘上，一块地面扰流板位于发动机吊架内侧，另一个则位于副翼的内侧。地面扰流板可以在飞机着陆和中断起飞时帮助减少飞机的升力并增大阻力，它们只能在地面上使用，只有当飞机在地面上，打开减速扳手柄时，地面扰流板才打开。驾驶员使用减速板手柄操纵地面扰流板，自动减速板组件在地面上自动操纵所有扰流板。

　　通过减速板手柄钢索，减速扳手柄给扰流板混合器和扰流板比例变换器提供机械输入，扰流板混合器机械作动地面扰流板控制阀。当减速板手柄移动超过 29°时，地面扰流板控制阀将系统 A 的液压压力提供给地面扰流板内锁阀。当飞机在地面时，连接右主起落架防扭臂的推/位钢索打开地面扰流板内锁阀，接通供向地面扰流板作动筒的液压动力，打开所有地面扰流板。每个外侧地面扰流板有一个作动筒，而每个内侧地面扰流板有两个作动筒。当减速板手柄移动时，扰流板比例变换器也操纵飞行扰流板。

　　在着陆或中断起飞期间，自动减速板组件操纵自动减速板作动筒，自动减速板作动筒驱动减速板手柄，和人工操纵减速板一样，操纵减速板钢索系统，使地面扰流板向上升起。

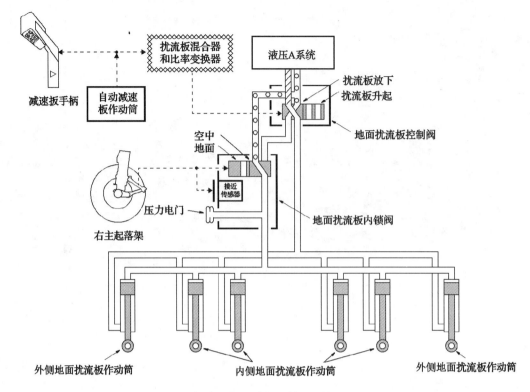

图 5 – 19　减速板操纵系统图

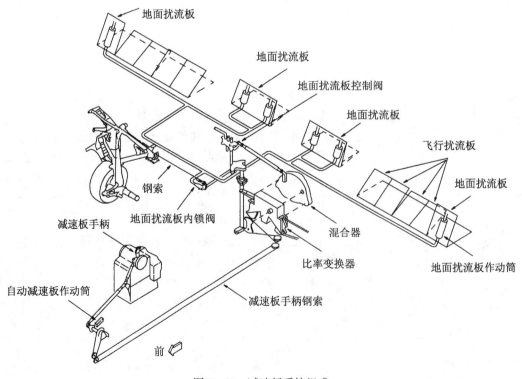

图 5 – 20　减速板系统组成

5.3.6　地面扰流板控制阀

如图 5 – 21 所示，地面扰流板控制阀位于主起落架轮舱的前壁板上，扰流板混合器和比例变换器的右侧，通过一个控制杆将地面扰流板控制阀连接在扰流板混合器上，在减速板手柄移动时，控制杆驱动地面扰流板控制阀。在驾驶舱内扳动减速板控制手柄，就使扰流板混合器上的减速板输入扇形盘转动，通过控制杆地面扰流板控制阀接收来自扰流板混合器的输入，当减速板手柄在"DOWN"位时，阀直接将液压动力输出到地面扰流板作动筒的放下端，作动放下地面扰流板。当减速板手柄向后移动29°时，地面扰流板控制阀将液压 A 系统的液压动力提供给地面扰流板内锁阀，再供向作动筒的打开端，作动筒放下端通过控制阀连通回油管路，地面扰流板升起。

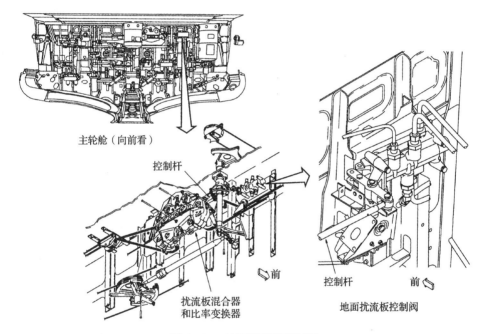

图 5 – 21　地面扰流板控制阀

5.3.7　地面扰流板内锁阀

如图 5 – 22 所示，地面扰流板内锁阀位于主起落架轮舱前部右上角，液压 B 系统油箱的外侧。地面扰流板内锁阀是一个机械操纵的液压阀，弹簧加载使其处于空中方式位置。地面扰流板内锁阀用于限制地面扰流板的工作，只有飞机在地面上时，地面扰流板内锁阀才接通液压，允许地面扰流板升起。

一条推/拉钢索将地面扰流板内锁阀连接到右主起落架上的防扭臂上，通过起落架缓冲支柱的压缩和伸长，防扭臂的角度发生变化，推/拉钢索将起落架是否被压缩的信号传递给地面扰流板内锁阀。当着陆时右主起落架缓冲支柱压缩，钢索拉动内锁阀上的输入曲柄，使阀转换为地面状态，将 A 系统的液压动力从地面扰流板控制阀送到地面扰流板作动筒，地面扰流板升起。当飞机起飞离地后，地面扰流板内锁阀转换到空中状态，切断供向地面扰流板作动筒的液压动力，并接通回油，地面扰流板不能升起。

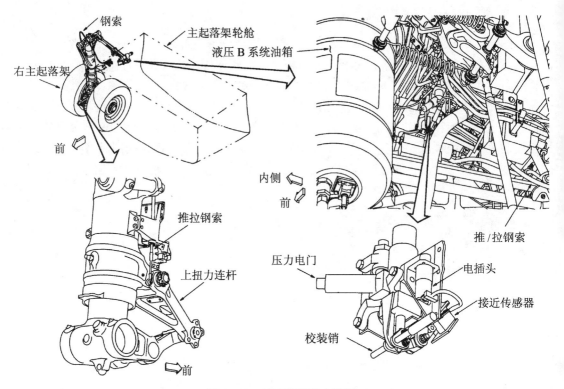

图 5 – 22　地面扰流板内锁阀

地面扰流板内锁阀包含一个接近传感器和一个压力电门，当飞机在空中时，接近传感器与靶标靠近，当飞机在地面时，接近传感器远离靶标。当地面扰流板作动筒的压力超过750psi 时，压力电门闭合。接近传感器和压力电门将数据传送给接近电门电子组件（PSEU），这些数据用于起飞警告系统和操作减速板打开灯。

5.3.8　地面扰流板作动筒

地面扰流板作动筒作动筒用液压动力移动地面扰流板。如图 5 – 23 所示，每个内侧地面扰流板有两个作动筒，而每个外侧地面扰流板只有一个作动筒。作动筒安装在机翼后翼梁上，每个地面扰流板的下面。

每个地面扰流板作动筒由活塞组件、锁定活塞、锁定键、弹簧组成。在地面扰流板作动筒有一个内部机械锁，可以将作动筒锁定在收回位置，在没有液压压力推动活塞杆伸出时，弹簧向锁定键的方向推动锁定活塞，使锁定键远离锁定活塞，从而保持活塞组件在收回位置。当作动筒收到伸出液压压力时，液压力使锁定活塞压缩弹簧，从而锁定键向里移动，并将活塞组件开锁，活塞杆伸出，升起地面扰流板。

在飞机维修工作过程中，经常在扰流板周围进行维护工作，此时须要升起扰流板同时放出后缘襟翼，以便接近大翼后梁区域，此时须要注意，不要让身体的某部分伸进扰流板和机翼之间，突然液压系统增压会使扰流板突然下降，造成人身伤害，所以在工作前一定要按照手册，切断液压并挂警告牌提醒其他人不要随意接通液压压力。

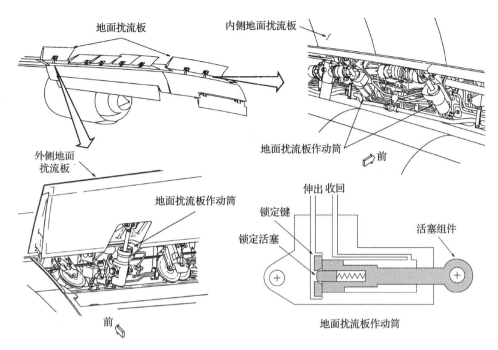

图 5 - 23 地面扰流板作动筒

5.3.9 自动减速板功能

自动减速板组件控制飞机的自动减速板功能,用于飞机着陆滑跑中自动升起减速板。自动减速板组件安装在电子设备舱的 E4 - 2 电子架上,通过自动减速板继电器控制自动减速板作动筒,自动减速板作动筒通过连杆驱动减速板手柄,控制减速板系统的自动操纵。

自动减速板组件接收以下部件的数据:减速板预位电门、减速板中断起飞电门、自动油门微电门组件、防滞/自动刹车控制组件、空/地继电器、防滞感应继电器;同时向自动减速板继电器(4)、自动减速板作动筒、减速板预位灯、减速板没预位灯、飞行数据采集组件(FDAU)提供信号。在自动减速板组件前面板上,有 4 个机轮转动灯,当主起落架机轮转动速度大于 60kn 时,且减速板预位电门关闭或减速板中断起飞电门关闭时,机轮转动灯亮,每个灯对应一个机轮。在飞机从空中落地 4s 后,两个机轮转动灯(DS3 和 DS4)也会亮。

在飞机着陆期间,当下列所有条件具备时,自动扰流板工作:无线电高度小于 10ft;主起落架接地或主起落架机轮转动;减速板手柄在预位位置;双发油门杆在慢车位置。在着陆前,驾驶员预位减速板手柄,在飞机拉平或接地时,驾驶员将两个油门杆移到慢车位,接地后,自动减速板作动筒完全打开减速板手柄,从而使所有扰流板升起。

如果在起飞过程中中断起飞,当驾驶员至少操作一个反推手柄时,减速板中断起飞电门闭合,使自动减速板作动筒作动到完全伸出位,从而所有扰流板升起。此时如果任一油门杆超过慢车位时,自动减速板作动筒收回。

在驾驶舱 P_1 板上,有两盏灯显示减速板预位状态,它们是琥珀色的减速板没有预位灯和绿色的减速板预位灯,自动减速板组件向这两盏灯传送信号。

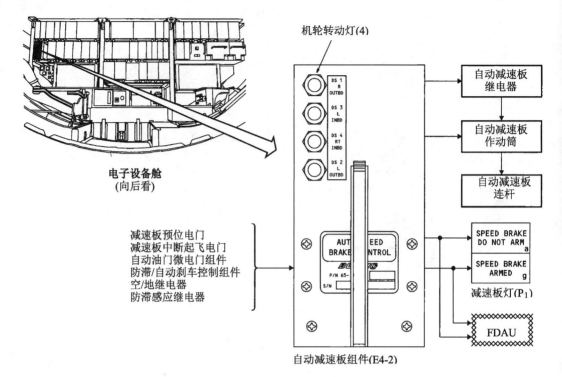

图 5 – 24　自动减速板功能

5.4　后缘襟翼系统

后缘襟翼增加机翼面积和机翼弯度，增加升力以帮助提高飞机起飞或着陆时的性能。如图 5 – 25 所示，两对双开缝后缘襟翼位于每侧机翼的后缘内侧，发动机内侧的称为内侧后缘襟翼，发动机外侧的称为外侧后缘襟翼。后缘襟翼有 9 个位置，与驾驶舱的襟翼手柄卡槽相对应，当襟翼手柄放在 0 单位位置时，后缘襟翼完全收上；当襟翼手柄放在 40 单位位置时，后缘襟翼完全放下。在飞机起飞期间，后缘襟翼向后展开，以增加升力，使飞机在起飞时能够低速起飞。在巡航期间，后缘襟翼完全收上。在飞机着陆时，后缘襟翼完全展开以增加升力和阻力，使飞机接地时速度降低。为防止后缘襟翼结构损伤和机翼结构受损，后缘襟翼具有襟翼卸载功能，在飞机高速飞行期间收回后缘襟翼。当后缘襟翼正常操纵时，后缘襟翼由机械控制液压作动；在备用操纵期间，后缘襟翼是由电气控制电气作动的。后缘襟翼扭斜和不对称，或者后缘襟翼离开其指令位置，都将停止后缘襟翼的液压操纵。

5.4.1　后缘襟翼操纵系统

正常情况下，由襟翼手柄给后缘襟翼输入指令，使用液压动力驱动后缘襟翼。如果液压动力不能使用，可以人工选择备用操纵，由备用襟翼电门给后缘襟翼输入指令，使用电源动力驱动后缘襟翼。

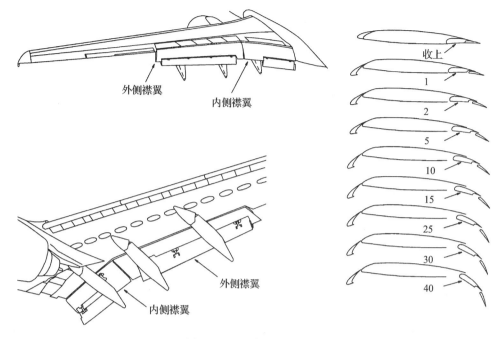

图 5 – 25　后缘襟翼位置图

如图 5 – 26 所示，在正常操纵后缘襟翼时，襟翼手柄接收驾驶员的指令，驱动钢索系统，钢索提供机械输入给襟翼控制组件，此时需要给液压 B 系统增压，液压 B 系统的动力经过优先阀和流量限制器到达襟翼控制组件。优先阀保证液压 B 系统动力优先供给前缘装置，而不是后缘襟翼，流量限制器限制后缘襟翼的移动速度。在襟翼控制组件中，后缘襟翼控制阀通过旁通阀将液压 B 系统的动力供给襟翼动力驱动组件（PDU），PDU 驱动襟翼传动系统来作动后缘襟翼，同时 PDU 给襟翼控制阀提供机械反馈信号。在后缘襟翼正常操纵时，前缘装置也移动。在正常操纵期间，后缘襟翼完全放下或完全收回约需 38s。

在正常操纵期间，襟翼缝翼电子组件（FSEU）实施襟翼卸载功能、后缘襟翼歪斜和不对称探测和非指令动作探测等功能。如果飞机空速超过限制，FSEU 给后缘襟翼控制阀的襟翼卸载电磁线圈输入指令，收回后缘襟翼到前一个襟翼位置。后缘襟翼歪斜和不对称探测功能使用来自襟翼位置传感器和襟翼歪斜传感器的信号，监控后缘襟翼的状况。如果后缘襟翼没停在准确的位置，FSEU 发布指令给旁通阀作动到旁通位，旁通阀切断供向襟翼 PDU 的液压动力，后缘襟翼停止移动。后缘非指令动作探测功能使用来自襟翼歪斜传感器和襟翼手柄位置传感器的信号，如果后缘襟翼偏离指令位置，FSEU 同样发布指令给旁通阀作动到旁通位，后缘襟翼停止移动。当旁通阀作动到旁通位置后，不能够继续使用液压操纵后缘襟翼，直到飞机着陆并排故解决问题为止。另外 FSEU 将襟翼位置传感器提供的襟翼位置数据送给驾驶舱 P$_2$ 板的襟翼位置指示器，指示器指示后缘襟翼的位置。

在备用操纵后缘襟翼时，当将备用襟翼预位电门拨动到预位位置时，会使后缘襟翼旁通阀移到旁通位置；备用液压泵起动；备用襟翼控制电门通电。只有将预位电门拨动到预位位置时，备用襟翼控制电门才能使用。当将备用襟翼控制电门拨动并保持在放下位置时，备用襟翼控制电门提供信号并将旁通阀作动到旁通位置，将襟翼 PDU 液压马达的压力油路和回

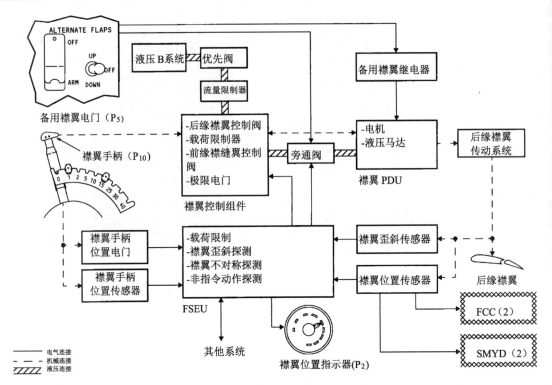

图 5 – 26　后缘襟翼系统图

油路直接连通，防止液压马达发生液锁。同时备用襟翼电门也接通备用襟翼继电器，这些继电器给襟翼 PDU 的电机提供电源，利用电源驱动襟翼传动系统并放出后缘襟翼。当襟翼传动系统移动时，襟翼 PDU 给襟翼限制电门提供机械反馈，当襟翼移动到极限位置时，襟翼极限电门断开继电器的电源，使后缘襟翼停止运动。需要注意的是，实施备用襟翼操作时，FSEU 的探测功能和襟翼卸载功能不可用。如果要收回后缘襟翼，须将备用襟翼控制电门拨动到收上位，在收上位置，电门有卡槽，不必用手将其保持在收上位。当后缘襟翼运动到需要位置，只须将备用襟翼控制电门拨动到关闭位，就可以停止后缘襟翼的运动。在备用操纵期间，后缘襟翼可进行全行程收放，但是作动比较慢，大约需要 2min 39s 才能将后缘襟翼完全放下或收回。当将备用襟翼预位电门从预位位置拨回到关闭位置时，襟翼备用操纵停止，可以进行正常操纵，此时如果飞机液压 B 系统提供液压动力，襟翼和缝翼将自动运动到襟翼操纵手柄的位置，所以在拨动备用襟翼预位电门之前，请确保后缘襟翼的位置与襟翼操纵手柄的位置一致。

5.4.2　后缘襟翼操纵和指示

如图 5 –27 所示，襟翼手柄位于驾驶舱 P_{10} 操纵台的右侧，备用襟翼预位电门和控制电门位于 P_5 顶板左侧的飞行操纵面板上，而襟翼位置指示器位于 P_2 中央仪表板上。

襟翼手柄用于操纵后缘襟翼和前缘装置的位置。在后缘襟翼正常操纵期间，可使用襟翼手柄，在备用操纵期间，不能使用襟翼手柄。襟翼手柄是弹簧加载的可伸缩的手柄，安装在操纵台上的襟翼手柄扇形盘上，扇形盘带动襟翼钢索，给位于主轮舱的襟翼控制组件提供输入，襟翼控制组件中的弹簧给襟翼手柄提供阻力。

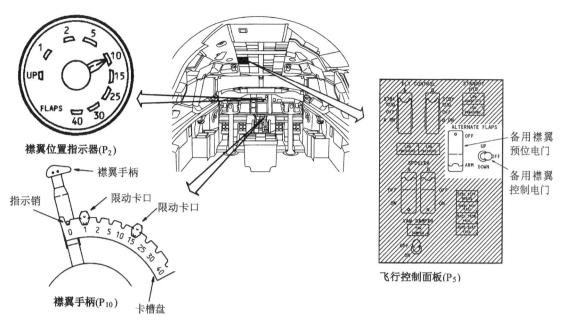

图 5 - 27　后缘襟翼操纵和指示

襟翼手柄上有指示销，用来将襟翼手柄保持在卡槽盘的卡槽中，卡槽盘上的卡位如图 5 - 27 所示，卡槽位置和后缘襟翼位置对应，其中 0 卡槽表示后缘襟翼收上，1 ～ 15 卡槽表示后缘襟翼放出用于起飞，25 ～ 40 卡槽表示后缘襟翼放出用于降落，其中在卡槽 1 和 15 处有限动卡口可以让机组在复飞时很容易找到这些位置。当移动襟翼手柄时，必须先提起手柄，使指示销离开卡槽，才可以移动手柄，当手柄要经过 1 和 15 卡槽位时，由于限动卡口的阻挡，手柄不能直接通过，必须先放下手柄，使指示销落进卡槽，再重新提起手柄，指示销绕过限动卡口才能继续移动手柄。

两个备用襟翼电门用于备用操纵后缘襟翼和前缘装置，一个是备用襟翼预位电门，另一个是备用襟翼控制电门。备用襟翼预位电门是有保护盖的触发电门，打开保护盖后内部电门有预位和关闭两个位置，当关上保护盖时，电门被保护盖拨动回关闭位置。备用襟翼控制电门是一个三位电门，包含收上、断开和放下 3 个位置。当把备用襟翼控制电门放在收上位时，电门可以保持在该位置；当把电门放在放下位时，松手后电门内部弹簧会使电门自动弹回到关闭位置。

当操作备用襟翼预位电门到预位位置时，后缘襟翼旁通阀移动到旁通位；备用电动马达驱动泵（EMDP）起动；备用襟翼控制电门通电。只有预位电门在预位位置时，备用襟翼控制电门才能工作。当把控制电门瞬时放在放下位时，前缘装置使用备用 EMDP 的压力完全放下，除非将备用襟翼预位电门拨到关闭位，否则不可能停止前缘装置的动作。当控制电门保持在放下位时，后缘襟翼使用电源动力放下，当把控制电门拨回到关闭位置，后缘襟翼停止动作。当把控制电门拨到收上位置时，后缘襟翼使用电源动力收上，而前缘装置保持在打开位，在备用操纵襟翼期间，不能收上前缘装置，前缘装置只能使用襟翼手柄才能正常收上。

如果将备用襟翼预位电门从预位位置拨回到关闭位置，此时备用襟翼操纵将停止而正常操纵控制即时生效，此时如果飞机液压系统提供液压动力，襟翼和缝翼将会自动移动到襟翼手柄位置，意外的动作可能会对人员或设备造成伤害，所以在操作备用襟翼预位电门返回到关闭位置时，须确保后缘襟翼的位置与襟翼操纵手柄的位置一致。

位于 P₂ 中央仪表板上的襟翼位置指示器显示后缘襟翼的位置，指示器内有两个指针，分别标记有 L 和 R 字样，两个指针分别显示左右机翼后缘襟翼的位置。正常情况下两侧襟翼放出的位置是一致的，在指示器上的指针重叠在一起，只看到上面标记 L 的指针。指示器内也有基准标志，与襟翼手柄卡槽的位置相对应。指示器每个指针有一个同步器，同步器从 FSEU 接收输入信号，而 FSEU 则从襟翼位置传感器接收襟翼位置信号。指示器内部指针没有止动装置，因此指针可以转动到任何位置，包括指示器底部左侧区域。

5.4.3　襟翼控制组件

襟翼控制组件位于主起落架轮舱的右侧顶板上，靠近轮舱后壁板。襟翼控制组件通过襟翼控制扇形盘、襟翼手柄钢索、襟翼手柄接收驾驶员的机械输入，并给襟翼 PDU 和缝翼作动筒提供液压动力。在后缘襟翼卸载操纵时，襟翼控制组件也控制收回后缘襟翼。

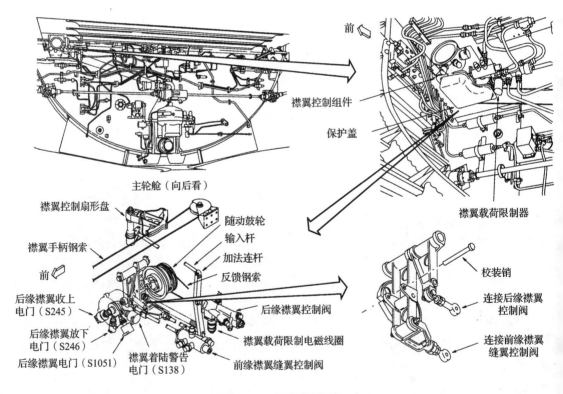

图 5 - 28　襟翼控制组件

如图 5 - 28 所示，襟翼控制组件包括下列部件：输入杆、加法连杆、后缘襟翼控制阀连杆、后缘襟翼控制阀、前缘襟翼控制阀连杆、前缘襟翼缝翼控制阀、随动鼓轮、凸轮、襟翼位置电门。后缘襟翼控制阀接收机械和电气输入并给襟翼 PDU 提供液压动力，襟翼载荷限制器安装在后缘襟翼控制阀上，当电磁线圈通电时，作动后缘襟翼控制阀使后缘襟翼从 40

或 30 位置收回到上一个位置。襟翼控制组件上有 4 个后缘襟翼位置电门：后缘襟翼收上电门（S245）、后缘襟翼放下电门（S246）、后缘襟翼电门（S1051）、襟翼着陆警告电门（S138）。这些电门给飞机操纵提供控制信号。

当襟翼操纵扇形盘由襟翼操纵手柄通过钢索驱动时，扇形盘就会驱动输入杆和加法连杆，使后缘襟翼控制阀偏离中立位置，液压 B 系统的液压动力就可以进入襟翼动力驱动组件的液压马达，使液压马达转动，然后驱动扭力管转动。一个蜗轮蜗杆机构将扭力管的转动通过钢索反馈到襟翼控制组件的随动鼓轮，随动鼓轮的转动带动了 3 个凸轮。一个凸轮使后缘襟翼控制阀连杆移动，该连杆使加法连杆向相反方向移动，当后缘襟翼移动到襟翼手柄位置时，加法连杆使后缘襟翼控制阀移动回中立位置，停止供给后缘襟翼 PDU 的液压动力；第二个凸轮操纵后缘襟翼位置电门；第三个凸轮使前缘襟翼控制阀连杆移动，从而作动前缘襟翼控制阀。

在进行后缘襟翼的维护过程中，经常需要调节襟翼控制组件，此时需要拆下襟翼控制组件底部的盖子并安装校装销，必须注意，当飞机液压系统增压时，不要在襟翼控制组件上安装校装销，这样做可能会损坏襟翼控制组件。

5.4.4　襟翼动力驱动组件

后缘襟翼动力驱动组件（PDU）安装在主起落架轮舱的后壁板的中部，如图 5 – 29 所示。后缘襟翼 PDU 使用液压动力或电动力，转动后缘襟翼扭力管和随动钢索。后缘襟翼 PDU 由齿轮箱、液压马达和电机组成。齿轮箱将液压马达或电机的动力传送给襟翼扭力管，

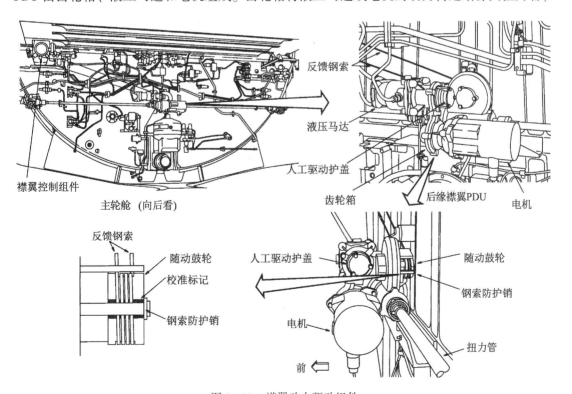

图 5 – 29　襟翼动力驱动组件

当扭力管转动时，同时带动随动鼓轮，通过随动钢索连接在襟翼控制组件上。有一个 3/8in 的人工驱动接头安装在襟翼 PDU 上，在没有液压动力和电源动力时，可以用人工驱动后缘襟翼。拆下人工驱动装置的护盖，可以接近到人工驱动装置输入轴。

后缘襟翼 PDU 上的液压马达是一个包含 9 个柱塞的柱塞式马达，液压马达是一个可逆马达，可以驱动后缘襟翼传动系统并带动后缘襟翼，后缘襟翼传动系统带动随动鼓轮，通过反馈钢索把后缘襟翼位置反馈给加法连杆，当后缘襟翼移到正确位置时，襟翼控制阀移动到中立位置，停止向液压马达提供液压动力。后缘襟翼 PDU 的电机是一个三相、400Hz、115V 交流电机，电机内部有离合器、电磁线圈和过载机构，在液压操纵后缘襟翼期间，离合器断开，避免了对电机的损伤，当电机通电时，电磁线圈接通离合器，从而使电机驱动齿轮箱，当齿轮箱或襟翼扭力管发生卡阻，电机超载时过载装置也会断开离合器。

在飞机维护过程中，当在地面上使用备用方式操纵后缘襟翼时，必须注意电机的使用时间不能超过 4min，每工作 4min 必须暂停 25min，否则可能会损坏电机。在使用人工驱动接头操纵后缘襟翼时，必须注意转动人工驱动组件的力矩不能超过 350lbf·in，转速不能超过 1000RPM[①]，否则可能会损坏位置传感器齿轮和扭力管，另外在液压 B 系统接通时，不能使用人工驱动装置，否则可能会损坏人工驱动装置接头。

5.4.5　后缘襟翼传动系统

如图 5–30 所示，后缘襟翼传动系统包含下列部件：襟翼控制组件、襟翼 PDU、扭力管、扭力管支撑、角齿轮箱、传动装置、蜗杆、万向支架等。左机翼和右机翼的襟翼传动系统相同，很多部件可以互换。襟翼 PDU 机械驱动扭力管转动，通过角齿轮箱的连接，多条扭力管将传动装置连接在一起同时转动，经蜗杆和万向支架，将转动转变为直线运动，驱动后缘襟翼收上和放下。

襟翼传动系统中共有 16 根长度不同的扭力管，它们位于主起落架轮舱，沿着主起落架梁，和两侧机翼的后翼梁分布。从后缘襟翼 PDU 到襟翼传动装置，襟翼扭力管通过角齿轮箱传输动力。扭力管支撑安装在两个扭力管之间传递动力，一般用在需要强度较高的地方。角齿轮箱用于连接相互之间角度不同的扭力管，共有 6 个角齿轮箱，每侧机翼 3 个。传动装置将来自扭力管的动力传给万向节和蜗杆，当蜗杆转动时，万向支架在蜗杆上前后移动使后缘襟翼收上和放下。共有 8 个后缘襟翼传动装置，两个为一组，每个后缘襟翼有两个传动机构，每个传动机构有一个蜗杆和一个万向支架。

由于后缘襟翼传动系统完全机械连接，在扭力管连接处、角齿轮箱和传动装置都有注油嘴用于润滑，需要定期进行注油润滑工作。在每个扭力管的接头处，用 3 颗螺钉固定连接，如果接头螺钉脱落，扭力管接头会断开，对飞机造成损坏，所以要确保在接头的螺钉上打好保险。

5.4.6　后缘襟翼液压操纵系统

如图 5–31 所示，后缘襟翼系统中液压部件包括襟翼优先阀、襟翼流量限制器、襟翼控制阀、襟翼卸载电磁线圈、襟翼旁通阀、襟翼液压马达。其中后缘襟翼优先阀和流量限制器位于主起落架轮舱的顶部，用于控制供给后缘襟翼液压部件的液压流量。

---

① 　RPM = rpm = r/min（转数/分钟）。

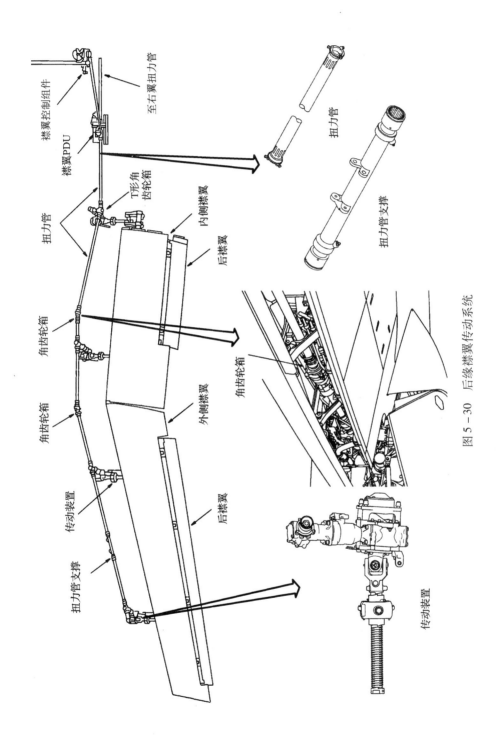

图 5 - 30　后缘襟翼传动系统

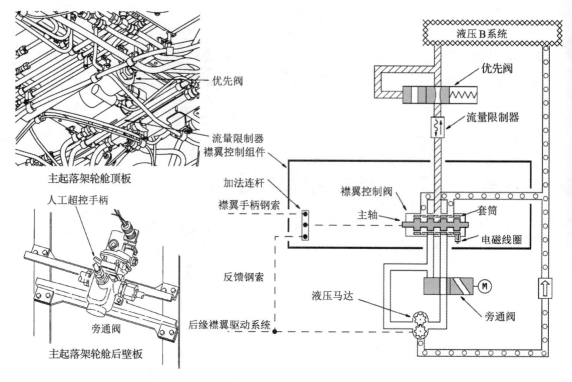

图 5 – 31　后缘襟翼液压操纵系统图

优先阀保证液压 B 系统的液压油优先供给前缘装置，然后才给供后缘襟翼。优先阀是一个压力操纵阀，有两个位置，如果液压 B 系统压力低于 2400psi，优先阀移动到减小流量位置，将供给后缘液压马达的液压流量减少到 0.7gpm[①]，使液压 B 系统的动力优先供给前缘装置；如果液压 B 系统压力高于 2400psi，优先阀移动到正常流量位置，不限制供给后缘襟翼部件的液压流量。流量限制器用于限制后缘襟翼的运动速度，限制液压流量为 14gpm。

旁通阀安装在主起落架轮舱的后壁板上，位于襟翼控制阀和液压马达之间，用于在非正常情况切断供向液压马达的液压动力。旁通阀是一个双位电动阀，使用 1 号汇流条的 28V 直流电作动，阀上有一个人工操控手柄，用于指示阀位置和人工作动阀。当旁通阀在正常位置时，襟翼控制阀的液压动力供向后缘襟翼液压马达；当旁通阀在旁通位置时，旁通阀将液压马达两侧的液压直接连通，使液压马达停止操纵，并防止液锁。备用襟翼预位电门和 FSEU 控制旁通阀的位置，当备用襟翼操纵、襟翼偏斜、襟翼不对称或襟翼非指令运动时，旁通阀转换到旁通位置，切断液压马达的液压供给，防止后缘襟翼液压操纵。在液压操纵后缘襟翼期间，旁通阀在正常位置，当将备用襟翼预位电门拨动到预位位置时，该电门接通电源，使旁通阀作动到旁通位置，切断液压并防止液压马达液锁，此时电动马达可以操纵。FSEU 比较来自对称襟翼偏斜传感器的数据，监控后缘襟翼的状态，如果 FSEU 探测到偏斜信号，发送指令使旁通阀作动到旁通位置，切断液压动力，襟

————————————

①　gpm（GPM）＝USgal/mile（美加仑/英里）。

翼停止液压操纵。FSEU 比较来自左右后缘襟翼位置传感器的数据，监控后缘襟翼的位置，如果 FSEU 探测到襟翼不对称，同样发送指令使旁通阀作动到旁通位置，切断液压动力，襟翼停止液压操纵。FSEU 还把后缘襟翼偏斜传感器 1 和 8 的数据与襟翼手柄位置传感器的数据进行比较，以探测后缘襟翼的运动是否有非指令动作，如果后缘襟翼离开其指令位置，FSEU 同样发送指令使旁通阀作动到旁通位置，切断液压动力，襟翼停止液压操纵。当飞机空速低于 60kn 时，后缘襟翼非指令运动探测功能被抑制。在飞机维护过程中，经常需要限动后缘襟翼，此时必须断开旁通阀的电插头并且在旁通阀上安装一个专用锁组件，将人工超控手柄锁在旁通位置。

后缘襟翼具有襟翼卸载功能，用来保证襟翼的气动载荷不会过大，保护襟翼结构，防止襟翼和支撑结构受到损坏。襟翼卸载限制时，后缘襟翼的位置与空速相关，只有在后缘襟翼的正常操纵时，才能使用襟翼卸载功能。备用操纵后缘襟翼时，襟翼卸载功能失效。

在襟翼控制组件上有一个控制阀和襟翼卸载电磁线圈，控制阀接收来自襟翼手柄的机械输入，从而控制到液压马达的液压。在襟翼卸载期间，襟翼卸载电磁线圈通电并作动控制阀中的套筒，使控制阀给液压马达的收上一侧提供液压动力。当襟翼手柄位于 40 单位，并且空速大于 163kn 时，卸载电磁线圈通电，使后缘襟翼收回到 30 单位，当驾驶员将襟翼手柄移到 30 单位时，或者空速减小到低于 158kn 时，卸载电磁线圈断电。当襟翼手柄在 30 单位，且空速大于 176kn 时，卸载电磁线圈通电，使后缘襟翼移动收回到 25 单位，当驾驶员将襟翼手柄移到 25 单位位置，或空速减小到低于 171kn 时，卸载电磁线圈断电。如果襟翼手柄位于 40 单位，卸载功能不能将襟翼收上到 25 单位。襟翼卸载功能没有指示，飞机在地面时可以通过 FSEU 进行襟翼卸载功能测试，测试期间后缘襟翼会移动。

5.5　前缘装置

前缘装置包括前缘襟翼和前缘缝翼，它们增加机翼面积和弯度，从而增加升力以提高飞机起飞和着陆的性能。如图 5 - 32 所示，前缘襟翼安装在机翼前缘下部，位于机身和发动机之间，又称克鲁格襟翼。前缘缝翼安装在机翼的前缘，位于发动机的外侧。每侧机翼上的前缘装置包括两个克鲁格襟翼和 4 个缝翼，前缘襟翼和缝翼都是从左向右标记的，从左翼尖到右翼尖，前缘缝翼依次标记为 1 ~ 8 号前缘缝翼，从左翼发动机吊架到右翼发动机吊架，前缘襟翼依次标记为 1 ~ 4 号前缘襟翼。

在巡航期间，前缘装置完全收上，起飞时打开以增加升力，使飞机在较低速度起飞，在着陆时，前缘缝翼完全打开，以增加升力防止失速。前缘襟翼有两个位置，收上位和放出位，当襟翼手柄在 0 卡槽时，前缘襟翼收上，当襟翼手柄在任何其他位置时，前缘襟翼放下。前缘缝翼有 3 个位置，收上位、放出中间位和完全放下位。当襟翼手柄在 0 卡槽位置时，前缘缝翼收上，当襟翼手柄在 1、2 或 5 卡槽位置时，前缘缝翼位于放出中间位，当襟翼手柄在 10、15、25、30 或 40 卡槽位置时，前缘缝翼完全放下。

在地面维护过程中，我们经常需要放下前缘襟翼和缝翼，在执行此工作之前，请确保发动机内侧风扇包皮和反推包皮关闭，如果发动机内侧风扇包皮和反推包皮在打开（维护）位置，前缘装置放出时没有足够间隙，会造成前缘装置和发动机包皮损坏。

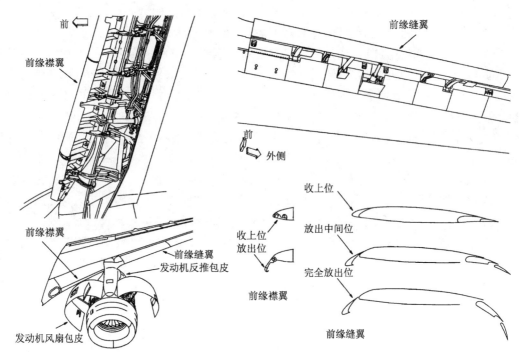

图 5－32　前缘襟缝翼位置图

5.5.1　前缘装置操纵系统

前缘襟翼和缝翼使用液压动力来操纵。在正常操纵时，液压 B 系统提供液压动力，前缘襟翼和缝翼的指令来自后缘襟翼系统，如果 B 系统的 EDP 压力低，当飞机在空中，后缘襟翼在 0 ~ 15 单位之间时，动力转换组件 PTU 自动工作，为自动缝翼操纵提供液压动力。在备用操纵时，备用液压系统提供液压动力，指令来自备用襟翼电门。

如图 5－33 所示，在正常操纵期间，使用襟翼手柄操纵前缘襟翼和缝翼，襟翼手柄作动钢索系统，给后缘襟翼系统提供机械输入，当后缘襟翼移动时，后缘襟翼系统的反馈作动前缘襟翼和缝翼控制阀，前缘襟翼和缝翼控制阀接收来自前缘巡航释压阀的液压 B 系统的动力，经过自动缝翼控制阀给前缘襟翼和缝翼作动筒提供液压动力，这些作动筒驱动前缘襟翼和缝翼。当将襟翼手柄移动到 1、2 或 5 位置时，后缘襟翼 PDU 随动钢索作动前缘襟翼和缝翼控制阀到放下位置，前缘襟翼放出，前缘缝翼移动到放出中间位。当襟翼手柄移到 10、15、25、30 或 40 位置时，后缘襟翼 PDU 随动钢索将前缘襟翼和缝翼控制阀作动到完全放下位置，前缘襟翼和缝翼控制阀可通过自动缝翼控制阀给前缘缝翼作动筒提供完全放下压力使前缘缝翼移动到完全放下位置。

液压 B 系统的动力经过前缘非指令动作关断阀供给所有前缘襟翼和缝翼作动筒的收上管路，正常情况下前缘非指令动作关断阀打开，如果前缘襟翼和缝翼控制阀在收上位置，前缘襟翼和缝翼作动筒收上。如果前缘装置出现非指令动作，两个或多个前缘装置离开其指令位置，FSEU 控制关闭前缘非指令动作关断阀，切断前缘襟翼和缝翼作动筒的收上压力，将锁定前缘装置，前缘襟翼和缝翼不能移动。当飞机在巡航状态时，FSEU 发布指令关闭前缘巡

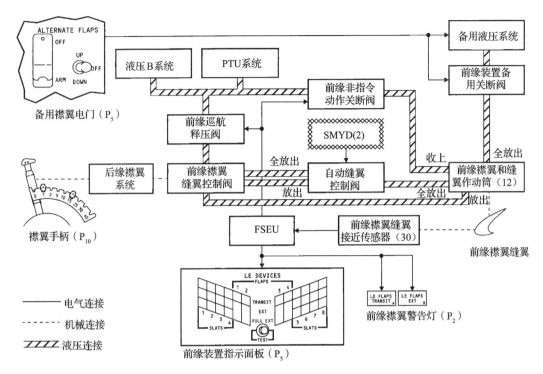

图 5 – 33　前缘装置系统图

航释压阀，停止向前缘襟翼和缝翼作动筒提供液压动力，确保前缘襟翼和缝翼保持在收上位。如果前缘缝翼在放出中间位置，而且飞机又接近失速，失速管理偏航阻尼器（SMYD）给自动缝翼控制阀提供信号，给前缘缝翼作动筒提供液压动力，使前缘缝翼从放出中间位继续放出到完全放出位，如果自动缝翼功能失效，在飞行操纵面板上的自动缝翼失效灯点亮。

备用操纵前缘装置时，使用备用襟翼电门放下前缘襟翼和缝翼，备用液压系统动力代替液压 B 系统提供液压动力。首先，将备用襟翼预位电门拨到预位位置，备用襟翼控制电门接通电源，同时预位电门给备用液压系统提供信号，备用液压电动马达驱动泵（EMDP）启动并打开前缘装置备用关断阀，然后将备用襟翼控制电门拨到放下位置，这时备用液压动力驱动前缘襟翼到放出位置，驱动前缘缝翼到完全放出位置。在备用操纵时，前缘襟翼和缝翼不能收回，如果想要收回前缘襟翼和缝翼，必须使用正常方式操纵，同时在备用操纵时，前缘巡航释压功能，前缘非指令动作探测功能和自动缝翼功能失效。当将备用襟翼预位电门拨回关闭位置时，备用 EMDP 停止工作并且前缘备用关断阀关闭，前缘装置的备用操纵停止，这时正常操纵恢复可用，如果液压 B 系统有增压，襟翼手柄在收上位置，前缘襟翼和缝翼将自动收上。

正常操纵和备用操纵期间，前缘襟翼和缝翼接近传感器给 FSEU 提供位置信号，FSEU 将这些数据传送给驾驶舱 P_5 后顶板的前缘装置指示面板以及驾驶舱 P_2 板的前缘襟翼警告灯。前缘装置指示面板用于指示所有前缘襟翼和缝翼的位置，前缘襟翼转换灯和前缘襟翼放出灯指示前缘襟翼和缝翼的状态。

由于备用液压系统提供的动力有限，前缘装置备用操纵比正常操纵需要更长的时间，表 5 – 2 给出了前缘襟翼和缝翼的正常操纵和备用操纵时所需要的时间。

表 5 – 2　前缘装置操作时间表

操纵状态	前缘襟翼	缝翼/s
正常 – 收上到放出/放出中间位	7s	8
正常 – 放出中间位到完全放出	—	3.0
正常 – 完全放出到放出中间位	—	4.8
正常 – 放出到收上	7.5s	7.8
备用 – 收上到完全放出	32s	58

5.5.2　前缘巡航释压阀

　　如图 5 –34 所示，前缘巡航释压阀位于主起落架轮舱的顶板上，用于防止飞机在巡航飞行时前缘襟翼和缝翼意外放下。前缘巡航释压阀内部包括一个 28V 直流电磁阀和一个液压操作阀。正常时前缘巡航释压阀是打开的，使液压 B 系统压力供给前缘襟翼和缝翼控制阀，给前缘襟翼和缝翼作动筒的放出管路提供压力。FSEU 控制前缘巡航释压阀的电磁线圈，当 FSEU 提供信号并给电磁线圈通电时，电磁阀移动并接通压力作动液压驱动阀，切断给前缘襟翼和缝翼控制阀提供的液压 B 系统压力，防止给前缘襟翼和缝翼作动筒放出管路增压。

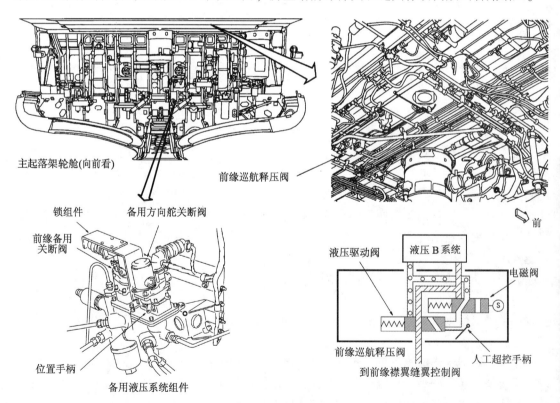

图 5 – 34　前缘巡航释压阀和备用关断阀

　　在地面维护时，我们经常需要保持前缘襟翼和缝翼在收上位置而单独放出后缘襟翼，此时需要给前缘装置限动。可以扳动位于前缘巡航释压阀上的人工超控手柄，然后安装限动销使阀门保持在关闭状态，这样就可以确保后缘襟翼移动时，前缘襟翼和缝翼保持不动。但是在工作完成后，一定要记得从前缘巡航释压阀上拆下限动销，使前缘襟翼和缝翼可以正常工作，保证飞机能够正常飞行。

FSEU 接收前缘襟翼和缝翼接近传感器、襟翼手柄位置传感器、备用襟翼预位电门和 PSEU 空/地信息用于前缘巡航释压阀的控制。当下列条件出现 5s 时，FSEU 提供信号关闭前缘巡航释压阀：①襟翼手柄在收上位；②所有前缘襟翼收上；③至少 7 个前缘缝翼收回。如果襟翼手柄没收上、备用襟翼预位电门在预位位置或者飞机在地面上，前缘巡航释压阀不能操纵关闭。

5.5.3　前缘装置备用关断阀

如图 5 – 34 所示，前缘备用关断阀位于主起落架轮舱的备用液压系统组件上，在备用操纵期间，前缘备用关断阀给前缘襟翼和缝翼作动筒提供液压动力。前缘备用关断阀是一个 28V 直流马达作动的双位阀门，正常情况下阀门处在关闭位置，当前缘襟翼和缝翼备用操纵时，前缘备用关断阀由备用襟翼电门提供电源，作动打开，向前缘襟翼和缝翼作动筒提供液压。

备用液压系统组件上还有一个备用方向舵关断阀，与前缘备用关断阀可以互换。在前缘备用关断阀上有一个红色手柄指示阀的位置，也可以扳动此手柄用于人工操作阀门。由于，前缘襟翼和缝翼移动速度比较快，可能会对人员或设备造成损伤，当地面维护时，为防止前缘襟翼和缝翼备用系统突然操作，需要限动备用前缘的操作，可以安装一个专用的锁组件在前缘备用关断阀上，将阀门锁在关闭位置。

5.5.4　前缘非指令动作关断阀

如图 5 – 35 所示，前缘非指令动作关断阀安装在右翼身整流罩内，主起落架轮舱前面，打开右冲压空气进气管接近盖板，才能接近前缘非指令动作关断阀，前缘非指令动作关断阀和前缘巡航释压阀相同并且可以互换。当两个或多个前缘襟翼或者 3 个或多个前缘缝翼离开其指令位置时，前缘非指令动作关断阀切断液压防止前缘襟翼和缝翼运动。

正常情况下前缘非指令动作关断阀是打开的，使液压 B 系统的压力可以供到前缘襟翼和缝翼作动筒的收上管路。FSEU 的前缘非指令动作探测功能控制前缘非指令动作关断阀上电磁阀的操作，当 FSEU 提供信号并给电磁线圈通电时，电磁阀移动并接通压力作动液压操纵阀，切断向前缘襟翼和缝翼作动筒收上管路的液压供给，这时前缘襟翼和缝翼作动筒的系统阻断阀移动到关闭位，从而使作动筒液锁，防止前缘襟翼和缝翼运动。如果前缘非指令动作关断阀被 FSEU 指令关断，必须在地面给 FSEU 重新供电，才能使前缘非指令动作关断阀复位。当飞机速度低于 60kn 或者备用襟翼预位电门在预位位置时，前缘非指令动作探测功能失效。

5.5.5　前缘襟翼作动筒

如图 5 – 36 所示，前缘襟翼作动筒位于机翼的前缘，需要放下前缘襟翼，才可以接近作动筒。前缘襟翼作动筒使用液压动力驱动前缘襟翼，液压 B 系统或备用液压系统给前缘襟翼提供动力，前缘襟翼作动筒有收上和放出两个位置。每个前缘襟翼作动筒包含一个活塞、两个阻挡阀和两个限流器，所有前缘襟翼作动筒是可互换的。

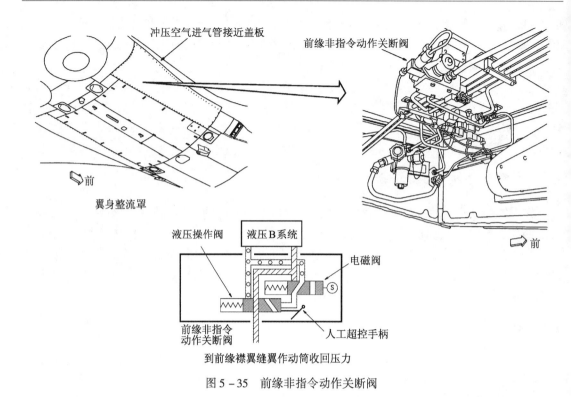

冲压空气进气管接近盖板

前缘非指令动作关断阀

前

翼身整流罩

液压操作阀

液压B系统

电磁阀

前缘非指令动作关断阀

人工超控手柄

到前缘襟翼缝翼作动筒收回压力

图 5 – 35 前缘非指令动作关断阀

前缘襟翼作动筒

前缘襟翼

前

放出（液压B系统）

收上（液压B系统）

系统阻断阀

放出（备用液压系统）

活塞

限流器

备用阻断阀

前

图 5 – 36 前缘襟翼作动筒

在正常操纵时，前缘襟翼作动筒使用液压 B 系统的液压动力，前缘襟翼作动筒从前缘襟翼和缝翼控制阀接收放出压力，从前缘非指令动作关断阀接收收上压力。在正常操纵放出时，作动筒从液压 B 系统接收收上压力，从前缘襟翼和缝翼控制阀接收放出压力，使内部系统阻断阀打开，允许压力供到活塞的两侧，由于活塞两侧面积不同，当活塞两侧压力相同时，活塞伸出，限流器限制活塞伸出速度，使前缘襟翼平稳放出。在正常操纵收上期间，作动筒只接收收上压力，使系统阻断阀打开，给活塞收上一侧提供压力，使活塞收回。当液压 B 系统压力小于 2000psi，系统阻断阀在弹簧作用下关闭，液压锁定活塞，防止在液压系统失效时，活塞自由运动。

在备用操纵时，前缘襟翼作动筒使用备用液压系统的液压动力放出前缘襟翼，前缘襟翼不能收上。当备用液压系统给作动筒供压时，液压压力首先使系统阻断阀关闭，切断系统 B 液压，然后作动备用阻断阀打开，备用液压系统供到活塞两侧，使活塞伸出。

当在前缘襟翼周围进行维护工作时，由于前缘襟翼移动速度比较快，可能会对人员或设备造成损伤，当前缘襟翼放出时，请在前缘襟翼作动筒安装专用作动筒锁组件，以防前缘襟翼突然意外操纵。

5.5.6　前缘缝翼作动筒

如图 5 - 37 所示，前缘缝翼作动筒位于机翼的前缘，每个前缘缝翼的中部，放出前缘缝翼并拆下机翼前缘下部的接近面板可以接近该作动筒。前缘缝翼作动筒使用液压动力驱动前缘缝翼，前缘缝翼作动筒有 3 个位置：收上位、放出中间位和完全放出位，所有前缘缝翼作动筒都可以互换。

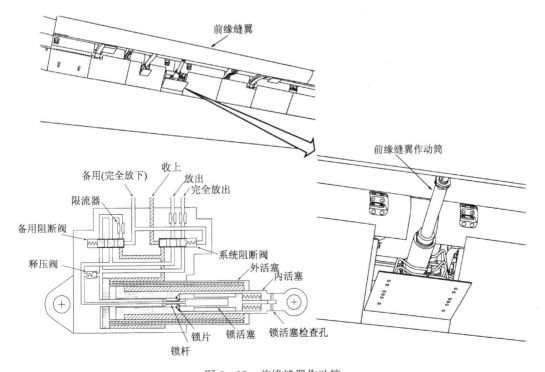

图 5 - 37　前缘缝翼作动筒

前缘缝翼作动筒使用来自液压 B 系统或者备用液压系统的液压动力操纵前缘缝翼。在正常操纵时，液压 B 系统给前缘缝翼作动筒提供液压动力，前缘襟翼和缝翼控制阀给前缘缝翼作动筒提供放出压力，液压 B 系统给前缘缝翼作动筒提供收上压力。如图 5 - 37 和图 5 - 38 所示，当液压 B 系统给作动筒提供液压压力时，先作动系统阻断阀打开，允许液压压力供到内外活塞的收上一侧，使作动筒收上，当作动筒完全收上时，锁片将锁杆锁住，防止内活塞放出。当前缘襟翼和缝翼控制阀给作动筒放出管路提供液压时，压力经过锁杆到达锁活塞，液压作动锁片开锁，液压油经过锁活塞到达内活塞的放出一侧，内活塞是一个面积差动活塞，放出侧与收上侧的压力差使内活塞伸出，限流器限制了活塞运动速度，使前缘缝翼平稳地放出到放出中间位置。当前缘襟翼和缝翼控制阀给作动筒完全放出管路提供液压时，液压油经过系统阻断阀到达外活塞的放出一侧，因为外活塞也是一个面积差动活塞，放出侧与收上侧的压力差使外活塞伸出，此时，内活塞保持在伸出位置，使作动筒继续伸长，前缘缝翼移动到完全放出位置。在正常操纵收上时，前缘襟翼和缝翼控制阀首先切断完全放出压力，使外活塞首先收回，然后前缘襟翼和缝翼控制阀切断放出压力，内活塞收回，弹簧作动锁活塞使锁片与锁杆啮合，作动筒锁在收上位置。如果液压 B 系统的压力低于 2000psi，弹簧作动系统阻断阀关闭，同时液压锁定活塞，防止在液压系统失效期间活塞自由移动。

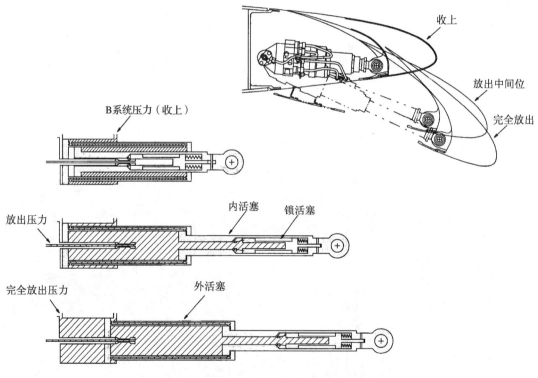

图 5 - 38　前缘缝翼作动筒伸缩位置图

在备用操纵期间，备用液压系统给前缘缝翼作动筒提供完全放出压力，使备用阻断阀打开，而系统阻断阀关闭，切断液压 B 系统的液压动力，备用液压压力供到内外两个活塞的放出一侧，使两个活塞同时伸出，前缘缝翼直接移动到完全放出位置，放出后前缘缝翼不能收上。

当在前缘缝翼周围进行维护工作时，由于前缘缝翼移动速度比较快，会对人员或设备造成损伤，当前缘缝翼放出时，请在前缘缝翼作动筒安装专用作动筒锁组件，以防前缘缝翼突然意外操纵。

5.5.7　前缘自动缝翼控制

当飞机接近失速状态时，前缘自动缝翼系统将前缘缝翼从放出中间位移到完全放出位置。两台失速管理偏航阻尼器计算机 SMYD 计算自动缝翼指令，每个 SMYD 给自动缝翼控制阀提供自动缝翼信号，自动缝翼控制阀将液压 B 系统或 PTU 系统的液压动力传到前缘缝翼作动筒，使前缘缝翼完全打开。如果前缘缝翼功能失效，P_5 顶面板上飞行操纵面板的自动缝翼灯点亮。

如图 5-39 所示，自动缝翼控制阀安装在右翼身整流罩内，主起落架轮舱前面，打开右冲压空气进气管接近盖板，才能接近自动缝翼控制阀，它与前缘非指令动作关断阀相邻。当飞机接近失速时，自动缝翼控制阀给前缘缝翼作动筒的完全放出管路提供压力，使前缘缝翼从放出中间位移到完全放出位置。自动缝翼控制阀内有两个电磁阀和两个液压操作阀。在正常工作时，当襟翼手柄位于 10 或更大单位时，前缘襟翼/缝翼控制阀给自动缝翼控制阀提供完全放下压力，该压力经过两个液压操作阀，然后到达前缘缝翼作动筒的完全放出管路。当满足下列所有条件时，自动缝翼工作：①襟翼手柄在 1、2 或 5 单位；②飞机接近失速状态；③备用操作没有工作。

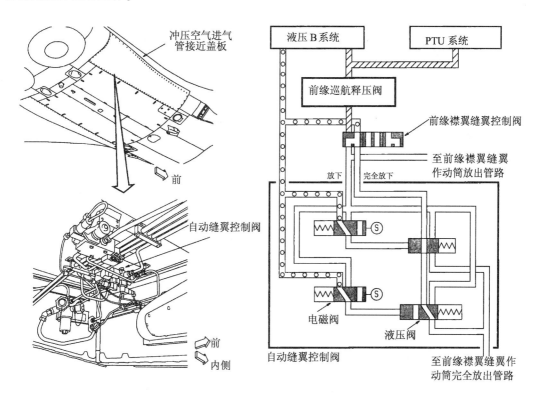

图 5-39　自动缝翼控制阀

此时两台 SMYD 分别给两个电磁线圈通电，电磁阀作动给液压操作阀提供压力，使得两个压力操作阀给前缘缝翼作动筒的完全放出管路提供压力。如果一个液压阀、一个电磁阀或者一台 SMYD 失效，压力仍然会供给到前缘缝翼作动筒，自动缝翼功能不受影响。

在每次飞行期间，都会自动测试自动缝翼功能。当后缘襟翼从 10 单位移动到 15 单位时，SMYD 接通自动缝翼控制阀的电磁线圈，如果两个 SMYD 中自动缝翼功能都失效，飞行操纵面板上的自动缝翼失效灯点亮。地面维护时，也会人工测试自动缝翼系统，但必须完成下列步骤：①模拟空中模式；②用液压 B 系统动力放下前缘缝翼；③手动扳动 AOA 叶片。模拟空中后，AOA 传感器会自动加温，当人工扳动 AOA 叶片时，小心烫伤。

5.5.8　前缘襟翼和缝翼位置指示

前缘襟翼和缝翼位置指示系统使用接近传感器测量前缘襟翼和缝翼的位置，前缘装置共有 30 个接近传感器，每个前缘襟翼有两个接近传感器，1 号和 8 号前缘缝翼有两个接近传感器，而 2 号到 7 号缝翼各有三个接近传感器。这些接近传感器固定在大翼前缘结构上，测量与前缘装置一起移动的靶标的位置，并给 FSEU 提供这些数据，位于电子设备舱 E1-1 电子架的 FSEU 使用这些数据在驾驶舱的前缘装置指示面板指示前缘位置，FSEU 也使用这些数据点亮前缘襟翼警告灯。

前缘襟翼和缝翼位置指示系统使用两种不同类型的接近传感器，前缘缝翼收上传感器是碰撞型接近传感器，使用磁铁作为靶标，其他所有接近传感器是通用型的，使用亚铁材料靶标，没有磁性。FSEU 监控接近传感器的阻抗，阻抗与靶标到传感器的距离有关系，当前缘襟翼移动时，靶标一起移动，使接近传感器的阻抗发生变化。当靶标直接位于传感器前面时，FSEU 探测到靶标为接近状态，当靶标不在传感器前面时，FSEU 探测到靶标为远离状态。

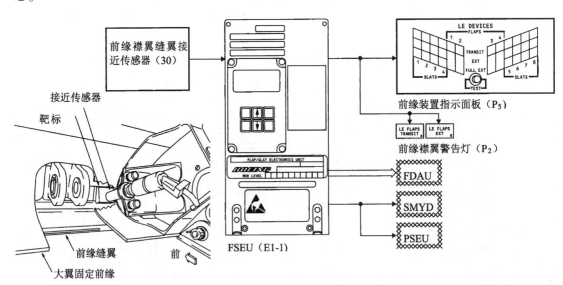

图 5-40　前缘襟翼缝翼位置指示系统

前缘装置指示面板位于在 P₅ 后顶板上，用于指示所有前缘襟翼和缝翼的位置。前缘装置指示器面板上有绿色和琥珀色灯，指示每个前缘襟翼和缝翼的位置。在前缘装置指示器面板上有 3 种类型的灯，转换灯为琥珀色，放出灯为绿色，完全放出灯也是绿色。前缘装置指示器面板为前缘缝翼提供所有 3 种类型的灯，但前缘襟翼只有转换灯和放出灯，因为前缘襟翼只有两个位置。

当前缘襟翼和缝翼在收上位置时，所有灯熄灭。当前缘襟翼和缝翼移动时，转换灯亮；当前缘襟翼和缝翼在放出位置时，放出灯亮，转换灯熄灭；当前缘缝翼在完全放出位置时，完全放出灯亮。在前缘装置指示器面板上还有一个测试电门，用于测试灯光，当按压该电门时，所有灯都点亮。当自动缝翼生效，前缘缝翼自动移动时，FSEU 抑制前缘襟翼转换灯，转换灯不亮。

5.6　水平安定面配平操纵系统

水平安定面位于机身后部，通过改变水平安定面迎角的方式操纵飞机绕横轴进行俯仰配平，为飞机提供长期的俯仰操纵。驾驶员使用安定面配平电门电动操纵水平安定面的配平，也可以使用操纵台两侧的安定面配平手轮人工配平水平安定面，自动驾驶也可以自动配平水平安定面，水平安定面的操纵不需要液压动力。水平安定面总活动范围有 17.1°，水平安定面前缘向上 4.2°（飞机低头配平），水平安定面前缘向下 12.9°（飞机抬头配平），如图 5 - 41 所示，在机身后部水平安定面前缘附近，涂有水平安定面操纵极限位置和中立位置标记。

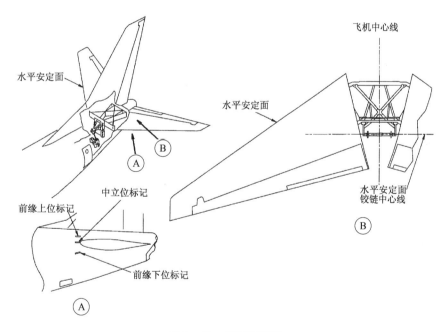

图 5 - 41　水平安定面

5.6.1　水平安定面配平操纵系统

如图 5 - 42 所示，驾驶员可以使用中央操纵台的安定面配平手轮人工机械操纵水平安定面，也可以使用驾驶盘上安定面配平电门电动操纵水平安定面，自动驾驶系统接通后，也可以自动电动操纵水平安定面。水平安定面操纵的优先顺序是：人工机械操纵优先，其次是人工电动操作，最后是自动驾驶。

人工机械操纵时，驾驶员转动操纵台上的安定面配平手轮，手轮通过机械连接作动前后钢索鼓轮，后钢索鼓轮驱动齿轮箱和安定面蜗杆机构，当蜗杆转动时，水平安定面前缘上下移动。同时安定面通过升降舵中立移动杆给升降舵提供机械输入，改变升降舵的中立位置，使升降舵和水平安定面协调作动。人工配平手轮的转动也带动安定面指示器指针，指示安定面所处的位置。

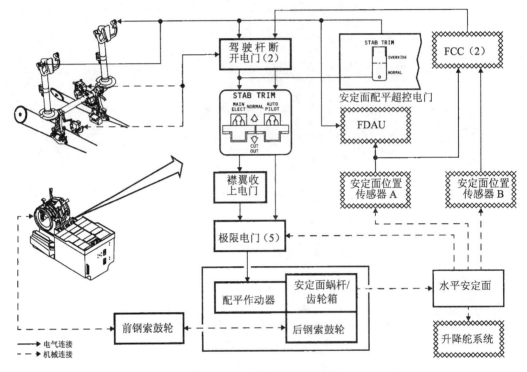

图 5 – 42　水平安定面系统图

人工电动配平时，驾驶员使用两个安定面配平电门进行主电动配平操纵，配平电门位于每个驾驶盘的外侧，电门的作动给安定面配平作动器提供电源，并给飞行数据采集组件（FDAU）传送信号。当安定面配平作动器通电工作时，电动驱动齿轮箱，从而带动安定面蜗杆转动，使水平安定面前缘上下移动。齿轮箱的转动作动后钢索鼓轮，经钢索和前钢索鼓轮机械作动人工配平手轮和安定面指示器指针，所以在电动配平操作时，可以看到机械作动人工配平手轮和安定面指示器的移动。

自动驾驶接通后，数字飞行控制系统给安定面配平作动筒提供电源输入，电动作动水平安定面。安定面位置传感器给飞行控制计算机（FCC）提供安定面位置信号，用于自动控制。在自动驾驶操纵期间，水平安定面配平作动器的操纵速度与人工电动操纵时速度不同，作动器配平速度还和襟翼位置有关。人工电动配平时，如果襟翼收上，低速配平以每秒 0.2 个单位移动安定面；如果襟翼未收上，高速配平以每秒 0.4 个单位移动安定面。在自动驾驶操纵期间，当襟翼收上时，低速配平每秒 0.09 个单位移动安定面；当襟翼未收上时，高速配平每秒 0.27 个单位移动安定面。

在电动配平控制电路上，安装有几个电门组件，用于电路控制。当驾驶员移动驾驶杆的方向与水平安定面配平方向相反时，驾驶杆切断电门切断电动配平电路，停止安定面配平作动器的运动。当驾驶杆切断电门失效后，驾驶员使用操纵台上的安定面配平超控电门旁通驾驶杆切断电门，超控操纵水平安定面。驾驶员可以通过中央操纵台上的安定面配平切断电门分别切断给安定面配平作动筒的主电动和自动驾驶的输入，单独切断一路电动操纵。襟翼收上电门控制安定面配平作动筒的主电动操作，自动驾驶电动操纵不经过襟翼收上电门。安定面配平极限电门用于控制安定面的运动范围。

5.6.2　水平安定面操纵和指示

安定面配平电门位于驾驶舱驾驶盘的外侧，具体位置如图 5 - 5 所示。驾驶员双手握住驾驶盘操纵飞机时，机长左手和副驾驶右手拇指操纵电门进行电动俯仰配平操纵，给水平安定面配平作动筒提供电动输入。

安定面配平手轮位于中央操纵台的两侧，如图 5 - 43 所示，两个手轮安装在同一根轴上，同时转动，驾驶员使用手轮进行人工俯仰配平操纵。人工转动配平手轮，通过链条驱动水平安定面前部操纵机构，然后通过钢索带动后鼓轮，驱动齿轮箱和蜗杆，机械作动水平安定面。

在中央操纵台上，紧挨配平手轮的内侧，是两个水平安定面配平位置指示器。当水平安定面前操纵机构运动时，通过柔性钢索驱动位置指示器指针运动，指示水平安定面所在位置。指示器上有 17 个单位（0 ~ 17），中间绿色区域表示起飞配平范围。

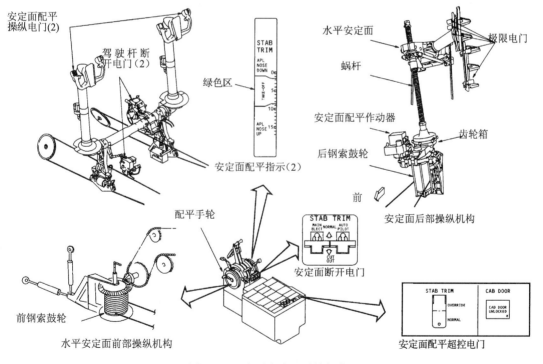

图 5 - 43　水平安定面系统部件

5.6.3　水平安定面操作系统部件

水平安定面前部操纵机构位于驾驶舱中央操纵台下部和前设备舱内，用于人工手动配平，并进行配平指示。前部操纵机构包括两个安定面配平手轮、链条轮、链条和前钢索鼓轮。配平手轮和链条轮通过链条连接在一起，两个配平手轮同步运动，当驾驶员转动配平手轮时，带动链条轮和链条并驱动前钢索鼓轮，将手轮的转动转换成钢索的运动，带动后钢索鼓轮转动，然后驱动齿轮箱，蜗杆和水平安定面。前钢索鼓轮安装在一个支架内，通过两个水平的和两个垂直的悬挂点固定在结构上，悬挂点安装有可调节的松紧螺套，用来调节链条和钢索的张力。

水平安定面后部操纵机构位于压力壁板后部，水平安定面舱内，用于把安定面配平作动器或钢索鼓轮的旋转运动转换为直线运动，改变水平安定面的位置。后部操纵机构包括后钢索鼓轮、万向支架、安定面配平作动筒、球形螺帽、蜗杆等部件。后钢索鼓轮连接钢索，将钢索的运动转换成转动，驱动齿轮箱。齿轮箱通过下部的万向支架固定在机身壁板上，上部连接蜗杆，驱动蜗杆转动。球形螺帽通过上部万向支架固定在安定面前梁上，球形螺帽套在蜗杆上，将蜗杆转动转变为安定面前缘的直线运动。在安定面移动时，万向支架允许蜗杆前后移动。安定面配平作动器是一个多转速直流电机，它从安定面配平操纵电门或自动驾驶接收指令，电动驱动齿轮箱。齿轮箱内部有一个机械离合器，使安定面人工配平手轮输入超控安定面配平作动器的输入。当人工电动配平和自动驾驶配平时，配平作动器工作，齿轮系动螺杆转动同时也驱动后钢索鼓轮，通过钢索回传到前钢索鼓轮，使驾驶舱内的配平手轮转动，位置指示器指示配平量。

如图 5-44 所示，水平安定面钢索贯穿整个机身，连接前后钢索鼓轮，传递机械指令。这组钢索共有一左一右两条，是整个飞机最长的钢索，全长大约 56m，并且中间没有任何的连接接头，因为在水平安定面操纵的整个行程中，鼓轮须要旋转很多圈，两根钢索也在鼓

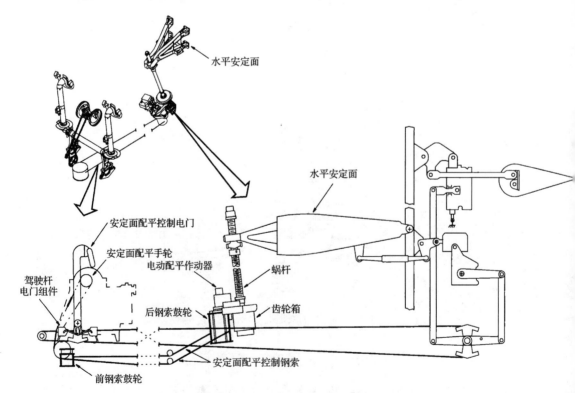

图 5-44　水平安定面操纵系统组成

轮上缠绕了很多圈，作动过程中一根钢索缠绕在鼓轮上，另一根钢索放出，钢索行程也比较长。由于钢索要贯穿机身很多个壁板，长行程的运动造成一定的磨损，在飞机定检中这条钢索需要经常的润滑和检查。

安定面配平极限电门位于水平安定面蜗杆安装接头的左侧，用于控制水平安定面的配平范围。有 5 个电门安装在垂直支架上，支架固定在结构上，它们都是凸轮操纵的微电门。凸轮安装在支撑管上，通过支撑管固定在水平安定面蜗杆安装接头上。当水平安定面移动时，凸轮与水平安定面一起运动，并操纵 5 个极限电门，这些极限电门都是可调节的。

5.7　升降舵系统

升降舵位于水平安定面的后缘，安装在水平安定面的后梁上，用来操纵飞机的俯仰姿态。每个升降舵有一块调整片和 3 块平衡板，升降舵前端连接 3 块平衡板，平衡配重安装在平衡板的下表面，调整片连接在每个升降舵后缘。升降舵平衡板和调整片帮助减少在飞行中操纵升降舵所需的力。

通过驾驶杆的前后移动，驾驶员可以人工操纵升降舵，正常情况下通过液压动力由 PCU 驱动升降舵，当液压 A、B 系统都失效时，可以直接通过人力操纵升降舵。当自动驾驶接通时，可自动操纵升降舵。在自动驾驶工作期间，升降舵的移动会反馈回驾驶杆。

5.7.1　升降舵操纵系统

如图 5 - 45 和图 5 - 46 所示，人工操纵升降舵时，驾驶员前后移动驾驶杆，控制飞机的俯仰姿态。当驾驶杆移动时，带动升降舵前扇形盘和升降舵操纵钢索，操纵钢索带动升降舵后操纵扇形盘，这就给升降舵输入扭力管提供机械输入，然后通过 PCU 输入杆给升降舵 PCU 提供输入，PCU 活塞杆端固定，在液压力作动下 PCU 壳体移动，驱动升降舵输出扭力管，通过操纵杆驱动升降舵。升降舵感觉计算机从液压 A 和 B 系统接收压力，从空速管接收动压信号，以及从安定面接收的机械输入，控制到感觉/定中组件中的双感觉作动筒的液压压力，使感觉/定中组件的感觉力随空速增加而增加。感觉/定中组件与双感觉作动筒提供感觉力，双感觉作动筒给感觉/定中组件的弹簧力提供一个可变的感觉力。

当水平安定面位置变化时，安定面中立位置变换功能可使升降舵移动。当安定面移动时，带动两个升降舵中立移动杆，通过马赫配平作动筒与感觉/定中组件与升降舵输入扭力管，给升降舵 PCU 提供机械输入，改变升降舵的中立位置。当升降舵输入扭力管移动时，也通过操纵钢索，作动驾驶杆到新的中立位置。在水平安定面电动配平操纵时，如果驾驶员给升降舵操纵输入一个相反方向的操作，驾驶杆切断电门会切断水平安定面电动配平操纵电路，使安定面电动配平停止。

感觉/定中组件的运动也会给升降舵中立变换传感器提供输入，该传感器给飞行控制计算机 (FCC) 提供信号，该信号与升降舵和安定面相关位置成比例。当驾驶杆移动时，也给俯仰驾驶盘控制 (CWS) 力传感器以及驾驶杆位置传感器提供输入。俯仰 CWS 力传感器给飞行控制计算机提供一个与驾驶杆力成比例的输入信号。驾驶杆位置传感器给飞行数据采集组件 (FDAU) 提供驾驶杆位置数据。升降位置传感器采集升降舵位置信号并传送给 FDAU。

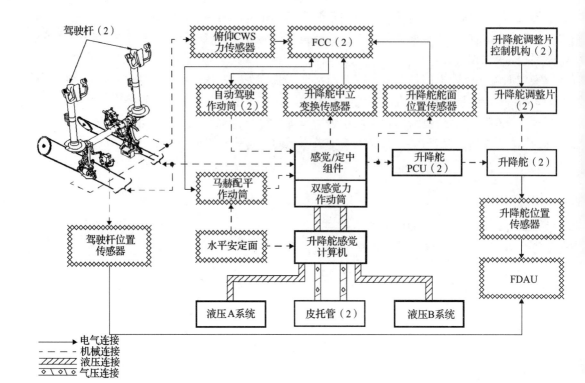

图 5－45　升降舵系统图

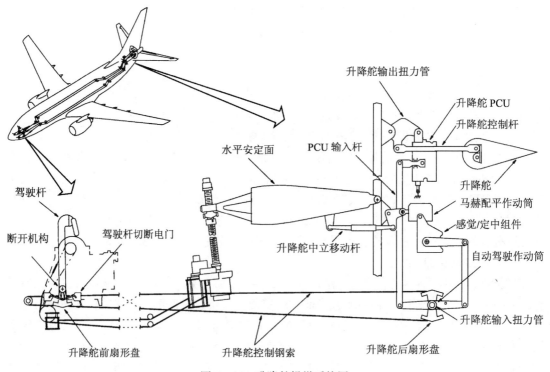

图 5－46　升降舵操纵系统图

当自动驾驶接通时，自动驾驶系统通过 FCC 控制自动驾驶作动筒，当自动驾驶作动筒移动时，给升降舵输入扭力管提供机械输入，从输入扭力管到升降舵 PCU 的输出与人工操纵是一样的。在自动驾驶操纵时，自动驾驶作动筒的输入也回传给驾驶杆，使驾驶杆反应升降舵的移动。FCC 还控制马赫配平作动筒，当飞机巡航高速飞行时，为防止飞机自动低头的动作，马赫配平作动筒改变升降舵位置，使飞机保持平飞。FCC 还使用马赫配平系统控制中立位置变换功能，通过感觉/定中组件将升降舵移动到一个新的中立位置，在起飞和着陆期间，给飞机更多抬头控制。当马赫配平作动筒移动时，通过感觉/定中组件，机械输入给输入扭力管和 PCU。当升降舵输入扭力管移动时，也回传给操纵钢索，将驾驶杆移动到新的中立位置。

当后缘襟翼收上时，升降舵调整片平衡升降舵。当升降舵移动时，调整片与升降舵的运动方向相反。当后缘襟翼未收上时，升降舵调整片操纵机构改变升降舵调整片的功能，使升降舵调整片与升降舵的运动方向相同。

5.7.2　驾驶杆和升降舵前控制扇形盘

如图 5 - 47 所示，两个驾驶杆位于驾驶舱内，升降舵操纵前扇形盘位于驾驶舱的下面，驾驶杆穿过驾驶舱地板并连接在升降舵操纵前扇形盘上。驾驶员通过驾驶杆作动升降舵操纵前扇形盘来进行飞机的俯仰操纵。在每个操纵前扇形盘上安装有平衡配重，驾驶杆平衡配重平衡驾驶杆上部的重量，防止在没有驾驶员操纵驾驶杆时，驾驶杆的重量产生升降舵输入信号。在每个操纵前扇形盘上装有一个俯仰力传感器。在水平安定面电配平操纵期间，如果驾驶员以相反方向移动驾驶杆，驾驶杆切断电门会停止水平安定面电动配平。

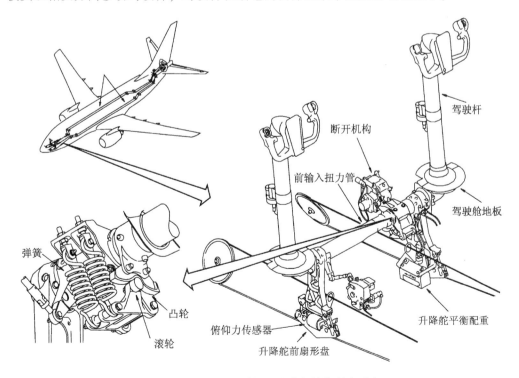

图 5 - 47　驾驶杆和升降舵前控制扇形盘

通过前输入扭力管，两个驾驶杆联动操作，当前输入扭力管移动时，则给驾驶杆切断电门组件提供机械输入。如果一个驾驶杆卡阻，断开机构允许另一驾驶杆给升降舵提供输入。升降舵断开机构安装在前输入扭力管上，将前输入扭力管分为左右两侧。断开机构是一个凸轮—滚轮型机构，凸轮连接到机长侧扭力管上，滚轮连接在副驾驶扭力管的支撑臂上，两个弹簧将滚轮保持在凸轮卡槽位置。在正常操纵期间，驾驶杆联动并操纵两个扭力管。如果一个驾驶杆卡阻，驾驶员必须提供大于 31lbf 的力推动另一侧驾驶杆，拉动弹簧使滚轮滑出卡槽，前输入扭力管断开，单一侧驾驶杆操纵升降舵。

5.7.3　升降舵输入扭力管

升降舵输入扭力管位于尾舱，这里有两根扭力管，输入扭力管是下面的一根，如图 5-48 所示。升降舵输入扭力管由升降舵操纵后扇形盘、自动驾驶输入曲柄、升降舵感觉/定中组件曲柄与升降舵 PCU 输入曲柄组成。升降舵输入扭力管给升降舵 PCU 传递升降舵输入信号，它把来自驾驶杆、自动驾驶、马赫配平或中立移动杆的输入信号传递给 PCU，还把感觉/定中组件的反作用力（感觉力）传递给驾驶杆。钢索将升降舵前后扇形盘相连，传递驾驶员的输入信号给升降舵输入扭力管；自动驾驶作动筒通过自动驾驶输入曲柄将自动驾驶操纵信号传给输入扭力管；马赫配平作动筒接收 FCC 的指令通过感觉/定中组件驱动输入扭力管；中立移动杆接收水平安定面的位置信号，通过马赫配平作动筒与感觉/定中组件驱动输入扭力管。当输入扭力管转动时，通过升降舵 PCU 输入杆给 PCU 提供输入。

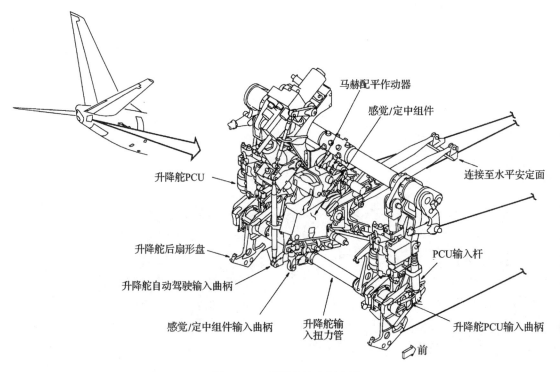

图 5-48　升降舵输入扭力管

5.7.4　升降舵 PCU

　　如图 5-49 所示，两个升降舵动力控制组件 PCU 位于尾舱，使用液压动力驱动升降舵。右侧 PCU 使用液压 B 系统压力，左侧 PCU 使用液压 A 系统压力。升降舵 PCU 可动的壳体安装在输出扭力管上，活塞杆连接在飞机结构上。升降舵 PCU 与副翼 PCU 相同，并且也可与副翼 PCU 互换。

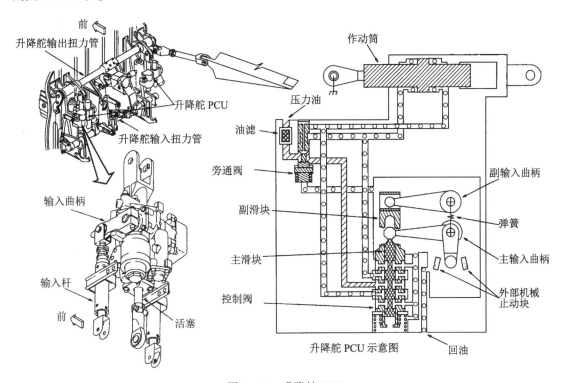

图 5-49　升降舵 PCU

　　在正常工作时，升降舵的输入经过输入扭力管到达每个 PCU 的输入杆，PCU 上的两个输入曲柄作动内部控制阀，给作动筒提供液压压力。左输入曲柄连接在主滑块上，右输入曲柄连接在副滑块上，PCU 内的张力弹簧连接在两个输入曲柄上。主滑块移动可以提供一半的流量，副滑块移动提供另一半流量，当主滑块移动到有效行程后，副曲柄才开始作动副滑块。当主副滑块移动时，液压压力经过控制阀到达作动筒的一侧，而作动筒的另一侧接通回油，使作动筒壳体移动，驱动输出扭力管到达指令位置。输出扭力管通过升降舵控制杆改变升降舵的位置。

　　当一个液压系统故障时，一个升降舵 PCU 失去液压压力，内部旁通阀移动到旁通位，使作动筒两端直接连通防止出现液锁。当驾驶员移动升降舵驾驶杆时，另一个升降舵 PCU 仍然正常移动到指令位置，驱动输出扭力管，故障的 PCU 通过输出扭力管的反馈处于随动状态。

　　如果一侧 PCU 输入杆不能自由移动，则驾驶员必须额外增加 30lbf 以压缩或拉伸输入杆内的弹簧。另一 PCU 输入拉杆仍然驱动相应的输入曲柄，作动滑阀滑动到指令位置，作动 PCU 作动筒壳体移动，壳体的移动使卡阻输入杆对应的曲柄给出反向的操作输入，使作动筒两端的压力相等，从而防止作动筒形成液锁，作动筒处于随动状态。

如果两个液压系统都失效，升降舵 PCU 内旁通阀由于没有液压压力移动到旁通位，使作动筒两端相通，防止出现液锁。当驾驶员移动驾驶杆超过 1°时，主副输入曲柄接触作动筒壳体外侧的机械止动块，直接驱动壳体移动，此时液压油通过旁通阀从作动筒的一侧流到另一侧，升降舵 PCU 靠人力驱动输出扭力管到其指令位置，改变升降舵位置。

5.7.5　升降舵感觉计算机

升降舵感觉计算机安装在安定面舱的右后壁板上，当空速变化和水平安定面移动时，升降舵感觉计算机改变驾驶杆的感觉力。如图 5 – 50 所示，升降舵感觉计算机是双组件，两个完全相同的壳体部件对应液压 A 和 B 系统。

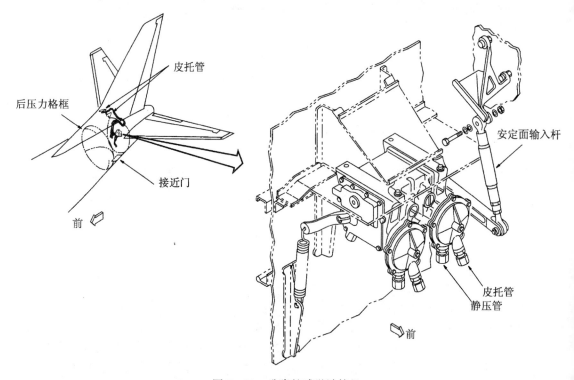

图 5 – 50　升降舵感觉计算机

升降舵感觉计算机接收总压、液压压力以及水平安定面的机械输入，给升降舵感觉/定中组件的双感力作动筒提供计量的液压压力输出。如图 5 – 51 所示，液压 A 和 B 系统的飞行操纵组件的液压压力供到升降舵感觉计算机的力平衡阀，经阀门计量液压压力输出给双感力作动筒。升降舵感觉计算机的输出液压压力在 180psi（基础感觉）和 400psi（最大）之间，力平衡阀的开度决定输出压力的大小，阀门的开度由总压压力、安定面的机械输入和液压压力所确定。

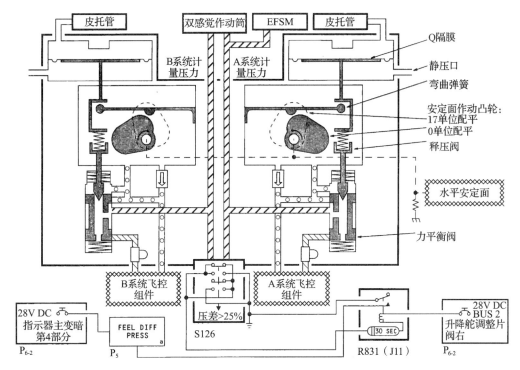

图 5 – 51　升降舵感觉计算机工作原理

当空速增加时，总压经过总压口并推动 Q 隔膜，Q 隔膜推动释压阀，这一运动与空速成正比，当释压阀移动时，推动力平衡阀，力平衡阀控制输出到双感、力作动筒的液压压力。当空速增加时，输出压力增加，驾驶员的感觉力也就增加。安定面作动凸轮位置也影响 Q 隔膜移动的行程，当安定面配平从 0 ~ 17 单位时，凸轮转动，通过弯曲弹簧反向推动 Q 隔膜，这限制了空速增加而导致的感觉力的增加。如果安定面到升降舵感觉计算机的输入断开，弯曲弹簧压迫凸轮，使感觉计算机输出最大感觉压力。在失速期间，升降舵感觉变换组件工作并给升降舵感觉计算机和双感觉力作动筒提供 850psi 液压 A 系统的压力。压差电门 S126 监控两个升降舵感觉计算机的计量压力，当液压 A 和 B 系统的计量压力差达到 25% 时，电门闭合，当压差电门闭合超过 30s 时，P_5 板上的感觉压差灯亮。

5.7.6　升降舵感觉/定中组件

升降舵感觉/定中组件给驾驶员提供变化的感觉力，当驾驶员没有输入时，也能将驾驶杆移回到中立位置。如图 5 – 52 所示，升降舵感觉/定中组件安装在机尾舱的结构上，由壳体、定中弹簧、定中凸轮、滚轮、定中连杆和双感觉力作动筒组成。马赫配平作动筒安装在感觉/定中组件壳体的顶部，通过中立移动杆和马赫配平作动筒，水平安定面与感觉/定中组件相连接。

驾驶杆没有输入时，定中弹簧将滚轮保持在定中凸轮的中央位置。当驾驶杆移动时，定中凸轮被转动，顶起滚轮到凸轮上部，定中弹簧被拉伸，弹簧的拉伸给驾驶员提供机械感觉力。当驾驶员松开驾驶杆时，弹簧力使滚轮移动到凸轮的中央位置，驱动系统回到中立位置。

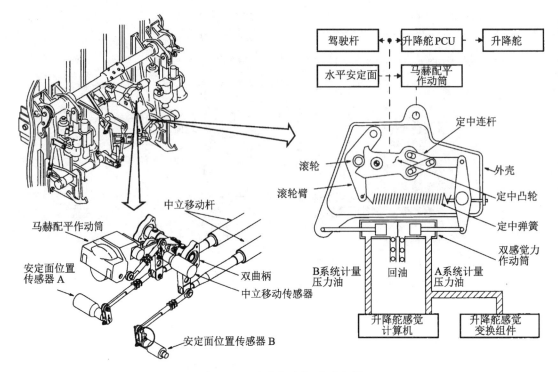

图 5 – 52 升降舵感觉/定中组件

当飞机在高速飞行时，升降舵感觉计算机增加了输出到双感觉力作动筒的计量压力。A和B系统的计量压力不相等，使双感力作动筒的壳体移动到行程的终端。当定中凸轮转动时，定中连杆使用两个计量压力中较高的压力，给感觉/定中弹簧增加了可调的附加感觉力，使驾驶员感觉力发生变化。在飞机失速期间，EFSM 工作并且给双感力作动筒 A 侧提供850psi 的液压 A 系统压力，使驾驶员感觉力增加。

当飞机在高速飞行时，飞行控制计算机（FCC）给马赫配平作动筒提供输入，作动筒收回并转动升降舵感觉/定中组件壳体和定中凸轮，通过输入扭力管提供机械输入移动升降舵。当飞机在低速飞行时，FCC 给马赫配平作动筒提供输入，通过中立位置变换操纵改变升降舵的移动量，中立移动传感器给两个 FCC 提供信号，确定安定面和升降舵的相对位置。

在水平安定面配平运动期间，中立位置移动杆移动，并通过马赫配平作动筒给升降舵感觉/定中组件壳体提供机械输入，使升降舵移动到一个新的中立位置。安定面位置传感器 A 和 B 给 FCC 提供信号用于新的中立位置，传感器 A 也给飞行数据采集组件提供信号。

5.8 方向舵系统

方向舵位于飞机的垂直尾翼上，通过铰接安装在垂直安定面的后缘。方向舵操纵飞机绕竖轴的姿态变化，对飞机进行方向操作。驾驶员通过方向舵脚蹬人工输入偏航指令，当偏航阻尼接通时，偏航阻尼器自动进行小的偏航修正。在偏航阻尼器工作期间，对方向舵脚蹬无反馈。方向舵左右偏转最大角度为29°。

5.8.1　方向舵操纵系统

如图 5-53 和图 5-54 所示，方向舵操纵系统包括以下部件：方向舵脚蹬和前扇形盘、方向舵操纵钢索、后扇形盘、感觉/定中组件、液压 PCU、方向舵。

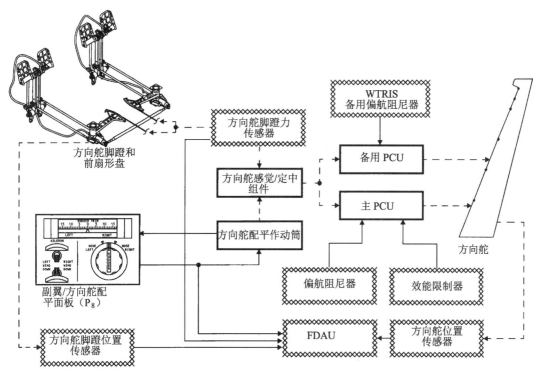

图 5-53　方向舵系统图

当驾驶员操作脚蹬移动时，作动方向舵前操纵扇形盘，通过方向舵操纵钢索作动后操纵扇形盘，后操纵扇形盘带动方向舵扇形盘输出杆，从而作动方向舵感觉/定中组件、扭力管，扭力管转动通过主和备用方向舵 PCU 的输入杆给两个 PCU 提供输入，PCU 控制液压动力驱动方向舵。

在电动配平操纵期间，驾驶员操作方向舵配平旋钮，给方向舵配平作动筒提供输入信号。方向舵配平旋钮位于 P₈ 板副翼/方向舵配平面板上，副翼配平电门的右侧，面板上部是方向舵配平指示器。当驾驶员转动中央操纵台上的方向舵配平旋钮时，则给方向舵配平作动筒和 FDAU 提供输入信号，方向舵配平作动筒驱动感觉/定中组件，给方向舵 PCU 提供输入，配平作动筒的移动也使感觉/定中组件到达新的中立位置。感觉/定中组件的运动也通过方向舵操纵系统反馈给方向舵脚蹬，方向舵配平作动筒也给方向舵位置指示提供信号，指示方向舵配平位置。

偏航阻尼器保持飞机绕竖轴的稳定性。偏航阻尼器系统是一个自动飞行系统，该系统使方向舵运动以减小由荷兰滚或湍流造成的飞机的偏航移动。在飞行过程中，偏航阻尼器给出指令使方向舵与飞行的偏航力矩成比例并向其相反的方向移动，减小不需要的偏航移动并使飞机平滑飞行。当偏航阻尼接通时，偏航阻尼器系统给主或备用方向舵 PCU 提供输入。在正常操纵期间，SMYD1（失速管理偏航阻尼器）通过主方向舵 PCU 操纵方向舵，在人工操纵时，SMYD2 通过备用方向舵 PCU 操纵方向舵。

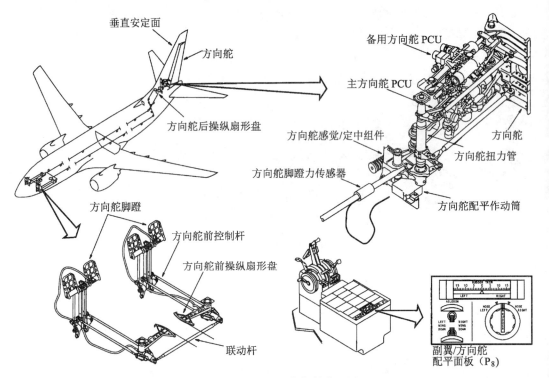

图 5 – 54 方向舵系统部件位置图

驾驶盘到方向舵互连系统（WTRIS）在飞行操纵 A 和 B 的液压都失效时，备用液压系统工作时，人工飞行操作过程中，协助转弯。WTRIS 给备用方向舵 PCU 提供输入，提供较小的方向舵位移，与机长驾驶盘副翼输入相对应。效能限制器减少方向舵的最大位移，在规定空速下，FSEU 打开主方向舵 PCU 效能限制器的电磁阀，使液压 A 系统压力到达 PCU，减少方向舵的效能。

5.8.2 方向舵脚蹬和前操纵扇形盘

方向舵脚蹬在驾驶舱中，方向舵脚蹬支撑和前操纵扇形盘组件位于前设备舱中，驾驶员操纵方向舵脚蹬通过方向舵前控制杆操纵前扇形盘。正副驾各配备一副脚蹬，每副脚蹬中两个脚蹬的运动方向相反，驾驶员一前一后踩动脚蹬，操纵方向舵左右移动。两副脚蹬通过联动杆连接在一起，同步运动。每副脚蹬的中间有一个脚蹬调节曲柄，用来调整两套脚蹬的倾斜角度，以适应不同身材驾驶员的需要。当移动调节曲柄时，曲柄带动支架，使脚蹬移动，但不影响另一副脚蹬。

5.8.3 方向舵感觉/定中组件

方向舵感觉/定中机构位于垂直安定面内，方向舵扭力管的底部，如图 5 – 55 所示。方向舵感觉/定中组件由支撑轴、曲柄、框架、弹簧、凸轮、滚轮、滚轮臂组成。定中弹簧将滚轮保持在凸轮中央，当方向舵脚蹬移动时，凸轮随轴转动并推动滚轮到凸轮上方，压缩弹簧给驾驶员提供感觉力。当驾驶员松开方向舵脚蹬时，弹簧力使滚轮重新回到凸轮中央位置，系统回到中立位置。当转动 P_8 扳上的方向舵配平旋钮时，配平作动器伸缩运动，驱动整个定中机构偏转，弹簧将滚轮保持在凸轮中央，因此轴和曲柄将反向驱动扭力管，给方向舵 PCU 提供输入并改变方向舵位置，同时也驱动方向舵脚蹬移动，整个方向舵系统的中立位置改变并在 P_8 操纵台上显示方向舵配平量。

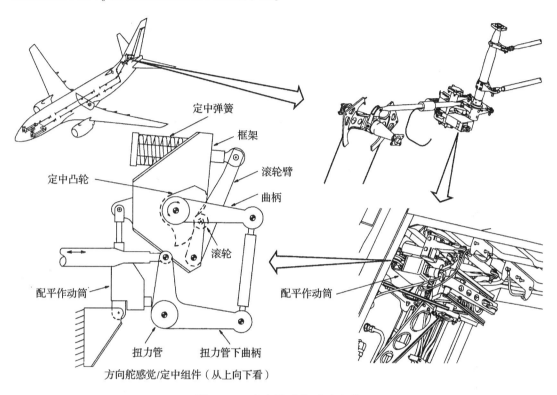

图 5 - 55　方向舵感觉/定中组件

5.8.4　方向舵主 PCU

如图 5 - 56 所示，方向舵主 PCU 位于垂直安定面内的方向舵感觉/定中组件上方，拆下垂直尾翼左侧的盖板，才能够接近 PCU。方向舵主 PCU 使用液压动力来驱动方向舵，包含以下部件：壳体、活塞、输入杆和加法连杆、偏航阻尼器电磁阀、偏航阻尼器 EHSV、载荷限制器电磁阀。

当液压系统压力接通时，液压压力使旁通阀处于旁通位，来自液压 A 和 B 系统的压力供给控制阀，如图 5 - 57 所示。当驾驶员踩方向舵脚蹬时，方向舵输入杆移动，作动外部加法连杆和输入曲柄，给 PCU 提供输入信号，控制阀移动并给双腔作动筒提供压力，从而作动 PCU 活塞，并改变方向舵位置。当方向舵到达指定位置时，加法连杆使控制阀回到中立位置，使 PCU 停在正确位置上。当液压 A 或 B 系统失效时，相应的旁通阀移动到旁通位置，这使活塞两端相通，防止液锁产生，而正常系统的液压压力单独驱动方向舵。当驾驶员的输入反馈给偏航阻尼器作动筒时，释压阀打开，防止液锁产生，避免对 PCU 内部连杆造成损坏。

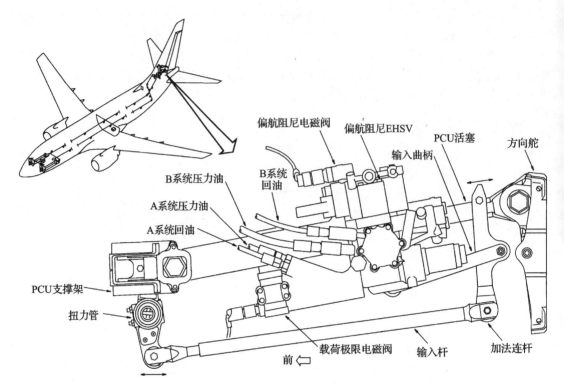

图 5 – 56 方向舵主 PCU

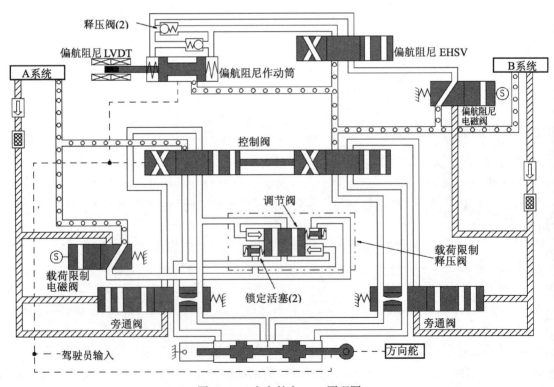

图 5 – 57 方向舵主 PCU 原理图

当空速大于 137kn 时，载荷限制器功能限制方向舵的效能。当载荷限制器电磁阀通电时，给载荷限制释压阀的锁定活塞提供压力，锁活塞移动并松开调节阀，调节阀将供给作动筒的液压 A 系统压力减小到 1450psi，此时方向舵的输出力减少了 25%。

当偏航阻尼器系统接通时，偏航阻尼器系统给主 PCU 偏航阻尼器电磁阀提供输入，偏航阻尼器电磁阀给偏航阻尼器电液伺服阀（EHSV）提供液压 B 系统压力，从而 EHSV 使用液压压力驱动偏航阻尼器作动筒。偏航阻尼器的输入和驾驶员的输入机械相加，然后作动控制阀移动，并给双腔作动筒提供压力，从而改变方向舵的位置。

5.8.5　方向舵备用 PCU

如图 5-58 所示，方向舵备用动力控制组件（PCU）位于垂直安定面内，主 PCU 的上方。方向舵备用 PCU 使用备用液压源来操纵方向舵。方向舵备用 PCU 包括以下部件：壳体、活塞、输入和加法曲柄、电磁阀和 EHSV。

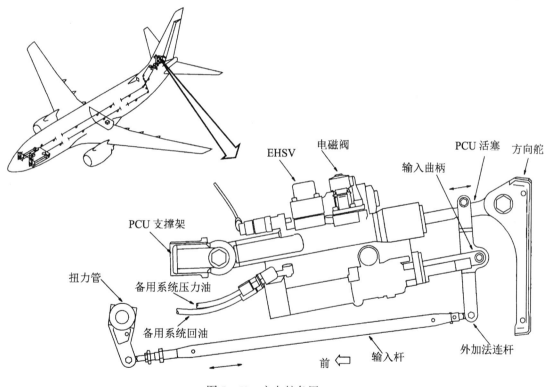

图 5-58　方向舵备用 PCU

方向舵备用 PCU 从备用液压泵获得备用液压源。当 A 系统或 B 系统的飞行操纵电门设置在备用方向舵位置时，备用液压泵提供动力，在备用液压系统组件上的备用方向舵关断阀接通备用方向舵 PCU 的压力。当下列情况出现时，备用液压泵自动给方向舵备用 PCU 提供压力：①A 或 B 系统压力低；②飞机在空中或轮速大于 60kn；③后缘襟翼没有收上；④A 或 B 系统的飞行操纵电门设置在"ON"位。

如图 5-59 所示，当备用液压接通时，旁通阀作动打开，接通液压到控制阀。当驾驶员踩脚蹬时，方向舵输入杆移动，从而作动外加法连杆和输入曲柄，改变控制阀的位置，使

PCU 活塞一侧接通压力油，另一侧接通回油，活塞杆驱动方向舵。当方向舵位置移动到驾驶员指定的位置时，通过外加法连杆使控制阀回到中立位置，方向舵停在指令位置。

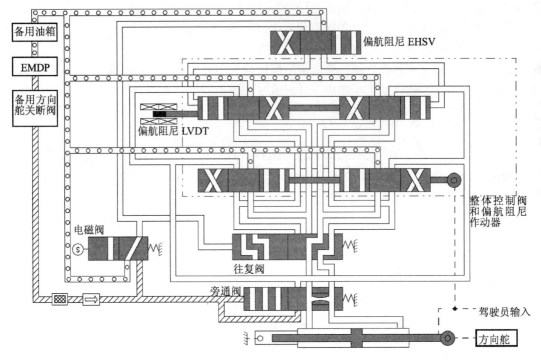

图 5－59　方向舵备用 PCU 原理图

　　当驾驶盘到方向舵互连系统（WTRIS）接通时，WTRIS 系统给备用方向舵 PCU 提供输入，协助人工操纵转弯。当飞行操纵电门 A 和 B 设置在备用方向舵位置，并且偏航阻尼器电门设置在"ON"位时，WTRIS 接通。此时，电磁阀通电给 EHSV 提供压力，当 EHSV 移动时，给偏航阻尼器作动筒提供压力，偏航阻尼器移动使备用 PCU 活塞一侧接通压力油，另一侧接通回油，备用 PCU 活塞驱动方向舵移动。

第6章 气源系统

6.1 气源系统概述

气源系统为飞机各用压系统提供压缩空气。

6.1.1 气源系统动力源

气源系统的动力源包括：
①1号发动机引气。
②2号发动机引气。
③辅助动力装置（APU）引气。
④地面气源。

6.1.2 用压系统

气源总管收集来自动力源的压缩空气并将其输送给各用压系统，如图6-1所示。

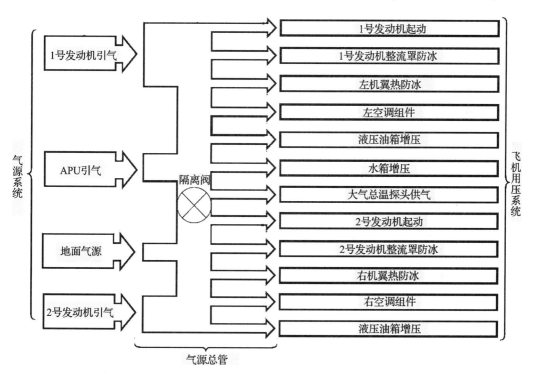

图6-1 气源用压系统

飞机气源系统主要用压系统包括：发动机起动、空调和增压系统、发动机进气整流罩防冰系统、机翼热防冰系统、水箱增压系统和液压油箱增压系统。

6.1.3 气源系统部件的位置

发动机引气系统部件安装在发动机压气机机匣上及发动机吊架内。

气源总管分布于发动机吊架内侧机翼的前缘、空调舱的前部区域以及机身龙骨梁。

APU 引气管道分布于机身龙骨梁，沿着后货舱前壁板左侧，经过机身48 段和后增压壁板，沿 APU 扭矩盒右侧。APU 引气系统部件在机身48 段扭矩盒内，如图6-2 所示。

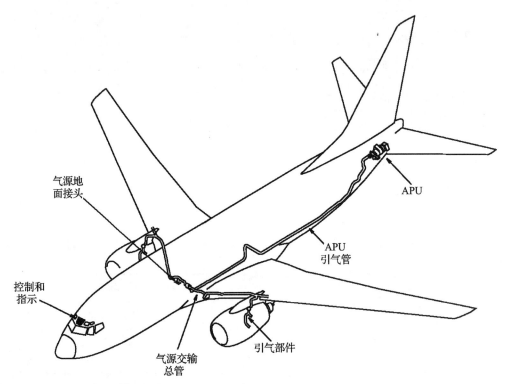

图6-2 气源系统部件的位置

6.2 气源系统的控制和指示

气源系统的控制和指示装置位于驾驶舱 P_5 板的空调和引气控制面板上，如图6-3 所示。

空调和引气控制面板有控制电门和指示灯，用来控制和监控气源系统的工作。

6.2.1 引气电门

空调/引气控制面板上有两个发动机引气电门，电门1 和电门2，分别用于控制1 号和2 号发动机的引气，引气电门有两个位置：

①关断（OFF）位：关闭调压关断阀（PRSOV）。

②接通（ON）位：打开调压关断阀（PRSOV）。

在两个发动机引气电门之间，还有一个 APU 引气电门，用于控制 APU 引气。

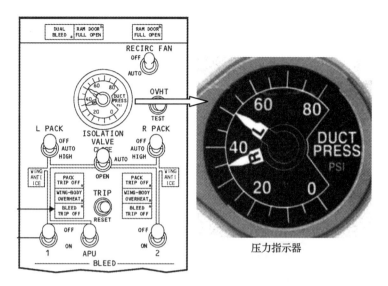

图 6 - 3   空调/引气控制面板

APU 引气电门两个位置：

①关断（OFF）位：关闭 APU 引气阀。

②接通（ON）位：打开 APU 引气阀。

6.2.2   隔离阀电门

隔离阀电门用于控制气源总管隔离阀。电门有 3 个位置：

①关闭（CLOSE）位：关闭隔离阀，气源总管隔离成左、右两部分，如图 6 - 4 所示。

②自动（AUTO）位：如果任一个组件或发动机引气电门放在关闭（OFF）位，则该阀门自动打开。

③打开（OPEN）位：将左右两侧气源系统连接起来。

脱开复位电门被用于复原引气断开的情况。

6.2.3   压力指示器

标有左（L）和右（R）的两个指针，分别指示左右两个气源总管的压力。每个指针的量程都是 0 ~ 80psi。指示器的气压信号来自管道压力传感器，该传感器位于空调舱前壁板上，邻近交叉管。

6.2.4   引气脱开指示灯

引气脱开指示灯是琥珀色灯，左右气源总管各有一个引气脱开指示灯（BLEED TRIP OFF），当气源系统因超压或超温关断引气时，引气脱开指示灯亮。使用引气电门关断引气时，不会导致引气脱开灯亮。

6.2.5   双重引气灯

双重引气（DUAL BLEED）灯亮提醒机组，发动机和 APU 同时在向气源系统供气，机组应该将油门杆放在慢车位。

当 APU 引气阀打开以及 1 号发动机引气电门接通，或者 2 号发动机引气电门接通且隔离阀打开，则琥珀色的双重引气灯亮。

6.3　气源分配系统

气源分配系统为各用户系统输送压缩空气

分配系统包括如下子系统：

①发动机引气系统。

②APU 引气系统。

③地面气源连接系统。

④气源总管系统。

6.3.1　发动机引气系统

飞机上有两个发动机引气系统，每台发动机对应有一套，如图 6-4 所示。发动机引气系统控制引气的温度和压力。

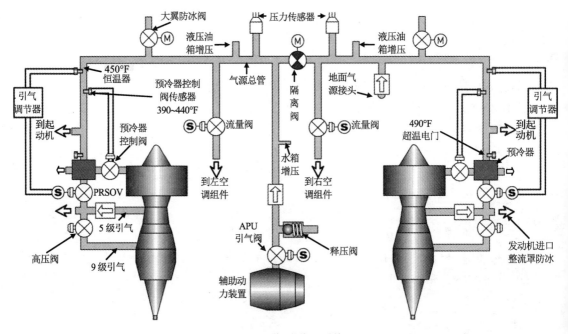

图 6-4　气源分配系统

发动机引气是从发动机高压压气机的第 5 级或第 9 级引出的。在发动机低转速时，引气来自高压压气机第 9 级；在发动机高转速时，引气来自高压压气机第 5 级。高压级调节器和高压阀控制第 9 级引气的气流，第 5 级引气管道上的单向阀防止引气倒流进第 5 级高压压气机。

引气调节器和调压关断阀（PRSOV）控制引气流入气源总管。

6.3.2　APU 引气系统

　　辅助动力装置（APU）可在地面或空中向气源总管提供引气，APU 的引气通过 APU 引气阀（见图 6-4）引出。为避免发动机供气时增压空气倒流到 APU 内，在 APU 供气管路上装有单向阀。APU 引气管路连接到左气源总管。

　　APU 引气可以用于地面空调、起动发动机，另外在飞机起飞或复飞时，为了减少发动机功率的损耗，可用 APU 引气代替发动机引气。

　　除用 APU 供气起动发动机外，在 APU 引气阀打开时是不允许再打开发动机引气阀的，因而气源系统设置有双重引气警告灯。当双重引气警告灯亮时，应将 APU 引气阀关闭，以防止发动机引气损坏辅助动力装置。

6.3.3　地面气源

　　地面气源连接系统为地面气源车提供连接接头。地面气源车能为发动机起动和地面使用空调系统提供引气。地面气源接头的位置如图 6-5 所示。

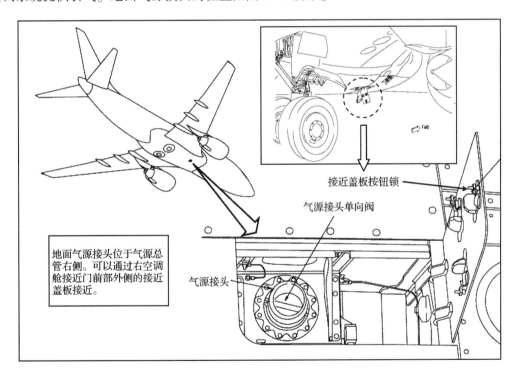

图 6-5　地面气源接头

6.3.4　气源总管

　　气源总管从发动机、APU 或地面气源车得到引气，并且将其输送给各用压系统。如图 6-2 和图 6-4 所示。

　　引气隔离阀将气源总管分成左、右两部分，隔离阀的正常位置是关闭位，当一侧管路失效，不会造成整个气源总管压力的损失。

如图 6 - 4 所示，气源总管有两个压力传感器，一个在气源总管的右侧，一个在左侧。它们测量总管的压力，气源总管的压力分别显示在空调/气源控制面板上的压力指示器上，如图 6 - 3 所示。

气源总管的右侧连接有地面气源接头。

注意：输送到气源系统的压力不要超过 60psi。如果输送的压力过高，会发生损坏设备和伤及人身。

6.4 发动机引气系统

发动机引气向气源总管输送具有一定压力和温度的气体。

为了降低由于压气机引气对发动机造成的功率损耗，并使燃油消耗最小，发动机引气系统采用两级引气，即从高压压气机的第 5 级或第 9 级分别引气，如图 6 - 6 所示。

正常情况下（较高发动机功率时），空气从高压压气机第 5 级引气口引出，此时第 9 级引气关闭，即高压阀关闭；当发动机在低功率下工作时，第 5 级引气压力不足，则高压阀自动打开，由高压压气机第 9 级引气口供气。为防止第 9 级引气时气体向第 5 级倒流，在高压压气机第 5 级引气出口装有单向阀。

如图 6 - 7 所示，发动机工作过程中，气源系统首先从高压压气机的第 9 级引气口引气，第 5 级引气管路上的单向阀防止引气倒流；随着发动机转速的增加，第 5 级引气口压力达到调定值，高压级调节器将高压阀关闭，气源系统从第 5 级引气。

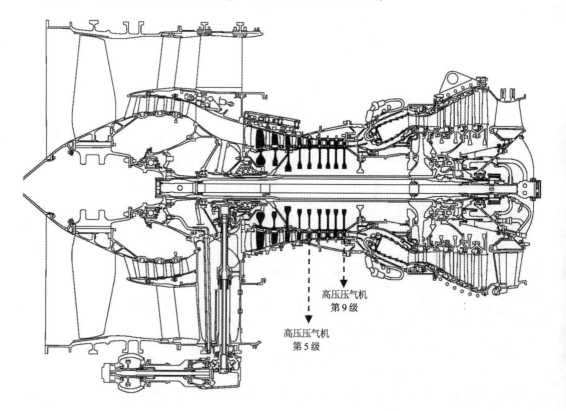

高压压气机
第 9 级

高压压气机
第 5 级

图 6 - 6　发动机引气管路

在海平面高度上引气管道压力随发动机转速（N_1）的变化规律（推油门时）

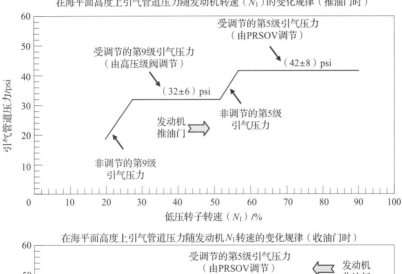

在海平面高度上引气管道压力随发动机 N_1 转速的变化规律（收油门时）

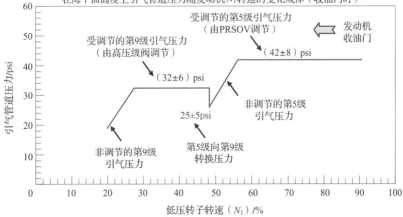

图 6 - 7　气源总管压力随发动机转速（N_1）变化规律（在海平面）

　　当收油门时，发动机引气系统从高压压气机第5级向第9级引气转换发生时，在高压阀打开以及调节引气管道压力达到32psi之前，引气管道压力可能会降低到20psi。

　　发动机引气系统主要由三部分组成：压力转换系统、调压关断系统和引气预冷系统，如图6-8所示。

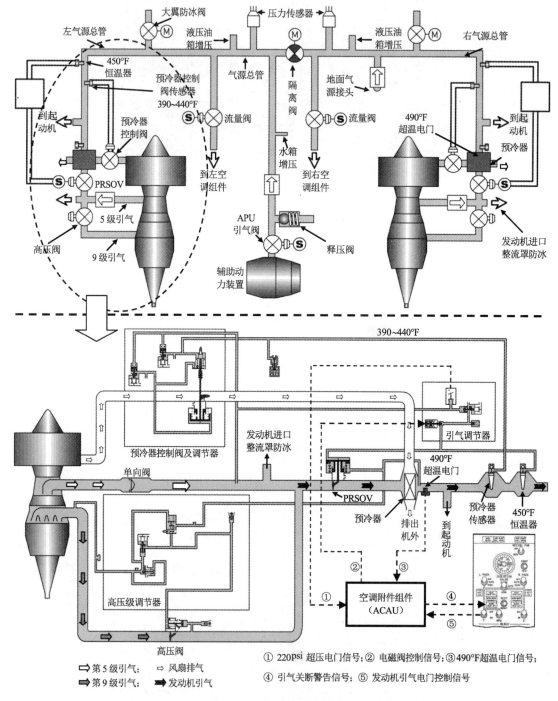

图6-8　发动机引气系统

引气压力转换系统由高压阀及高压级调节器、高压压气机第 5 级出口单向阀等部件组成。其主要功用是控制引气转换，高转速时高压阀关闭，由高压压气机第 5 级引气；低转速时，打开高压阀，由高压压气机第 9 级引气。

调压关断系统主要部件包括：调压关断阀及调节器、450℉恒温器等。主要用于调节引气压力、限制引气温度和提供引气关断。

引气预冷系统用于将引气温度调节在 390～440℉（199～227℃）。主要部件包括：预冷器、预冷器控制阀（调节器）、预冷器控制阀温度传感器等。

6.5　发动机引气压力转换系统

压力转换系统由高压阀及高压级调节器、高压压气机第 5 级出口单向阀等部件组成。

6.5.1　高压级调节器

高压阀控制从发动机高压压气机第 9 级引气总管来的引气流，高压级调节器控制高压阀的工作。

高压级调节器上有如下接口（见图 6 - 9）。

①供压口（来自高压压气第 9 级引气管路）（①）。

②下游传感器接口（③）（见图 6 - 8）。

③控制压力接口（②）。

④防倒流装置。

⑤基准压力调节器。

⑥释压阀。

⑦气压关断阀。

气压关断机构根据第 9 级引气压力控制气压关断阀的打开和关闭。

当第 9 级引气压力（①口）高于 110psi，此压力作用于气压关断机构的 C 腔，克服弹簧力，气压关断阀左移到极限位置，关闭第 9 级引气压力，使控制压力②（A 腔压力）与外界大气相通。

当第 9 级引气压力低于 110psi，在弹簧力作用下，气压关断阀右移打开，第 9 级引气压力（①口）→基准压力调节器→高压级调节器控制压力接口（②口），输送到高压阀的 A 腔。基准压力调节器可保持控制压力为一恒定值。

如图 6 - 9 所示，防倒流机构薄膜两侧，一腔感受从供压口①进入的高压压气机第 9 级引气压力，另一腔感受从传感口③返回的预冷器出口引气压力。如果下游压力高于上游压力一定值，即发生倒流时，薄膜向上鼓胀，打开防倒流阀，使高压阀 A 腔压力通过控制压力口②→防倒流阀→通外界大气。

6.5.2　高压阀

如图 6 - 9 和图 6 - 10 所示，高压阀是一种蝶形阀，由弹簧力使其在关闭位，该阀由气压作动器、阀门、释压阀、人工超控和位置指示等部件组成。高压阀作动器控制腔（A 腔）接收高压级调节器②口的控制压力；作动器 B 腔连接到高压阀出口管路。

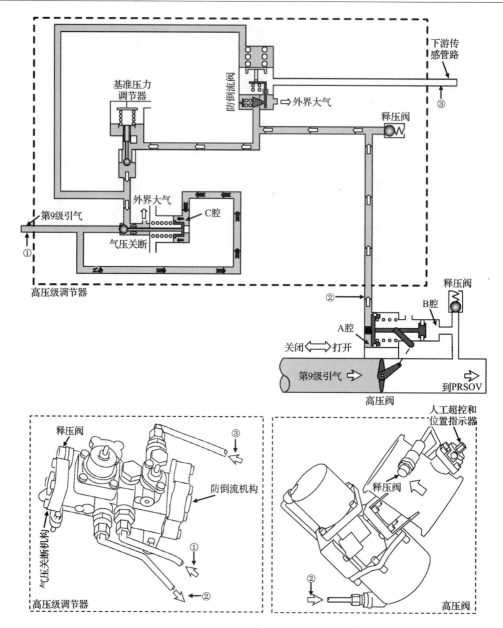

图 6 – 9　高压阀关闭

高压阀的位置由控制腔（A 腔）压力、弹簧力和作动器 B 腔压力确定。A 腔压力由高压级调节器控制，B 腔压力来自高压阀出口管路。A 腔压力产生的气动力 F_A 是打开阀门的动力，B 腔压力产生的气动力 F_B 和弹簧力 $F_弹$ 是关闭阀门的动力，如图 6 – 9 所示。

当 $F_A > F_B + F_弹$，高压阀向打开方向运动；当 $F_A = F_B + F_弹$，3 力平衡，阀门保持在一定开度位置；当 $F_A < F_B + F_弹$，高压阀向关闭方向运动。

当高压阀从关闭位置开始打开，随着阀门开度的增加，阀门下游管路的压力[1]（p_B）逐

_____

① 本书"压力"即"压强"的概念，法定单位为牛/米（N/m）。

渐增加，使 F_B 逐渐增加。而且随着弹簧压缩量的增加，弹簧力 $F_弹$ 也逐渐增加。因此，随着阀门的开大，$F_B + F_弹$（阀门关闭动力）逐渐增大，而 F_A 保持为一恒定值，当 $F_A = F_B + F_弹$ 时，高压阀保持在某一固定位置，如图 6 - 10 所示。

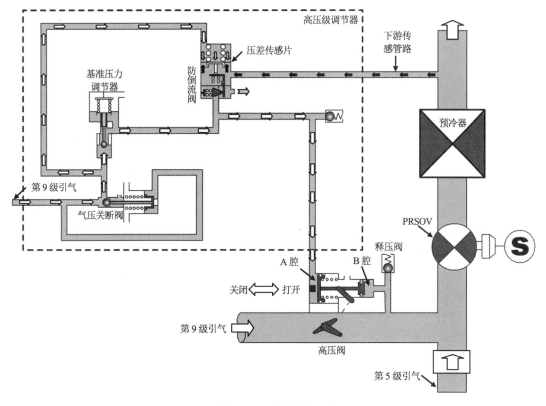

图 6 - 10　高压阀打开

高压级调节器位于发动机机匣 10 点钟位置区域。高压阀位于发动机机匣 8 点钟位置区域。

高压级调节器自动工作，不需其他控制。高压阀自动工作，还有一个人工超控装置可将阀门锁在关闭位置。高压级调节器和高压阀可使用外部测试设备进行测试。

6.5.3　引气压力转换

高压级调节器获得从第 9 级引气总管上的未调压的空气。未调压空气通过气压关断阀流到基准压力调节器。

基准压力调节器将压力降到恒定的控制压力，如果基准压力调节器失效，释压阀防止高压阀损坏。

高压阀是气控气动阀，控制腔（A 腔）的压力由高压级调节器控制。

当发动机在低转速工作时，高压压气机第 9 级引气可通到高压阀作动器 A 腔，当 A 腔压力产生的气动力（F_A）足以克服弹簧力（$F_弹$）时，即 $F_A > F_B + F_弹$，高压阀打开，由高压压气机第 9 级引气。当高压阀打开后，随着阀门开度的增加，阀门关闭动力（$F_B + F_弹$）逐渐增加，当达到 $F_A = F_B + F_弹$，3 力达到平衡，阀门保持在某一固定开度的位置，如

图 6 - 10 所示。

当发动机工作于高转速时，高压级调节器可将高压阀作动器 A 腔通外界大气，A 腔压力降低，在弹簧力作用下高压阀关闭，此时由高压压气机第 5 级引气，如图 6 - 9 所示。

高压阀调节器与阀作动器由一条空气管路（见图 6 - 9②）连接，如果这条空气管路漏气，会使 A 腔压力降低，使高压阀打开压力不足，导致在低发动机功率状态下高压阀开度过小甚至完全关闭，使发动机引气压力过低。

控制压力从高压级调节器流到高压阀的 A 腔，A 腔压力克服弹簧力和 B 腔的压力将高压阀打开，打开后的高压阀，可调节下游的压力到 32psi。

在正常工作期间，高压阀关闭有以下原因：

①下游气流压力超过第 9 级引气压力。

②第 9 级压力大于 110psi。

当高压级调节器传感口③（见图 6 - 8、图 6 - 9 和图 6 - 10）返回的压力高于供压口①进入的压力时，高压级调节器内的防倒流阀打开，高压阀关闭。

当高压压气机第 9 级压力大于 110psi 时，高压级调节器内的气压关断阀工作（向左移动），当气压关断阀工作时，会发生这样的结果：

①第 9 级到基准压力调节器的压力关断。

②到高压阀的引气控制压力（A 腔压力）关断。

③高压阀关闭。

高压级引气系统的工作是自动和自调的，不需要外部控制。

6.6 发动机引气预冷系统

引气预冷系统用于将引气温度调节在 390～440℉（199～227℃）。引气预冷系统也称为引气温度控制系统。

主要部件包括：预冷器、预冷器控制阀（调节器）、预冷器控制阀温度传感器等，如图 6 - 11 所示。

每台发动机都有一个引气预冷系统，这两个系统是相同的。预冷系统的工作是自动的。

预冷器控制阀控制流过预冷器的风扇空气流量。预冷器控制阀传感器和机翼热防冰（WTAI）电磁阀控制预冷器控制阀的工作。

当调压关断阀（PRSOV）打开时，引气通过预冷器流到气源总管。当引气流过预冷器时，风扇气流将热量带走，并且与其他风扇排气流一起排出机外。

6.6.1 预冷器控制阀

预冷器控制阀控制流到预冷器的风扇空气流量。

预冷器控制阀是弹簧力打开，气动力关闭的蝶形阀，由气压控制和作动。预冷器控制阀上有人工作动和位置指示器，用于检验阀门是否被弹簧保持在打开位。

预冷器控制阀安装在预冷器前方发动机的顶部。

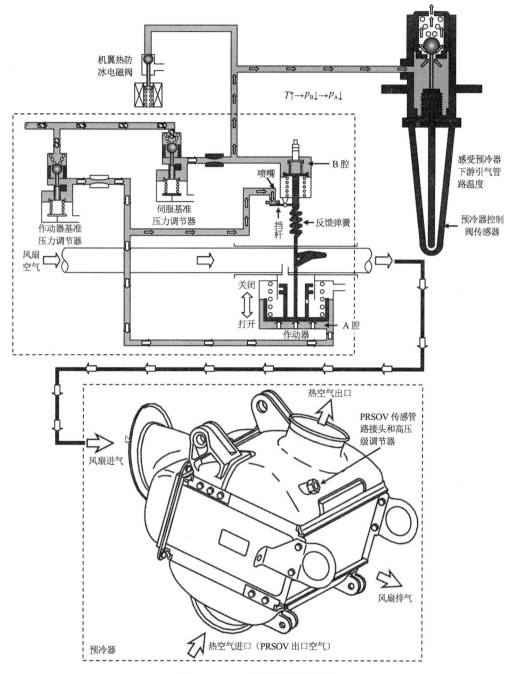

图 6 – 11　发动机引气预冷系统

6.6.2　预冷器控制阀传感器

　　预冷器控制阀 390 ℉（199 ℃）传感器通过感受预冷器下游引气管路的温度，控制伺服机构 B 腔的压力。

　　预冷器控制阀 390 ℉（199 ℃）传感器主要包括：球阀组件、传感头。

传感器安装在发动机吊架引气管道上。通过发动机吊架上的接近口盖可接近该传感器。

传感器安装在预冷器引气管道的下游位置，传感器传感头内部充有油液，当热量使得油液膨胀时，可推动传感器上部的球阀向上移动而打开球阀。管道温度越高，油液膨胀越多，球阀开度就越大。

传感器球阀在 390℉（199℃）时开启，在 440℉（227℃）全部打开。

如图 6 - 11 所示，当温度（T）超过 390℉（199℃）→传感器球形阀打开，降低 B 腔压力（P_B）即 $T\uparrow\to p_B\downarrow$，伺服机构弹簧力推动挡杆运动，增大喷嘴开度，从而降低作动器 A 腔压力（p_A）即 $p_B\downarrow\to p_A\downarrow$，当作动器弹簧力大于 A 腔气压作动力时，预冷器控制阀在弹簧力作用下开始打开。温度升高会导致 A 腔 B 腔压力的变化关系是：$T\uparrow\to p_B\downarrow\to p_A\downarrow$。预冷器控制阀传感器的工作是自动的。

6.6.3　机翼防冰电磁阀

机翼热防冰（WTAI）电磁阀控制预冷器控制阀作动器压力 p_A 的释放。当在地面使用机翼热防冰系统时，机翼热防冰电磁阀工作。

有两个机翼热防冰电磁阀，每个引气预冷器系统各有一个。阀门安装在每台发动机压气机部分的顶部。

在地面和飞行中，机翼热防冰系统防止机翼的前缘结冰。在飞行中，有大量的气流流过机翼，气流在机翼前缘有冷却效应，机翼热防冰系统热量的输出足以消除这种冷却效应。

当机翼热防冰系统在地面使用时，有很小的冷气流流过机翼，在这种情况下，机翼热防冰系统的热输出会使机翼前缘过热。预冷器系统为机翼防冰系统在地面工作期间提供最大的冷却效果，防止因过热而损坏飞机结构。

机翼热防冰系统在地面工作期间，通过防冰面板接通机翼热防冰电磁阀，阀门打开，电磁阀完全释放 B 腔压力，使喷嘴完全打开，从而释放作动器 A 腔压力，使得预冷器控制阀开度更大。预冷器控制阀更大的开度给了发动机引气更好地冷却，这就保护机翼前缘不会出现过热损伤。

6.6.4　预冷器

在发动机引气进入引气总管之前，预先冷却发动机的引气温度。

预冷器是一种空气—空气式热交换器，如图 6 - 11 所示。

预冷器安装在发动机高压压气机机匣顶部。

预冷器提供一个较大的接触面给引气与风扇空气进行有效的热量交换。

引气将热量传给预冷器的间壁。预冷器间壁由薄板和散热片制成。发动机引气流过预冷器时，热量从引气传到预冷器间壁，再从间壁传到风扇气流，然后风扇气流流过发动机机匣并通过机匣排气口排出。

预冷器利用薄壁和散热片形成的窄小通道来进行有效的热交换，污染或阻塞预冷器的通道会造成减少或阻止气流的热交换。保持预冷器的清洁以获得最佳的热交换效果。

6.6.5　引气预冷系统温度控制原理

引气预冷系统控制输送到气源总管的引气温度。

　　预冷器控制阀从调压关断阀（PRSOV）上游管路（见图 6 - 11，图 6 - 12）得到未调节的空气压力，此未调节的空气分成两路，一路通过基准压力调节器流到预冷器控制阀作动器的 A 腔，基准压力调节器将气压减小到恒定的控制压力；另一路通过伺服基准压力调节器流到伺服机构的 B 腔、预冷器控制阀传感器和大翼防冰电磁阀。伺服基准压力调节器将气压降低到恒定的控制压力。

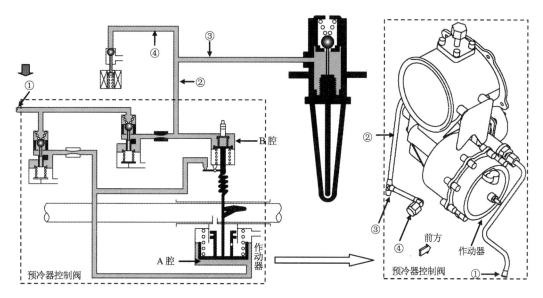

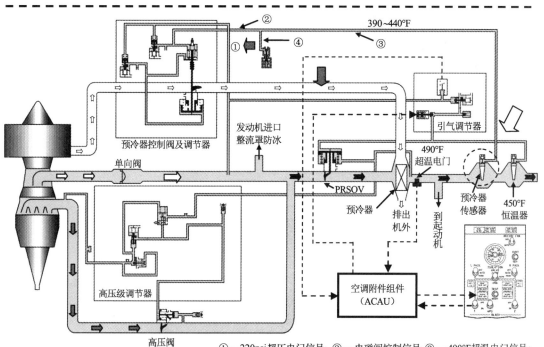

図 6 - 12　发动机引气系统与预冷系统管路

预冷器控制阀作动器 A 腔的控制压力 p_A 打开或关闭预冷器控制阀。当 p_A 增加到足以克服弹簧力时，预冷器控制阀向关闭方向移动，当 p_A 降低到弹簧力大于气动力时，预冷器控制阀向打开方向移动。伺服机构喷嘴的开度可以调节 A 腔的压力。

伺服机构控制腔（B）的控制压力作动伺服机构上的一个挡杆，挡杆可以控制喷嘴的开度。当控制压力 p_B 增加时，挡杆关闭喷嘴；当控制压力 p_B 降低时，挡杆将喷嘴打开。预冷器控制阀传感器以可以控制 B 腔压力，机翼防冰控制阀打开时，可以完全释放 B 腔压力。

当预冷器控制阀传感器球阀打开或机翼热防冰电磁阀打开时，B 腔的控制压力下降（有基准压力调节器，基准压力调节器的作用就是稳定控制压力，但 B 腔压力还会下降）。

当预冷器下游管路（预冷器控制阀传感器位置）温度达到 390℉时，预冷器控制阀传感器球阀开始打开。当预冷器下游管路温度达到 440℉时，预冷器控制阀完全打开，这就降低伺服机构 B 腔的压力。当 B 腔的压力降低时，伺服机构上的挡杆将喷嘴打开。喷嘴打开使得作动器 A 腔的压力下降，预冷器控制阀作动器的弹簧推动阀门打开。当预冷器控制阀打开时，返回弹簧开始移动挡杆关闭喷嘴，这就避免了预冷器控制阀过快的运动。

当预冷器传感器感受的温度 T 超过 390℉（199℃）时，传感器球阀开始打开，随着温度升高，会导致 A 腔和 B 腔压力的变化关系是：$T\uparrow \to p_B\downarrow \to p_A\downarrow$。因此，预冷器传感器是通过改变 p_B 来调节 p_A，从而改变预冷器控制阀的开度，控制流过预冷器的冷却空气流量。

当飞机在地面且机翼防冰系统接通时，机翼防冰电磁阀打开，这就使得 B 腔的压力完全释放，挡杆将喷嘴打开，喷嘴打开后使得 A 腔压力完全释放，作动器上的弹簧将预冷器控制阀完全打开。

6.7　发动机引气调压关断系统

调压关断系统主要部件包括：调压关断阀及调节器、450℉恒温器等。主要用于调节引气压力、限制引气温度和提供引气关断。

6.7.1　引气压力调节器

引气压力调节器由这些部分组成（见图 6 - 13）：

①机械锁定电磁阀。

②释压阀。

③220psi 超压电门。

④供压和控压空气管接口。

引气调节器从 PRSOV 阀上游管路引来未经调节过的空气。未调节的空气流经超压电门和基准压力调节器。基准压力调节器将压力降低到恒定的控制压力，然后控制压力流到释压阀和锁定电磁阀。如果基准压力调节器故障，释压阀防止调压关断阀损坏。

在引气调节器上的电磁阀打开和关闭线圈是恒定负载线圈。电磁阀还有机械锁定装置。当断电时，电磁阀将停在断电前指令的位置上。

锁定电磁阀控制气流到调压关断阀作动器的 A 腔和 450℉（232℃）恒温器。

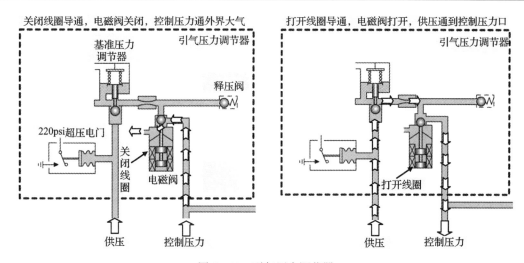

图 6-13　引气压力调节器

6.7.2　调压关断阀

调压关断阀根据 p_A 压力控制来自发动机的引气，如图 6-14 所示。

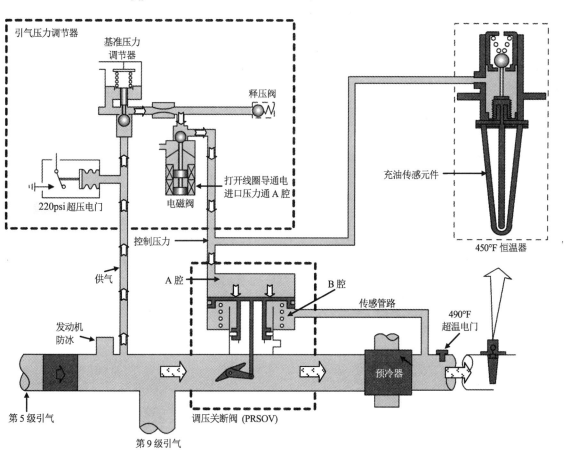

图 6-14　调压关断阀打开

调压关断阀的主要功能包括：

①关闭引气。

②发动机引气的压力调节（正常压力为 42psi）。

③限制发动机引气温度（450℉（232℃））。

调压关断阀的阀门是一种蝶形阀，它是气动力打开，弹簧力关闭的阀门。该阀由这些部分组成：

①气压作动器。

②人工超控和位置指示器：可人工将阀门锁在关闭位置上。

③控制气流接口（A 口）。

④下游气流传感接口（B 口）。

引气调节器安装在发动机核心机匣 11 点钟位置的区域，在风扇机匣稍后一点的位置上。阀门体安装在发动机核心机匣 10 点钟位置的区域且在预冷器的下方。

6.7.3　发动机引气控制

引气调节器是由电信号控制的，信号来自如下装置：

①发动机引气电门（通过 ACAU）。

②发动机灭火电门。

③空调附件组件（ACAU）。

在正常工作期间。当发动机引气电门扳到"ON"位时，信号通过空调附件组件，指令引气调节器电磁阀打开。当发动机引气电门扳到"OFF"位时，信号指令引气调压器电磁阀关闭。

当提起灭火手柄时，信号直接到达引气调压器电磁阀，关闭电磁阀。

在空调附件组件上的继电器在以下这些情况时，关闭引气调节器电磁阀。

①发动机起动阀没有关闭（回流保护）。

②引气自动断开情况（490℉（254℃）超温或 220psi 过压保护）。

调压关断阀（PRSOV）由引气调节器输出气压控制。

6.7.4　PRSOV 的打开和关闭动力

PRSOV 是气动力打开，弹簧力关闭的阀门，如图 6 – 14 和图 6 – 15 所示。

PRSOV 的作动力来自于阀门作动器 A 腔压力（p_A），以及 B 腔压力（p_B）和弹簧力（$F_{弹}$）的合力。F_A（p_A产生的气动力）为阀门打开作动力，F_B（p_B产生的气动力）+ $F_{弹}$为关闭作动力。

当 $F_A > F_B + F_{弹}$，PRSOV 朝打开方向运动；当 $F_B + F_{弹} > F_A$，PRSOV 朝关闭方向运动；当 $F_A = F_B + F_{弹}$，3 力平衡，PRSOV 保持在某一固定开度。

PRSOV 上游的引气通过供压接口进入调节器，经过基准压力调节器后，如果电磁阀的打开线圈通电，则压力通过电磁阀进入阀门作动器的 A 腔，如果 A 腔的气动力（F_A）大于弹簧力（$F_{弹}$）与 B 腔气动力（F_B）之和，即：$F_A > F_{弹} + F_B$ 则阀门开始打开。

如果电磁阀的关闭线圈通电，则电磁阀关闭，PRSOV A 腔通过电磁阀的通气口通外界大气，A 腔压力被释放，$F_B + F_{弹} > F_A$，PRSOV 关闭。

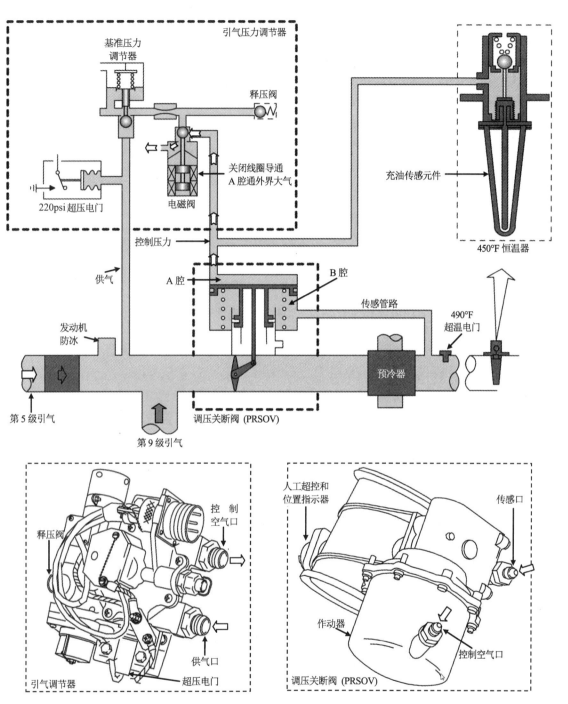

图 6 – 15　调压关断阀关闭

6.7.5　PRSOV 的调压功能

在正常工作期间。当发动机引气电门扳到"ON"位时，信号通过空调附件组件，指令引气调节器电磁阀打开，如图 6 – 14 所示。

随着电磁阀的打开，PRSOV 上游的引气→调节器供压接口→进入调节器→基准压力调节器→作动器 A 腔，导致 A 腔压力 p_A 升高，当 $F_A > F_B + F_弹$，PRSOV 朝打开方向运动。随着 PRSOV 的打开，弹簧力被逐渐压缩，弹簧力 $F_弹$ 逐渐增大。而且作动器 B 腔压力（反映阀下游管路压力）逐渐增大，从而使 $F_B + F_弹$（反抗打开的动力）增大。

基准压力调节器保持 A 腔压力为某一恒定值，当 $F_A = F_B + F_弹$，PRSOV 保持在某一固定开度，PRSOV 调节下游压力为 42psi。

如果 PRSOV 下游压力超过 42psi，使 P_B 升高，从而打破平衡，阀门朝关闭方向运动，直到出口压力稳定到 42psi。PRSOV 可以调节输出压力在 42psi。

注意：如果 PRSOV 上游管路的压力低于 42psi，PRSOV 将保持在全开的位置，此时阀门输出压力可能低于 42psi。

6.7.6　PRSOV 保护性关断

（1）超温关断——490℉（254℃）超温电门

490℉（254℃）超温电门避免引气总管过热。

490℉（254℃）超温电门位于预冷器下游的发动机吊架上的管道上。

如果预冷器下游引气温度超过 490℉（254℃），内部膨胀使得电门的触点闭合。当温度低于 490℉（254℃）时，触点脱开。

490℉（254℃）超温电门监测预冷器下游引气的温度，一般预冷器系统将发动机引气温度冷却到 390～440℉（199～227℃）。在 450℉（232℃）时，450℉（232℃）恒温器通过减少发动机的引气来降低预冷器的负荷。如果预冷器下游气流的温度超过 490℉（254℃），490℉（254℃）超温电门工作，该电门为空调附件组件内的继电器提供接地，继电器闭合引起这些部分工作：

①引气调节器电磁阀关闭。

②空调/引气控制面板上的引气脱开指示灯亮。

③P_7 板上的主告诫和空调信号牌灯亮。

④锁定电路通过空调面板上的关断复位按压式电门来接通。

当更换电门时，要将旧的电门组件密封圈更换成新的。

（2）超压关断

超压电门是一种安全装置，如果输送到引气调节器的压力达到 220psi，电门闭合，电磁阀关断，使 PRSOV 作动器 A 腔压力通外界大气，PRSOV 关闭，导致引气脱开。

6.7.7　PRSOV 的限温功能——450℉恒温器

如图 6-16 所示，450℉（232℃）恒温器由球阀组件和充油的传感头组成。450℉（232℃）恒温器安装于发动机引气管道内，通过发动机吊架上的接进口盖可接近该部件。

450℉（232℃）恒温器由油液的热膨胀作动，恒温传感器安装在预冷器的下游引气管道内。当油液膨胀时，推动球阀打开。管道温度越高，油液膨胀的越大，球阀开度越大。450℉（232℃）恒温器在 450℉（232℃）开始打开，在达到 490℉（254℃）时全部打开。

当球阀打开时，A 腔压力从打开的球阀释放，导致 A 腔压力 p_A 降低。p_A 的降低使 PRSOV 进一步关小，使流过预冷器的热空气量减小。

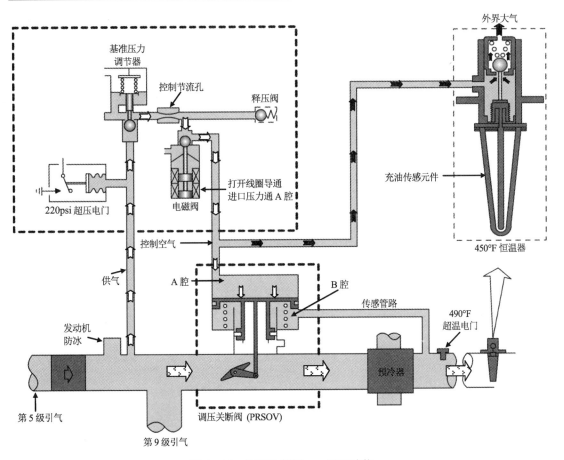

图 6 - 16　调压关断阀——限温功能

较低的引气量有这些效应：

①减少预冷器的热负荷。

②推迟 490℉（254℃）超温引气脱开情况的发生。

③降低引气管道的压力。

预冷器系统一般将引气温度控制在 390～440℉（199～227℃）之间。450℉（232℃）恒温器为调压关断阀提供温度限制功能。

如果预冷器很脏或卡阻，使预冷器冷却效应降低，有可能会超过其正常温度控制范围，即 390～440℉，导致 450℉（232℃）恒温器不停地工作。预冷器控制系统故障也会造成其不停地工作。

450℉（232℃）恒温器监测发动机引气的温度。如果温度增加到 450℉（232℃）时，450℉（232℃）恒温器球阀开始打开，A 腔压力降低，PRSOV 关小，并且引气量减少。

6.8　发动机引气控制和指示电路

发动机引气控制和指示电路使用 28V 直流电，如图 6 - 17 所示。

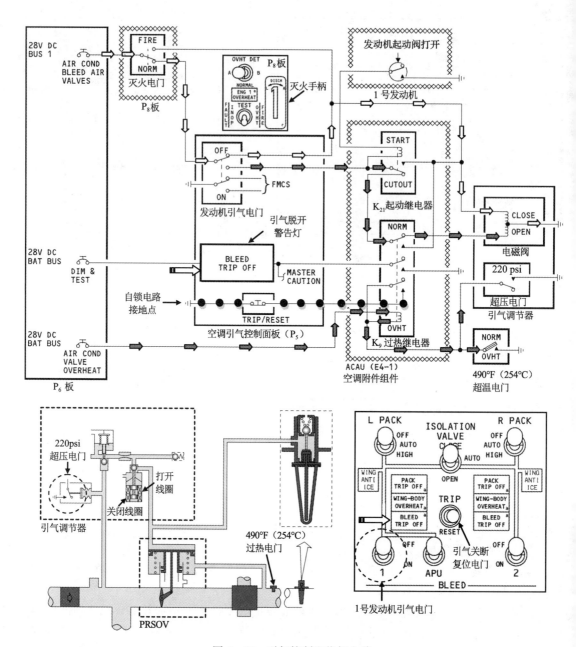

图 6 – 17　引气控制和指标电路

发动机灭火电门在控制电路中具有超控权限。如果提起灭火手柄（出现火情时），引气控制信号关闭引气调节器电磁阀。如果推下灭火电门（正常情况），它连通在空调/引气控制面板上的发动机引气电门。

当发动机引气电门断开时，控制信号关闭引气调节器电磁阀。当发动机引气电门接通时，控制信号通过在空调附件组件（ACAU）上的未闭合的继电器（正常情况），打开引气调节器电磁阀。

在空调附件组件上的继电器在下列情况下保护引气系统：

①发动机起动运转。

②发动机引气级间管道超压（220psi）。

③发动机引气超温（490℉）。

当发动机起动阀打开时，起动继电器接通。继电器接通输出信号关闭引气调节器电磁阀。

当引气脱开情况存在时，过热继电器接通。这些情况引起引气脱开：

①220psi 超压电门工作。

②490℉（254℃）超温电门工作。

空调附件组件过热继电器触点接通如下部分的工作：

①引气控制信号关闭引气调节器电磁阀。

②空调/引气控制面板上的引气脱开指示灯亮。

③P_7 板上的主警诫灯和空调信号牌灯亮。

④保持（自锁）电路通过空调面板上的"脱开/复位"按压电门接通。

在引气脱开后，要控制发动机引气系统，下列工作必须做：

①超压和超温电门必须回到它的正常状态。

②必须按下空调面板上的"脱开/复位"电门（来断开自锁电路）。

空调面板上的发动机引气电门具有多个触点，一个是控制电磁阀电路的，另一个提供信号到飞行管理计算机。

引气调节器内电磁阀有打开线圈和关闭线圈，当打开线圈通电时，电磁阀打开，PRSOV 阀门上游气体，通过基准压力调节器、打开的电磁阀进入到调节关断阀作动器的 A 腔，使阀门打开，如图 6 – 14 所示。

引气压力调节器电磁阀关闭线圈导通时，电磁阀关闭，调压关断阀 A 腔通外界大气，使阀门关闭，如图 6 – 15 年示。

当发动机引气电门在"ON"位时，28V DC →灭火电门（MORM 触点）→发动机引气电门→K_{21} 起动继电器（CUTOUT 触点）→K_9 过热继电器（NORM 触点）→引气压力调节器电磁阀打开线圈通电→PRSOV 打开。注意：此导通电路会受到发动机灭火电门、K_{21} 起动继电器、K_9 过热继电器的超控。这就说明，尽管发动机引气电门放置在"ON"位，但如果发生下列任何一种情况都会使引气压力调节器电磁阀关闭线圈导通，导致 PRSOV 阀门关闭：

①将发动机灭火扳到 FIRE 位置。

②发动机起动阀打开。

③预冷器下游引气管路 490℉（254℃）超温。

④进入引气压力调节器的空气 220psi 超压。

K_9 过热继电器的通断由 220psi 超压电门和 490℉过热电门控制。当没有出现超温或超压时，K_9 过热继电器断电，触点处于"NORM"位置；当出现超温或超压时，任何一个触点接通，都会使 28V 直流电瓶汇流条的电力→K_9 过热继电器→接通的触点→接地，使 K_9 继电器导通，作动触点到"OVHT"位置。即使此时发动机引气电门在"ON"位，28V DC →灭火电门（MORM 触点）→发动机引气电门→K_{21} 起动继电器（CUTOUT 触点）→K_9 过热继电器（OVHT 触点）→引气压力调节器电磁阀关闭线圈导通→PRSOV 关闭。

　　K_9 继电器导通，会使琥珀色的"引气脱开"警告灯亮。"引气脱开"警告灯仅用于指示由超温或超压导致的引气保护性关断。当正常操纵发动机引气电门关闭 PRSOV 时，引气脱开灯保持熄灭状态。

　　引气脱开警告灯亮以后，自锁电路将锁定这一故障状态，即 K_9 继电器可以直接通过自锁电路接地，此时即使超温和超压状态完全消失或排除，K_9 继电器仍然导通，引气脱开灯仍然保持明亮。如果要消除这一锁定状态，可以按压空调/引气控制面板中央的"脱开/复位"（TRIP/RESET）电门。只有在超温或超压故障完全消失后，按压"脱开/复位"电门才可使 K_9 过热继电器断电，引气脱开警告灯熄灭。

　　附图：气源系统温度和压力传感器对照图，如图 6 – 18、图 6 – 19 和图 6 – 20 所示。

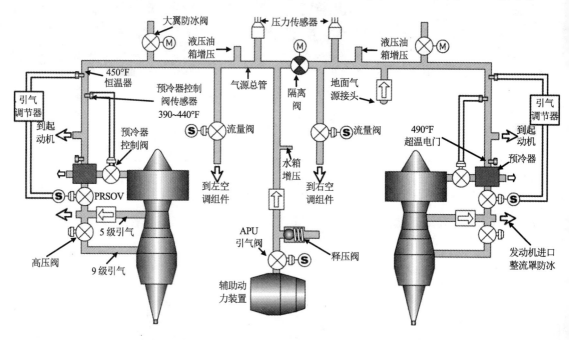

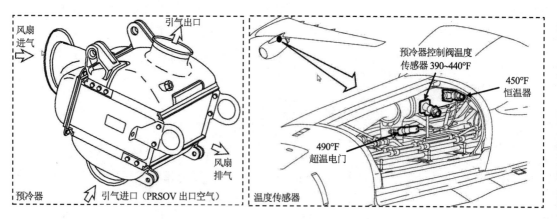

图 6 – 18　发动机引气系统温度传感器

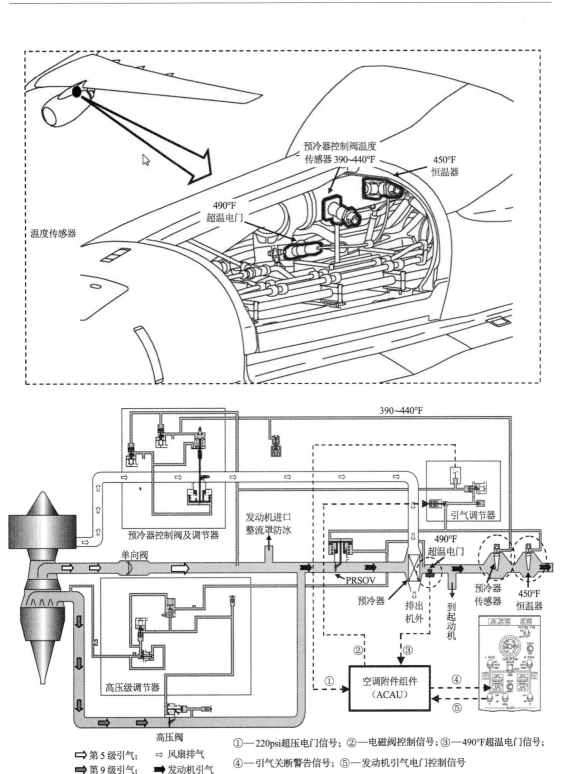

图 6-19　发动机引气系统温度传感器

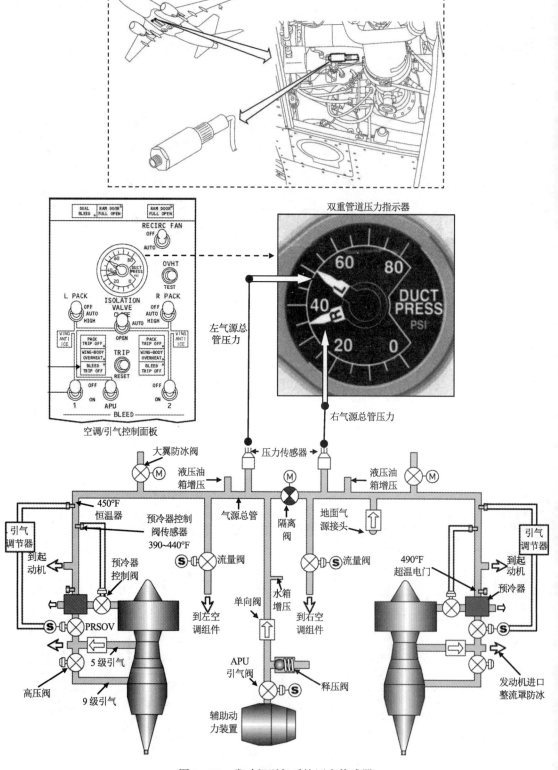

图 6 – 20　发动机引气系统压力传感器

第7章 空调系统

7.1 概述

现代飞机广泛采用了密闭的增压舱，包括驾驶舱、客舱、设备舱以及货舱。随着航空技术的发展，飞机座舱环境控制系统的地位日趋重要。座舱环境控制系统让密闭的增压舱在各种飞行条件下都具有良好的环境参数，保证机组和乘客具有正常的工作条件和生活环境，保障设备正常工作及货物的安全。空调系统是飞机座舱环境控制系统的重要组成部分，负责向飞机座舱提供空调气、对货舱加温、对电子设备进行冷却、向增压系统提供气源。

7.1.1 系统功能

空调系统的目的是使飞机的座舱处于一个压力合适、温度适宜、空气清新的环境。图7-1所示为波音737-800的空调系统的示意图。该系统的功能可以总结为5大部分：组件流量控制、组件冷却、区域温度控制、再循环和空气分配。

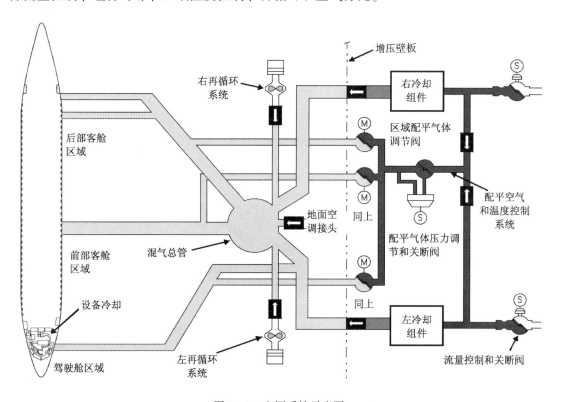

图7-1 空调系统示意图

（1）组件流量控制

组件流量控制的作用是控制进入飞机的新鲜空气量，由流量控制和关断阀来完成。流通的新鲜空气量比用于增压的新鲜空气量多。流通空气量取决于机上人员的数量和允许的渗漏量。通常左、右空调组件向飞机提供的新鲜空气量相同。当飞机状态改变时，飞机所需的新鲜空气量也随之发生变化。

（2）组件冷却

新鲜空气进入空调分配系统之前，由组件冷却系统去除水分，并将温度调节至合适值。组件冷却系统由左冷却组件和右冷却组件两部分组成。通过对左冷却组件的控制，确保其输出的空气温度满足驾驶舱的需求；通过对右冷却组件的控制，确保其输出的空气温度适合客舱的需要。

（3）区域温度控制

通过打开或关闭配平空气的气路，区域温度控制对驾驶舱、前客舱和后客舱 3 个区域进行单独的温度控制和压力调节。温度控制系统计算空调组件出口的温度，以满足驾驶舱和混气总管的需求；同时也计算出每个温度控制区域所需的加热量。来自于气源系统的气体通过配平气路对各温度控制区域加温。由配平气体压力调节和关断阀开关或保持配平气体的流量。区域配平气体组件阀控制通往各个区域的热量。

（4）再循环

50% 的客舱空调气通过再循环系统进行再循环利用，减少了从气源系统的引气量。再循环系统主要部件包括再循环风扇和气滤。

（5）空气分配

空气分配系统将来自于空调组件或地面空调车的空调气输送给驾驶舱和客舱，主要的组成部件包含：地面空调接头、混气总管和分配管道。

7.1.2　系统的组成

空调系统可划分为 6 大子系统，分别是：冷却系统、分配系统、设备冷却系统、温度控制系统、加温系统和增压系统，如图 7－2 所示。

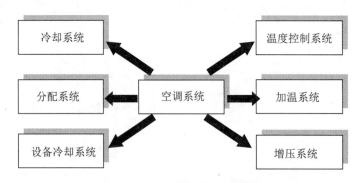

图 7－2　空调系统的 6 大子系统

如图 7－3 和图 7－4 所示，飞行员可以通过位于驾驶舱 P_5 顶板上的空调/引气控制面板、客舱温度面板、设备冷却面板和座舱压力控制组件控制空调系统；也可以通过位于电子电器设备舱里的组件/区域温度控制器（P/ZTC）、空调附件组件（ACAU）和座舱压力控制器（CPC）控制空调系统的功能。组件/区域温度控制器用于控制组件冷却的温度、驾驶舱及客舱的温度。空调附件组件是飞机系统与飞机工作的接口。座舱压力控制器负责控制座舱压力。

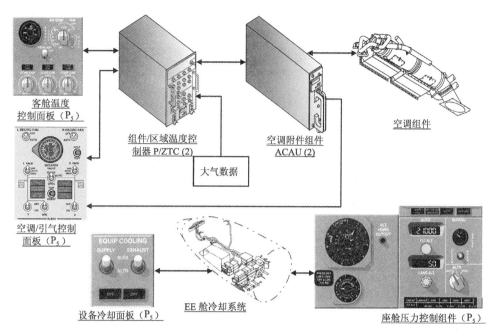

图 7 - 3 空调系统的控制

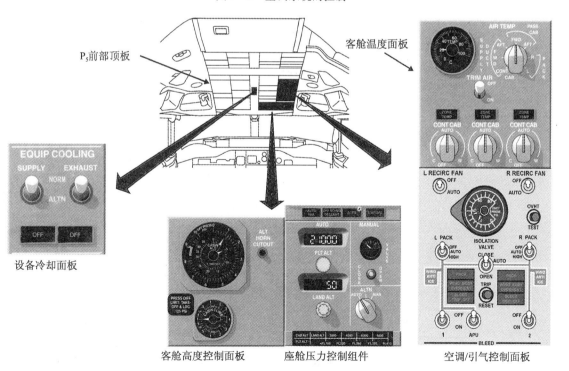

图 7 - 4 波音 737 - 800 空调系统控制面板

7.1.3 部件位置

如图 7-5 所示，分配系统的主要部件包括主分配总管、再循环风扇、地面空调气接头，这些部件均位于前货舱后部的分配舱内。设备冷却系统的主要部件分别位于：电子电器设备舱、前设备舱和驾驶舱。两个空调冷却组件安装在机身与机翼连接区域、龙骨梁左右两侧的空调舱内，可以从机身的底部接近。温度控制系统的主要部件位于：客舱分配管路、电子电器设备舱和驾驶舱。增压系统的主要部件位于：驾驶舱、电子电器设备舱和后货舱。

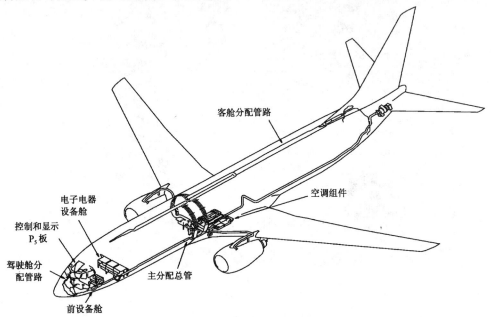

图 7-5 空调系统的部件位置

7.2 冷却系统

冷却系统控制由气源系统进入空调组件的新鲜空气的量，对大部分进入组件的空气进行降温，同时控制组件出口的温度和湿度，如图 7-6 所示。

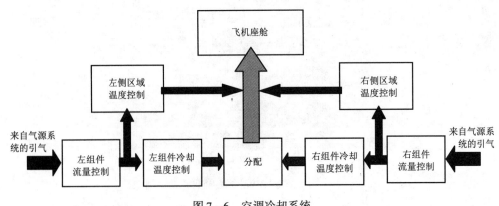

图 7-6 空调冷却系统

如图 7 - 7 所示，冷却系统主要的组成部件有：空调/引气控制面板、流量控制和关断阀、热交换器（两个）、空气循环机、回热器、冷凝器、水分离器、冲压空气系统。

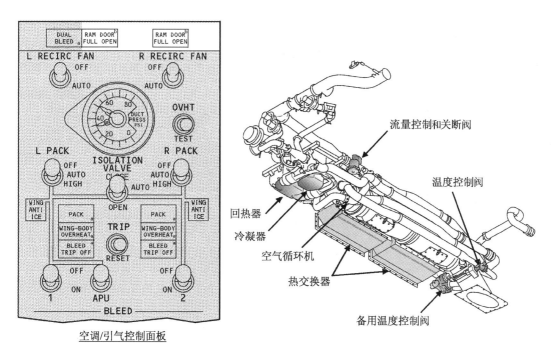

图 7 - 7　冷却系统的组成

空调/引气控制面板提供对空调冷却系统的控制和指示，包含：冲压空气门全开灯、左/右空调组件的控制电门、组件灯、断开复位按钮。流量控制和关断阀控制气源系统进入空调组件的引气流量。

来自气源系统的引气流经流量控制和关断阀（FCSOV）后进入主热交换器，被冲压空气带走热量。随后，气体流入空气循环机（ACM）的压气机部分，被压缩。波音 737 - 800 的空气循环机是一种三轮式空气循环机。接下来，被压缩的空气依次流经次级热交换器、高压除水系统（冷凝器、回热器、水分分离器），再回到空气循环机（ACM），在 ACM 的涡轮部分迅速膨胀。涡轮出口的气体又再次流入冷凝器，最后流至空调组件出口。

在次级热交换器中，冲压空气继续带走部分热量。回热器对即将进入 ACM 涡轮部分的气体进行加温。冷凝器使空调组件内的气体温度降至露点，以便水汽凝结。水分分离器收集并排除空调气中的水分。冲压空气系统控制流过热交换器的外界大气的流量。

7.2.1　部件位置

冷却系统的部件主要位于驾驶舱、电子电器设备（EE）舱、分配舱、空调舱和机翼与机身结合处，如图 7 - 8 所示。空调/引气控制面板位于驾驶舱的 P_5 板。空调附件组件（ACAU）位于 EE 舱的 E4 - 1 架上，组件/区域温度控制器（P/ZTC）位于 EE 舱的 E3 - 3 架上。混气总管温度传感器和组件出口过热电门位于分配舱。空调组件在空调舱。冲压空气系统在机翼与机身结合处的整流罩内。

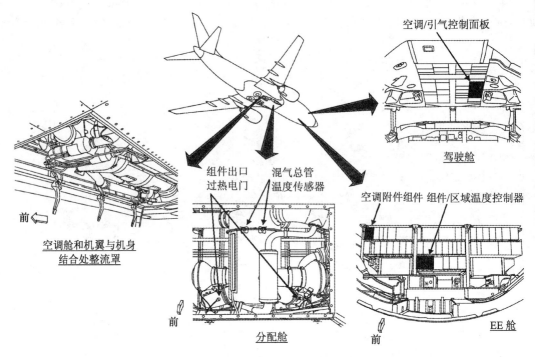

图 7 - 8　冷却系统主要部件的位置

7.2.2　工作原理

冷却系统的工作原理，如图 7 - 9 和图 7 - 10 所示。

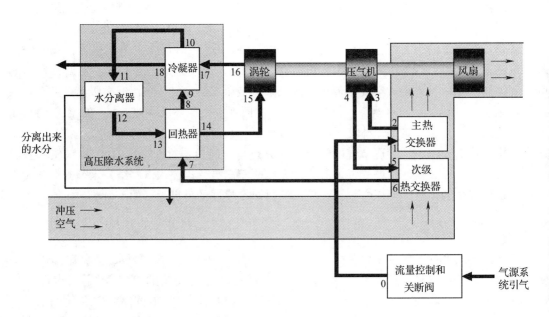

图 7 - 9　冷却系统冷却气路流程

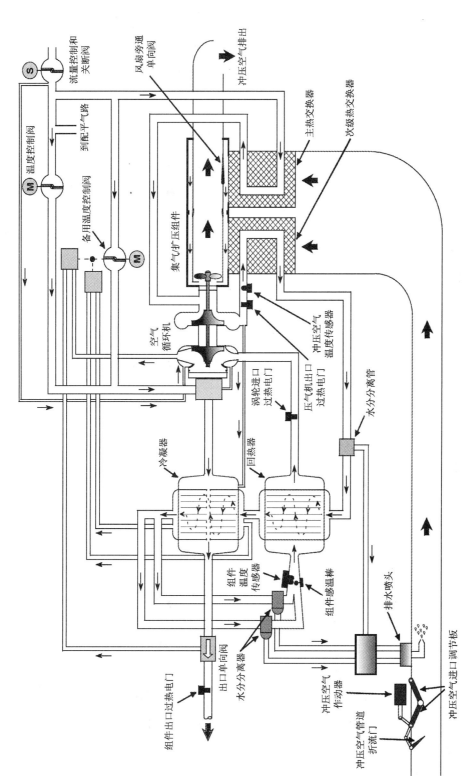

图 7 - 10 冷却系统工作原理图

流量控制和关断阀（FCSOV）获得由气源总管引来的热空气。FCSOV 控制流向配平空气系统、主热交换器和主温度控制阀（TCV）和备用温度控制阀的热空气的流量。FCSOV 下游的连接管还可将热气直接输送至涡轮，用来防止涡轮机匣结冰。

冲压空气系统控制到达主、次热交换器的冲压空气的量。冲压空气系统的主要部件包括：冲压空气温度传感器、组件/区域温度控制器、冲压空气作动器、冲压空气进口折流门、冲压空气进口调节板、冲压叶轮风扇、风扇旁通阀。

当热空气流入主热交换器，被冲压空气带走部分热量。接着，空气进入 ACM 的压气机部分，压气机对气体做功，增加了空气的压力和温度。气体被压缩后，流经次级热交换器，再次被冲压空气冷却。离开次级热交换器的气体，绝大部分流入回热器，少部分则进入水分分离管道。

离开次级热交换器的气体流入回热器的热端。当气体第一次流入回热器时，被来自于冷凝器的冷空气冷却。而后，空气进入冷凝器的热端，使空气温度进一步降低。由于冷凝器传热表面的温度低于空气的露点温度，所以湿空气中的水蒸气被凝结出来，通过高压水分离器后，绝大部分析出的水分被分离出来，通过水引射口，被喷射到冲压空气管路中。

接下来，气体第二次流入回热器（冷端），气体温度上升后，进入 ACM 的涡轮部分。在涡轮部分，气体迅速膨胀。离开涡轮的气体进入冷凝器的冷端。

部分热空气与冷凝器旁通，可以从冷凝器内的除冰管路进入，也可以从冷凝器的冷气入口处进入，目的都是防止冷凝器结冰。备用温度控制阀感受冷凝器的结冰情况，并且将热气流送至涡轮壳体。

空调组件具有过热保护功能，当空调组件过热时，可以自动停止组件的工作。主要的过热保护部件有：压气机出口过热电门 390℉（199℃）、涡轮进口过热电门 210℉（99℃）、组件出口过热电门 250℉（121℃）。

7.2.3　主要部件

（1）空调附件组件（ACAU）

①位置

空调附件组件是飞机系统和飞机操作逻辑之间的接口，位于在 EE 舱的 E4-1 架上。

②工作

空调附件组件与以下系统有接口：

飞行控制（襟翼未收上电门），起落架（空/地）系统，发动机起动，空调、气源/引气系统，飞行管理计算机（FMC）。

ACAU 接受以下飞机部件的信号：

发动机起动阀、襟翼控制组件、空/地继电器、流量控制和关断阀、冲压空气作动器、组件过热电门、组件/区域温度控制器、发动机引气电门、管道过热电门、气源系统阀、空调/引气控制面板、座舱温度控制面板、后溢流阀、再循环风扇、机外排气阀、气源系统过热/过压电门、FMC。

ACAU 向以下部件提供信号：

空调/引气控制面板、座舱温度控制面板、引气调节器、发动机起动阀、流量控制和关断阀、冲压空气作动器、后溢流阀、再循环风扇、EE 冷却风扇、FMC。

（2）流量控制和关断阀

流量控制和关断阀（FCSOV）决定气源系统的空气是否能进入冷却组件，并控制流经的空气流量，属于电控气动型阀，既可以电门控制关断，也可以过热保护关断。

①位置

如图 7 - 11 所示，该阀门位于空调舱内，靠近龙骨梁和空气循环机。流量控制和关断阀上有 4 个电接头，并连接一个座舱压力感应管路。其主要组成部件包括：蝶形阀、位置指示器、作动器、自动流量伺服机构、文氏管、座舱压力感应口、电磁 A 线圈（APU/高流量）、电磁 B 线圈（自动流量）、电磁 C 线圈（开关）、APU/高流量伺服机构。

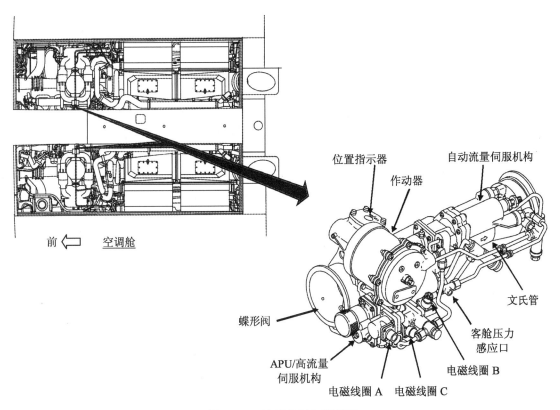

图 7 - 11　流量控制和关断阀

②工作

流量控制和关断阀控制和调节进入冷却组件的空气流量，具有 3 种流量控制模式：

a. 正常流量（自动流量）——75lb/min（PPM）；

b. 高流量——105PPM；

c. APU 高流量——131PPM。

如图 7 - 12 所示，正常情况下，阀门由弹簧加载保持在关闭位。阀门由一个气动的作动筒作动。当空调控制面板上的组件电门置于"OFF"位时，电磁线圈 C 的关闭线圈通电，使球形阀运动至关闭位，卸掉作动器内的气压，因而流量控制和关断阀关闭。

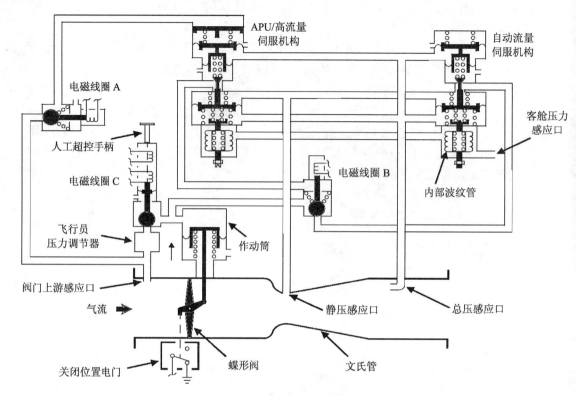

图 7 - 12　流量控制和关断阀工作原理

当组件电门在"AUTO"或者"HIGH"位时，电磁线圈 C 的打开线圈通电，空气进入作动器，压迫弹簧，打开蝶形阀。当阀门打开时，空气进入静压（p_0）感应口和下游总压（p^*）感应口，感应口的感应压力输送至自动或高流量伺服机构的锥形阀作动薄膜的上下两腔。即两个传感器感受的压力差（$p^* - p_0$）会影响锥形阀的开度，同时从压力差（$p^* - p_0$）也可以判断出气流速度和空气流量。

电磁线圈 B 控制正常流量和高流量。当组件电门在"AUTO"位时，电磁线 B 圈通电。空气进入自动流量伺服机构（正常流量模式）。自动流量伺服机构内部有一个充有客舱空气的膜盒。当座舱高度发生变化时，膜盒内部的压力随之变化，直接影响锥形阀的开关位置，导致阀门作动筒内的气压变化。正常模式下，流过 FCSOV 的流量大约为 75PPM。

当组件电门在"HIGH"位时，电磁线圈 B 断电（高流量模式），作动空气进入 APU/高流量伺服机构。高流量伺服机构内有一个较强的关闭压差，因而锥形阀的排气量相对较小，更大的压力进入了阀门作动筒，使蝶形阀开度增大，流量增加。高流量模式下，流过 FC-SOV 的流量大约为 105PPM。在巡航中，如果一个空调组件由于过热或者电门置于"OFF"位，则线圈 B 断电，使工作的组件进入高流量模式。

APU 高流量模式下，电磁线圈 A 通电。APU/高流量伺服机构比高流量模式时多了一个作动活塞，因而得到一个更大的弹簧力，试图关闭 APU/高流量伺服机构，则更多的压力进入阀门作动筒，增大阀门开度。APU 高流量模式下，流过 FCSOV 的流量大约为 131PPM。

③组件控制阀电路

当组件电门在"OFF"位，电磁线圈 C 的关闭线圈通电，FCSOV 关闭。

当组件电门在"AUTO"位，电磁线圈 C 的打开线圈通电，FCSOV 打开。若一个或者两个发动机引气电门在"ON"位时，电磁线圈 B 通电，FCSOV 进入正常流量模式。若飞机在巡航过程中，一个空调组件由于过热或者电门置于"OFF"位，线圈 B 断电，FCSOV 进入高流量控制模式。

当组件电门在"HIGH"位，电磁线圈 C 的打开线圈通电，且电磁线圈 B 断电，FCSOV 在高流量控制模式下工作。

当组件电门在"HIGH"位、APU 转速高于95%、飞机在地面、APU 引气电门在"ON"位，电磁线圈 A 通电，FCSOV 进入 APU 高流量控制模式。

（3）主热交换器和主集气/扩压器

主热交换器对即将进入空气循环机压气机部分的引气进行降温。主集气/扩压器让冲压空气流经主热交换器，从冲压空气管道的出口排出。

①位置

如图 7 – 13 所示，主热交换器和主集气/扩压器位于空调舱的后外侧。主热交换器是一种气对气冷却，板散热片，交叉流动式的热交换器。两股相互隔离的气流流过薄壁通道。通道壁由板材和散热片制成。集气/扩压器有一个外管和一个内管。外管是集气管，内管是扩压器。内管具有一个风扇旁通阀，位于扩压器的下后部，是一个铰接的门组件。

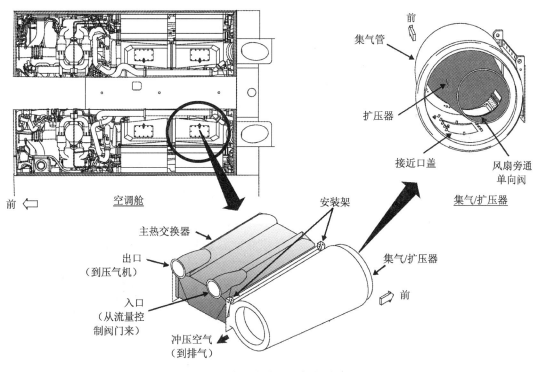

图 7 – 13　主热交换器和集气/扩压器

②工作

从流量控制和关断阀来的空气流过主热交换器。在气体进入空气循环机 ACM 之前，被交叉流动的冲压空气带走部分热量。当飞机在地面，ACM 的叶轮风扇工作，形成一个低压区，将空气被吸入热交换器，并且向上流入集气管到达风扇叶轮。随后，风扇叶轮将空气送至扩压器，与冲压空气一起排出机外。扩压器里的气压将风扇旁通阀保持在关位。当飞机在飞行过程中，冲压空气打开风扇旁通阀，直接进入扩压器，最终排出机外。

（4）冲压空气管道

每个冷却组件的冲压空气管道由冲压空气进气部分和冲压空气排气部分组成。进气管使冷却空气从冲压空气进气口流入热交换器，排气管使冲压空气流经热交换器后排出机外。如图 7 – 14 所示，冲压空气进气管在空调舱的外面，向前延伸至机翼与机身连接处的整流罩里的冲压空气进口。冲压空气排气管在空调舱的后部，可以从空调舱接近。

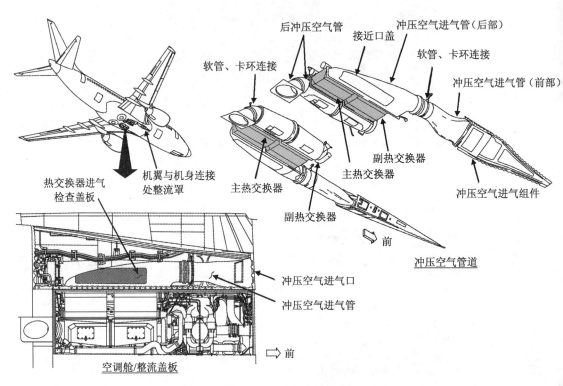

图 7 – 14　冲压空气管道

冲压空气进气管分为前进气管和后进气管两部分。前进气管是由玻璃纤维增强聚合物制成，后进气管是由凯芙拉材料制成。进气管的前部连接到冲压空气进口前的飞机结构上，采用软管和卡环与进气道的后部连接。在前后进气管的中部连接处，通过连接螺杆将管道与飞机结构连接起来。后进气管有法兰盘与热交换器外侧的连接板相连。在后进气管的后端有检查口。冲压空气排气管连接到扩压器，用软管和卡环将他们的后端连接到飞机结构上。

（5）冲压空气作动器

冲压空气作动器用于移动冲压空气管道的进口折流门和进口调节板。

①位置

左、右冲压空气进气系统各有一个冲压空气作动器。如图 7 – 15 所示，冲压空气作动器安装在空调舱前部的机翼与机身连接处的整流罩内，与冲压空气进口支撑组件相连，可以通过机身底部的接近盖板接近。

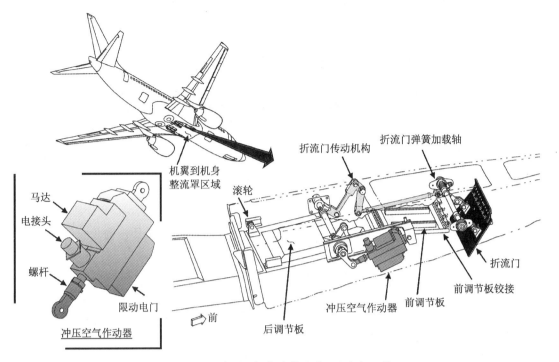

图 7 – 15　冲压空气作动筒及冲压空气门组件

②工作

冲压空气作动器是一个由 115V 交流马达驱动的线性作动器，主要的组成部件有：马达、限动电门、螺杆、电接头。作动器接收来自空调附件组件（ACAU）和组件/区域温度控制器的信号。当飞机在地面或飞机在空中且襟翼没有收起时，空调附件组件逻辑控制这个作动器。当飞机在空中且襟翼收上时，作动器接收来自组件/区域温度控制器的指令。

控制作动器的信号经过内部限动电门，由内部限动电门作动马达的控制信号。马达带动一个线形螺旋杆，再通过机械装置作动冲压空气进口调节板和折流门。

（6）冲压空气进口门组件

冲压进气进口门组件控制热交换器中冷却气的流量，由两部分组成：冲压空气进口调节板和折流门。

①位置

冲压进气进口门组件在空调舱前部机翼/机身整流罩处。调节板在冲压空气进气管道的进口。折流门位于冲压进口门组件的前部，可以通过冲压进气道接近折流门。

②冲压空气进口调节板

冲压空气进口调节板有两部分组成，两部分铰接在一起。前板的前部通过铰链与飞机结构相连。后板的后部与滑轨中的一个滚轮相连。在后板上，中部连接处有一个 U 形接头，在上表面通过连杆与轴组件相连。

冲压空气作动器作动进口调节板，从而调节进入冲压系统的冷却空气的流量。与作动器相连的摇臂把运动传递至进口调节板轴组件，轴组件作动连杆，提升或者降低两块调节板。后板有滚轮，当两块调节板向上或向下移动时，使得滚轮前后移动。调节板和折流门之间是机械连接的。

③冲压空气进口折流门

折流门的作用是确保冰、石块和其他杂物不会进入冲压进气管道。折流门是一块由弹簧加载、保持在关闭位的平板。轴组件是由一个扭力管、两个连接螺杆和加载弹簧组成，连接螺杆与折流门上的 U 形接头相连。冲压空气作动器的作动通过连接螺杆和摇臂传递至轴组件，轴组件驱动折流门。

折流门有两个位置。飞机在地面时，折流门打开，给冲压空气进口提供保护。飞机在空中时，折流门收回。

（7）冲压空气温度传感器

每个冷却组件的冲压空气系统里各有一个冲压空气温度传感器。冲压空气温度传感器给组件/区域温度控制器提供温度数据，位于空调舱内，在连接空气循环机的压气机到副热交换器的管道内。

冲压空气温度传感器是一个热敏电阻元件。当空气温度变化时，温度传感器的电阻改变。在控制电桥电路中，组件/区域温度控制器使用该温度传感器的电阻。当温度高于或低于 230℉（110℃）时，控制器不断地改变冲压空气进口调节板的位置。当温度接近 230℉（110℃）时，控制器不发出控制信号。

（8）冲压空气系统

冲压空气系统控制流入主、次热交换器的气流。

冲压空气系统的主要组成部件包括：组件/区域温度控制器、冲压空气作动器、冲压空气温度传感器、冲压空气进口折流门、冲压空气进口调节板、冲压空气管道。

空调附件组件（ACAU）继电器控制供给组件/区域温度控制器和冲压空气作动器的电源。左和右冲压空气系统具有独立的控制电路。

冲压空气系统具有 3 种控制模式，分别是：地面、飞行（襟翼没有收上）和飞行（襟翼收上）。

表 7 - 1　冲压空气系统具有 3 种控制模式

控制模式	进口组件位置	仪表指示
飞机在地面时	冲压空气作动器作动，使折流门打开，冲压空气进口调节板全开	空调/引气控制面板上的"冲压空气门全开"灯亮
飞机在起飞（襟翼没有收起）状态	折流门收进，冲压空气进口调节板全开	空调/引气控制面板上的"冲压空气门全开"灯亮
飞机在飞行（襟翼收上）即巡航状态	折流门收进，冲压空气进口调节板打开	

（9）空气循环机

空气流过空气循环机（ACM），在涡轮部分迅速膨胀降温，如图 7 - 16 所示。

空气循环机安装在空调舱，左、右空调组件中各有一个。空气循环机是一种高速转动的组件，有 3 个部分并用同一个轴连在一起，分别是涡轮、压缩机和风扇叶轮。采用空气轴承支承，减少空气循环机在高速转动时产生的摩擦力。

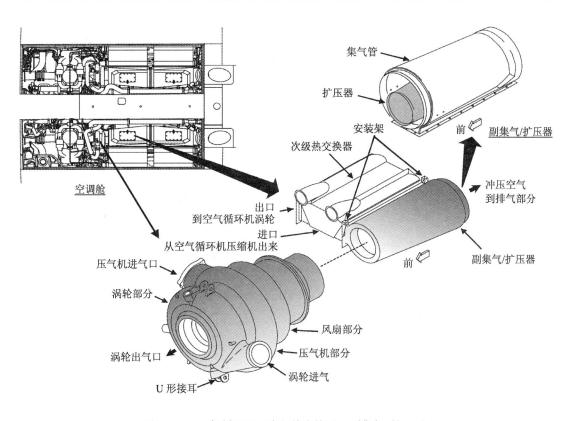

图 7 - 16　空气循环机及次级热交换器和副集气/扩压器

（10）次级热交换器和副集气/扩压器

次级热交换器对从空气循环机 ACM 压缩机部分出来的引气进行降温。副集气/扩压器使冲压空气流过次级热交换器并从冲压空气管道的出口排出。

①位置

次级热交换器和副集气/扩压器安装在主热交换器和主集气/扩压器的前面。

②工作

次级热交换器与主热交换器相同，也是一种气对气冷却、板散热片、交叉流动式的热交换器。两股相互隔离的气流流过薄壁通道。空气从空气循环机的压缩机出口流入次级热交换器，被与之交叉流动的冲压空气将热带走。

副集气/扩压器内有一个内管和外管，外管用于集气，内管用于扩压。工作与主集气/扩压器类似。

（11）回热器

回热器属于高压水分离系统的一部分，是一种气对气冷却，板散热片，交叉流动式热交换器。如图 7 - 17 所示，回热器位于空调舱的前部，对从次级热交换器出来且即将进入冷凝器的气体进行降温；对离开水分离器的气体进行加热，增加涡轮的工作效率。

因为回热器里的格栅较密，加之流经其内部的又是高速流动的压缩气体，所以回热器容易出现变形堵塞。一旦回热器出现堵塞，导致下游 ACM 涡轮进口的压力低，ACM 起动困难，冲压空气排量小，空调组件过热。

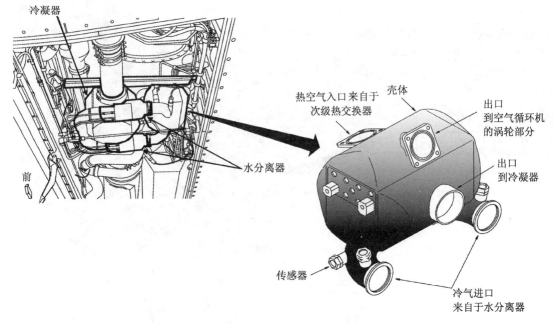

图 7 – 17　回热器

（12）冷凝器

　　冷凝器对空调组件中的气体进行降温，将温度降至露点以下，以便将气体中的水分凝结。冷凝器是一种气对气冷却，板散热片，交叉流动式的热交换器，同样也属于高压水分离系统的一部分，位于空调舱的前部，如图 7 – 18 所示。利用涡轮出口的气体冷却第一次从回热器里流出的气体。

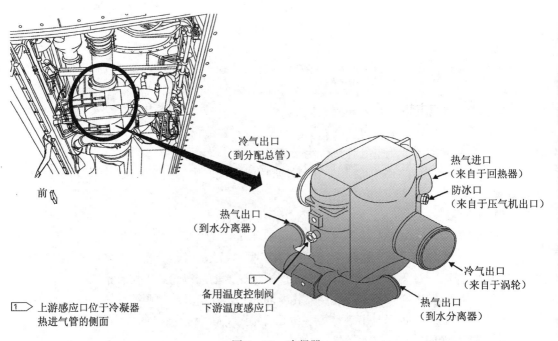

图 7 – 18　冷凝器

相对于回热器，冷凝器不易堵塞，但其内部格栅容易出现裂纹和穿孔，造成冷热空气掺混，影响组件出口温度，降低空调效率。

（13）水分离器

来自空气循环机的冷空气中含有水分。在组件空气进入分配系统之前，由水分离器收集并去除组件空气中的水分。波音 737NG 共有 4 个水分离器，每个空调组件里有两个，位于空调舱的前部，主要的组成部件有：进口、出口、旋转腔、收集管、排水口，如图 7-19 所示。

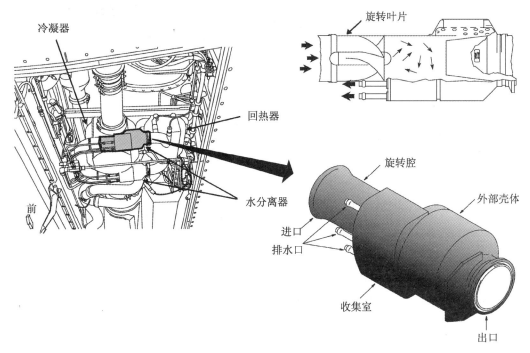

图 7-19　水分离器

气体进入旋转腔，在导流叶片的影响下产生涡流运动。由于水的密度大，受到离心力较大，所以水分被甩在分离器的外侧，进入分离器的外壳，通过收集管收集，并在压差的作用下，最终被排向排水口。排水口与喷嘴相连。喷嘴将水分排入冲压空气管道，在水分蒸发的过程中还可以对冲压空气进行降温。

（14）组件温度传感器

组件温度传感器用于测量空调组件的温度，并将信号传递给组件/区域温度控制器。

每个空调组件内各有一个组件温度传感器，可以通过空调舱门接近，如图 7-20 所示。组件温度传感器是一个热敏电阻元件，当空气温度变化时，温度传感器的电阻随之改变。组件/区域温度控制器利用组件温度传感器所提供的电信号对空调组件的出口温度进行调节。

（15）混气总管温度传感器

混气总管温度传感器测量空调系统混气总管的温度，并将信号传递给组件/区域温度控制器。

两个混气温度传感器位于混气总管的前上部，可以通过前货舱后增压壁板的中部接近。混气总管温度传感器是一个热敏电阻元件，当空气温度变化时，温度传感器的电阻发生改变。组件/区域温度控制器利用混气总管温度传感器所提供的电信号防止空调分配系统结冰。

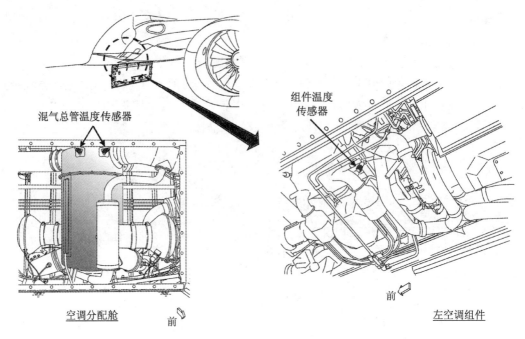

图 7 – 20　组件温度传感器和混气总管温度传感器

（16）温度控制阀

温度控制阀控制空调组件的出口温度。

每个空调组件各有一个温度控制阀，位于空调舱内，如图 7 – 21 所示。温度控制阀主要的组成部件包括：阀体、电动马达作动器组件、位置指示器和人工超控旋钮。

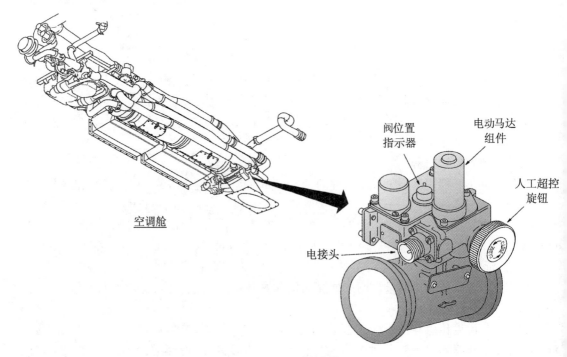

图 7 – 21　温度控制阀

当空调/引气控制面板上的组件电门置于"AUTO"或"HIGH"位时，组件/区域温度控制器控制温度控制阀的位置。在"AUTO"模式下，组件/区域温度控制器比较驾驶舱、前部客舱和后部客舱3个温度控制区域的温度需求，根据最需要冷却的那个温控区域的需求，改变温度控制阀的位置。同时，组件/区域温度控制器接受来自于组件温度传感器的信号，将实际的组件出口温度与温控区域的需求进行比较，调节温度控制阀的开度。此外，组件/区域温度控制器还要接受来自于混气总管温度传感器的信号，防止混气总管结冰。

（17）备用温度控制阀

当正常温度控制系统失效时，由备用温度控制阀对空调组件的出口温度进行备用控制。同时，该阀还可以增加组件出口温度，以防止冷凝器结冰。

①位置

每个空调组件各有一个备用温度控制阀，位于空调舱，如图7-22所示。备用温度控制阀的主要组成部件有：阀体、电磁控制阀组件、压差伺服控制组件、气动作动筒、位置指示器和感应口。

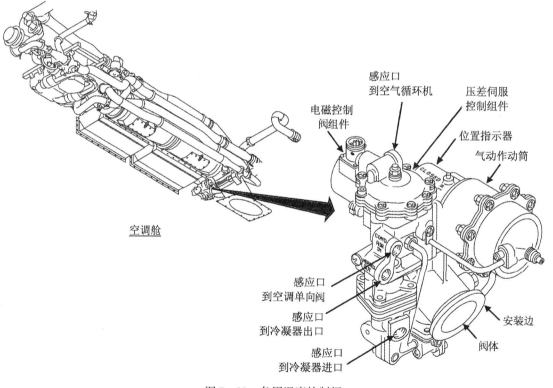

图7-22　备用温度控制阀

②工作

备用温度控制阀是一个电气控制的气动蝶形阀。正常情况下，该阀通过弹簧加载保持在关闭位，由打开腔内的控制压力打开和调节阀的开度。如图7-23所示，来源于阀门上游的控制压力受到电磁控制阀组件和压差伺服控制组件的控制。

当冷凝器结冰时，通过压力感应气路驱动高压或低压压差伺服机构。压差伺服提升阀被

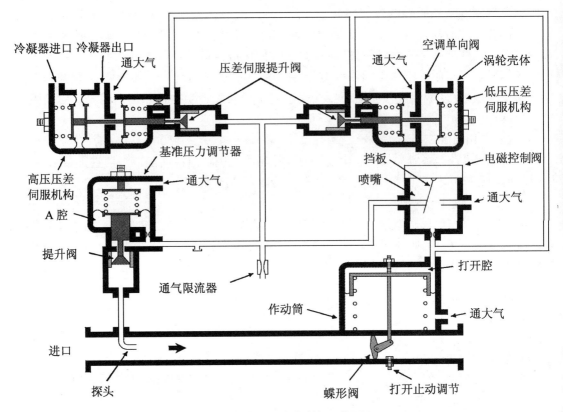

图 7-23　备用温度控制阀工作原理

顶开，调节控制压力，打开备用温度控制阀，增加到达冷凝器的热气流的流量。当冷凝器化冰时，阀关闭。

电控是备用温度控制阀的另一种控制方式。在对空调组件出口温度进行备用控制时，来自于组件/区域温度控制器的电信号驱动电磁控制阀组件内的挡板，从而调节控制压力，调节备用温度控制阀的开度。

当电磁控制阀组件和压差伺服控制组件同时有打开信号输出时，根据最大的打开信号对备用温度控制阀进行控制。

（18）组件过热电门

组件过热电门监控空调组件的过热情况，包括压气机出口过热电门、涡轮进口过热电门、组件出口过热电门。

如图 7-24 所示，压气机出口过热电门安装在空气循环机压气机部分和次级热交换器之间的管道上。涡轮进口过热电门位于回热器到空气循环机涡轮部分的管道上。组件出口过热电门安装在分配舱，位于向混气总管供气的管路上。

当压气机出口温度到达 399℉（199℃）或涡轮进口温度到达 210℉（99℃）或组件出口温度到达 250℉（121℃）时，流量控制和关断阀关闭。空调/引气控制面板上琥珀色的"PACK"灯亮，P_7 板上"MASTER CAUTION"和"AIR COND"警告灯亮。

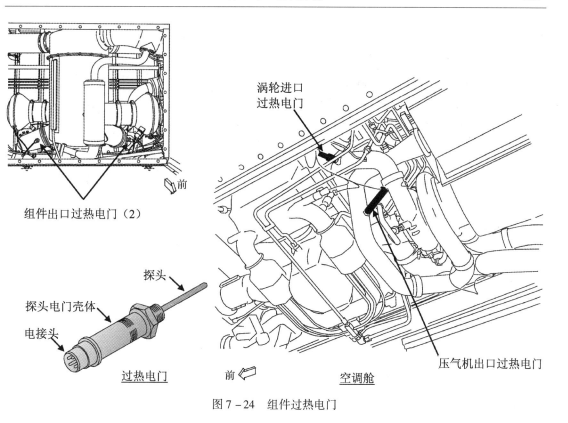

图 7 - 24　组件过热电门

7.3　分配系统

　　空调的分配系统具有 4 种功能：提供调节过的空调气给飞机的 3 个温度控制区域；再循环客舱空调气，减少发动机的引气；给厕所和厨房提供通风；对电子设备进行冷却。

　　分配系统由 6 个子系统组成：主空调分配、驾驶舱空调分配、客舱空调分配、再循环系统、通风系统、设备冷却系统，如图 7 - 25 所示。

　　波音 737 - 800 飞机的温度控制区域有 3 个，分别是驾驶舱、前部客舱和后部客舱。主空调分配系统可以通过 3 种方式获得空调气，分别是从空调组件、地面气源车以及再循环系统。主分配总管收集或混合不同气源所提供的空调气。驾驶舱具有独立的空调气来源，由驾驶舱空调分配系统向驾驶舱提供稳定的空调气供给。驾驶舱从左空调组件和混气总管获得空调气，通过飞机左侧的管道传输，由位于驾驶舱内的供气管和出气管控制各部分的气流。客舱分为两个独立的温度控制区域。供给客舱的空调气经过主分配管和侧壁立管到达客舱顶部的分配管道，再沿着侧壁板和顶板的中部出气口到达客舱、厕所和厨房。再循环系统利用两个风扇使客舱到主分配总管的空调气流动起来，减少了发动机的引气，提高推力管理，降低燃油消耗。通风系统利用压差将空气从客舱的厨房和厕所区域的通风口推出。设备冷却系统将 EE 舱和驾驶舱内的电子设备的热量带走。

　　通过驾驶舱内的空调/引气控制面板和温度控制面板对空调分配系统进行控制。当空调组件工作时，将再循环风扇电门放置到自动位，且再循环风扇为可用状态时，再循环系统工作。

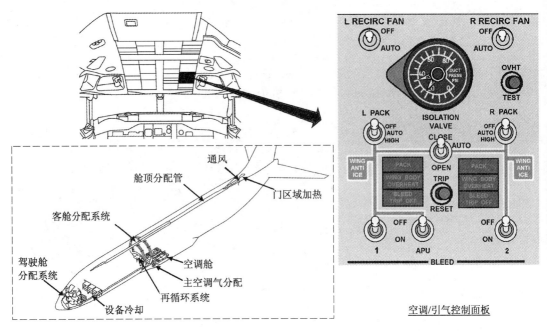

图 7-25 空调分配系统及空调/引气控制面板

7.3.1 主空调分配系统

左、右空调组件向主分配总管输送空调气。主分配总管将空气通过侧立管和顶部分配总管输送到客舱。一条排水管连接至主分配总管，将水分排出机外。

①位置

如图 7-26 所示，主空调气分配系统的部件安装在前货舱后部的分配舱内。沿着客舱的侧壁和顶板上方的区域安装有供气管道。主空调分配系统与再循环系统、地面空调接头、空调组件、分配总管和管道之间相关联。

②地面空调接头

地面空调接头安装在分配舱，在空调舱的前部有一个外接近口盖。地面空调接头是一个带单向阀的短管。在接头外面有带两个槽的连接口用来与地面空调车供气管接合。当飞机空调系统工作时，单向阀防止空调气通过接头的流失。在连接地面空调车供气管时，单向阀接通气路，地面空调气能流入分配系统。

7.3.2 驾驶舱空调分配系统

驾驶舱空调分配系统给机组提供空调气。

左空调组件为驾驶舱提供空调气，气流沿着机身左侧的管道向前流至驾驶舱。驾驶舱分配系统使用与客舱分配系统不同的管道。如果左空调组件不工作，驾驶舱也可以从右空调组件获得空调气。驾驶舱空调分配系统允许机组选择与飞机其他区域不同的温度。

如图 7-27 所示，驾驶舱分配系统有顶部出气口和渗气口、座椅下部进气口、脚部进气口、风挡进气口、侧壁出气口（肩部取暖器）、单独面板渗气口，可以通过移动导流板来调整顶部出口气流的方向，但不能关闭气流。驾驶舱空调分配系统的供气管还包括计量孔和消声器。计量孔控制气流流量，消声器减少空气噪声。

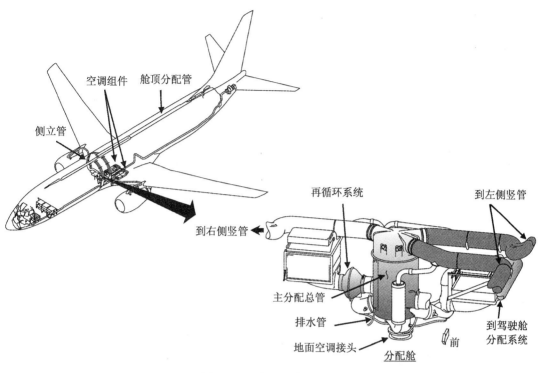

图 7-26 主空调分配系统

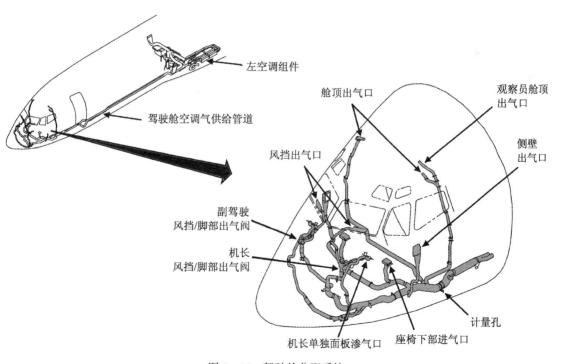

图 7-27 驾驶舱分配系统

7.3.3　客舱空调分配系统

客舱空调分配系统将空调气流分配到客舱。

客舱空调分配系统的主要组成部件有：侧壁竖管、舱顶分配管、集气/喷嘴组件、软管、侧壁扩压出气口、扩压器/管组件。

如图 7 - 28 所示，从主分配总管来的空调气流过侧壁竖管，竖管气流沿着左、右机身向上，给舱顶分配管供气。舱顶分配管沿着客舱中央的顶部纵向分布。舱顶分配管来的空调气通过扩压器/管和消声器流到侧壁扩压器出气口和集气/喷嘴组件。舱顶分配管连接软管，将空调气输送到前、后客舱区的厨房和厕所。客舱排气通过地板格栅流到再循环系统或流出机外。

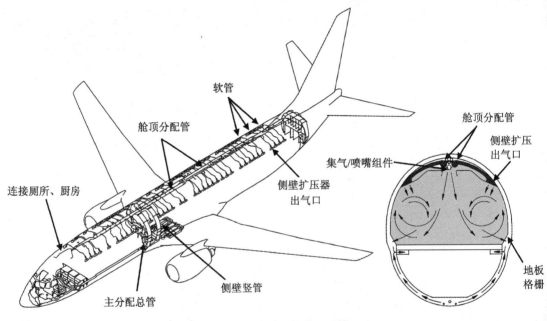

图 7 - 28　客舱空调分配系统

7.3.4　再循环系统

再循环系统提供空调气对客舱进行通风，减少了发动机引气的使用量。

再循环系统收集的座舱空调气，并将这部分气体再利用，与空调组件内的空调气一起供给分配系统，再由分配系统输送到客舱区域。再循环系统的部件位于空调分配舱内，可以通过前货舱后部的隔板来接近，主要组成部件有：集气管套、再循环气滤、风扇、单向阀，如图 7 - 29 所示。

再循环风扇推动客舱内的空调气通过再循环气滤，再循环气滤去除返回客舱的空调气中的小颗粒物质。气滤安装在气滤支撑架上。

再循环风扇还可以增加由主分配系统供往客舱的空调气的量。波音 737 - 800 飞机具有两个再循环风扇，分别位于主分配总管的左侧和右侧。集气管套安装在前货舱的顶板内。右侧的再循环风扇在集气管内产生一个低压区，推动客舱内的空调气通过地板隔栅流进集气管。左侧

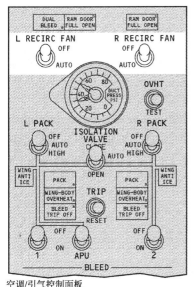

空调/引气控制面板

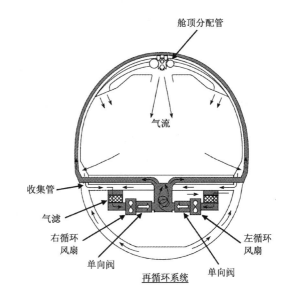

图 7-29 再循环系统

的再循环风扇推动分配舱里的空调气流入分配总管。正常情况下，当再循环风扇电门置于"AUTO"位，若左、右空调组件阀有任一个关闭，再循环风扇工作，增加客舱通风量；若两个空调组件阀均置于"AUTO"位，再循环风扇工作。

7.3.5 通风系统

通风系统利用压差来将空气从飞机中推出。空气从客舱的厨房和厕所区域流出通风口，如图 7-30 所示。

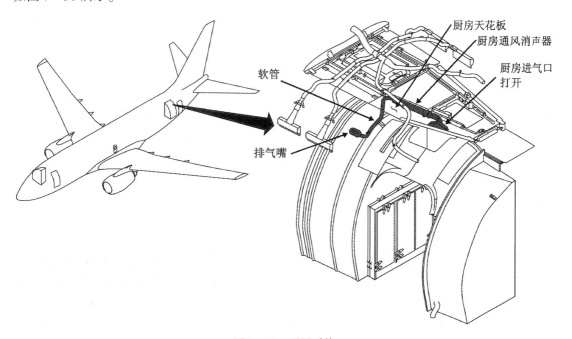

图 7-30 通风系统

厨房通风消声器安装在厨房上部的顶板区域，用于降低空气流出厨房的噪声水平。

7.4　设备冷却系统

设备冷却系统利用座舱的空调气将驾驶舱和 EE 舱内的电子设备的热量带走。

设备冷却系统分为两类：供气冷却（推空气）和排气冷却（抽空气）。供气冷却和排气冷却系统均使用风扇来使推动空气。如图 7 – 31 所示，每个冷却系统各有一个正常风扇和一个备用风扇，风扇驱动空气流过管道和总管，管道和总管连接到电子、电气设备周围的护板。

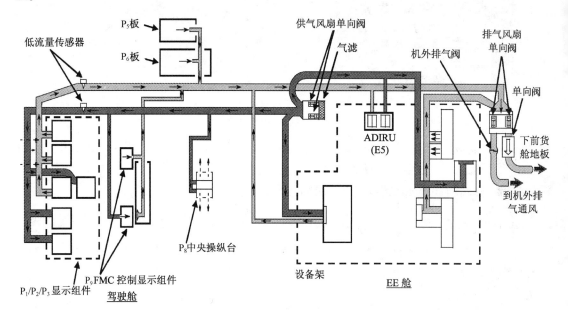

图 7 – 31　设备冷却

供气冷却系统将空气推向以下部件：P_1 和 P_2 板、P_9 板（飞行管理计算机控制显示器）、P_8 板（中央操纵台）、EE 舱内的设备架。排气冷却系统将空气从以下部件抽出：P_2 和 P_3 面板（显示器）、P_9 板（飞行管理计算机控制显示器）、P_6 板（电路跳开关面板）、P_5 板（控制和指示）、EE 舱内的设备架。当飞机在地面时，机外排气阀打开，将空气排出机外；在飞行中，机外排气阀关闭，气体排向前货舱，提供货舱加温。低流量传感器监测管道内冷却气流的情况。当低流量或冷却空气不足的情况发生时，低流量传感器将警告信号输送到驾驶舱。

7.4.1　部件位置

如图 7 – 32 所示，供气冷却系统的供气管沿着机身右侧壁向前延伸，分别向 EE 舱的设备架和驾驶舱内的面板供气。在 EE 舱的右侧壁含有以下部件：正常和备用供气风扇、单向阀、气滤。

排气系统在 EE 舱的后下部含有以下部件：正常和备用排气扇、单向阀、机外排气阀。

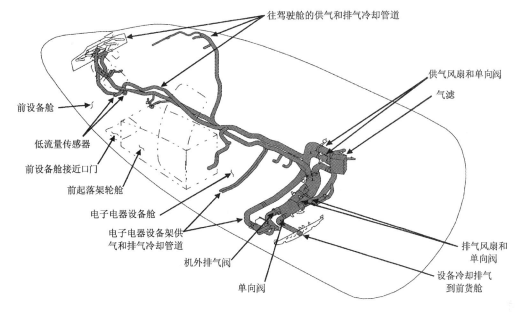

图 7 - 32　设备冷却系统主要部件

供气和排气的低流量传感器安装在前设备舱内，在前起落架舱的前部，可以通过前设备舱接近口门接近。

机外排气阀安装在 EE 舱的中后部，在电子设备接近口门后的升降台的下方。

7.4.2　工作

设备冷却系统的控制和指示在 P_5 前部顶板的设备冷却面板上，如图 7 - 33 所示。设备冷却面板上有设备冷却供气和排气电门，每个电门有这两个位置：正常和备用。将电门置于其中任一位置，正常或备用风扇开始工作。

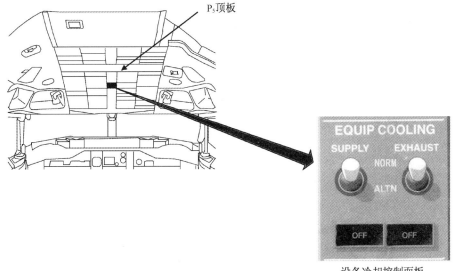

图 7 - 33　设备冷却系统控制面板

当没有足够的冷却气流时，设备冷却系统由低流量探测器给出警告，P_5 板上的琥珀色"OFF"灯亮、主警告灯和过热信号灯亮。当飞机在地面、供气系统被测出低流量时，机组警告铃响。此时必须关闭飞机电源系统以防止过热情况发生。

7.5　温度控制系统

波音737 – 800 的温度控制系统分为两个部分：组件温度控制和区域温度控制。正常情况下，组件温度控制系统和区域温度控制系统协同工作，如图7 – 34 所示。

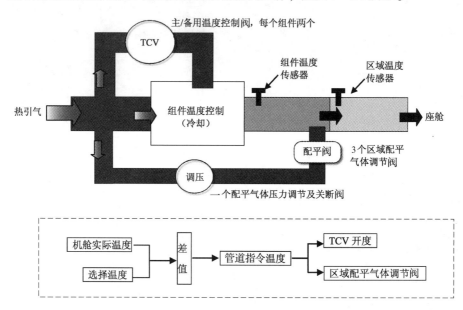

图7 – 34　波音737 – 800 温度控制系统简图

当气源系统提供引气，空调组件开始工作。空调附件组件（ACAU）监测气源和空调系统的逻辑电路的工作，温度控制系统也随之开始工作。机组可以通过温度控制面板对温度控制系统进行控制，通过温度选择器设定驾驶舱、前部客舱和后部客舱3 个温控区域的温度。两个组件/区域温度控制器（P/ZTC）控制3 个温控区域的温度，并监控系统参数。组件/区域温度控制器（P/ZTC）是一个具有冗余的控制系统，当系统出现故障时，系统自动进行重置。如图7 – 35 所示，组件/区域温度控制器接受来自于区域温度选择器、区域温度传感器、区域管道温度传感器、组件温度传感器、混气总管传感器的信号，通过调节正常或备用的温度控制阀（TCV）和区域配平气体调节阀来满足相应区域的温度需求。

温度控制阀控制空调组件的出口温度，有正常温度控制阀和备用温度控制阀。当正常温度阀失效时，备用温度控制阀工作，除了可以调节空调组件的出口温度外，还可以防止冷凝器结冰。配平气体压力调节和关断阀控制通过该阀的气体的流量和压力。区域配平气体调节阀控制到达三个温控区域的热气流的流量。

温度控制系统在供气管道上有过热电门，当温度超过限制190℉（88℃）时，过热电门给出指示并停止系统工作。在客舱和管道上的温度传感器监测和输送温度数据至客舱温度控制面板。

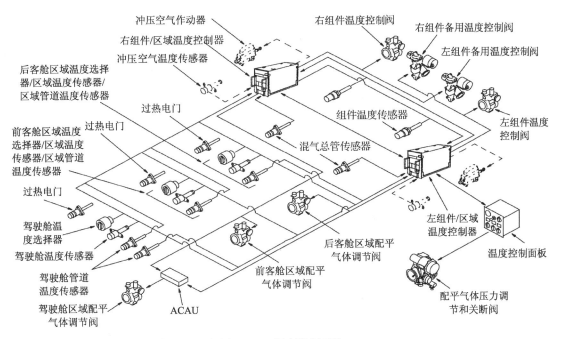

图 7 - 35　温度控制系统

7.5.1　主要部件

（1）温度控制面板

温度控制系统的控制和指示在温度控制面板上。

如图 7 - 36 所示，温度控制面板上有 3 个区域温度选择器、区域温度灯、配平气体电门、温度指示器和气体温度源选择器。

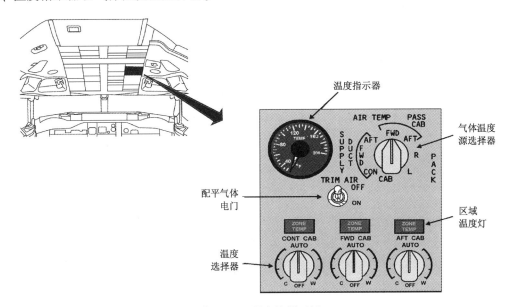

图 7 - 36　温度控制面板

温度选择器的调温范围从 65℉（18℃）到 85℉（30℃），将选择器置于"OFF"位时，关闭相应区域的配平气体调节阀。

3 个"ZONE TEMP"灯指示相应区域的超温或控制失效。

配平气体电门控制配平气体压力调节和关断阀。当电门置于"ON"位时，组件/区域温度控制器里的区域温度配平气体通道可控。当电门置于"OFF"位时，组件/区域温度控制器里的区域温度配平气体通道无效。

温度指示器指示对应气体温度源的温度。气体温度源选择器有 3 个位置，分别是"SUPPLY DUCT"（选择相应区域的供气管道温度）、"PASS CABIN"（选择前客舱或后客舱的温度）、"PACK"（选择水分离器出口的温度，即组件温度）。

（2）组件/区域温度控制器（P/ZTC）

组件/区域温度控制器（P/ZTC）具有以下功能：对空调组件进行控制；对空调组件进行自动备用控制；控制两个温度控制区域的配平气体通道；控制冲压空气作动器；具有自检功能。

如图 7 – 37 所示，组件/区域温度控制器位于 EE 舱 E3 – 3 设备架上。

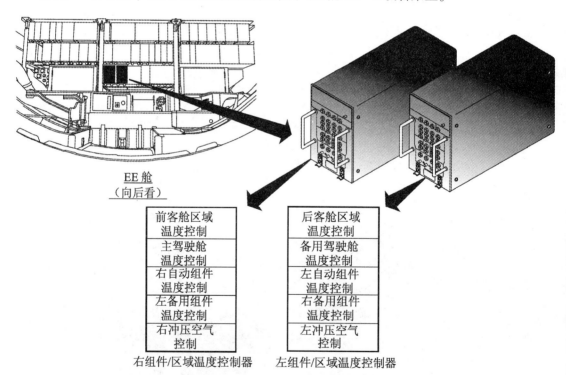

图 7 – 37　组件/区域温度控制器

（3）座舱温度传感器组件

座舱温度传感器组件给座舱温度传感器和感温棒提供过滤后的空气流。座舱温度传感器提供座舱温度数据给组件/区域温度控制器。组件/区域温度控制器使用这个数据与选定的温度进行比较。

座舱温度传感器组件的组成部件有进口格栅、座舱温度传感器、气滤、温度传感器风扇。驾驶舱温度传感器组件安装在驾驶舱的顶板内。两个客舱温度传感器组件安装在客舱的右侧，在乘客服务组件的牛鼻形区域。

（4）管道温度传感器

管道温度传感器将供气管道的温度反馈给组件/区域温度控制器。组件/区域温度控制器将该温度信号与客舱温度选择器和座舱温度传感器传来的信号进行比较。

驾驶舱的管道温度传感器和一个备用的温度传感器位于 EE 舱的左侧，与 E2 架相邻。前客舱的管道温度传感器位于舱顶分配管，在左侧上升管的前部；后客舱的管道温度传感器位于舱顶分配管，在右侧上升管的后部。

（5）配平气体压力调节关断阀

配平气体压力调节和关断阀控制流向区域配平气体调节阀的气体的压力和流量。

①位置

配平气体压力调节和关断阀位于右空调舱，是一个电控气动的蝶形阀，主要组成部件包括：电磁阀组件、作动器组件、伺服调节组件、人工超控凸轮和位置指示器、电接头，如图 7 - 38 所示。

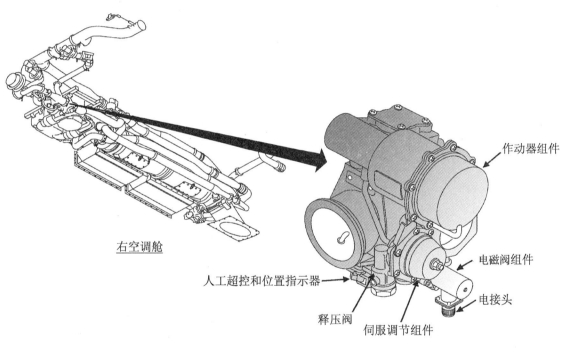

右空调舱

作动器组件

电磁阀组件

电接头

人工超控和位置指示器

释压阀

伺服调节组件

图 7 - 38　配平压力调节和关断阀

配平气体压力调节和关断阀是主配平气体阀，向 3 个区域配平气体调节阀提供配平气体。若配平气体压力调节和关断阀关闭，3 个区域配平气体调节阀也随之失效。正常情况下，该阀由弹簧加载，保持在关闭位。当温度控制面板上的配平气体电门置于“ON”位，电磁阀通电，上游的气体被送至阀门作动器，将阀打开，组件/区域温度控制器中的区域配平气体通道也开始工作。伺服调节组件将阀门下游的压力保持在高于座舱压力 4.0psi，防止区域配平气体调节阀作动时，由于配平气体流量变化导致的压力波动。当温度控制面板上的配平气体电门置于“OFF”位，电磁阀断电，通往作动器的气路被关断，配平气体压力调节和关断阀关闭，区域配平气体系统也随之失效。

②工作

如图 7 – 39 所示，来自于 FCSOV 的未经压力调节的气体流至配平气体压力调节和关断阀。伺服调节器对气体降压，将压力调节至一个恒定压力。若伺服调节器失效，释压阀将释压，防止气动作动筒被损坏。电磁阀控制通往作动器 B 腔的气体压力。当 B 腔压力增加且克服弹簧力时，配平气体压力调节和关断阀打开。同时下游的气体通过感应气路流入作动筒的 C 腔和伺服调节器的 D 腔。作动筒 C 腔的压力和弹簧力叠加，调节配平气体压力调节和关断阀的开度。伺服调节器 D 腔的压力与弹簧力和伺服调节器 E 腔的压力相叠加，控制作动筒 B 腔的压力。当作动筒 B 腔的压力增加，配平气体压力调节和关断阀的开度增加；当作动筒 B 腔的压力减小，配平气体压力调节和关断阀的开度减小。

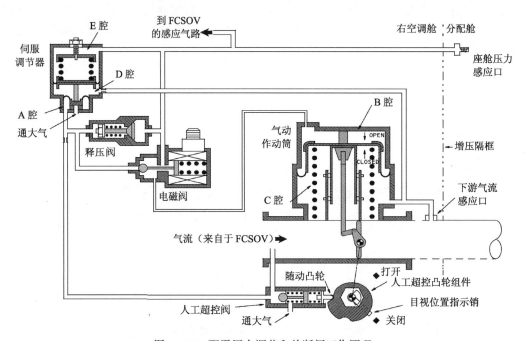

图 7 – 39　配平压力调节和关断阀工作原理

也可以人工超控配平气体压力调节和关断阀。人工超控凸轮组件移动随动凸轮，可以人工关闭配平气体压力调节和关断阀。

（6）区域配平气体调节阀

共有 3 个区域配平气体调节阀，3 个阀分别控制通往 3 个温控区域的配平气体的流量。

如图 7 – 40 所示，驾驶舱的配平气体调节阀位于左空调舱。前客舱和后客舱的配平气体调节阀位于右空调舱。区域配平气体调节阀是由电马达驱动的蝶形阀，3 个区域配平气体调节阀结构相同，可以互换，组成部件包含：电动马达组件、位置指示器、人工超控旋钮、电接头。

区域配平气体调节阀由 115V 的交流马达驱动，驱动信号来源于组件/区域温度控制器。一种带有滑动离合器的机械齿轮传动装置将马达的运动传递到阀门上。

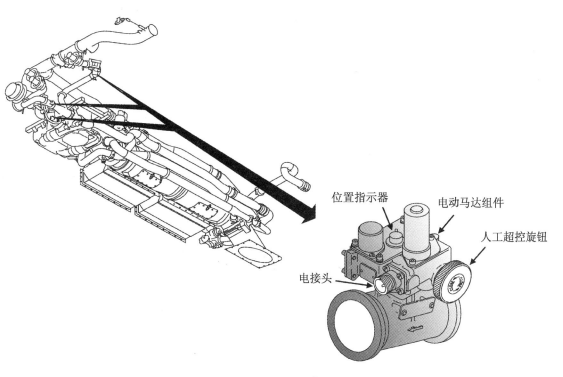

图 7 – 40　区域配平气体调节阀

（7）管道过热电门

管道过热电门向组件/区域温度控制器输出过热信号，关闭区域配平气体调节阀，同时温度控制面板上的"ZONE TEMP"灯亮。

驾驶舱的管道过热电门位于 EE 舱的左侧，与 E2 架相邻。前客舱的管道过热电门位于舱顶分配管，在左侧竖管的前部。后客舱的管道过热电门位于舱顶分配管，在右侧竖管的后部。

（8）感温棒

感温棒测量空调系统中重要位置的温度，仅用于温度指示，不属于自动温度控制系统的一部分，主要由两部分构成，感温元件和电接头。

在空调系统中共有 7 个结构相同的感温棒，分别位于：驾驶舱空调管（EE 舱）、前客舱舱顶空调分配管（左侧竖管的前部）、后客舱舱顶空调分配管（右侧竖管的后部）、前客舱的前右侧、后客舱右后侧、右空调组件的高压水分离组件、左空调组件的高压水分离组件。

7.5.2　温度控制系统的工作模式

温度控制系统主要有 3 种控制模式：平衡模式、非平衡分离模式和非平衡平均模式。

（1）平衡模式

①组件/区域温度控制器（P/ZTC）根据各区域温度选择与各区域实际温度比较的差

值，确立区域管道指令温度，以管道指令温度为目标，控制组件 TCV 和各区域的配平气体调节阀。

②以 3 个区域中最低的管道指令温度作为组件指令，同时控制双组件 TCV 提供足够的冷气量，以满足最低管道指令温度的需求。

③对于较高温度的区域选择，该区域的配平气体调节阀打开，热空气与组件空气混合，以满足区域温度需求。

特点：两空调组件出口的温度相同，可以满足最低的区域管道温度的需求。

（2）非平衡分离模式

当驾驶舱配平空气系统失效时，温度控制系统将采用非平衡分离模式。

①组件/区域温度控制器（P/ZTC）根据驾驶舱的区域温度选择与驾驶舱备用温度传感器的比较差值，确立驾驶舱管道指令温度，控制左空调组件，以满足驾驶舱的温度选择。

②前后客舱区域将根据最低的管道指令温度控制右空调组件，控制 TCV 提供足够的冷气量，以满足最低管道指令温度的需求。温度较高的区域通过打开配平气体调节阀，来满足温度需求。

特点：两个空调组件出口的温度不相同，左空调组件满足驾驶舱的温度需求，右空调组件满足前后客舱的需求，根据最低管道指令温度控制右空调组件的温度。

（3）非平衡平均模式

当客舱配平空气系统失效或配平气体电门置于"OFF"位时，温度控制系统将采用非平衡平均模式。

①根据驾驶舱区域温度选择与驾驶舱备用温度传感器的比较差值确立驾驶舱管道指令温度，控制左空调组件，以满足驾驶舱的温度选择（与非平衡分离模式一致）。

②前后客舱区域将以前后客舱区域温度选择的平均值作为右空调组件控制的管道指令温度，通过右空调组件 TCV 来实现前后客舱的平均管道温度的指令需求。

特点：3 个区域温度配平系统都不工作时，左空调组件满足驾驶舱的温度需求，右空调组件满足前后客舱的温度需求的平均值。

若将驾驶舱、前后客舱的温度选择电门均置于"OFF"位，组件/区域温度控制器将左空调组件的出口温度控制在 24℃，右空调组件的出口温度控制在 18℃。

7.6 加温系统

加温系统提供暖空气防止结冰或增加温度。

加温系统分为 3 部分：前货舱加温、后货舱加温和补充加温。

如图 7-41 所示，货舱从设备冷却排气和客舱空调气中接收热气。热的设备冷却排气流到前货舱地板下并沿着侧壁进入货舱，与客舱空调气在主分配总管内混合。后货舱内的空调气来源于客舱内的地板格栅，空气流入侧壁，环壁面流动，由后货舱下部的放气阀排出机外。货舱所有侧面与机身蒙皮间进行了隔热处理，防止通过机身蒙皮进行热传导。补充加温是指在客舱舱门区域，加温器提供更多的热量给两个登机门周围加温。加热毯给应急出口周围提供更多的热量。

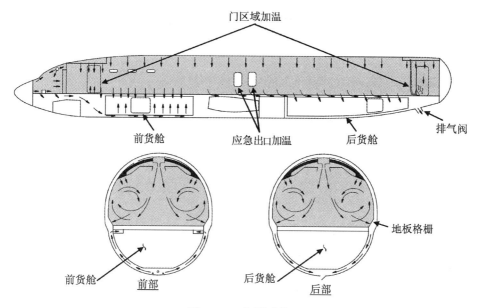

图 7－41　加温系统

7.7　增压系统

　　飞机通常在氧气密度不能达到维持生命的高度飞行。增压控制系统对飞机座舱增压，保持飞机座舱内部压力安全，使机组和乘客免受到缺氧的影响。要控制座舱压力，就要控制座舱的供气量与排气量。目前飞机上的座舱压力调节一般都是采用保持空调向座舱的供气量不变，通过改变排气量的方法来控制座舱压力。飞机飞行时，常使用座舱压力所对应的标准大气高度，来表示座舱压力的高低，此高度为座舱高度。增压控制由 3 个子系统组成：座舱压力控制系统、座舱压力释放系统和座舱压力指示和警告系统，如图 7－42 所示。

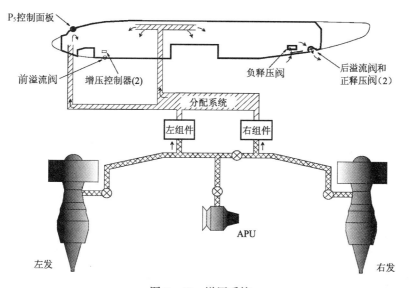

图 7－42　增压系统

　　座舱压力控制系统控制空调气流出客舱的比率，主要组成部件有：座舱压力控制组件、两个数字式座舱压力控制器（CPC）、前溢流阀、后溢流阀。

　　座舱压力释放系统是一个失效安全系统，即在增压控制系统失效时，防止飞机结构受到过压和负压的破坏。该系统的主要组成部件有两个正压释压阀和一个负压释压阀。

　　座舱压力指示和警告系统给出增压系统的状态数据，主要组成部件有：座舱高度面板、声响警告组件和座舱高度警告电门。

7.7.1　部件位置

　　如图 7-43 所示，增压控制系统部件分别位于：驾驶舱、EE 舱、前设备舱、47 段。

　　座舱压力控制面板和座舱高度面板在 P_5 板上。座舱压力 1 号控制器在 E2-2 架上，座舱压力 2 号控制器在 E4-1 架上。后溢流阀安装在右后机身的蒙皮上，后勤务舱门的下方。两个正向压力释压阀，一个在溢流阀的内侧，另一个在溢流阀的外侧。负向压力释压阀安装在右后机身的蒙皮上，溢流阀前方。10000ft 座舱高度警告电门安装在前设备舱的舱顶。

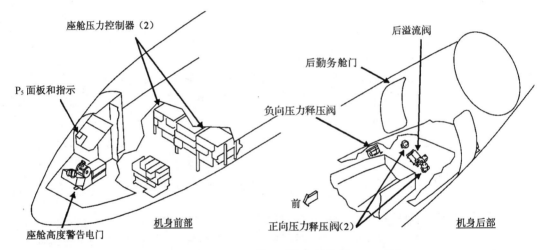

图 7-43　增压系统部件位置

7.7.2　座舱压力控制组件和座舱高度控制面板

　　座舱压力控制组件和座舱高度面板让机组能监视和控制增压系统。

①位置

　　座舱压力控制组件和座舱高度面板安装在 P_5 前部顶板上，如图 7-44 所示。

　　座舱压力控制组件有这些控制和指示：模式选择、带有显示的着陆高度选择器、带有显示的飞行高度选择器、人工模式切换电门、后溢流阀位置指示器。

②工作

　　模式选择有三个位置：自动、转换、人工。飞行高度选择器可以设定从 -1000 ~ 42000ft 的高度范围，增量为 500ft。着陆高度选择器可以设定从 -1000 ~ 14000ft 的高度范围，增量为 50ft。溢流阀电门是一个 3 位置电门，关闭、中立和打开位，正常由弹簧

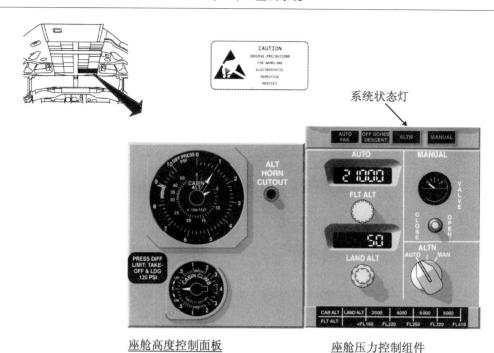

座舱高度控制面板   座舱压力控制组件

图7-44 座舱压力控制组件和座舱高度控制面板

力保持在中立位。在人工模式下，该电门控制后溢流阀。后溢流阀位置指示器显示所有工作模式下的后溢流阀的位置。在控制面板上方有4个系统状态指示灯：自动工作模式失效、非计划下降程序、转换工作模式、人工操作模式。

座舱高度面板上包含座舱高度/压差表、座舱升降速度表和警告喇叭切断电门。座舱高度和压差表连接到备用静压系统，表上大的指针指示客舱压差，一个格表示0.2psi的增量。小的指针指示客舱高度，一个格表示1000ft。

7.7.3 座舱压力控制器

座舱压力控制器是采用数字电路的双余度系统。当增压系统在自动或转换模式工作时，座舱压力控制器工作，控制座舱压力。在任何时候只有一个座舱压力控制器操纵溢流阀，另一个控制器为备份。如图7-45所示，两个座舱压力控制器位于EE舱。1号座舱压力控制器在E2-2架上，2号座舱压力控制器在E4-1架上。座舱压力控制器包含以下部件：座舱压力传感器、机载测试设备说明标牌、两行LED显示、机载测试设备控制按钮。

机载测试设备可以检查所有增压系统的部件、增压系统接口和系统全面的性能。每个座舱压力控制器的主菜单内容有：存在故障、故障历史、地面测试、系统状态、系统测试和清除。

系统有这两种类型的故障：以前的故障和现存的故障。如果有现存故障，座舱压力控制器将故障显示在前面板显示器上。如果只有现存故障，显示器显示"nn现存故障"两秒钟，然后，显示器显示这些现存的故障。如果只有以前的故障，显示器显示"nn以前故障"两秒钟，然后，显示器显示故障历史。如果有现存和以前故障，显示器分别显示"nn现存故障和nn以前故障"各两秒钟，然后，显示器显示现存的故障。

座舱控制器压力和按钮功能如表7-2和表7-3所示。

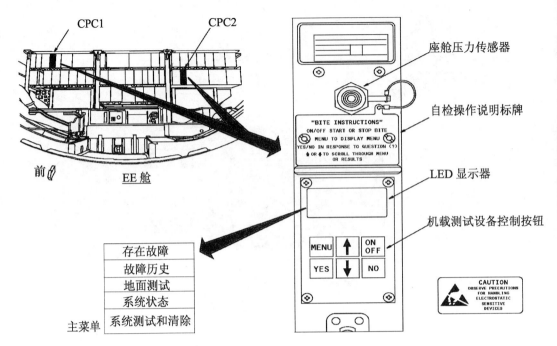

图 7 – 45　座舱压力控制器

表 7 – 2　座舱控制器压力功能

	主菜单内容	功　能
1	存在故障	显示飞机的当前故障，可以查阅故障的具体内容
2	故障历史	显示以前的故障，可以查阅故障的具体内容
3	地面测试	地面测试有两个子菜单，显示测试和系统测试。显示测试进行 LED 显示器的测试；系统测试对座舱增压系统进行测试
4	系统状态	系统状态有两个子菜单，目前状态和系统构型。目前状态显示当前给座舱压力控制器的输入。系统构型显示系统的结构
5	系统测试和清除	对系统测试和清除故障历史做准备

表 7 – 3　按钮功能

按　钮	功　能
ON/OFF	作动或解除座舱压力控制器的机载测试功能
MENU	显示机载测试菜单或向上移动机载测试菜单
YES	回答问题
NO	回答问题
向上箭头	向上翻阅菜单或查测试结果
向下箭头	向下翻阅菜单或查测试结果

7.7.4　后溢流阀

后溢流阀控制排出机体内的气流。

后溢流阀安装在后勤务舱门后面的机身右下方，主要的组成部件有：两扇门、作动器组件和连杆、位置传感器、两个自动模式电机和一个人工模式电机、两个电传动装置盒，如图 7-46 所示。

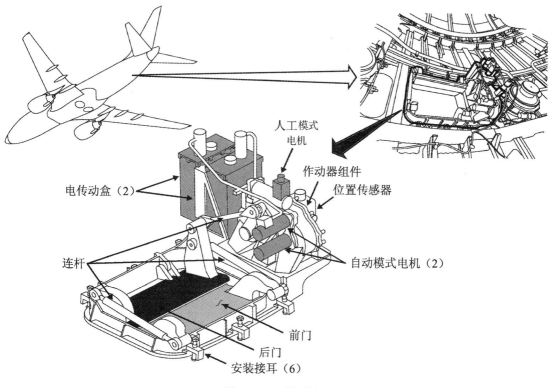

图 7-46　后溢流阀

该阀是一种推力复位、双门型阀。两个 28V 直流电机和一个 48V 直流电机，每次只有一个电机带动阀运动。三个电机使用同一个作动机械装置。在阀门上的每个电传动盒有一个失效安全电门，如果座舱压力高度达到 14500ft，电门使溢流阀全部关闭。这种功能只能超控正常自动控制，不超控阀的人工操作。

在所有工作模式下，阀组件上的位置传感器给 P_5 板的阀位置指示器提供位置信号，并且将信号传递至向两个座舱压力控制器，给控制器提供阀位置的反馈，用于自动和转换方式操纵。

7.7.5　正向压力释压阀

正向压力释压阀是在飞机座舱内外压力差过大时打开，以释放多余的座舱压力，以免影响飞机结构安全。

两个正向压力释压阀安装在飞机机身的后下部，后溢流阀的两侧各有一个，如图 7-47 所示。如果后溢流阀故障在关闭位，正向压力释压阀打开，将机身内的压力排出。该阀是机械装置，并且独立工作，与其他飞机增压系统没有关联，由座舱与大气的压差气动作动。当压差到达 8.95psi 时，阀打开，空气流出飞机，释放座舱压力。当座舱与大气的压差在一个安全值时，阀关闭。

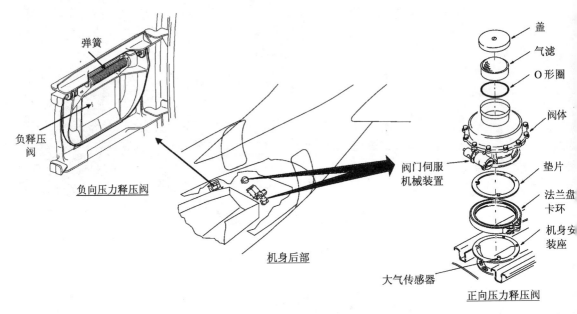

图 7 – 47　正向和负向压力释压阀

正向压力释压阀具有空气滤，气滤清洁内部伺服机构和作动器机械机构使用的空气，用垫片和法兰盘卡环连接到基座。

7.7.6　负向压力释压阀

负向压力释压的主要作用是防止座舱外的压力高于座舱内的压力，即防止座舱高度高于飞机高度。当座舱出现负压时，阀门打开。

负向压力释压阀安装在机身后下部，在机身右侧靠近后勤务舱门，可从后货舱接近。该阀是一种铰链门型阀，阀铰接在它的上边缘并且向内打开。在铰链销上的弹簧使阀门关闭。当座舱与大气存在负压差，飞机外面的压力比飞机内的压力高 1.0psi 时，阀打开。

7.7.7　货舱爆破板

货舱爆破板防止飞机结构在突然减压期间受到损坏。

舱顶爆破板的组成部件有：爆破板、框架和压条。隔框爆破板的组成部件有：隔栅、压条、爆破板和框架。货舱爆破板安装在货舱顶部和货舱隔框，如图 7 –48 所示。

在迅速减压期间，1.0psi 的压差就可以使爆破板推出框架结构。当板被推出框架时，机身上下压力迅速趋于平衡，防止损坏飞机结构。因为货舱隔框上的爆破板有隔栅，行李不会与爆破板碰撞。

7.7.8　压力均衡阀

压力均衡阀允许空气流进或流出货舱，保持货舱压力与客舱压力一致。

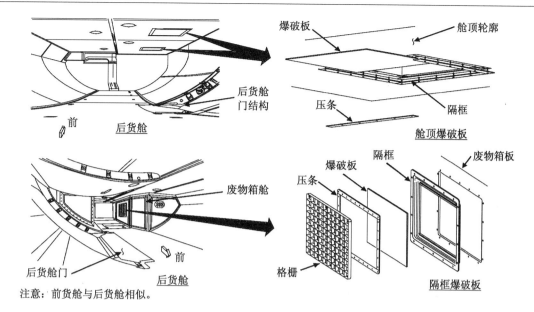

图 7 - 48　货舱爆破板

如图 7 - 49 所示，前货舱在后隔框上有一个压力均衡阀，后货舱在废物箱的前部也有一个压力均衡阀。压力均衡阀由两个弹簧加载保持在关闭位的摆动式单向阀组成。一个阀铰接使阀向货舱外打开，另一个使阀向货舱内打开，即一个阀在飞机增压中使空气进入货舱，另一个阀在飞机减压中使空气流出货舱。

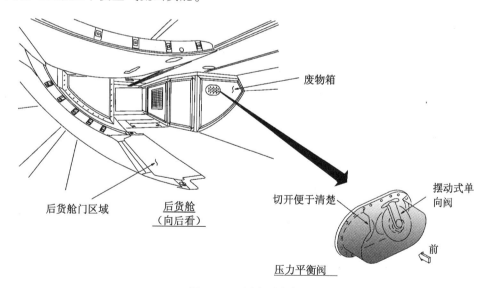

图 7 - 49　压力平衡阀

7.7.9　高度警告电门

当座舱高度为临界值时，座舱高度警告电门给机组提供警告。

如图 7 - 50 所示，座舱高度警告电门安装在 EE 舱前部的舱顶，是一种膜盒式电门，当座舱高度达到平均海拔 10000ft 以上时，压力警告电门闭合，使声响警告装置发出断续的声响。高度喇叭声响断开按压电门允许机组切断警告铃声，直到下一次较高的座舱高度事件发生。

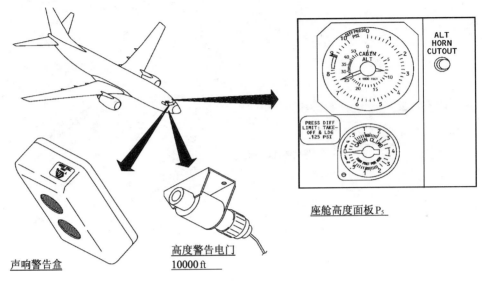

声响警告盒

高度警告电门
10000 ft

座舱高度面板 P₅

图 7 – 50　座舱高度警告电门

7.7.10　增压控制的指示

座舱增压控制系统的四个系统状态指示灯：自动工作模式失效、非计划下降程序、转换工作模式、人工操作模式。

当工作中的座舱增压控制器失效时，自动失效灯亮。当偏离下降程序的情况被客舱压力控制器查出时，座舱压力控制器接通非计划下降程序指示灯。由备用座舱压力控制器控制座舱增压时，座舱压力控制组件接通转换指示灯。若将选择器电门放在人工位时，由人工方式控制后溢流阀，座舱压力控制器脱开，人工指示灯亮。

在自动和转换增压模式下，当飞机还未达到预定的巡航高度就转入下降过程，偏离下降计划工作功能开始。偏离下降计划灯亮，主警告灯和空调信号牌灯亮，增压控制系统调整座舱压力至原起飞地的座舱压力。如果飞机又开始爬升，或飞行高度重新设定到当前高度，或机长选择人工模式，或飞机着陆，偏离下降计划指示灯熄灭。

如果机组改变飞机着陆地不在原起飞地，则必须重设飞机飞行高度为当前的飞行高度，设定着陆高度为现着陆地的高度，从而重设压力控制器。当飞机到达座舱压力控制组件上设定的飞行高度时，压力控制系统取消偏离下降计划的工作。

在人工增压模式下不具有偏离下降计划的工作功能。

7.7.11　自动增压控制模式

自动增压控制模式保证飞机在所有飞行阶段的增压。

当座舱压力控制组件上的增压模式选择器放在"AUTO"自动位时，自动增压控制系统工作。自动增压控制系统具有双余度结构，两个座舱压力控制器，座舱压力控制器 1 和控制器 2，可以通过组件连接销来识别。在任何时候只有一台座舱压力控制器控制溢流阀，另一台为备用。每次飞行，系统从一个控制器转换为另一个控制器的控制，保证两个系统的机械传动部件的磨损均匀。

如图 7-51 所示，座舱压力控制器使用两个大气数据惯性基准仪（ADIRU）、两台失速管理和偏航阻尼计算机（SMYDC）、接近电门电子组件（PSEU）来的数据确定飞机的飞行阶段，计算与飞行阶段、客舱压力控制面板输入相匹配的座舱压力的目标值，并比较目标压力与传感器的压力。如果座舱压力与目标压力存在差值，座舱压力控制器将打开或关闭信号输送给后溢流阀组件上的电子作动器。电子作动器操纵后溢流阀的电机，带动机械传动齿轮，从而移动溢流阀。通过调节后溢流阀的开度来控制座舱压力的变化率。后溢流阀的位置被反馈到座舱压力控制器。空调组件 FCSOV 和前溢流阀也给座舱压力控制器提供位置反馈。两台控制器连续自检测试运转。如果工作着的座舱压力控制器失效，另一台控制器接替控制。

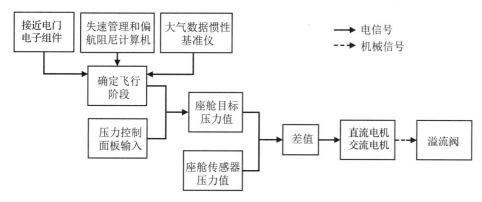

图 7-51　座舱压力控制器工作逻辑

7.7.12　自动增压模式飞行剖线

增压系统的自动工作模式控制飞机座舱在所有飞行阶段的压力，如地面、起飞、爬升、巡航、下降及着陆，如图 7-52 所示。

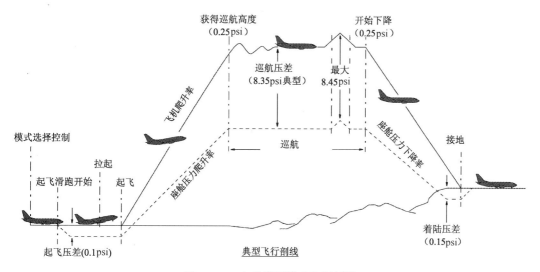

图 7-52　自动增压模式飞行剖线

增压系统使用自动模式时，需要在座舱压力控制面板上做以下选择：选择自动模式、选择飞行高度、选择着陆机场高度。

①在地面，当所有这些情况存在时，飞机在不增压状态且溢流阀在打开位。

a. 空/地系统指示左和右起落架在地面状态。

b. 两台发动机的转速 N_1 小于 50% 状态至少 1.5s（或两台发动机停车）。

c. 两台发动机的转速 N_2 小于 80% 状态至少 1.5s（或两台发动机停车状态）。

②当下列情况发生，视为飞机进入起飞阶段：

a. 两台发动机的转速 N_1 至少在 1.5s 内增加到 60% 以上。

b. 两台发动机的转速 N_2 至少在 1.5s 内增加到 89% 以上。

在起飞阶段，增压系统将座舱增压到低于场压 0.1psi，防止飞机在起飞时压力瞬间增大，出现不舒适的压力颠簸。在起飞阶段，座舱增压变化率为 350ft/min。

③当空/地系统指示左和右起落架在空中状态时，爬升阶段开始。

在爬升阶段，增压系统控制客舱减压率，使乘客保持舒适。最大的客舱减压变化率为 600ft/min。

④当飞机外部压力小于等于选择的飞行高度对应压力 0.25psi 时，巡航阶段开始。

在巡航阶段，增压系统保持恒定的座舱高度。当飞行高度在 18500ft 以下时，座舱高度设定为着陆机场高度。当飞行高度在 18500ft 以上时，座舱压力将下降，但要保证压差在安全极限之内。座舱内外的压差不超过 8.45psi。

表 7 - 4　座舱高度与巡航高度对照表

巡航高度/ft	座舱高度
海平面到 18500	着陆机场高度
18500 ~ 28000	座舱内外压差不超过 7.45psi
28000 ~ 37000	座舱内外压差不超过 7.80psi
>37000	座舱内外压差不超过 8.35psi

对于大多数飞机的最大座舱高度为 8000ft。当着陆地机场高度大于 8000ft 和航程少于 60min 时，采取以下方式：

a. 在起飞前，座舱高度就会被设定为着陆地机场高度。

b. 在巡航阶段中，座舱高度为着陆地机场高度。

当着陆地场压高度大于 8000ft 和航程大于 60min 时，采取以下方式：

a. 在起飞前，座舱高度设定为 6000ft。

b. 在巡航阶段中，座舱高度为按照表 7 - 4 所示变化。

c. 着陆前 20min，座舱高度设定在实际着陆地机场高度。

d. 座舱高度随后上升到实际着陆机场高度。

注意：当座舱高度增加到大于 10000ft 时，座舱高度警告铃将响起。可通过按压高度喇叭切断电门来消除警告铃声。

⑤当飞机外部压力增加到大于选择的飞行高度对应压力，即 0.25psi 时，下降阶段开始。

在下降阶段中，增压系统控制座舱增压率，最大的座舱增压变化率不得超过

350ft/min。系统将座舱压力增加到比选定的着陆高度低 0.15psi，防止着陆期间座舱压力颠簸的发生。

⑥当飞机着陆和着陆阶段的要求被达到时，系统以 500ft/min 的速率给客舱减压。当座舱压力与着陆地外界大气压力一致时，溢流阀打开。

7.7.13 自动增压控制模式失效

当自动增压控制模式失效时，琥珀色的"AUTO FAIL"灯亮，并给机组提供单个或双自动通道不工作的指示。

自动增压控制系统具有双余度结构，一台数字式座舱压力控制器工作并维护增压控制，另一台备用。如果工作着的控制器失效，系统转换，由备用的座舱压力控制器进行增压控制。

引起自动增压控制模式失效的原因可能有：失去动力源；座舱高度变化率太大（大于 2000ft/min）；座舱高度太高（大于 15800ft）；导线故障；溢流阀组件故障；座舱压力控制器失效；座舱压差太高（大于 8.75psi）。

①单通道故障

如果工作着的控制器故障，系统自动地将增压控制转换到备用控制器。

如果系统在自动模式出现自动失效事件时，琥珀色自动失效灯、主警告和空调信号牌灯、绿色"ALTN"（转换）灯亮。"ALTN"灯表示备用系统已启用。若在模式选择器上选择"ALTN"位时，自动失效灯灭。

②双通道故障

当两个座舱压力控制系统都故障时，有这些指示：自动失效和主警告灯亮、飞行高度和着陆高度显示器显示 5 条小横线（—————）。

如果两个座舱压力控制器都故障，"ALTN"灯不亮。这表明系统不能将转换控制到自动工作的控制器。

7.7.14 人工增压控制模式

在增压系统人工模式工作期间，机组参考座舱高度和压差表、座舱升降速度表、压力限制标牌和座舱/飞行高度对照标牌，直接控制溢流阀。

当模式选择器放置在人工位时，自动控制系统断开、控制组件的溢流阀电门接通、绿色的"MANUAL"指示灯亮。

后溢流阀电门是一个三位置电门，有关、中立和开 3 个位置。电门是由弹簧保持在中立位的。当电门放在"关"位时，信号从溢流阀的电门输到后溢流阀组件上的人工模式电机，电机将阀门关闭；当电门放在"打开"位置时，电机打开阀门，后溢流阀上的位置传感器将阀门位置信号反馈给溢流阀位置指示器。

7.8 维护与排故

（1）注意事项

①建议使用地面空调设备给飞机供应空调空气。

②确保关掉组件后至少等候35s才切断气源供应，如果在空气循环机 ACM 没有停下之前切断供应，则会导致 ACM 损坏。

③确保飞机机体上有空调气的出口，如果没有出口，会发生客舱过压，使人员受伤。

（2）用地面空调设备提供空调气

①打开地面空调接头的接近盖板；

②确认地面空调接头内的摆动阀可以自由运动；

③将地面空调管与地面空调接头连接起来。将空调管上的紧固件与地面空调接头的卡槽接合上；旋转空调管，直到它锁紧。

④确保飞机上有空调气的出口。确认客舱溢流阀打开；确认至少有一个旅客登机门打开。

⑤操纵地面空调设备向飞机供应空调空气。

（3）用空调组件提供空调

①飞机通电；

②气源系统打压；

③确保飞机上有空调气的出口。确认客舱溢流阀打开；确认至少有一个旅客登机门打开。

④旋转客舱温度控制面板上的"CONT CAB""FWD CAB""AFT CAB"电门到"AUTO"位。

⑤将空调/引气控制面板上相应的左组件"L PACK"或右组件"R PACK"电门设在"AUTO"位；

（4）停止空调组件供应空调空气

①将空调/引气控制面板上相应的"L PACK"或右组件"R PACK"电门放在"OFF"位；

②至少等待35s后才切断气源供应；

③如果需要，飞机断电。

第 8 章　氧　气　系　统

8.1　氧气系统概述

氧气系统可以在飞机座舱失压、应急或急救时向飞行机组、乘务员和乘客提供氧气。

飞机氧气系统主要包括：机组氧气系统、乘客氧气系统和便携氧气设备，如图 8 – 1 所示。

飞行机组氧气系统独立于其他系统而工作。机组氧气系统采用气态氧气，属于高压气体系统。高压氧气储存在位于电子电气（EE）设备舱内的高压氧气瓶中，通过一根供氧总管通到机组氧气面罩内，如图 8 – 2 所示。

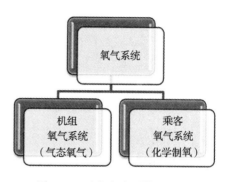

图 8 – 1　飞机氧气系统的组成

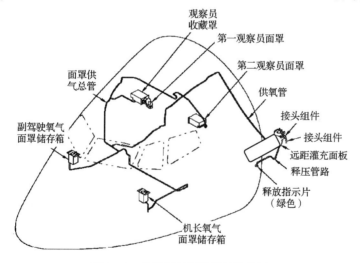

图 8 – 2　机组氧气系统部件的位置

乘客氧气系统使用化学氧气发生器。发生器安装于乘客服务组件（PSU）中。每个化学氧气发生器是独立的，且只向相应的氧气面罩供氧。氧气面罩用软管连接在化学氧气发生器上。

8.2　机组氧气系统

机组氧气系统用于向飞行机组提供低压氧气。高压氧气瓶内的高压氧气，经减压可输送到机长、副驾驶和观察员的氧气面罩。有些型号的飞机上装有第二观察员氧气面罩，如图 8 – 3 所示。机组氧气系统的主要工作部件位于电子电气设备舱，机组氧气压力指示器、氧气面罩等部件位于驾驶舱。

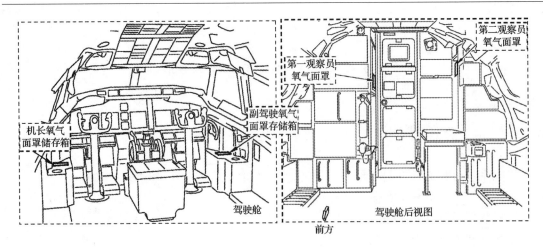

图 8 - 3　机组氧气面罩位置

8.2.1　机组氧气系统组成

机组氧气系统与其他氧气系统独立，它是高压气体系统。机组氧气瓶位于电子电气设备舱，通过一根供氧总管通到机组氧气面罩内。

如图 8 - 4 所示，机组氧气系统的主要组成部件包括：高压氧气瓶、关断阀、氧气瓶压力表、压力传感器、减压调节器（减压阀）、氧气面罩和调节器、氧气系统压力指示器（位于驾驶舱 P_5 后板）等。氧气瓶压力表用于指示氧气瓶内压力，也可指示氧气瓶内氧气的量，不管氧气瓶关断阀的位置如何。氧气瓶关断阀用于打开或关闭氧气瓶供氧，它在正常情况下是打开的。当要拆开氧气系统进行维护时，首先要将关断阀关闭。

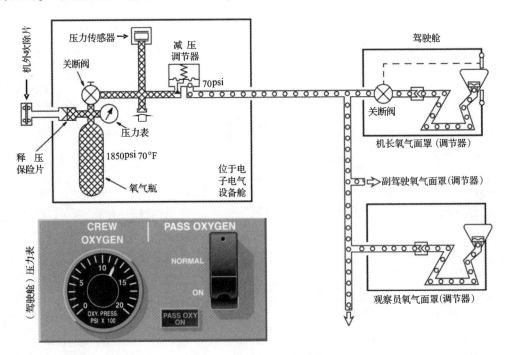

图 8 - 4　典型机组氧气系统

压力传感器将感受的压力信号输送到驾驶舱氧气压力指示器（见图 8 – 4）。

氧气瓶接头组件内有释压保险片（易碎片），当氧气瓶内压力达到 2600psi，此保险片破裂，氧气瓶内的压力释放到机外，以保护氧气瓶。在机外排放口有绿色的氧气瓶释压指示片（或称吹除片），如果此绿色指示片被吹除，则说明氧气瓶已超压释压。氧气瓶的超压排放功能与氧气瓶关断阀的位置无关。

减压调节器（减压阀）用于将高压氧气减压到 60 ~ 85psi，输送到氧气面罩。氧气面罩和调节器为一体。当从储存箱中取出氧气面罩后，舱门作动的关断阀（见图 8 – 4）打开，氧气可以输送到氧气面罩。

8.2.2　氧气瓶

机组高压氧气瓶用于储存高压氧气，供飞行机组人员使用。钢制氧气瓶是绿色的。

氧气瓶位于电子电气设备舱，固定在滚轮架上，可以通过前货舱接近，如图 8 – 5 所示。

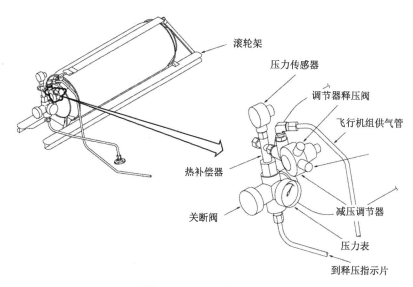

图 8 – 5　机组氧气瓶位置

氧气瓶接头组件将氧气瓶连接到飞机分配系统上。供氧管是由无缝不锈钢管制成，使用无喇叭口接头。

在氧气瓶关断阀用于打开或关闭氧气瓶（见图 8 – 4 和图 8 – 6），即打开供氧或关闭供氧。正常工作情况下，此关断阀处于打开位置。氧气瓶上的机械式压力表，显示氧气瓶内的压力在 70 ℉时，氧气瓶充压到 1850psi。压力表中的压力与氧气瓶关断阀的位置无关。

氧气系统管路包括下列部件：

①防腐、无缝不锈钢管。

②无喇叭口接头。

③卡口形快速拆卸接头。

④有编织保护层的硅橡胶软管。

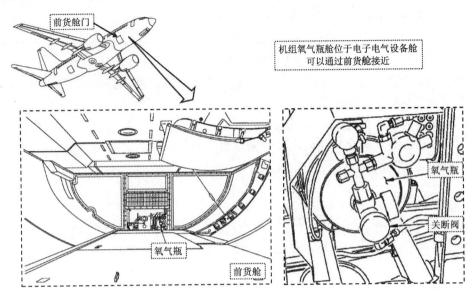

图 8 - 6　氧气瓶接头组件

8.2.3　氧气瓶接头组件

氧气瓶接头组件（见图 8 - 6）位于瓶体的头部。包括机组供氧所需要的部件。

①慢开关断阀。

②机械压力表。

③热补偿器。

④减压调节器。

⑤压力传感器。

⑥机外释压管路。

⑦到驾驶舱的供气管路。

注意：在航线维护中不允许调整减压调节器，必须拆下然后送到大修车间修理。

在氧气瓶接头组件处的压力传感器在飞行中给氧气面板（P_s）压力指示器提供信号（见图 8 - 4）。

热补偿器用于防止氧气瓶头部高温。

减压调节器中的膜盒控制计量阀，将来自氧气瓶的氧气高压（正常情况下，在 70 ℉ 时压力为 1850psi）减小到 60 ~ 85psi。

调节器内部有一个失效安全释压阀，当下游管路压力超过 100psi 时，释压阀打开。释压阀将氧气释放到周围区域，如图 8 - 4 所示。

8.2.4　超压释放和指示

如图 8 - 4 所示，在机组氧气瓶接头组件上有一个易碎保险片，保护氧气瓶防止超压。如果氧气瓶压力达到 2600psi，释压保险片破裂，通过一个高压管路（见图 8 - 6）将氧气瓶与机外连通。释压指示片覆盖在管路出口（见图 8 - 7），释放的高压氧气可以将指示片吹掉。指示片被吹除表明氧气瓶超压释放。

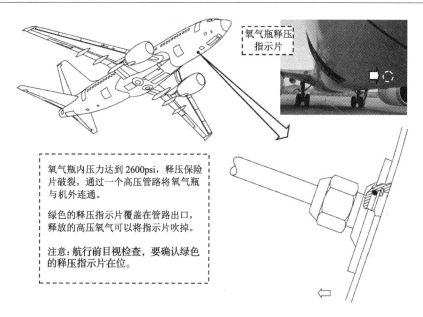

氧气瓶释压指示片

氧气瓶内压力达到2600psi，释压保险片破裂，通过一个高压管路将氧气瓶与机外连通。

绿色的释压指示片覆盖在管路出口，释放的高压氧气可以将指示片吹掉。

注意：航行前目视检查，要确认绿色的释压指示片在位。

图8-7 氧气瓶超压释放

氧气瓶超压释压指示片是一个绿色塑料片，用一个卡环保持在原位。释压指示片埋头安装在机身蒙皮上，位于电子电气设备舱外部接近门的后面。

注意：航行前目视检查，要确保绿色的机组高压氧气瓶释压指示片在位。

8.2.5 机组氧气压力指示器

机组氧气系统压力指示器位于驾驶舱 P_5 后顶板上的氧气面板（见图8-8）。当机组氧气瓶关断阀打开时，可显示氧气瓶内的压力，即高压端压力，如图8-4所示。

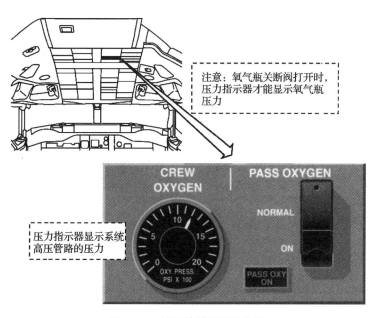

注意：氧气瓶关断阀打开时，压力指示器才能显示氧气瓶压力

压力指示器显示系统高压管路的压力

CREW OXYGEN

PASS OXYGEN

NORMAL

ON

10

5　　15

0　　20

OXY. PRESS
PSI X 100

PASS OXY
ON

图8-8 氧气控制面板的位置

安装于氧气瓶接头组件上的压力传感器向飞行机组氧气压力指示器提供氧气瓶压力信号。

压力传感器是一个固态电子装置。它使用压电晶体，将氧气压力信号转变成电信号。

压力指示器内部有灯，从电瓶汇流条获得 28V 直流电。指示器的读数为 0~2000psi。

指示器指示机组氧气瓶压力。在环境温度为 70℉（21℃）时，正常氧气瓶压力是 1850psi。

注意：机组氧气瓶关断阀必须打开，压力指示器才能显示氧气瓶压力。

电瓶电门必须在"ON"位，以给指示器供电。

8.2.6 机组氧气面罩及调节器

飞行机组氧气面罩给每个机组成员提供独立调节的氧气源。每个机组成员都有一个氧气面罩，飞行员的氧气面罩装在储存箱内（见图 8-2 和图 8-3），观察员的氧气面罩装在收藏罩内。机组成员的氧气面罩型号相同。

如图 8-9 和图 8-10 所示，氧气面罩包括下列部件：

①口鼻罩。

②充气软管。

③供氧软管及接头。

④麦克风导线及接头。

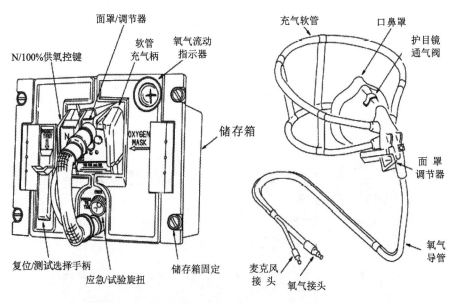

图 8-9　氧气面罩（口鼻罩）及调节器

飞行员氧气面罩保存在储存箱中。储存箱有下列部件：

①自动关断阀。

②氧气流动指示器（闪动的黄十字信号）。

③复位/测试手柄。

观察员氧气面罩储存在收藏罩中。收藏罩没有储存箱的功能。

飞行机组氧气面罩在机组座位外侧，如图 8 - 3 所示。

飞行机组氧气面罩有下列控制特征：

①稀释供氧或 100% 供氧。

②测试按钮。

③需求或恒定的供氧气流。

④面罩充气管。

⑤护目镜通气阀（有些型号上的飞机上装配）。

储存箱中的氧气流动指示器闪动，表明有氧气流到氧气面罩。黄色的十字指示氧气流动。

当储存箱关断阀打开时，在箱门上的白色的氧气接通旗标显示，如图 8 - 11 所示。

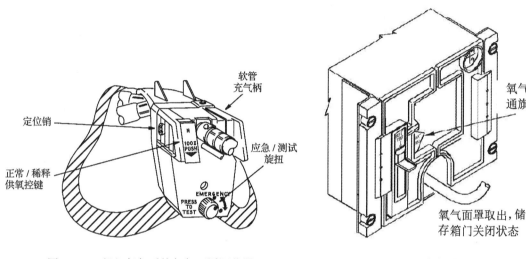

图 8 - 10　机组氧气系统氧气面罩调节器　　　　图 8 - 11　氧气接通旗标

要从储存箱上取出氧气面罩，抓紧并拉出红色的充气柄（见图 8 - 9）。当充气柄被按入时，弹性的面罩充气软管充气。在充气软管充气状态下，可以用一只手戴上氧气面罩。当松开充气柄时，充气软管放气，放气后的软管收缩，将面罩紧罩在面部。

当从储存箱中拉出氧气面罩时，储存箱箱门作动的关断阀打开，当关上箱门时，储存箱盖上的白色氧气（OXY ON）接通旗标伸出（见图 8 - 11）。旗标伸出说明面罩储存箱关断阀（见图 8 - 4）打开，有氧气供到氧气面罩，飞行机组氧气面罩此时可以向使用者提供氧气。

有两种供氧模式：

①需求供氧。

②连续供氧。

在需求供氧模式下，只有当使用者吸气时，面罩调节器才提供氧气。

将应急/测试旋钮转到"应急"位即可选择连续供氧模式（见图 8 - 10）。连续供氧模式下，不管使用者是否呼吸，都会有氧气连续不断供到氧气面罩。如果要在驾驶舱失火的情况下清除面罩护目镜内的烟雾，就要选择连续供氧模式，此时打开护目镜通气阀（见图 8 - 9），氧气压力即可将护目镜中的烟雾清除。

机组氧气面罩是稀释/需求型面罩。每个氧气面罩上的 "N/100%" 供氧控键（见图 8-9）可选择需求供氧方式。

需求供氧模式包含两种方式：正常稀释供氧（氧气空气混合）和 100% 供氧（供纯氧）

按下红色的 "N/100%" 供氧控键（图 8-9 和图 8-10）的 N 端，在稀释供氧方式下，面罩上的真空膜盒作动的计量见阀控制座舱中的环境空气与氧气的混合比例。氧气与空气的混合比例与座舱高度成比例。座舱高度是座舱内空气的绝对压力所对应的标准气压高度。在稀释供氧方式下，当座舱高度较低时，氧气所占供气比例较小；随着座舱高度的升高，氧气所占供气比例逐渐增大。为选择纯氧，按压红色的 "N/100%" 供氧控键到 "100%" 位置。

氧气流动指示器（见图 8-9）黄十字闪亮说明有氧气流到氧气面罩。

复位/测试选择手柄用于对系统测试和当面罩处于储存状态时复位关断阀。

以上分析可知，氧气面罩储存箱可以自动关断氧气阀（见图 8-4，储存箱门作动的关断阀），指示氧气流动以及测试/复位功能。而观察员氧气面罩收藏罩无上述功能。

8.2.7 机组氧气系统的使用和维护

有不同的氧气瓶规格，确保使用相同规格的氧气瓶进行更换。氧气瓶必须安装在支撑架上。

保持氧气瓶和部件的清洁，避免油脂、滑油或其他污染物。只能使用批准的清洁，安装和测试材料。

在断开氧气瓶接头前，要放出机组面罩供氧管的压力。当增压时，不要拧动管路接头。

不要过度拧紧氧气瓶关断阀或氧气瓶接头。

当氧气瓶压力太低而不能满足使用要求时，应进行更换，有些型号飞机上带有远距灌充面板，可进行氧气瓶灌充。

维护氧气系统要特别注意保持清洁。氧气系统维护人员应该了解在氧气系统勤务时所要使用的特殊材料和特殊程序。

保持氧气系统干燥和清洁。使用批准的清洁材料。

警告：不允许滑油、油脂或其他易燃物品接触、润滑氧气系统部件。这些物品曝露在高压氧气中时，可能着火或导致爆炸。着火或爆炸会引起人员伤害和设备损伤。

8.3 乘客氧气系统

乘客氧气系统采用化学氧气发生器，为乘客和客舱机组人员在紧急情况下提供氧气。化学发生器在乘客服务组件（PSU）、卫生间服务组件（LSU）和乘务员服务组件（ASU）内。每个发生器都是独立的，仅给相连接的面罩供氧。

乘客氧气系统由 P_5 板上的氧气面板上的电门人工控制。在紧急情况下，也可自动接通。氧气发生器的供氧时间大约是 12min。

乘客氧气发生器、面罩、引爆销机构和展开门锁作动器都在服务组件中（见图 8-12）。

带有保护盖的乘客氧气控制电门用于人工释放乘客氧气面罩，该电门位于 P_5 后顶板上。

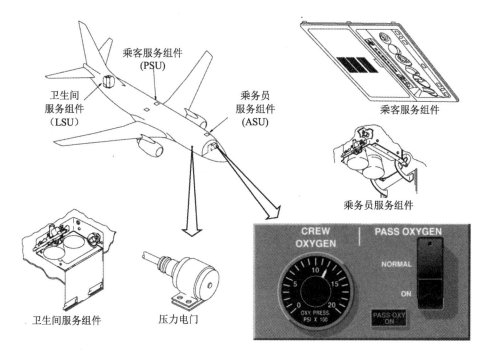

图 8 – 12　乘客氧气系统部件的位置

压力电门用于自动释放乘客氧气面罩。压力电门位于电子电气（EE）设备舱的 J23 接线盒中。

乘客氧气系统使用化学氧气发生器生成氧气。来自发生器的氧气流经供氧软管供给乘客氧气面罩。

乘客氧气面罩可以采用下列方法之一释放：

①氧气系统控制面板（P_5）上的乘客氧气控制电门，由飞行机组人工放下。

②由压力电门操纵自动放下（座舱高度达到 14000ft 时）。

当乘客氧气面罩脱落时，P_5 后顶板上的乘客氧气打开灯亮（琥珀色）。

8.3.1　氧气发生器

氧气发生器给乘客和乘务员提供应急供氧。

如图 8 – 13 所示，氧气发生器由金属外壳、机械引爆机构、发生器芯子、气滤和释压阀等组成。在发生器的一端是弹簧力作动的引爆机构，包括释放绳索和释放销、引爆销（撞针）和发火帽；发生器的另一端是出口、释压阀和气滤。

氧气发生器靠化学反应生成氧气，氯酸钠和铁粉发生化学反应，生成盐和氧气。起动化学反应后，就不能停止，一直到所有的化学反应完成。在该反应中会产生热量，发生器表面温度可达 450 ℉（232℃）。

如图 8 – 13 所示，当氧气发生器开始供氧，气态氧气经过气滤后流到输出总管。输出总管出口用软管连接到乘客氧气面罩。释压阀可防止发生器超压。

氧气发生器机械操纵。当乘客拉下氧气面罩时，面罩拉索拉动引爆销释放索。释放索拉动释放销，弹簧加载的引爆销撞击发火帽。发火帽提供起动发生器所需的能量。

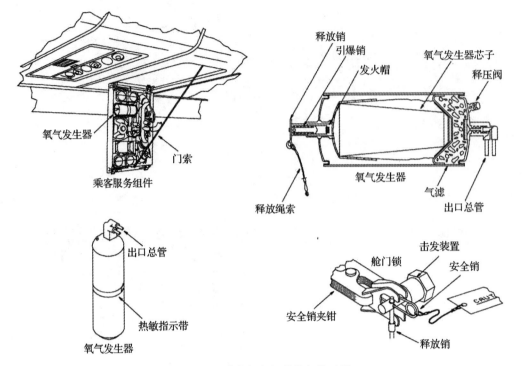

图 8 – 13　乘客氧气组件舱门作动器

发生器上的热敏指示带显示发生器的状态。指示带通常是橘黄色的。在使用期间所产生的热量可使指示带变成黑色。

不能对用过的发生器进行充装。如果指示带变黑，须更换发生器。

如图 8 – 13 所示，氧气发生器上的安全销可防止维护时偶然引爆发生器。引爆销有交叉孔安装安全销。可以用安全销钳子拉出引爆销从而露出安全销孔。

警告：确保从氧气发生器的引爆销上拆下安全销。如果装上安装销，则紧急时不能引爆氧气发生器。

注意：当拆卸和安装氧气发生器时，必须非常小心。不要损坏氧气发生器或使其失效。如果发生器损坏，则可能不能引爆发生器。不要试图从氧气发生器上拆下引爆机构。引爆机构不能重新组装。

8.3.2　门锁作动器

门锁作动器可以打开氧气面罩展开门，从而使氧气面罩脱落。

门锁作动器有下列部件：

①电磁线圈。

②弹簧加载的锁作动器。

③弹簧加载的撞针。

④弹簧加载的舱门锁。

如图 8 – 14 所示，门锁作动器有一个电控电磁线圈，电磁线圈的电磁力驱动卡销，使卡销脱离撞针。卡销脱离撞针后，撞针弹簧推动撞针释放门锁，使氧气面罩箱门打开。乘客氧气面罩用 28V 直流电动展开。

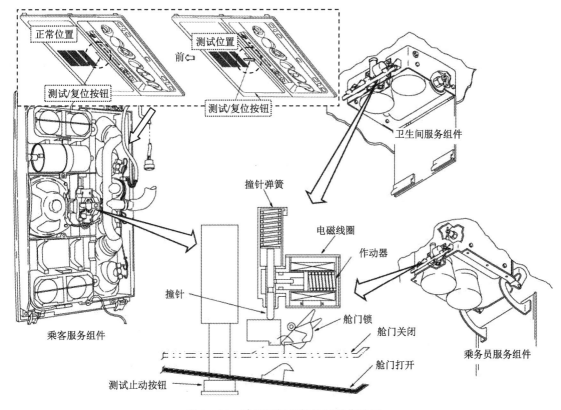

图 8 - 14　乘客氧气组件舱门锁作动器

　　测试止动组件可使舱门停止以进行系统检查。

　　氧气面罩门靠弹簧加载的门锁保持在关闭位置。此时门锁作动器卡销进入撞针卡槽，在门锁作动器弹簧的作用下，卡销使撞针保持在缩入位置。

　　乘客氧气面罩展开门有测试/复位按钮。这些按钮有下列目的：

　　①使门打开测试更容易。

　　②使门锁作动器复位。

　　测试/复位按钮是一个方形按钮，位于乘客氧气面罩门上（见图 8 - 14）。

　　在正常位置，当门锁作动器通电时，止动按钮（见图 8 - 14）允许舱门完全打开。

　　在测试位置，拉出止动按钮，并横向转动到门板的凹槽处。在这个位置上，展开门不能完全打开，从而防止氧气面罩脱落。在测试面罩展开系统时，可以使用这一位置。

　　进行下列步骤，以使门锁作动器复位：

　　①保持氧气面罩门板关闭。

　　②将测试/复位按钮调到正常位置。

　　③按测试止动和复位按钮。

　　当弹簧加载的锁作动器复位时，可以听到咔的声音。

　　乘客服务组件氧气门可以人工打开。为此，在门板释放孔内插入一个 0.125in（3.0mm）销冲，然后推动锁，即可打开门。

　　乘务员服务组件氧气门和卫生间服务组件氧气门可以人工打开。为此，在门边的缝隙中插入一个平口工具（6.0in 的长度），而后推动门锁打开门。

8.3.3　乘客氧气面罩

乘客氧气面罩在飞机应急减压时，给飞机乘客和乘务员提供呼吸用氧。

如图 8 – 15 所示，乘客氧气面罩有下列部件：

①明黄色的带有呼吸阀的硅胶面罩，弹性头带和发生器释放拉索。

②供气软管和储氧袋。

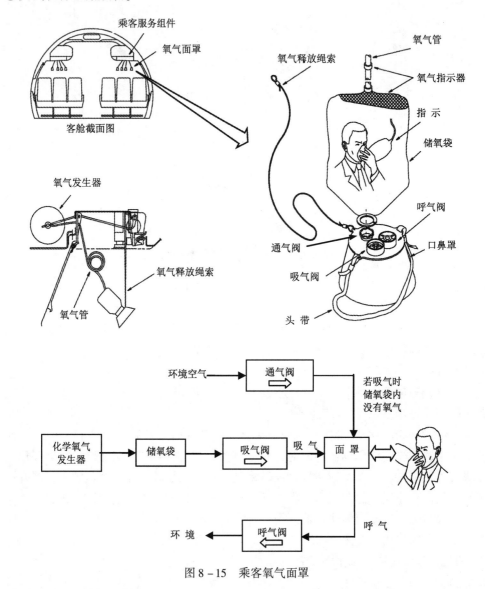

图 8 – 15　乘客氧气面罩

每一个组件都额外提供一个面罩供婴儿使用。

面罩储存在服务组件内。

当放出时，面罩靠拉索悬挂。当将面罩罩在面部时，面罩拉索拉动释放索，氧气发生器被触发，开始产生氧气流。

氧气从总管流经面罩，一直到储氧袋。当使用者不呼吸时，储氧袋储存从发生器恒定流出的氧气。

如图 8 – 15 所示，当使用者吸气时，氧气流过储氧袋和面罩吸气阀，到达氧气面罩。当储氧袋中氧气不足时，面罩环境通气阀打开，使环境空气进入面罩。

当使用者呼气时，吸气阀和环境通气阀关闭，而呼气阀打开，呼出的气体通过呼气阀流出面罩。

将黄色面罩罩在口鼻处，柔性的硅胶面罩形状与面部吻合，密封性能良好。手持面罩或将弹性头带戴在头上，拉动头带一端可调节头带松紧度。

在储氧袋上有相关面罩使用的介绍。在某些型号的组件中，储氧袋上有内部流动指示，当氧气流进袋中时，指示部分有绿色标志方便识别。其他类型的指示包括管内流动指示，在有氧气流动时变成绿色。

对不同的储氧袋和管路组件，氧气管的长度不同。要确保使用正确的导管长度。

当对乘客服务组件（PSU）进行改装，变更原来配置时，保证靠近 PSU 的供气管支架与乘客氧气供气管不发生冲突。如果不正确，当 PSU 关闭时，支架可能挤压或切割供气管。

8.3.4 乘客氧气组件舱门锁作动器控制电路

下列任一项接通，两个氧气组件展开继电器的触点接通，服务组件门锁作动器获得动力：

①乘客氧气电门置于"ON"位（R_{323}）（见图 8 – 16）。

②14000ft 电门（R_{322}）工作。

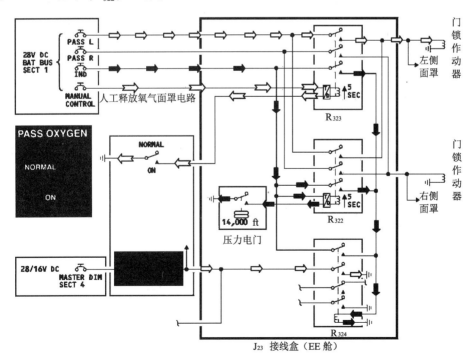

图 8 – 16 氧气系统警告/指示信号

乘客氧气控制电门和乘客氧气接通琥珀灯在 P_5 后顶面板上。

下列部件在电子电气（EE）设备舱的 J_{23} 接线盒内（见图 8 – 17）。

①R_{323} 乘客氧气人工打开继电器。

②R_{322} 乘客氧气自动打开继电器。

③R_{324} 乘客氧气指示继电器。

④S_{813} 高度压力电门（14000ft）。

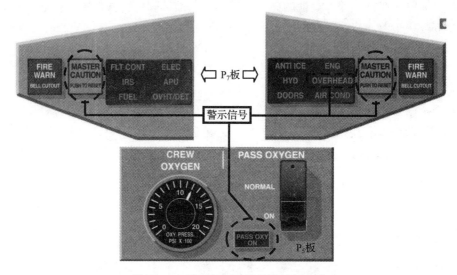

图 8 – 17   乘客氧气系统门锁控制电路

当将乘客氧气控制电门扳到"ON"位，R_{323} 继电器导通，两个门锁作动器电磁线圈通电，氧气面罩脱落。R_{323} 继电器的导通，通过其触点，还会将 28V 直流电引到 R_{324} 继电器，氧气指示继电器通电。氧气指示器继电器（R_{324}）的触点通电导致下列情况发生（见图 8 – 16 和图 8 – 17）

①乘客氧气接通琥珀灯亮。

②主警戒灯和"头顶"信号灯亮。

③继电器保持电路通电。

当座舱高度等于或大于 14000ft 时，压力电门接通的触点使 R_{322} 继电器导通，自动释放乘客氧气面罩。

氧气面罩的自动或人工释放都是电动的。

8.4   便携氧气设备

手提氧气瓶用于座舱内移动急救和维持的目的，如图 8 – 18 所示。

保护呼吸设备（PBE）给机组成员提供防烟罩和空气系统，以防烟雾或有毒气体。PBE 可在火焰中保护使用者。

8.4.1   手提氧气瓶

手提氧气瓶用于急救和辅助性目的。

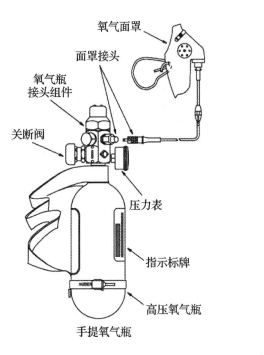
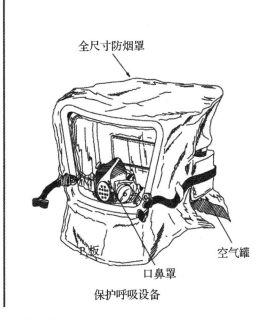

图 8 - 18　便携氧气设备

下列是存放手提氧气瓶的位置：

①风挡玻璃、卫生间和厨房的外墙。

②舱顶行李箱有标志的地方。

③储藏柜有标志的地方。

每个手提氧气瓶是一个独立系统。氧气瓶储存高压氧气，70 ℉（21℃）环境温度下1800psi。在氧气瓶上的压力表显示瓶内的压力（氧气的量）。氧气瓶上的关断阀控制高压氧气流到气瓶接头组件。气瓶接头组件调节氧气压力和流到氧气面罩的流量。

手提氧气瓶有下列部件（见图 8 - 19）：

①识别标牌。

②高压氧气瓶。

③"ON/OFF"关断阀。

④压力调节器。

⑤定流出口。

⑥灌充阀。

⑦安全释压阀。

⑧氧气面罩和软管。

⑨便携提带。

气瓶头定位器有下列失效安全装置：

⑩热/易碎超压释放塞，如图 8 - 19 所示的保险塞。该装置在形成危险压力之前释放气瓶压力。

⑪释压阀。该阀安装在调节器的低压端，可防止压力调节器的下游超压。

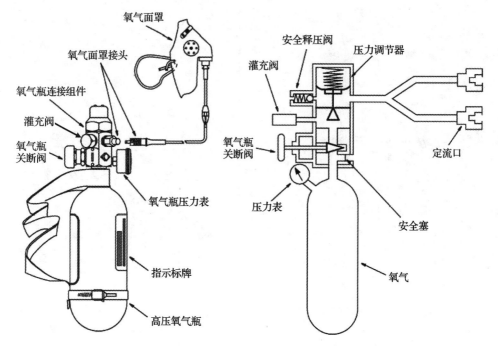

图 8 - 19　手提氧气瓶

当关断阀在打开位时，氧气瓶给两个恒定流量出口供氧。出口接头有玻璃芯计量装置和单向阀。单向阀在连接面罩后不起作用，氧气可以流动。出口使用标准卡口型接头。

关断阀顺时针转动关闭，储存时须关闭关断阀；当使用或灌充时，逆时针转动打开关断阀。

8.4.2　保护呼吸设备

保护呼吸设备（PBE）帮助机组人员在有烟和有毒的气体环境下可以呼吸。PBE 密封在保护容器内，可延长储存寿命。

PBE 储存在储藏箱中，储藏箱装在灭火瓶附近，位于：

①厨房区域。

②驾驶舱（选装）。

每个 PBE 都单独存放（分离）。PBE 可以提供防烟面罩和空气源，如图 8 - 18 所示。

PBE 是由防火材料作成的，很容易戴在头上。

PBE 有透明板，提升使用者的视野。

PBE 中的口鼻面罩给使用者供气。面罩有通话膜片。膜片允许使用者进行口头通话，并使用飞机通信系统。

PBE 供气系统使用化学氧气发生器，化学空气再生器，或压缩氧气作为支持空气源。

拉出 PBE 的带子将面罩固定在口鼻处，即起动供气系统。

第9章 防火系统

9.1 概述

不管是在飞行中还是在地面上，失火对飞机来说是最危险的威胁之一。飞机的失火是飞机使用、维护过程中最常发生的事故之一。飞机一旦失火，危险性极大，因此，飞机防火系统的正常工作是飞机安全的重要保障。

防火系统主要用于监控飞机的起火、烟雾、过热及引气管道的泄漏情况，并将可能出现的火情迅速扑灭。防火系统主要包括火警探测和灭火实施两大部分。

火警探测系统由火警传感器、火警控制组件、火警信号装置和连接导线等组成。用以探测火警或过热条件，并以灯光或声响等形式发出火警信号，以便机组人员及时采取灭火措施。

波音737飞机的火警/过热探测系统主要包括：发动机过热探测、发动机火警探测、APU火警探测、主轮舱过热探测、机翼/机身过热探测、货舱烟雾探测、厕所烟雾探测等。当飞机出现火警或过热条件时，P_7板上两个红色火警灯亮，声响警告组件的警铃响，提示飞行员进行下一步灭火的准备工作。

波音737飞机可以进行灭火的区域包括发动机、APU、厕所、货舱。另外在座舱内还配有手提式灭火瓶，可以对座舱内的火源进行灭火操作。

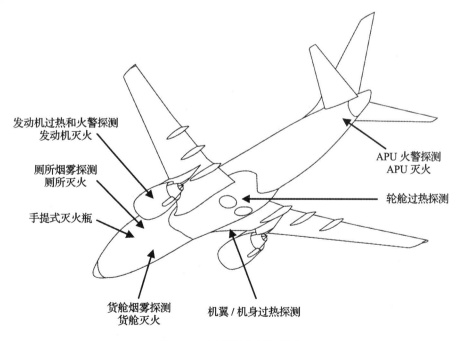

图9-1 飞机防火系统组成

9.2　防火警告系统

当发动机、APU、主轮舱及前后货舱产生过热或火警警告时，防火警告系统向机组提供目视和声响指示。这些目视及声响指示包括：P_7 遮光板上的主告诫灯和火警灯；驾驶舱声响警告组件的警铃；右主轮舱中 P_{28} 板上的火警灯及火警喇叭。

当发动机出现火警时，发动机及 APU 火警探测组件提供接地信号给两红色火警灯，使之点亮，同时火警警铃响。当 APU 出现火警时，发动机和 APU 火警探测组件提供接地信号给两火警灯及警铃，同时提供电源给 P_{28} 板上的火警灯及喇叭。当主轮舱出现火警时，舱体过热探测控制器提供接地信号给两火警灯及警铃。当前、后货舱出现烟雾，货舱电子组件提供接地信号给两火警灯及警铃。两个火警灯、火警警铃在去掉接地信号后复位，复位可通过按压左、右火警灯、P_8 板上的警铃关断电门及 P_{28} 板上的警铃关断电门实现。

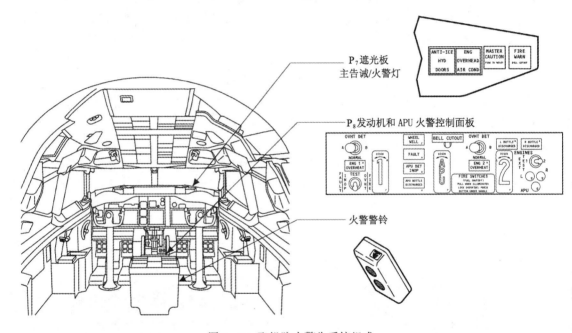

图 9-2　飞机防火警告系统组成

9.3　发动机防火系统

发动机防火系统由火警探测和灭火实施两部分组成。

9.3.1　发动机火警探测系统

9.3.1.1　工作原理

发动机火警探测系统使用发动机上的探测器来监测发动机过热和火警状态。系统由过热/火警探测器、控制和测试电路、警告灯和火警警铃等组成。

发动机火警探测系统的主要部件包括：发动机过热/火警探测器（A 环路和 B 环路）、

发动机和 APU 火警探测组件、过热和火警指示控制面板、声响警告组件等。当发动机过热/火警探测器根据温度不同而感应到过热或着火时，探测器给发动机和 APU 火警探测组件发送信号，驾驶舱内的警告指示系统工作。P₇ 板及发动机和 APU 火警控制面板上的灯光点亮，向驾驶员提供可视的警告信息。同时，驾驶舱内的火警警铃响。

当探测器故障时，发动机和 APU 火警探测组件会在组件面板与发动机和 APU 火警控制面板上给出指示。

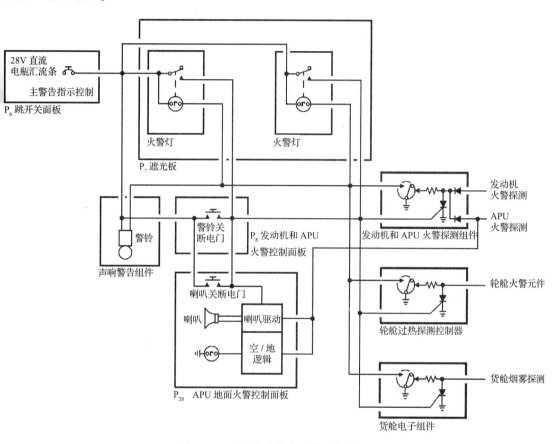

图 9 - 3　飞机防火警告系统工作原理

9.3.1.2　发动机过热/火警探测器

发动机过热/火警探测器监控发动机区域的高温。每台发动机有 8 个探测器。探测器监测发动机的 4 个区域，分别是风扇机匣上部区域、风扇机匣下部区域、核心机左部区域和核心机右部区域。在每个区域，两个带套管的探测器连接在支撑管路上构成一个组件。组件中一端为 A 环路的探测器，另一端为 B 环路的探测器。

如果系统中任何一个发动机过热/火警探测器失效，发动机火警探测组件将自动转换到仅由一条环路向发动机火警探测组件提供警告信号的单环路工作模式。在单环路工作模式下，仅有的一条环路必须探测过热或火警状态，以使发动机过热/火警探测组件可以在过热或火警状态下向机组发出警报。

除了在进行过热/火警测试（OVHT/FIRE test）时，单环路工作模式时在驾驶舱内没有任何指示。

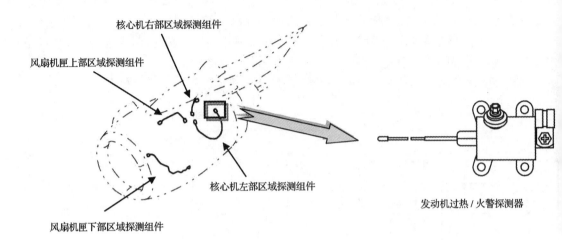

图 9 - 4　发动机火警探测组件分布

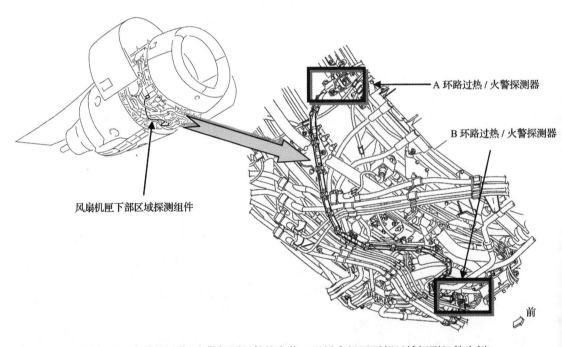

图 9 - 5　发动机过热/火警探测组件的安装（以风扇机匣下部区域探测组件为例）

　　每个发动机过热/火警探测器由压力电门、电阻和接线柱组成，探测器中的 3 个压力电门分别监控发动机故障（失去气体压力）、过热和火警情况。正常情况下，探测组件内的不锈钢充气感应管路内的气体压力使探测器故障压力电门保持在闭合位，当过热或火警发生时，充气感应管路内气体压力增加，探测器过热和火警压力电门将会随着温度的升高而依次闭合。过热或火警信号发送到发动机和 APU 火警探测组件，然后由发动机和 APU 火警探测组件给驾驶舱提供灯光和声响警告指示。当探测器感应到充气感应管路内的压力降低（如管路漏气），故障压力电门断开，并将故障信号发送到发动机和 APU 火警探测组件。

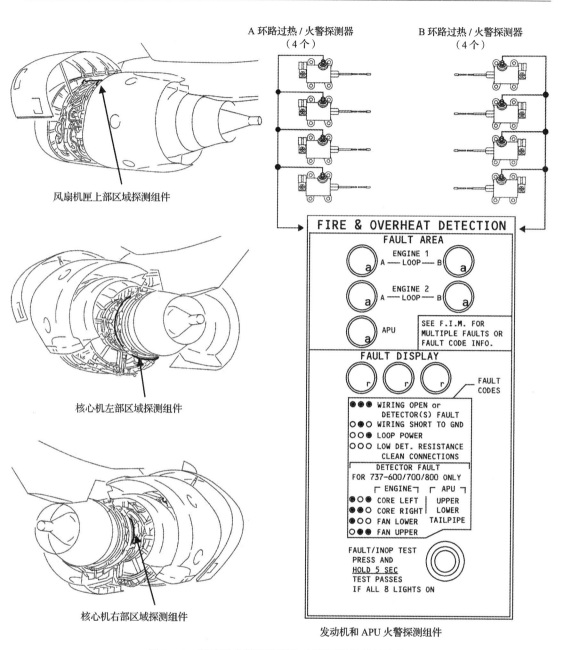

图 9 - 6 发动机火警探测器与火警探测组件的连接

发动机过热/火警探测器的警告设定温度有两个，当达到较低的设定值时，系统发出过热警告，当达到较高的设定值时，系统才会发出火警警告。风扇机匣上、下部探测器的过热温度设定值为 345 ℉（174℃），火警设定值为 580 ℉（304℃），核心机左、右部探测器的过热温度设定值为 650 ℉（343℃），火警设定值为 850 ℉（454℃）。

9.3.1.3 发动机和 APU 火警探测组件

发动机和 APU 火警探测组件通过探测器监测发动机过热或火警。同时它也监测 APU 火警。

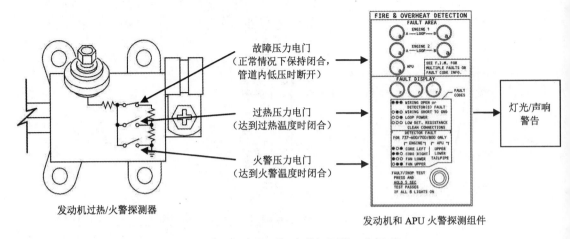

图 9 - 7　　发动机过热/火警探测器工作原理

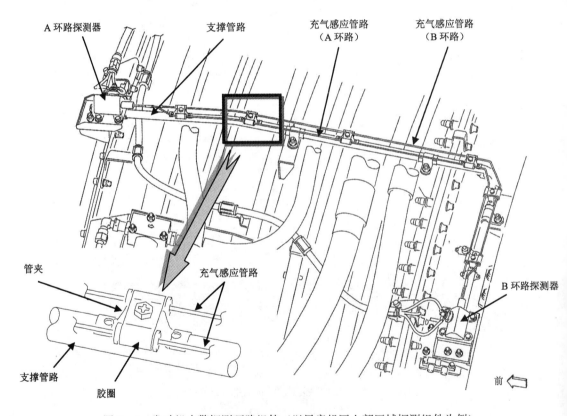

图 9 - 8　　发动机火警探测环路组件（以风扇机匣上部区域探测组件为例）

　　发动机和 APU 火警探测组件位于电子设备舱 E2 - 2 架。组件内有发动机过热和火警探测以及 APU 火警探测控制电路。其前面板有 1 号发动机 A 环路琥珀色故障灯、1 号发动机 B 环路琥珀色故障灯、2 号发动机 A 环路琥珀色故障灯、2 号发动机 B 环路琥珀色故障灯、APU 琥珀色故障灯、3 个红色故障显示灯及一个故障/不工作测试电门。

　　正常状态时，前面板上所有的灯都是熄灭的。当发动机上某探测环路发生故障时，相应的琥珀色故障指示灯点亮，故障显示灯显示故障代码。按下故障/不工作测试电门，通过模拟故障检测所有探测电路,来发现故障。如果系统工作正常,前面板上所有的灯点亮。若某个灯不亮,则对应电路工作故障。

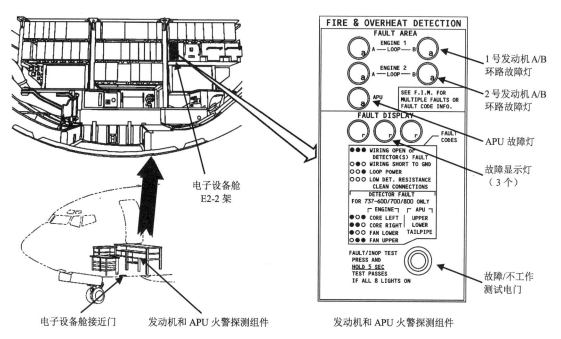

图 9-9 发动机和 APU 火警探测组件

若有多个发动机回路或 APU 过热/火警探测组件故障(两个或更多的琥珀色灯亮),故障显示将按照一定的优先级顺序依次显示,优先级从高到低分别是:1 号发动机 A 环路,1号发动机 B 环路,2 号发动机 A 环路,2 号发动机 B 环路,APU。多个探测组件故障同时发生时,只有当较高优先级的故障被隔离后,较低优先级的故障信息才会被显示出来。

9.3.1.4 发动机和 APU 火警控制面板

发动机和 APU 火警控制面板位于 P_8 板上,控制面板上的过热探测器电门(OVHT DET)可进行工作模式的选择。当电门被选到"正常"位时,只有当环路 A、B 都感应到过热时才会报警。当电门被选到"A"位时,只要环路 A 感应到过热就会报警。同样,当电门被选到"B"位时,只要环路 B 感应到过热就会报警。

当发动机过热/火警探测器感受到发动机达到或超过预先设定的过热温度时,探测器内的气体膨胀,关闭过热压力电门,降低了探测器的电阻。发动机和 APU 火警探测组件利用这个电阻的降低决定过热状态,同时点亮 P_7 遮光板上的主告诫灯和过热/探测指示灯,以及 P_8 板上相关发动机过热和故障灯,同时解除相关发动机灭火手柄电门的锁定状态。

当发动机过热/火警探测器感受到发动机达到或超过预先设定的火警温度时,探测器内的气体膨胀率更大。通过关闭火警压力电门,进一步降低探测器的电阻。发动机和 APU 火警探测组件利用这个信号决定火警状态,控制电路输出发动机火警信号。火警状态下,P_7 遮光板上的两个红色火警灯亮;声响警告组件火警警铃响;相关的发动机灭火手柄顶端的红色警告灯亮;相关的过热警告保持指示。按压任一火警警告灯或 P_8 板上的警铃切断电门,可以熄灭 P_7 板上的火警警告灯,并使火警警铃停响。

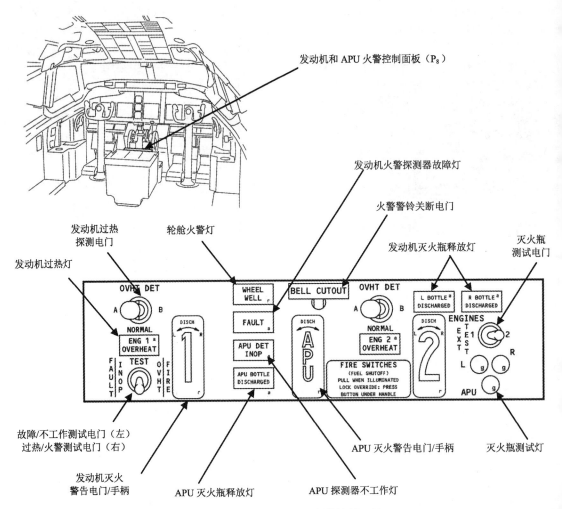

发动机和 APU 火警控制面板（P$_8$）

发动机火警探测器故障灯

火警警铃关断电门

发动机灭火瓶释放灯

灭火瓶测试电门

发动机过热探测电门

轮舱火警灯

发动机过热灯

故障/不工作测试电门（左）
过热/火警测试电门（右）

发动机灭火警告电门/手柄

APU 灭火瓶释放灯

APU 探测器不工作灯

APU 灭火警告电门/手柄

灭火瓶测试灯

图 9 – 10　发动机和 APU 火警控制面板

9.3.1.5　火警探测系统的测试

可使用发动机和 APU 火警控制面板左侧的 TEST（测试）电门对组件的探测电路和相关的驾驶舱指示系统进行测试。当测试电门处于 FAULT/INOP（故障/不工作）位置时，可以检测探测器线路，如果探测器线路是完好的，驾驶舱内将显示与真实火警相同的指示：主告诫灯和过热/探测指示灯亮；琥珀色故障灯亮；琥珀色 APU 探测器不工作灯亮；发动机和 APU 火警探测组件上所有的故障区域指示灯亮；5s 后，发动机和 APU 火警探测组件上所有的故障显示灯亮。在进行发动机故障测试时，APU 火警探测器故障电路也被同时测试。

当测试电门处于 OVHT/FIRE（过热/火警）位置时，可对组件的过热和火警探测电路和驾驶舱指示进行测试，并且 APU 火警和轮舱火警电路也被同时测试。驾驶舱内将显示与真实火警相同的指示：主告诫灯和过热/探测指示灯亮；两个红色火警灯亮；1 号发动机，2 号发动机，APU 灭火警告电门灯亮；1 号和 2 号发动机琥珀色过热灯亮；声响警告组件火警警铃响；红色轮舱灯亮；APU 地面控制面板火警喇叭响，红灯亮；1 号发动机、2 号发动机、APU 灭火手柄解锁。

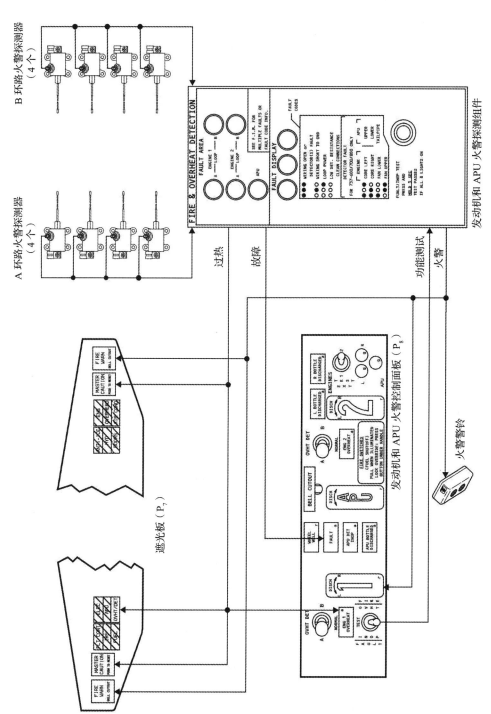

图 9 – 11 发动机火警探测系统功能测试

9.3.2　发动机灭火系统

9.3.2.1　工作原理

发动机灭火系统用于熄灭发动机舱的火焰。系统由发动机和 APU 火警控制面板、装在主轮舱中的两个灭火瓶及发动机灭火喷口等部件构成。系统通过将储存在灭火瓶中的 Halon（卤代烃）灭火剂喷射到发动机舱实施灭火。两个灭火瓶均可向任一发动机提供灭火剂。

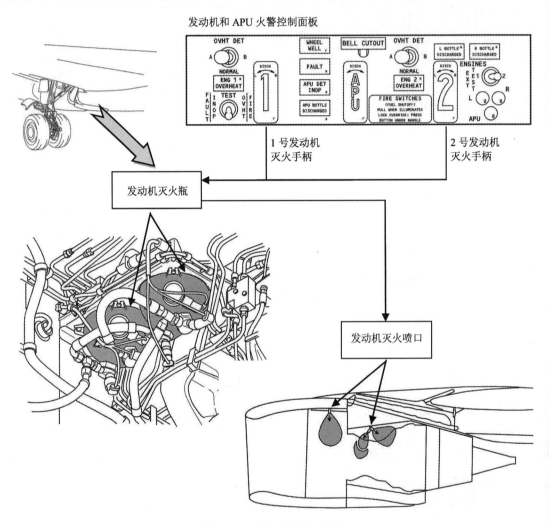

图 9 – 12　发动机灭火系统

9.3.2.2　发动机灭火瓶

两个发动机灭火瓶位于左主轮舱左上角的支架上。靠前的灭火瓶被定义为左灭火瓶，靠后的灭火瓶被定义为右灭火瓶。

球形灭火瓶上装有压力表和压力电门、安全释放口、两个电气接头和两个带爆炸帽的释放口。每个灭火瓶通过释放口连接到释放管道，经单向阀向相应发动机释放灭火剂。从两个灭火瓶到释放管道的接头尺寸是不同的，以防止错误安装。管道上有色标带，琥珀色管道供向左发动机，蓝色管道供向右发动机。

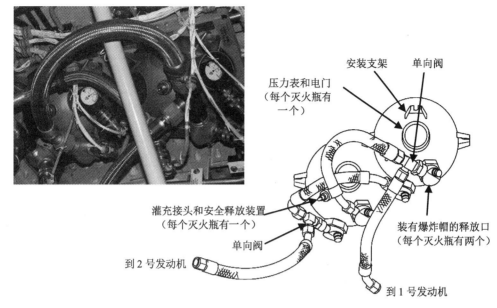

图 9 – 13　发动机灭火瓶

灭火瓶的释放由发动机和 APU 火警控制面板控制。每个灭火瓶在环境温度为 70 ℉（21℃）时，灭火瓶内装有压力为 800psi 的 Halon 灭火剂和氮气。通过灭火手柄对爆炸帽的操作，可向任一发动机舱实施两次灭火。如果由于环境温度超过 266 ℉（130℃），导致灭火瓶内压力过高，可通过安全释放口向轮舱内释放灭火剂。如果高温是由轮舱失火造成的，还可起到轮舱灭火的作用。

9.3.2.3　发动机灭火操作

当发动机出现过热或火警状态时，灭火手柄电门自动解锁，若自动解锁失效，也可人工作动灭火手柄。当提起灭火手柄时，为保证安全，发动机系统关断并隔离此台发动机部分附件的功能，例如，HMU 内的高压燃油阀关闭；反推控制电源关闭；发动机驱动泵关断阀关闭；发电机断开；PRSOV 关闭等。

当执行灭火操作时，若提起 1 号发动机灭火手柄并顺时针转动，右灭火瓶 1 号通道爆炸帽被引爆，灭火瓶向 1 号发动机喷射灭火剂，实施灭火；逆时针转动，左灭火瓶 1 号通道爆炸帽被引爆，实施 1 号发动机灭火。2 号发动机灭火的操作程序与 1 号发动机相同，可通过 2 号通道爆炸帽分别起动左、右灭火瓶向 2 号发动机灭火。当某一灭火瓶内压力低于 250psi 时，此灭火瓶压力电门闭合，发动机和 APU 火警控制面板上相应的琥珀色 "BOTTLE DIS-CHARGED"（瓶已释放）灯亮。

当发动机处于过热或火警状态时，若灭火手柄电门自动解锁失效，也可使用灭火手柄下方的手柄电门超控按钮为灭火手柄人工解锁。当将手柄提起后，即可进行正常的灭火操作。

9.3.2.4　发动机和 APU 灭火瓶测试

发动机和 APU 灭火瓶测试用来检测灭火瓶爆炸帽的导通性。测试结果决定灭火瓶爆炸帽是否需要更换。

灭火瓶测试电门和左、右灭火瓶及 APU 灭火瓶绿色测试灯位于发动机和 APU 火警控制面板右侧。该测试电门是一个三位置拨动电门，正常情况下，由弹簧预载在中立位。测试

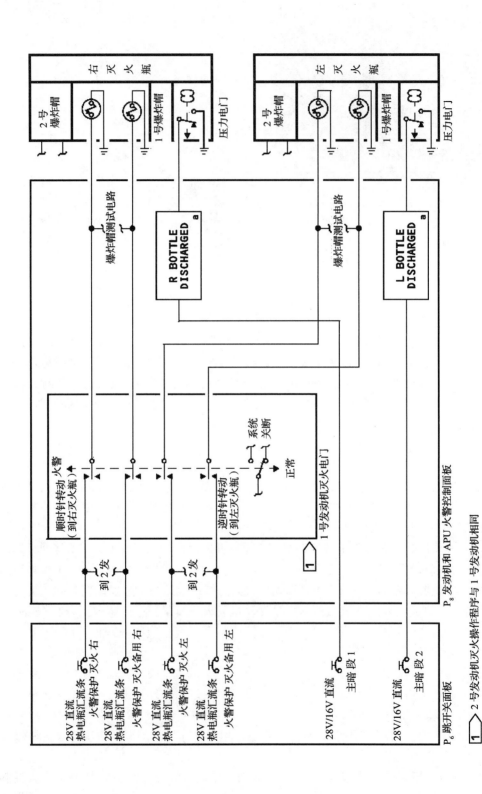

图 9 – 14　发动机灭火控制原理

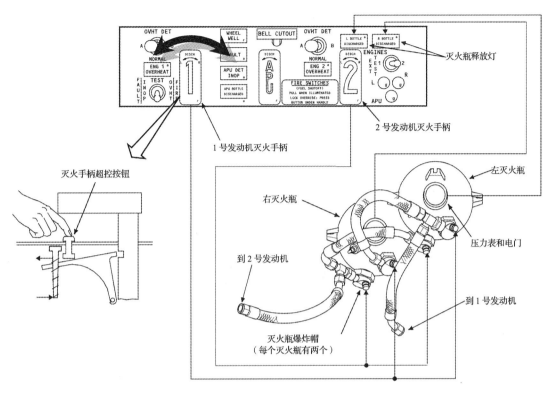

图 9–15 发动机灭火操作

时，当将电门置于 1 号位置时，电流通过左右两个灭火瓶 1 号爆炸帽及 APU 灭火瓶爆炸帽，若爆炸帽都能导通，绿色测试灯点亮，测试通过。当将电门置于 2 号位置时，测试左右两个灭火瓶 2 号爆炸帽及 APU 灭火瓶爆炸帽。

如果在测试中绿灯没有点亮，对应爆炸帽应被更换。

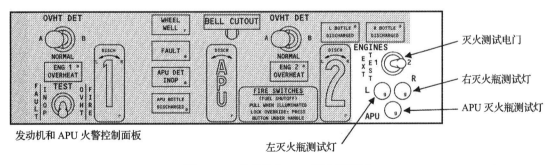

图 9–16 发动机和 APU 灭火瓶测试

9.4 APU 防火系统

APU 防火系统用来探测、指示和熄灭 APU 舱内的失火。系统由火警探测和灭火实施两部分组成。

9.4.1 APU火警探测系统

9.4.1.1 工作原理

APU火警探测系统使用APU上的探测器监测APU的火警状态。当系统探测到火警时，位于驾驶舱内P_7遮光板、P_8发动机和APU火警控制面板上的灯光警告工作，同时驾驶舱内的火警警铃响。与发动机过热/火警只在驾驶舱显示不同的是，APU火警不仅能在驾驶舱内显示，在位于右主轮舱内的P_{28}APU地面火警控制面板上的警告灯和喇叭也将同时工作。

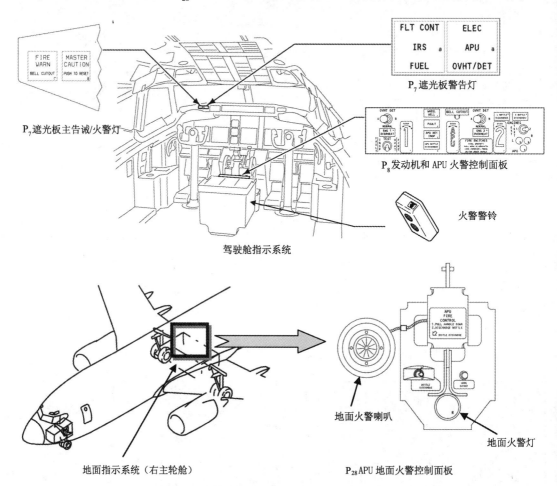

图9-17 APU火警指示系统

APU过热和火警探测系统的主要部件包括：APU火警探测器、发动机和APU火警探测组件、发动机和APU火警控制面板、APU地面火警控制面板（P_{28}板）、声响警告组件、APU电子控制组件等。

当APU出现火警时，火警探测器输送火警信号到发动机和APU火警探测组件。该组件在驾驶舱提供灯光和声响警示。同时，发动机和APU火警探测组件还输送信号到APU控制组件，从而自动关闭APU。

位于右主轮舱内的APU地面火警控制面板（P_{28}板）给出APU火警外部指示。该面板上的火警喇叭和红色火警灯以1s/次的频率交替工作（空中喇叭不响）。

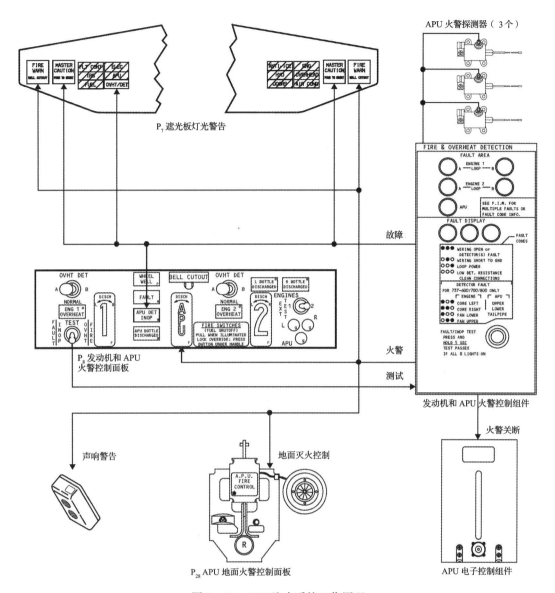

图 9 – 18　APU 防火系统工作原理

9.4.1.2　APU 火警探测器

APU 火警探测器用来监测 APU 舱的高温。APU 有 3 个探测器，监测 APU 的 3 个区域，分别为：APU 舱上部、APU 舱门、排气管。在每个区域，一个探测器通过夹子连接在支撑管路上，APU 火警探测器只有一个环路。

每个探测器由火警和故障压力电门、电阻、接线柱和不锈钢充气感应管路组成。正常情况下，不锈钢充气感应管路内的气体压力使故障压力电门保持在关闭位。若因为火警使管内气体压力增加，火警压力电门闭合。此时，火警信号被送到发动机和 APU 火警探测组件，并向驾驶舱提供灯光和声响警告指示。

当探测器感应到充气感应管路内的压力降低（如管路漏气），故障压力电门断开。该电门将故障信号发送到发动机和 APU 火警探测组件。

探测器的火警设定温度有两个。APU 舱上部、APU 舱门的火警温度设定值为 450 ℉ (232℃)，排气管的火警温度设定值为 275 ℉ （135℃）。当相应区域达到此温度时，充气感应管路内的气体膨胀，火警压力电门闭合，火警信号被送到发动机和 APU 火警探测组件，同时，P_7 板上火警警告灯亮；APU 灭火手柄灯亮；APU 灭火手柄解锁；APU 自动关断；声响警告组件发出警铃声；P_{28} 板上的红色警告灯亮。若飞机在地面，轮舱中的火警警告喇叭也响。

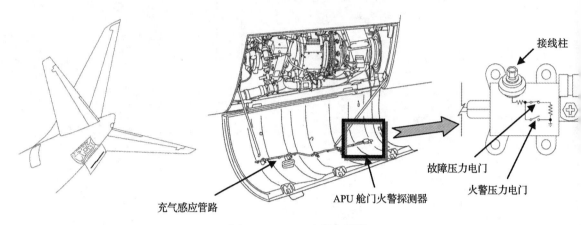

图 9 - 19　APU 火警探测器

9.4.2　APU 灭火系统

9.4.2.1　工作原理

APU 灭火系统用来扑灭 APU 舱内的火焰。灭火系统由发动机和 APU 火警控制面板、APU 灭火瓶、APU 地面火警控制面板等部件组成。安装在水平安定面附件舱里的 APU 灭火瓶里储存的是 Halon 灭火剂。

9.4.2.2　灭火瓶

球形的 APU 灭火瓶位于水平安定面附件舱内。在环境温度为 70 ℉ （21℃） 时，灭火瓶内装有压力为 800psi 的 Halon 灭火剂和氮气。APU 灭火瓶的主要部件有：压力电门和压力表、加注口和安全释压口、电气接头、带有爆炸帽的释放口等。

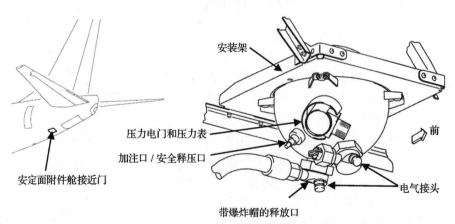

图 9 - 20　APU 灭火瓶的安装

当火警发生，提起 APU 灭火手柄并朝任何方向转动，或扳动主轮舱内 APU 地面控制面板上的灭火瓶释放电门，将引爆爆炸帽。爆炸使灭火瓶释放口的密封片破裂，释放 Halon 灭火剂到 APU 舱。

如果环境温度达到 266°F（130℃），或灭火瓶内压力接近 1800psi，安全释压口破裂打开，释放灭火剂到水平安定面附件舱。

9.4.2.3　APU 灭火操作

当出现火警时，发动机和 APU 火警控制面板上的 APU 灭火手柄电门自动解锁，若灭火手柄电门自动解锁失效，也可使用手柄下方的超控按钮为灭火手柄人工解锁。当提起手柄，APU 将被关断并被隔离。顺时针或逆时针转动 APU 灭火手柄，灭火瓶上的爆炸帽被引爆，灭火瓶口密封片破裂，Halon 灭火剂被释放到 APU 舱。也可使用 APU 地面火警控制面板释放 APU 灭火瓶。当灭火瓶内压力低于 250psi 时，发动机和 APU 火警控制面板上相应的琥珀色 "APU BOTTLE DISCHARGED"（瓶已释放）灯亮。

APU 灭火系统连接在 28V 直流热电瓶汇流条上。任何时候操纵 APU 灭火手柄电门，都可使 APU 灭火瓶释放。

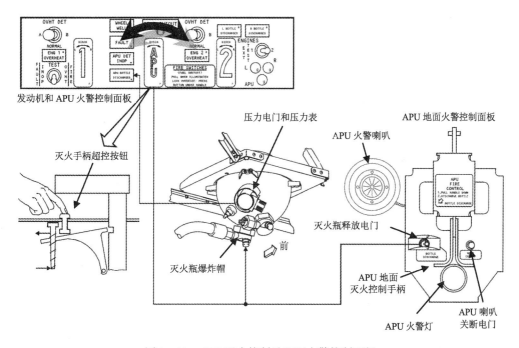

图 9 – 21　APU 灭火控制及地面火警控制面板

9.4.2.4　APU 地面火警控制面板

当飞机位于地面，APU 地面火警控制面板（P_{28} 板）可提供 APU 火警的灯光和声响的警示。该控制面板也可进行 APU 灭火操作。APU 地面火警控制面板上的部件包括红色火警灯、火警喇叭、喇叭关断电门、APU 灭火控制手柄和灭火瓶灭火释放电门等。

当 APU 发生火警时，火警喇叭和红色火警灯交替报警，APU 自动停车。在空中，喇叭不响。按下喇叭关断电门按钮，喇叭声停止，红色火警灯仍然保持，直至 APU 火警解除。拉下 APU 灭火控制手柄，APU 系统关断并与其他系统隔离，且预位灭火瓶释放电门，此时方可使用释放电门释放灭火瓶。APU 灭火控制手柄也可以用于在紧急情况下关断 APU 而不释放灭火瓶。灭火瓶释放电门有保险丝保护,防止释放电门被偶然误操作。

9.5 货舱防火系统

货舱防火系统由货舱烟雾探测系统和货舱灭火系统两部分组成。

9.5.1 货舱烟雾探测系统

货舱烟雾探测系统监控货舱内的烟雾和过热情况,并向驾驶舱发出警告。前、后货舱都安装有烟雾探测系统。

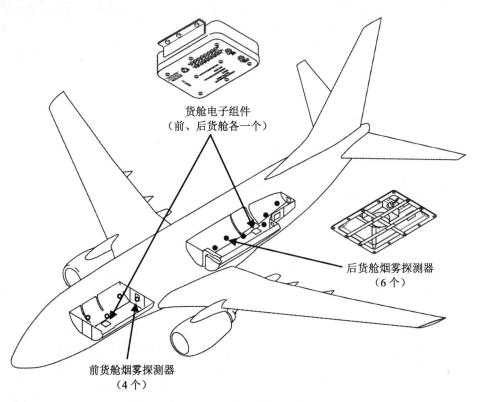

货舱电子组件
(前、后货舱各一个)

后货舱烟雾探测器
(6 个)

前货舱烟雾探测器
(4 个)

图 9 - 22　货舱烟雾探测系统

9.5.1.1　工作原理

货舱烟雾探测系统由烟雾探测器、货舱电子组件、货舱火警控制面板、声响警告组件和火警灯组成。

烟雾探测器为双环路探测构型。烟雾探测器利用光电单元探测烟雾。如果烟雾探测器感应到烟雾或空气温度超过 230°F（110℃）,就给出火警信号。出现货舱火警时,探测器发送火警信号到货舱电子组件,在驾驶舱内显示如下警示:货舱火警控制面板上的前或后货舱火警灯亮;P_7 板上的火警灯亮;火警警铃响。货舱电子组件监控前、后货舱烟雾探测器。

前货舱内装有 4 个烟雾探测器（两个提供 A 环路,两个提供 B 环路）,前货舱电子组件上标为 1A、1B、2A、2B 的红色火警灯连接到此 4 个烟雾探测器。后货舱内装有 6 个烟雾探测器（3 个提供 A 环路，3 个提供 B 环路），后货舱电子组件上标为 1A、1B、2A、2B、3A、3B 的红色火警灯连接到此 6 个烟雾探测器。烟雾探测器和货舱电子组件都安装在货舱天花板上。

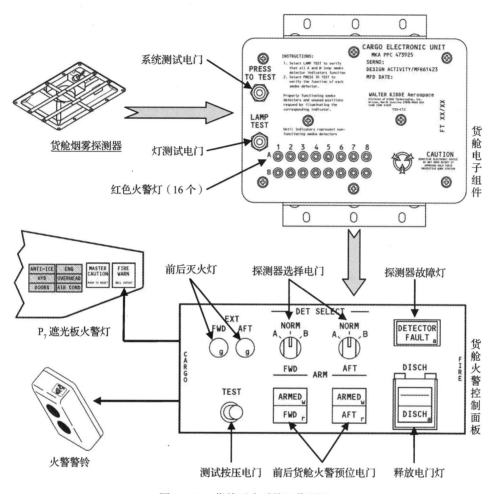

图 9 - 23　货舱灭火系统工作原理

9.5.1.2　货舱火警控制面板

货舱火警控制面板位于发动机和 APU 火警控制面板后方。包括下列部件：琥珀色探测器故障灯、探测器选择电门、绿色前后灭火灯、前后货舱灭火预位电门、测试按压电门等。

货舱火警控制面板可监测货舱烟雾、货舱过热、烟雾探测器故障状态、货舱灭火瓶爆炸帽状态、货舱灭火瓶是否释放等火警保护系统状态。

当货舱烟雾探测器故障时，琥珀色探测器故障亮。探测器选择电门有正常、A、B 3 个位置，分别对应两个探测器同时感应、只有 A 环路感应、只有 B 环路感应烟雾和过热状态，并给出火警指示的 3 种工作状态。绿色前后灭火灯显示灭火瓶爆炸帽的导通性。释放电门灯将在灭火瓶释放灭火，瓶内压力低于 250psi 点亮。测试按压电门可对货舱烟雾探测器和灭火系统进行检查。如果烟雾探测器给出火警指示，前后货舱火警预位电门上的红色火警灯点亮。按下对应火警预位电门，电门上预位灯亮。不按下火警预位电门不能看到"ARMED"（预位）字样。

当货舱处于烟雾或过热状态时，P₇板上的火警灯亮，火警警铃响。

通过货舱火警控制面板可完成设定工作模式（烟雾探测器单环路或双环路工作）、操作货舱灭火瓶、测试货舱灭火瓶爆炸帽、测试故障探测电路等功能。

9.5.1.3　货舱烟雾探测系统测试

（1）货舱电子组件测试

如果按下货舱电子组件面板上的灯测试（LAMP TEST）按钮或按压测试（PRESS TO TEST）按钮，货舱电子组件面板上所有的16个红色火警灯亮，同时在货舱火警控制面板上显示下列信息：前、后绿色灭火灯亮；前、后货舱火警预位电门灯亮；琥珀色释放电门灯亮。

如果有故障，所对应的灯不亮。

（2）货舱火警控制面板测试

当按下货舱火警控制面板上的测试按钮时，前、后绿色灭火灯亮；前、后货舱火警预位电门灯亮；琥珀色释放电门灯亮；P₇板上火警灯亮；火警警铃响；同时，货舱电子组件面板上所有的16个红色火警灯亮。

如果有故障，琥珀色探测器故障灯点亮。

9.5.2　货舱灭火系统

当货舱发生火警时，货舱灭火系统将会对起火的前货舱或后货舱实施灭火操作。

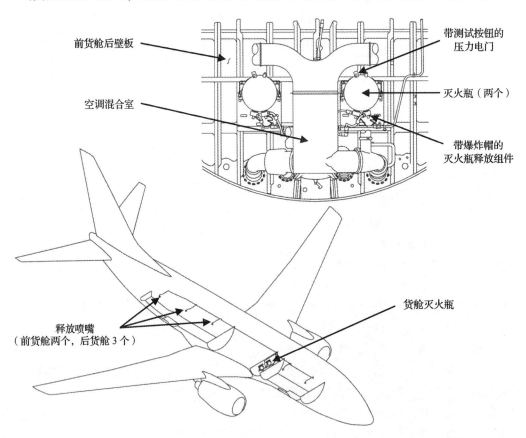

图9-24　货舱灭火组件安装位置

货舱灭火系统有两个灭火瓶和 5 个释放喷嘴。货舱灭火瓶位于空调分配舱，安装在空调混合室的左右两侧。灭火瓶中装有高压氮气增压的 Halon 灭火剂，由管路将灭火剂送往货舱天花板的释放喷嘴。

当操作货舱灭火时，首先需按下相应货舱火警预位电门灯，使灭火瓶爆炸帽预位，然后打开释放按钮灯（DISCH）的保险盖，按下释放电门灯并保持至少 1s。

当灭火瓶内压力低于 250psi，灭火瓶压力电门产生低压信号，琥珀色灭火瓶释放灯点亮。

9.5.3　货舱灭火系统测试

货舱火警控制面板上的测试电门和灭火瓶上带测试按钮的压力电门可对货舱灭火系统的多个部件进行功能测试。

通过按压灭火瓶压力电门上的测试按钮，可对灭火瓶压力电门进行测试，这将模拟灭火瓶在释放后形成的低压信号，并将此低压信号送至驾驶舱，货舱火警控制面板上的琥珀色释放灯点亮。

货舱火警控制面板上的测试电门可对灭火瓶上的爆炸帽进行测试，以便发现故障的爆炸帽。当按下货舱火警控制面板上的测试电门时，绿色的前灭火灯和后灭火灯将被点亮。如果灭火瓶上某个爆炸帽故障，对应的灭火灯不会点亮。

9.6　厕所防火系统

厕所防火系统由厕所烟雾探测和灭火实施两部分组成。

9.6.1　厕所烟雾探测系统

厕所烟雾探测系统用来探测厕所里的烟雾情况，并向机组提供灯光和声响警示。每个厕所有一个烟雾探测器，探测器安装在厕所顶板上。

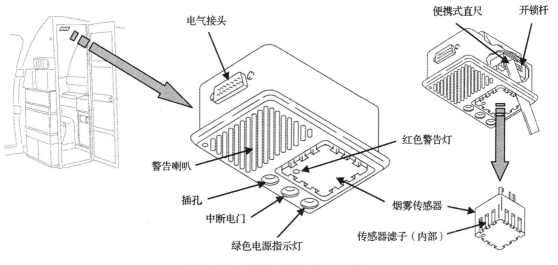

图 9-25　厕所烟雾探测器（典型）

厕所烟雾探测器组件包括安装支架、电气接头、烟雾传感器、红色警告灯、绿色电源指示灯、警告喇叭、中断电门、传感器滤子等。有些构型飞机的厕所烟雾探测器面板还有一个自检电门,并能将厕所烟雾信息数据传给飞行数据记录仪。

当厕所烟雾探测器接通电源后,绿色电源指示灯亮。当探测器探测到烟雾时,红色警告灯亮,警告喇叭响。按下中断电门将中止喇叭报警,红色警告灯持续亮,直到烟雾浓度低于探测器规定的限值。

烟雾传感器内有一个滤子。滤子需要定期清洁。可在不拆卸烟雾探测器的情况下,使用便携式直尺拨动开锁杆,卸下烟雾传感器。在烟雾探测器组件附近制造烟雾可测试该系统。

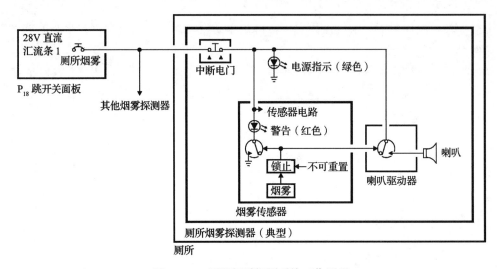

图 9 – 26　厕所烟雾探测系统工作原理

9.6.2　厕所灭火系统

厕所灭火系统用来扑灭洗手盆下方和垃圾箱区域的着火。该系统包括厕所灭火瓶、温度传感器和温度指示器 3 部分。

厕所灭火瓶位于厕所洗手盆下方。灭火瓶有两个释放口,释放口装有易熔塞。当火警发生,环境温度升高时,温度指示器上标注相应温度的圆点由白色变为黑色。在高温下,易熔塞熔化,灭火瓶由喷口向厕所释放 Halon 灭火剂。

厕所灭火瓶需定期称重。

9.7　轮舱过热探测系统

9.7.1　工作原理

轮舱过热探测系统监测轮舱的过热或火警状态。

轮舱过热探测系统由主轮舱过热探测器、舱体过热探测控制器、发动机和 APU 火警控制面板、红色火警灯和声响警告组件组成。主轮舱内的过热探测器感应轮舱温度,提供火警探测信号,信号被送到舱体过热探测控制器,由该控制器提供火警警告。

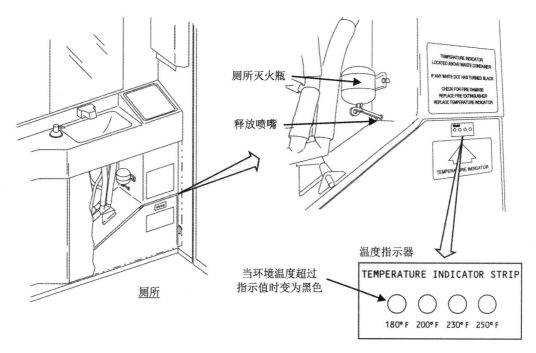

图 9 - 27　厕所灭火瓶和温度指示器（典型）

当轮舱过热探测系统感应到火警，驾驶舱 P₇ 板上的两个红色火警灯亮，发动机和 APU 火警控制面板上的红色轮舱灯（WHEEL WELL）亮，声响警告组件的火警喇叭响。

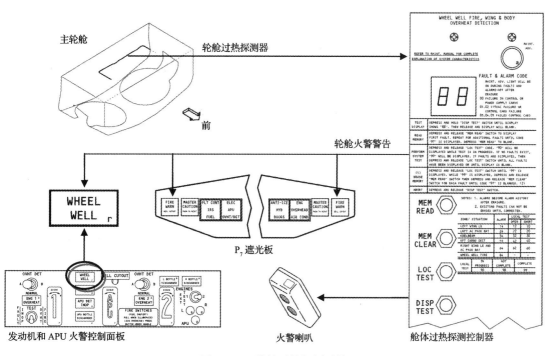

图 9 - 28　轮舱过热探测系统

9.7.2　过热探测器元件

过热探测器元件监测主轮舱的过热状态。

过热探测器元件通过快卸夹固定在轮舱顶板上。探测器元件有一根镍金属丝，外包有绝缘层。绝缘层内含有盐类化合物，装在一合金套管内。此盐类化合物的电阻在常温下很高，近似绝缘体。随元件温度升高，电阻降低。若探测器元件任何部分的温度达到报警温度400℉（205℃），元件电阻急剧降低，元件中作为火线的镍金属丝与作为地线的合金套管导通。因此控制电路就得到一个接地信号，从而使舱体过热探测控制器感应到报警温度。

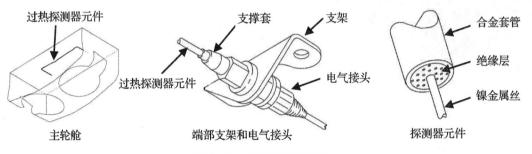

图 9 - 29　轮舱过热探测器

由于探测器元件的过度弯曲会导致绝缘层材料损坏失效，从而可能引起假的火警信号。因此，探测器元件最小弯曲半径规定为1in（2.54cm）。条件允许的情况下尽可能使弯曲半径大于3in（7.62cm）。在勤务检查中还应重点检查合金套管上的凹坑、刻痕或节点，此类缺陷同样可能导致假火警的产生。

探测器元件外部有色标套。探测器端部支撑处有支撑套，防止在安装电气接头时扭转探测器。在安装过程中，要确保元件和飞机结构之间至少有0.5in（1.27cm）的距离。安装点处除外。

9.7.3　舱体过热探测控制器

舱体过热探测控制器通过监测探测器来感应轮舱和机翼机身区域的过热或火警状态。

舱体过热探测控制器位于电子设备舱 E1 - 4 架。机翼/机身的过热探测控制电路在控制器组件内。前面板上包括维护通告灯、液晶显示屏、自测试说明和 4 个自测试控制电门（存储器读取、存储器清除、本地测试和显示屏测试电门）。

舱体过热探测控制器里包含了机翼/机身过热警告系统和轮舱火警探测系统的电路，其根据探测器元件的感应来提供警告信号。装置里包含了自检电路，可通过前面板上的 4 个按钮和显示器、指示灯来进行系统自检工作。自检方法和故障代码说明在前面板上。

舱体过热探测控制器给探测器元件供电。微处理器通过监测轮舱探测器元件来监测火警状态。如果微处理器感应到轮舱火警，它将警告存储在存储器内，并且设定火警状态，点亮 P_7 板上两个红色火警灯及发动机和 APU 火警控制面板上的红色轮舱灯，触发警铃，点亮舱体过热探测控制器上的维护通告灯（MAINT ADV）。

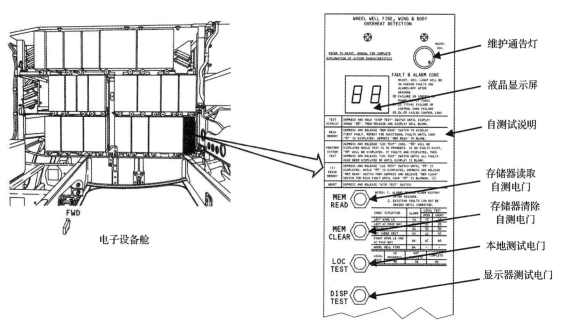

图 9 − 30　舱体过热探测控制器

按下发动机和 APU 火警控制面板上的过热/火警测试电门，开始轮舱火警探测系统的测试。测试对探测器元件的导通性进行检查。如果探测器元件导通性良好，指示同真正的火警时一样。如果探测器元件不导通，驾驶舱内没有火警指示。测试报警输入信号不在存储器内存储。

如果有电路短路，指示同真正的火警时一样。真正的着火或故障触发的轮舱火警都会使舱体过热探测控制器面板上的维护通告灯亮。故障的探测器元件（不导通或短路）可通过舱体过热探测控制器上的代码显示指出。

9.8　机翼/机身过热探测系统

机翼/机身过热探测系统使用邻近气源总管的探测器元件，监测气源分配系统管道的过热状态。当系统探测到过热时，驾驶舱内给出过热警告。过热警告显示在 P_7 遮光板和 P_5 空调/引气控制面板上。

机翼/机身过热探测系统由机翼/机身过热探测器元件、过热探测控制组件和遮光板及空调面板上的警告灯组成。机翼/机身过热探测系统使用单环路过热探测器。

过热探测器元件沿气源总管分布，主要分布在发动机吊架、机翼前缘、空调舱、龙骨梁、后货舱和后机身段内。左右机翼和机身的探测器环路提供过热和故障信号到过热探测控制组件，并在驾驶舱给出过热或故障指示。

机翼/机身过热探测系统和轮舱火警探测系统共用一个控制器——舱体过热探测控制器。机翼/机身的过热火警信息的显示和操作与轮舱火警一致。

机翼/机身过热探测器元件和轮舱火警探测器元件结构相同，但盐类化合物的导电温度不同。当过热探测器元件中有任一个达到限定温度，盐类化合物电阻急剧下降，探测器元件

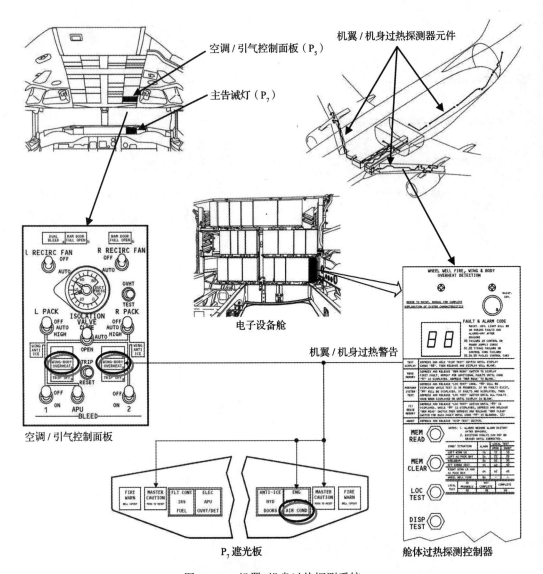

图 9 – 31　机翼/机身过热探测系统

产生一个接地信号，提供到舱体过热探测控制器，控制器将警告信号存储在存储器内，并且设定火警状态。控制器输出信号点亮空调/引气控制面板上的左/右琥珀色机翼/机身过热（WING – BODY OVERHEAT）警告灯，同时主告诫灯和信号牌上"AIR COND"灯亮、舱体过热探测控制器上的维护通告灯亮。

　　按下并保持空调/引气控制面板上的过热测试电门 5s，开始机翼/机身过热探测系统的测试。测试通过模拟一个接地信号，对探测器元件的导通性进行检查。如果探测器元件导通性良好，指示与真正的火警时一样。如果探测器元件不导通，驾驶舱内没有任何指示。测试输入信号不在存储器内存储。

　　探测器元件由于过度弯曲或管路上出现凹坑、压痕等缺陷而导致电路短路时，指示与真正的火警相同。故障的探测器元件（不导通或短路）可通过舱体过热探测控制器上的代码显示指出。

9.9 手提式灭火瓶

飞机上有手提式灭火瓶可用来灭火。有两种类型的灭火瓶：水类灭火剂灭火瓶和 Halon 灭火剂灭火瓶。水类灭火剂用于一般可燃物燃烧的灭火。Halon 灭火剂用于电气和可燃液体燃烧的灭火。

手提式灭火瓶存放在驾驶舱、厨房和客舱。有铭牌标明所有灭火瓶的位置。

水类灭火剂灭火瓶中装有水和防冻剂的混合液。水类灭火剂灭火瓶的零部件包括：触发器（释放阀）、装水的圆筒、带内置气瓶的手柄、释放喷嘴、快卸固定夹。使用水类灭火剂灭火瓶时，须转动手柄，按下触发器。使用完水类灭火剂灭火瓶后，必须进行再次填充，并更换手柄内的气瓶和释放阀。

Halon 灭火剂灭火瓶的零部件包括：压力表、装有 Halon 灭火剂的圆筒、触发器、释放喷嘴、手柄锁销、手柄。操作 Halon 灭火剂灭火瓶时，须拔出手柄锁销，按下手柄。如果 Halon 灭火剂灭火瓶的锁销不在原位，必须称量灭火瓶的重量，以确定其是否充满。灭火瓶上压力表的指示不能作为灭火瓶安全检查的方法。

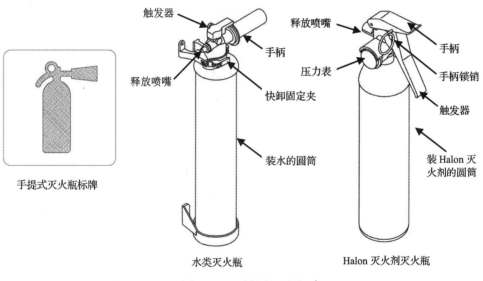

图 9-32 手提式灭火瓶

第 10 章 防冰排雨系统

10.1 概述

冰雪和雨水是导致飞机飞行事故的主要原因之一。在结冰气象条件下飞行的飞机，若无防冰措施，飞机所有迎风面都可能结冰，飞行品质和飞行性能都将受到很大影响，甚至危及飞行安全。结冰不仅会增加飞机重量，还会破坏气动外形，降低操稳性能，传感器的结冰则会导致信号失真和指示失常。雨水会严重影响能见度，从而影响飞行员的目视判断。

防冰排雨系统能有效地保护飞机，防止飞机机翼前缘、发动机整流罩、大气数据探测器、驾驶舱风挡玻璃、排水和排污系统管道等关键部位结冰、防止雨水在风挡玻璃上停留，使飞机在下雨和结冰条件下也能正常运行。飞机防冰排雨系统如图 10 – 1 所示。

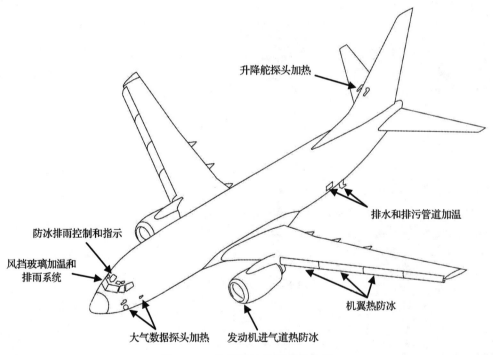

图 10 – 1 飞机防冰排雨系统介绍

飞机机翼前缘和发动机进气整流罩使用气源系统的热空气防冰；大气数据探头和排水排污管道系统使用电加温防冰；驾驶舱风挡玻璃使用电加温防止风挡玻璃结冰、起雾，并能提高风挡玻璃的抗冲击强度。风挡玻璃雨刷系统和防雨剂涂层用于风挡玻璃排雨，为飞行员提供清晰的视野。

10.2　机翼防冰系统

10.2.1　工作原理

机翼防冰系统使用气源系统的热空气加热机翼的 6 个内侧前缘缝翼（每侧机翼 3 个），从而防止机翼前缘结冰。机翼防冰系统工作时，防冰关断阀打开，从气源管道来的热空气进入机翼前缘。热空气通过 6 个前缘内侧缝翼喷射管，进入缝翼内部空腔，加热缝翼，然后通过缝翼底部的小孔排到机外。在空中和地面，均可使用机翼防冰系统。

每侧机翼前缘有一个过热保护电门，防止缝翼过热。但只有当飞机在地面时，过热保护才能工作。在驾驶舱还有推力保护装置电门，位于发动机推力杆上，当飞机起飞时，推力杆前推，发动机和机翼防冰电门关闭机翼防冰关断阀以保持发动机起飞推力。推力保护仅当飞机在地面时工作。

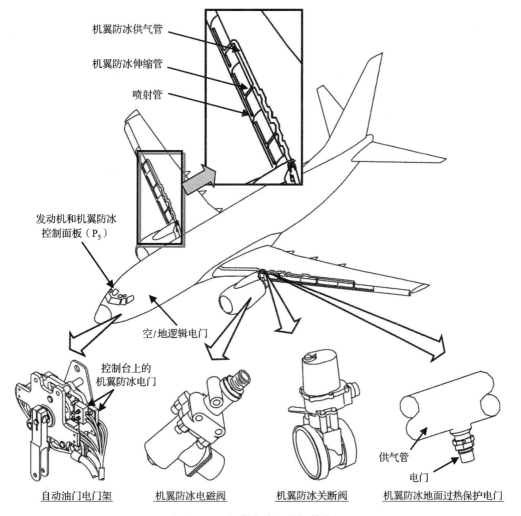

图 10 - 2　机翼防冰系统部件位置

空/地逻辑电门给机翼防冰系统提供空中/地面信号反馈，发动机和机翼防冰组件使用该反馈信号来决定机翼防冰系统的过热保护和推力保护。

发动机和机翼防冰控制面板在 P_5 前顶板。自动油门电门组件上有两个控制台防冰电门，电门组件在前设备舱里。发动机压气机机匣顶部有两个机翼防冰电磁阀。机翼前缘、发动机外侧有两个机翼防冰关断阀。两个机翼防冰地面过热保护电门在机翼前缘的机翼防冰管道上，位于机翼防冰关断阀的下游。机翼防冰供气管道在前机翼梁上。机翼前缘有 6 个机翼防冰伸缩管。每侧机翼的 3 个内侧缝翼上各有一个机翼防冰喷射管，共 6 个。

10.2.2 防冰控制面板

发动机和机翼防冰控制面板位于 P_5 前顶板，面板左侧有一个防冰控制电门和两个控制阀打开位置指示灯，用于控制机翼防冰；面板右侧有两个电门和 4 个指示灯，用于控制发动机进气整流罩防冰。面板能提供飞行员与防冰系统的接口，包含机翼与发动机进气整流罩防冰系统控制和指示的电路组件。

当防冰控制电门在"OFF"位时，防冰关断阀关闭，机翼防冰系统不工作。当电门在"ON"位时，若条件满足，防冰关断阀打开，机翼防冰系统工作。可通过发动机和机翼防冰控制面板上的蓝色阀打开灯显示阀门和电门位置。当电门与阀门位置不一致或阀门在转换过程中时，对应指示灯明亮；当电门在"ON"位且阀门在打开位置时，对应指示灯暗亮；当电门在"OFF"位且阀门在关闭位置时，对应指示灯灭。

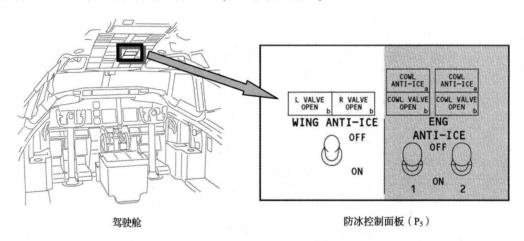

驾驶舱   防冰控制面板（P_5）

图 10 - 3   发动机和机翼防冰控制面板

10.2.3 机翼防冰供气管道

机翼防冰供气管道将气源系统的热空气通过机翼防冰伸缩管输送到机翼前缘内的喷射管。波音 737NG 飞机共有 6 个机翼防冰伸缩管，分别位于机翼防冰供气管道和每侧机翼的 3 个内侧缝翼之间。

机翼防冰伸缩管由内外两部分构成。在缝翼收放过程中，内外部分彼此滑动。位于内侧的管道外表面有特氟龙涂层，以减小内外管道相对滑动时的摩擦和卡阻。

机翼防冰伸缩管引导热空气从机翼防冰供气管道流向缝翼喷射管。喷射管上有洞，热空气通过这些洞流入到缝翼内部的空腔，并在空腔中循环流动，加热缝翼，防止结冰。使用后的空气通过缝翼底部的小孔排出机外。

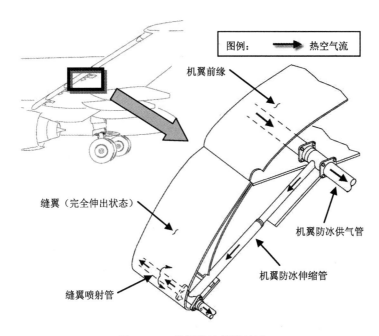

图 10 - 4　机翼防冰管路构造

10.2.4　机翼防冰关断阀和机翼防冰地面过热电门

机翼防冰关断阀控制热空气从气源总管向防冰供气管道的流动。防冰关断阀是一个电动马达驱动的蝶形阀，用 115V 交流电源驱动，阀门有一个人工超控手柄，手柄还可作为阀门位置指示器。

机翼防冰地面过热电门用于保护机翼前缘，以免过度加热而导致部件损坏，这种保护仅工作于地面和机翼热防冰系统打开时。该电门是一种双金属片热敏电门，当温度达到 257 ℉ (125℃) 时，金属片热膨胀导致电门闭合。当飞机位于地面，任何一个过热电门闭合时，两侧机翼防冰关断阀都将关闭。

防冰关断阀和过热电门各有两个，分别安装在每个发动机吊架外侧的机翼前缘内，通过机翼前缘的一个接近检查口可以接近关断阀和过热电门。

10.2.5　控制台机翼防冰电门

当飞机在地面时，两个控制台机翼防冰电门提供推力杆位置反馈信号到发动机和机翼防冰控制面板。每一个自动油门电门组件上有一个电门。当前推力杆接近 60°时，电门关闭并给控制面板提供接地信号，此时，机翼防冰控制面板关闭两个机翼防冰关断阀，以保持发动机起飞推力。

10.2.6　机翼防冰电磁阀

机翼防冰电磁阀从预冷器控制阀中引出冷却空气，降低防冰系统的的引气温度，防止高

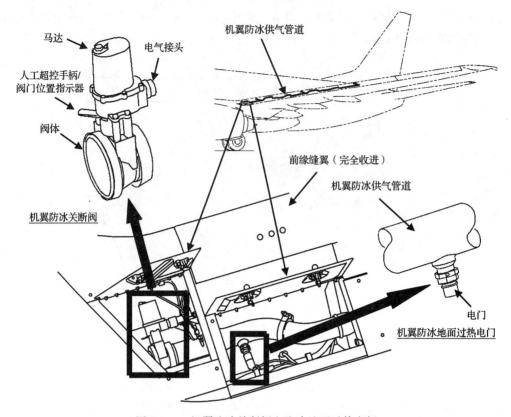

图 10 - 5　机翼防冰关断阀和防冰地面过热电门

温引气在地面工作时引起机翼前缘装置过热而损坏。每台发动机顶部都有一个机翼防冰电磁阀，此阀门可控制预冷器控制阀。机翼防冰电磁阀是一个常闭的球形阀，由 28V 直流电提供电能使阀门打开。

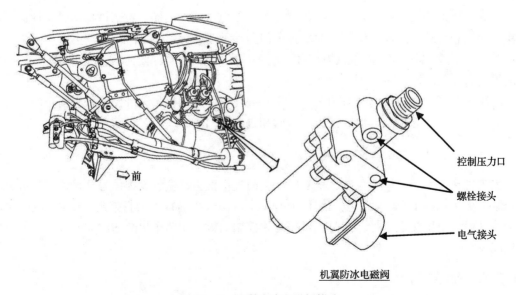

图 10 - 6　机翼防冰电磁阀构造

当飞机在地面且机翼防冰系统工作时，由于流过机翼的冷却气流很少，机翼防冰系统的热输出易导致机翼前缘过热，从而损坏机翼前缘设备。机翼防冰电磁阀打开后，释放预冷器控制阀作动筒的压力，使预冷器控制阀全开，此时发动机提供最大的冷却空气冷却防冰系统的引气，从而有效控制引气温度，防止机翼前缘装置超温。

当飞机在飞行过程中时，机翼表面流过很强的冷空气流，冷空气流对机翼前缘有很强的冷却效应，机翼前缘装置不存在超温的风险。

10.3　发动机进气整流罩防冰系统

10.3.1　工作原理

发动机进气整流罩具有和机翼前缘类似的气动外形，故其结冰情况与机翼有相似之处。发动机进气整流罩防冰系统能有效阻止发动机进气整流罩结冰。

每台发动机有一套进气整流罩防冰系统。系统可在空中和地面工作，通过 P_5 前顶板上的防冰控制面板控制系统的工作，电门和指示灯显示与机翼防冰类似。当防冰电门在"ON"位时，进气整流罩防冰阀打开。从发动机引气总管来的热空气流经阀进入进气整流罩内部空腔，提高进气整流罩的温度，防止结冰。然后经整流罩底部的外部排放口将使用后的热空气排出机外。

10.3.2　进气整流罩防冰阀和压力电门

进气整流罩防冰阀控制流入发动机进气整流罩的空气，该阀安装在发动机风扇机匣右侧。进气整流罩防冰阀包括下列部件：作动筒、电气接头、控制电磁阀、人工超控轴环/位置指示器、气流管道、调节器等部件。阀门下游安装有压力电门。

进气整流罩防冰阀是一个电控气动式的蝶形阀。有弹簧载荷使其保持在关闭位。阀门上有一个人工超控轴环，如果阀门失效，可以人工将阀门放置在全开或全关位。

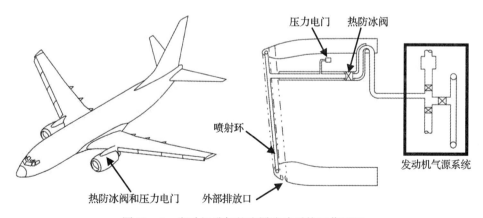

图 10-7　发动机进气整流罩防冰系统工作原理

当控制信号打开电磁阀时，电磁阀使上游管道压力进入阀门调节器。调节器控制压力并使其进入作动筒。作动筒克服弹簧压力打开防冰阀。阀门上的压力传感器感觉下游管路压力，根据这个压力调整蝶形阀开度，限制管道下游压力不超过 50psi。如果阀门下游的管道压力达到或超过 65psi，压力电门闭合，相关指示灯点亮。

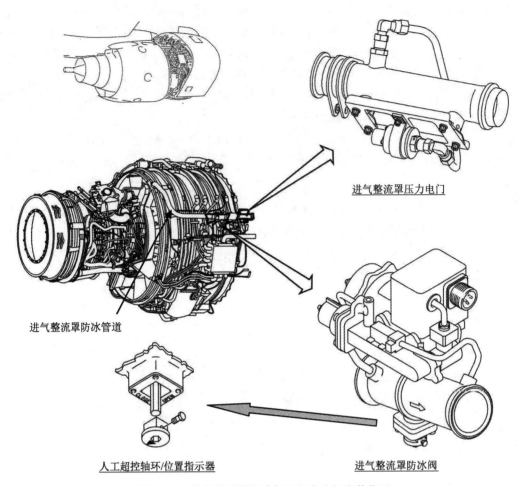

进气整流罩压力电门

进气整流罩防冰管道

人工超控轴环/位置指示器　　　　进气整流罩防冰阀

图 10 - 8　进气整流罩防冰阀和压力电门安装位置

10.3.3　进气整流罩防冰系统的控制和显示

发动机和机翼防冰控制面板的右侧有两个电门和 4 个指示灯，用于控制发动机进气整流罩防冰。当防冰控制电门在"OFF"位时，防冰关断阀关闭，发动机进气整流罩防冰系统不工作。当电门在"ON"位时，若条件满足，防冰阀打开，系统工作。可通过发动机和机翼防冰控制面板上的蓝色整流罩阀打开灯（COWL VALVE OPEN）显示阀和电门位置。当电门与阀门位置不一致或阀门在转换过程中时，对应指示灯明亮；当电门在"ON"位且阀门在打开位置时，对应指示灯暗亮；当电门在"OFF"位且阀门在关闭位置时，对应指示灯灭。

公共显示系统（CDS）显示发动机进气整流罩热防冰状态，显示信息是 TAI。这条信息显示在每个发动机转速 N_1 的数字指示区域的左侧。当电门在开位、整流罩防冰阀在开位时，TAI 信息为绿色；当电门和整流罩防冰阀位置不一致超过 8 s 时，TAI 信息显示为琥珀色。

若进气整流罩防冰阀下游的管道压力太高，达到或超过 65 psi，压力电门闭合，防冰控制面板上琥珀色"COWL ANTI - ICE"指示灯亮，主告诫和防冰警告牌灯亮。

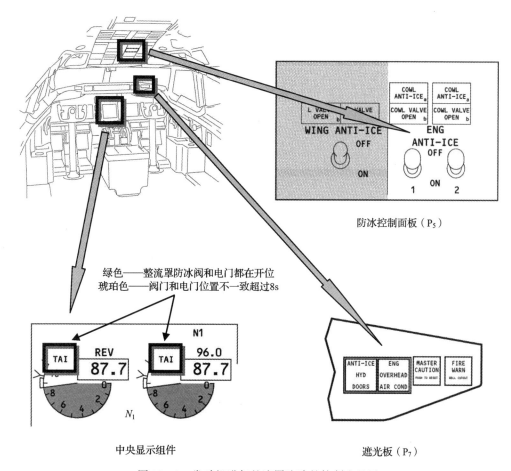

图 10-9 发动机进气整流罩防冰的控制和显示

10.4 探头防冰系统

10.4.1 探头防冰系统组成

探头防冰系统可防止大气数据探头结冰。系统通过 P_5 前顶板上的窗户/探头加热组件控制探头加热。探头内有集成电阻式加热器，用电加热。探头防冰系统可对迎角探测器（两个）、大气总温探头、皮托管探头（5个）实施通电加热。静压系统传感器端口不属于探头加热系统的一部分，这些端口分布在机身各处，且与机身平齐，不需要加热。

10.4.2 工作原理

探头防冰系统有两套子系统：系统 A 和系统 B。每套系统各有一个控制电门和一套指示灯。系统 A 控制机长皮托管、左升降舵皮托管、左迎角探测器和总温（TAT）探头的加热器。系统 B 控制副驾驶皮托管、辅助皮托管、右升降舵皮托管和右迎角探测器的加热器。

在窗户和探头加热面板上有指示灯，如果某个或多个探头内部安装的加热器失效，对应指示灯会点亮。指示灯还有按压测试功能。面板上还有"TAT TEST"电门，可以执行加热器的地面测试。

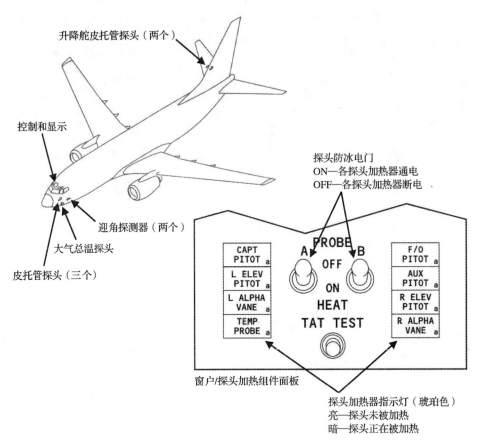

图 10 - 10　探头防冰系统的控制与指示

探头防冰系统使用 115V 交流和 28V 直流电源。电阻加热器使用 115V 交流电，电流探测电路使用 28V 直流电源。由于电阻式加热器集成在探头内，加热器是探头的一部分。如果加热器失效，必须更换整个探头。

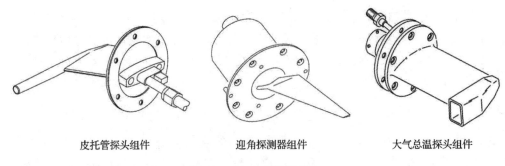

图 10 - 11　大气数据探头

窗户/探头加热组件控制探头的加热，同时指示系统的工作状态。将控制电门置于"ON"位，探头加热，115V 交流电流经电流检测线路到探头加热器。当探头加热器使用电流，即加热器正常工作时，电流探测线路使控制组件面板上不同探头所对应的琥珀色电门灯熄灭；当探头加热器不使用电流，即探头加热器故障时，电流检测线路使对应琥珀色灯点亮，同时位于遮光板上的主告诫灯和防冰指示灯点亮。

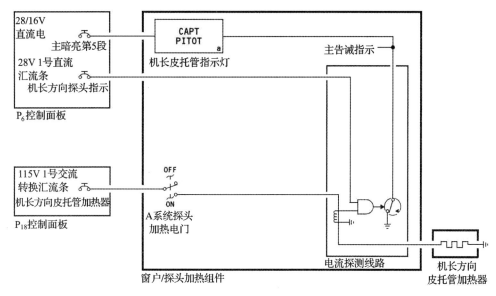

图 10 – 12　探头防冰系统控制原理（以机长皮托管为例）

在拆卸探头基板的密封剂时，必须用硬木或塑料工具。去除密封剂时，严禁损坏机身蒙皮。

在加热过程中，严禁触摸探头，以防被高温灼伤。可在探头加热器附近感受热量辐射，从而判断加热器正常工作与否。

10.5　驾驶舱窗户防冰系统

10.5.1　概述

驾驶舱窗户防冰系统能够防止窗户结冰，同时帮助提高窗户的抗冲击能力。驾驶舱窗户采用电加热方式，控制和指示面板位于 P_5 前顶板。1 号窗和 2 号窗由窗户加热控制组件（WHCU）控制，控制和指示都在 P_5 板上。其他窗户由热电门控制，控制和指示不在 P_5 板上。根据不同飞机构型的差异，3、4、5 号窗可加热的窗户数量也有所不同。

10.5.2　窗户加热导电涂层和传感器

驾驶舱窗户是叠层结构。其中一层是加热导电涂层。从窗户加热系统来的电流流经导电涂层，导电涂层的电阻产生热并加热窗户。

窗户中的电源接线柱和汇流条线夹黏合导电涂层连接到系统电源。窗户 1 和 2 有电阻型温度传感器，能将窗户温度反馈到窗户加热控制组件。每一个窗户有两个传感器：A 传感器

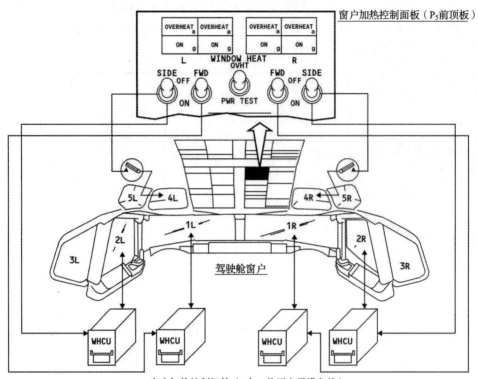

图 10 – 13　典型驾驶舱窗户防冰系统组成

为主传感器，B 传感器为备用传感器。窗户加热控制组件仅用一个传感器的信号就能正常工作。如果主传感器失效，自动切换到备用传感器，这样可防止仅因一个传感器失效而须拆卸窗户。

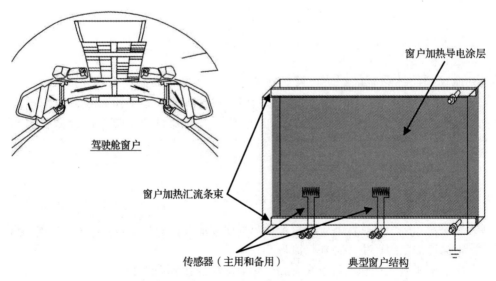

图 10 – 14　窗户加热导电涂层和传感器

其他窗户不用窗户加热控制组件，且没有传感器。由热电门直接将加热窗户所需的电能输送到窗户。

10.5.3　窗户加热控制组件

窗户加热控制组件（WHCU）是驾驶舱窗户防冰的一部分，主要功能有：感应驾驶舱窗户的温度、提供电源给窗户加热器、提供"ON"和"OVERHEAT"加热状态指示信号、自检测试、控制输出到窗户的电流、防止玻璃爆裂。飞机上总共装有 4 台 WHCU，分别控制左、右 1 号窗和左、右 2 号窗防冰系统。4 台 WHCU 完全相同，可以互换。

窗户加热控制组件安装在电子设备舱。两个在 E4 – 2 架，两个在 E2 – 1 架。在 E4 支架前外侧有一个风挡玻璃传感器电门。风挡玻璃传感器电门只为 1 号窗户使用。用风挡玻璃传感器电门可以转换主传感器到备用传感器。

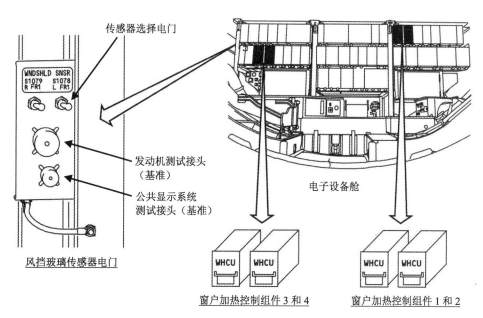

图 10 – 15　窗户加热控制组件的安装

WHCU 上的自动变压器有多个接头与窗户加热器端口接头连接，以提供不同的电压与窗户加热导电涂层的电阻相匹配。1 号窗户可选用 5 个接头，2 号窗户可选用 6 个接头。更换窗户时，风挡玻璃上刻着一个代码表示新窗户的电阻值。如果窗户不能正常加热，应根据新的风挡玻璃电阻值，找到相匹配的电压接头。

窗户加热控制组件接线插板在电子设备舱里的窗户加热控制组件后面。能通过前货舱接近板接近。

10.5.4　窗户加热控制

10.5.4.1　正常加热

当将窗户加热控制面板上 4 个加热电门置于"ON"位时，对应的 1 号和 2 号窗户共 4 块玻璃的导电涂层接通电源，开始加热。窗户加热控制组件监视窗户温度传感器。

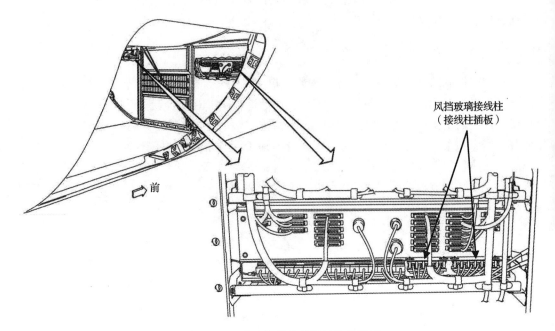

风挡玻璃接线柱
（接线柱插板）

⇨ 前

图 10 – 16　窗户加热控制组件接线插板

当窗户温度小于 100℉（37℃），控制线路使 K_1 工作。窗户加热控制组件提供电流给窗户并加热，防止窗户结冰，同时控制面板上对应绿色工作指示灯点亮。施加给窗户的电流强度按照一个斜坡函数输出，以保证加热过程平稳，防止出现窗户温度过大波动。同时控制线路使 K_2 工作，琥珀色过热灯熄灭。

当窗户温度接近目标温度（标定 110℉（43℃））时，窗户加热控制组件将减小电流，防止过热。

当窗户温度超过 110℉ 且加热电门仍在"ON"位时，加热控制组件自动切断电流，停止加热，绿色工作指示灯熄灭。当窗户温度下降后，重新接通电路再次加温，即自动保持窗户温度在 110℉ 附近。

10.5.4.2　过热保护

窗户加热控制组件有过热保护线路，在窗户加热过度时，实现过热保护。

如果窗户加热控制组件探测到窗户正在被通电加热，且温度已高于 145℉（62℃）时，组件将切断对应窗户的加热电路、工作指示灯电路，并接通对应过热警告灯电路，即过热跳开。过热跳开仅工作在有电流加载到窗户上时。当感受到过热条件后，K_1 和 K_2 跳开，切断到窗户的电流。此时，窗户加热控制面板上绿色工作指示灯"ON"熄灭，琥珀色过热警告灯"OVERHEAT"点亮，同时遮光板上主告诫和防冰指示灯点亮。

要复位系统，必须将窗户加热电门置于"OFF"位，待窗户冷却后，再置于"ON"位。

10.5.4.3　热电门加热

5 号窗上的热电门控制到 4 号窗和 5 号窗加热器的电源。有些构型的飞机，3 号窗也能被加热，即 3 号窗上的热电门单独控制到 3 号窗加热器的电源。

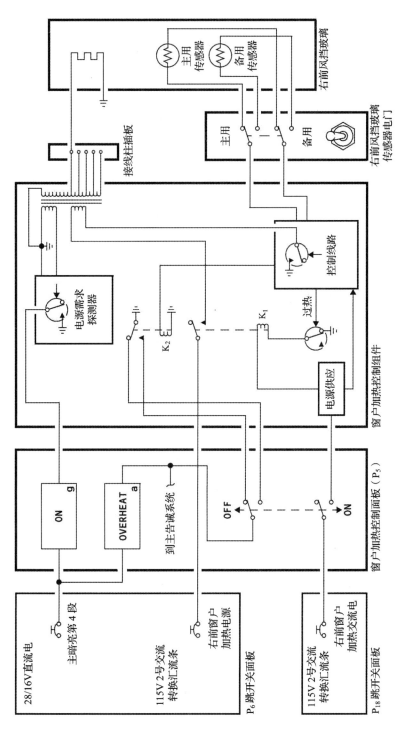

图 10 - 17　窗户加热控制原理（以右前窗为例）

热电门是一个常闭、单极、动作迅速的双金属电门。热电门通过线路与其控制加热的窗户连接。当把侧窗加热电门（SIDE）放置在"ON"位，热电门加热系统即开始工作。115V交流电经热电门流到每一扇窗户的导电涂层，产生热量加热窗户。

当5号窗户和热电门的温度低于90℉（32℃）时，热电门闭合，加热线路接通，窗户开始加热。当电门温度达到或高于110℉（43℃）时，热电门断开。此时加热电路断开，切断到窗户的电源，防止超温。

当3号窗户和热电门的温度低于75℉（24℃）时，热电门闭合，加热线路接通，窗户开始加热。当电门温度达到或高于95℉（35℃）时，热电门断开。此时加热电路断开，切断到窗户的电源，防止超温。

在窗户加热控制面板上，3、4、5号窗的热电门加热系统没有对应的开启或过热指示灯，且该加热系统没有过热保护功能。若热电门失效或与其结合的传导黏合剂分离，窗户会过热。此时，触摸相应窗户时应感觉到热，但不会很烫。若窗户层间出现气泡，是窗户过热（热量不均和乙烯基层除气）的指示。

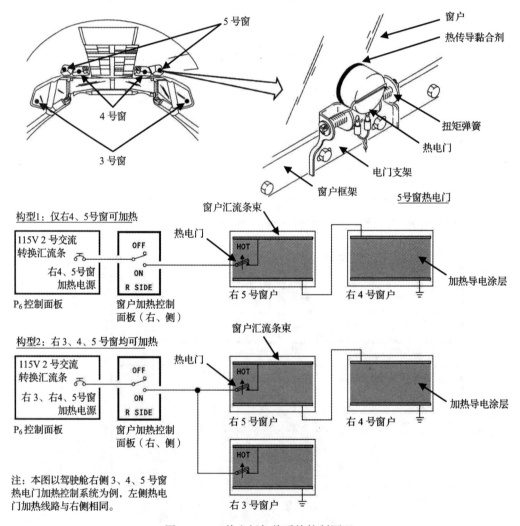

图10-18 热电门加热系统控制原理

10.6　风挡玻璃排雨系统

风挡玻璃排雨系统包括风挡玻璃雨刷系统和风挡玻璃防雨涂层。

10.6.1　风挡玻璃雨刷系统

风挡玻璃雨刷系统能去除 1 号风挡玻璃上的雨、薄冰、雪，保证驾驶员视野清晰。系统由风挡雨刷组件和雨刷驱动组件组成。机组使用 P_5 前顶板上的雨刷控制电门控制系统。

两个风挡玻璃雨刷组件分别安装在左 1 号和右 1 号驾驶舱窗户上。对应的两个风挡玻璃雨刷驱动组件分别安装在在 P_1 和 P_2 板后的风挡玻璃槛上。通过 P_7 遮光板下方可接近风挡玻璃雨刷驱动组件。

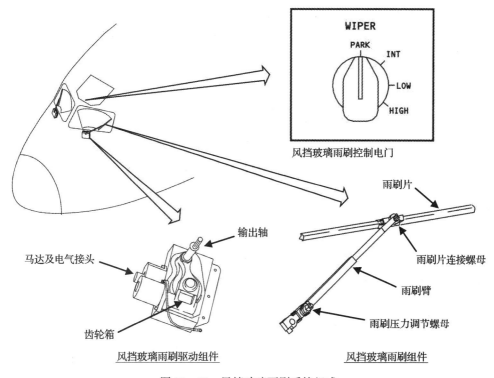

图 10 - 19　风挡玻璃雨刷系统组成

风挡玻璃雨刷驱动组件包括 28V 直流马达、齿轮箱、输出轴、雨刷臂、雨刷片等部件。雨刷系统由 P_5 前顶板上的雨刷控制电门控制，齿轮箱将马达输出的旋转运动转换成雨刷的往复运动。

雨刷压力调节螺母可调整雨刷在风挡玻璃上的压紧程度。雨刷片连接螺母可设置雨刷片和雨刷臂的安装角度。

雨刷控制电门位于 P_5 前顶板，是个 4 位旋钮选择器，分别是：PARK（停）、INT（间歇）、LOW（低）、和 HIGH（高）4 挡。控制电门是一个电压分配器，给马达电子控制包提供不同的电压信号使雨刷间歇、低、高速工作。马达电子控制包响应雨刷控制电门信号，通过连接不同的电阻值，可改变直流马达的分压，从而控制马达转速。如果马达温度到达 266℉（130℃），马达组件的热电门使马达停止工作。当马达冷却后，热电门自动复位。

当无须使用风挡玻璃雨刷时，机组可将雨刷控制电门旋转到 PARK 位，此时会使两个雨刷片向外转到窗户底部边缘并停止运动。

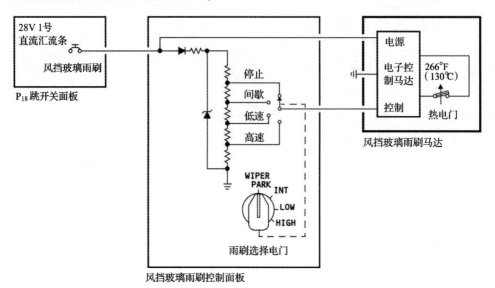

图 10 – 20　风挡玻璃雨刷控制原理

需要特别注意的是，在玻璃干燥的情况下，不要操作雨刷，因为这会刮伤风挡玻璃，降低雨刷片的使用寿命，刮去风挡玻璃的防雨剂涂层。

10.6.2　风挡玻璃防雨剂涂层

风挡玻璃防雨剂涂层能提高大雨环境下的能见度，改善机组视野。风挡玻璃防雨剂涂层位于左右 1 号风挡玻璃外表面。

风挡玻璃防雨剂涂层是一层透明膜，涂层排斥水，能使风挡玻璃上的水滴聚集成较大的水珠并从风挡玻璃上滚落。涂层不会影响风挡玻璃的强度和透光性。

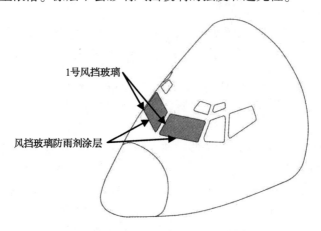

图 10 – 21　风挡玻璃防雨剂涂层

风挡玻璃防雨剂涂层会随着使用时间的延长而磨损。磨损程度取决于雨刷的使用次数及雨刷在风挡玻璃上压力的大小。当涂层磨损时，不能很好地排斥水。这时可以直接添加一些涂层到风挡玻璃上，无须拆卸风挡玻璃。

维护防雨剂涂层须要定期清洗风挡玻璃，可用异丙醇和蒸馏水按 1:1 的比例混合的溶液和软布清洗风挡玻璃。不要使用有摩擦性的清洗垫或清洗物，严禁使用含有氟化物的清洗液。同时应确保风挡玻璃上的雨刷片压力适当，过紧或者不正确的设置都有可能损伤防雨剂涂层。

10.7　水和厕所排放管防冰系统

在结冰环境下，若无防冰措施，水和厕所排放管都有可能结冰。结冰将造成管路膨胀变形，导致管路损坏或阻碍正常的系统工作与勤务工作，位于飞机表面的排放口结冰还会损坏飞机结构。

水和厕所排放管防冰系统主要防止以下部位结冰：饮用水系统勤务和供给组件；废水系统排放组件；真空污水系统排放和勤务组件。该系统使用电加热方式。在勤务面板接头、排放口和某些管道上，安装有集成的加热器，可直接为这些部件加热。而在一些未安装集成加热器的部件上，可使用带状加热器、加热毯等附属加热设备，为部件加热防冰。

水和厕所排放管防冰系统必须要有电源才能工作，如果飞机停放在结冰环境且没有电源，应将饮用水箱和厕所排空，防止结冰。在排空饮用水之前，应拔出水箱压气机和水加热器的跳开关。

10.7.1　饮用水防冰系统

饮用水防冰系统防止饮用水加水接头、饮用水加水管、饮用水供应管结冰。

饮用水加水接头内置一个加热元件。接头加热元件使用 28V 直流电。一个继电器控制到接头的电能。当飞机接通电源时，加热器将自动持续工作。

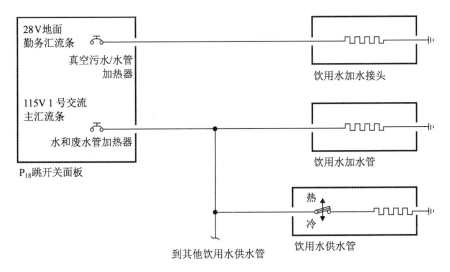

图 10-22　饮用水防冰系统工作原理

饮用水加水管内置一个加热元件。水管加热元件使用115V交流电。一个继电器控制到水管的电能。当飞机接通电源时，加热器将自动持续工作。

饮用水供应管同样内置一个加热元件。水管加热元件使用115V交流电。水管内的温度调节电门控制水管的加热。当飞机接通电源时，水管的加热是自动的。

10.7.2　废水防冰系统

废水防冰系统防止废水排放管、排放口结冰。

废水排放阀和排放管采用带状加热器作为加热元件。带状加热器使用115V交流电。继电器控制供往带状加热器的电能。当飞机接通电源时，加热器将自动持续工作。一个管内的温度调节电门控制排放口进口管的加热。

排放口内置集成电气加热元件。当飞机接通电源时，加热器将自动持续工作。当飞机在空中时，排放口加热元件使用115V交流电；当飞机在地面时，排放口加热元件使用28V直流电。在地面以低电压工作的目的在于，防止排放口过热而伤害地面维护人员，同时可延长排放口工作寿命。

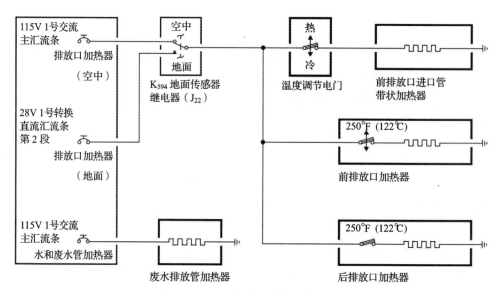

图10-23　废水防冰系统工作原理

10.7.3　真空污水防冰系统

真空污水防冰系统防止污水系统排放管和勤务管结冰堵塞。

真空污水防冰系统在真空污水箱球形排放阀和真空污水箱清洗管中采用了电阻型加热器。一个加热毯加热污水箱球形排放阀。加热毯使用115V交流电。当飞机接通电源时，加热器将自动持续工作。

污水箱清洗管使用带状加热器加热防冰。此带状加热器使用28V直流电。一个继电器控制到加热器的电能。当飞机接通电源时，加热器将自动持续工作。

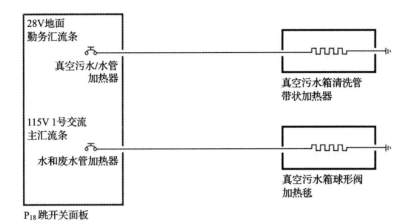

图 10 - 24　真空污水防冰系统工作原理

第 11 章　舱门及机上设施

11.1　舱门

飞机舱门是一个可以开关的组件，通过各舱舱门能够进出飞机的各个区域。波音 737 - 800 飞机上有下列类型的舱门：前后登机门、前后厨房勤务门、紧急逃生门、货舱门以及各种接近门，如图 11 - 1 所示。登机门、厨房勤务门和紧急逃生门位于机身上部，其中登机门位于飞机的左侧，厨房勤务门位于飞机的右侧，紧急逃生门位于机身中段左右两侧机翼的上部。货舱门位于下部机身的右侧。其他各接近门位于各勤务系统的附近。舱门警告系统用于监控登机门、厨房服务门、应急出口门、货舱门和电子设备舱门的位置，当舱门未关好时，向机组人员提供灯光指示。

地面维护时，机务维护人员经常打开舱门以便接近飞机各区域。在外场时，请在风速低于 40kn 的天气下开关登机门、厨房勤务门和货舱门，否则会造成飞机结构的损伤；在风速低于 65kn 的天气下，舱门可以被锁在打开的位置并且不会造成飞机结构的损伤；如果舱门须要长时间打开，为了防止在恶劣的天气中损伤飞机结构，请在门框上加装保护罩；当登机门和厨房勤务门保持在打开位置时，如果暂时不使用该门，必须在舱门口挂安全警示带。

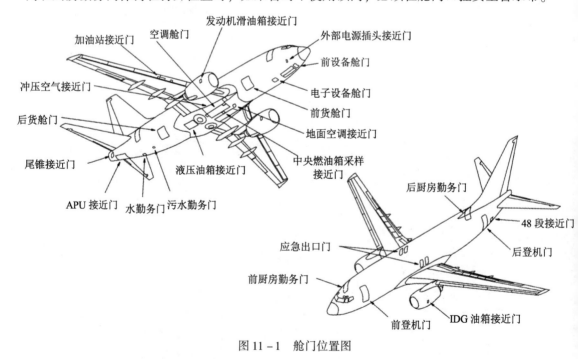

图 11 - 1　舱门位置图

11.1.1　登机门和厨房勤务门

登机门是乘客和机组人员上下飞机的正常通道，位于上部机身左侧，客舱的前端和后端。厨房勤务门位于上部机身右侧，前后厨房的位置，是厨房服务工作的入口，在必要情况下，也可作为机组和乘客的出入口。厨房勤务门和登机门尺寸不同，但操作方法是一样的，结构也相似，其中前登机门是飞机上尺寸最大的舱门。

如图 11-2 所示，登机门是一个嵌入式的舱门，舱门由中间门组件、上门板和下门板组成。在舱门前部，有上下两个铰链与飞机结构相连，用于支撑舱门的重量，并且在舱门打开或关闭时，控制舱门的运动。上铰链组件内有铰链锁定机构，当舱门完全打开时，锁定舱门上铰链，防止舱门被风吹动。当关闭舱门时，必须操作锁定机构的开锁按钮或开锁手柄，将锁定机构开锁，才可以关闭舱门。在舱门的中部、内侧和外侧各有一个舱门手柄，用于操作打开和关闭舱门。在舱门的前后两侧，共有 4 个门锁滚轮，当转动舱门手柄时，滚轮滑入或滑出位于门框结构上的锁滑轨，完成舱门的锁定和开锁。在靠近门框上部的锁轨道上有一个接近电门组件，用来监控舱门的状态，当舱门完全锁好时，锁滚轮触发接近电门，使 P_5 面板上的舱门警告灯熄灭。在舱门内侧，窗的上方有一个橘色的警告标志，当应急逃生滑梯处于预位时，须人工将滑梯警告标志固定在窗上，以便提醒飞机外部的人员滑梯已经预位，不能打开舱门。

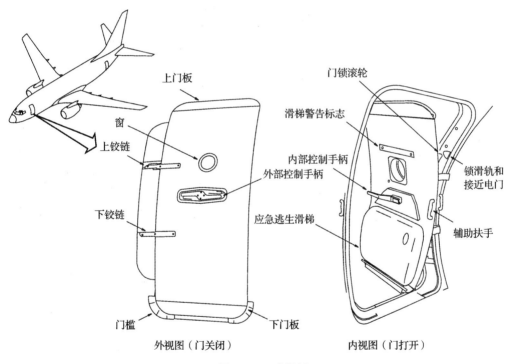

图 11-2　登机门

如图 11-3 所示，舱门可以从飞机内部和外部分别操作打开和关闭。在舱门的内侧底部安装有一个应急逃生滑梯，如果滑梯挂杆处于预位位置，当舱门打开时，滑梯将会自动放出，所以为了避免错误释放滑梯，请确保滑梯挂杆处于收起位置。

当舱门打开时，舱门会向外摆出门框，所以开门操作前请确保舱门外部区域没有任何阻挡物。从机舱内打开舱门时，按照舱门内部衬板上的标牌进行操作，逆时针转动内部控制手柄。在内部手柄转动的初期，舱门内部机构作动使舱门锁定机构的滚轮从门框上的锁滑轨内

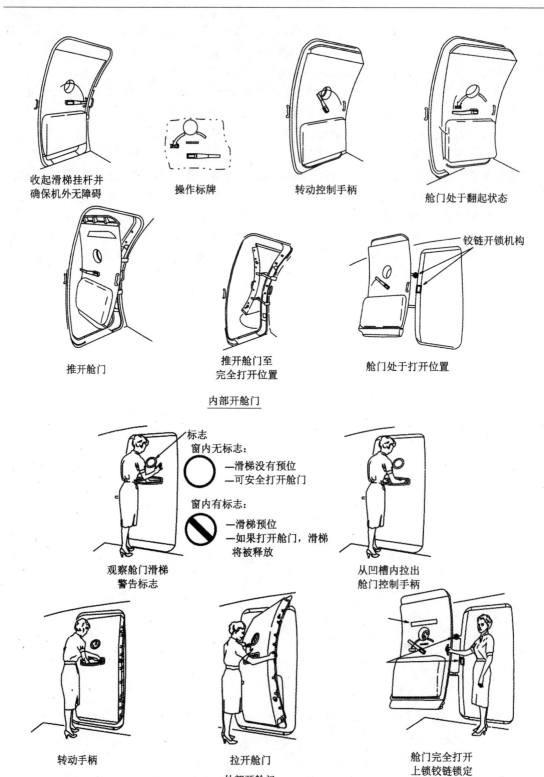

收起滑梯挂杆并　　　操作标牌　　　转动控制手柄　　　舱门处于翻起状态
确保机外无障碍

推开舱门　　　推开舱门至　　　舱门处于打开位置
　　　　　　完全打开位置

铰链开锁机构

内部开舱门

标志

窗内无标志：
—滑梯没有预位
—可安全打开舱门

窗内有标志：
—滑梯预位
—如果打开舱门，滑梯
　将被释放

观察舱门滑梯　　　从凹槽内拉出
警告标志　　　　　舱门控制手柄

转动手柄　　　拉开舱门　　　舱门完全打开
　　　　　　　　　　　　　上锁铰链锁定
　　　　　　外部开舱门

图 11 – 3　客舱门的操作

脱出，舱门警告传感器的触发器脱开，使 P_5 板对应登机门的警告灯点亮，同时舱门的上、下门板向内折叠，使舱门变小，舱门与门框之间的缝隙使客舱和外界相通，均衡机舱内外的压差。继续逆时针转动手柄，在手柄行程的末端（大约转动170°），整个舱门向机舱内侧稍稍移动，舱门和门框之间达到了一定的间隙，继续在舱门控制手柄上用力不会再使舱门有任何移动，此时控制手柄已经到达了极限位置，舱门也到达了可以向外翻转打开的位置。使用舱门辅助手柄将舱门向外推出门框，完成打开舱门的操作。当舱门被推出时，风可能会推动舱门导致操作者被拉出门框，为避免这种情况发生，请保持一只手牢牢抓住内部辅助手柄。舱门继续转动，直至完全打开位置，此时舱门和飞机机身平行，内部控制手柄由舱门内部机构作动顺时针转动45°。在舱门完全打开位置，舱门缓冲器和止动机构轻轻的将舱门停止在完全打开位置，同时，上铰链内的锁定机构作动，锁定铰链（包括舱门）在完全打开位置。

从机舱内关闭舱门，首先要操作铰链锁定机构开锁，开锁机构是黄色的，位于舱门上铰链臂或前门框上，按压开锁按钮或扳动开锁手柄操作开锁机构松开上铰链，使舱门可以摆动回到舱门门框内。拉动舱门时，抓住一个内部辅助手柄保持自己身体平衡，拉动辅助手柄，将舱门拉入门框内，直至舱门到达翻起位置。顺时针转动内部控制手柄，手柄转动初期，舱门内部的机械机构工作，使舱门接近门框，继续转动控制手柄，舱门锁定机构的锁滚轮和锁滑轨啮合，舱门锁定机构触发舱门警告传感器，使 P_5 面板上对应舱门的警告灯熄灭，舱门上、下门板向外展开，使整个舱门与门框贴合，舱门回到嵌入结构状态。

在机舱外打开舱门时，必须先站在登机梯上，通过舱门窗户观察有没有橘色的滑梯警告标志，当滑梯处于预位时，警告标志出现在窗上。当滑梯处于预位状态打开舱门时，滑梯将会自动向外释放，站在门外的人员是非常危险的。从机舱外打开舱门前，还要检查舱门外整个舱门行程中没有阻挡物，防止损坏舱门结构。操作打开舱门时，必须先将外部控制手柄从凹槽内拉出，使控制手柄与驱动机构啮合，然后顺时针转动手柄180°。在控制手柄转动初期，舱门内部机构作动使舱门锁定机构的滚轮从门框上的锁滑轨内脱出，舱门警告传感器的触发器脱开，使 P_5 板对应登机门的警告灯点亮，同时舱门的上、下门板向内折叠，舱门变小，舱门与门框之间的缝隙使客舱和外界相通，均衡机舱内外的压差。当控制手柄转过整个行程（180°）后，舱门向机舱内侧移动，并和门框之间达到了一定的间隙，继续在舱门控制手柄上用力不会再使舱门有任何移动，此时控制手柄已经到达了极限位置，松开手柄，在手柄内部弹簧的作用下，手柄回到自己的凹槽内。抓住舱门的后缘，将舱门向外拉开，直至完全打开位置，舱门和飞机机身平行，此时舱门缓冲器和止动机构轻轻地将舱门停止在完全打开位置。同时，上铰链内的锁定机构作动，锁定铰链（包括舱门）在完全打开位置。

从机舱外关闭舱门前，请仔细检查逃生滑梯的束缚带和滑梯挂杆是否安装正确，不正确的安装会使束缚带和滑梯挂杆卡在舱门和门框之间，阻碍舱门关闭和锁定，并导致零部件损坏。关闭舱门时，首先操作铰链锁定机构开锁，之后拉动舱门摆动回舱门门框内，然后将外部控制手柄拉出凹槽，轻轻地转动手柄，使手柄与舱门驱动机构啮合，然后逆时针转动舱门控制手柄180°，关闭舱门。手柄转动初期舱门内部的机械机构工作，使舱门接近门框，继续转动控制手柄，舱门锁定机构的锁滚轮和锁滑轨啮合，舱门锁定机构触发舱门警告传感器，使 P_5 面板上对应舱门的警告灯熄灭，舱门上、下门板向外展开，使整个舱门与门框贴合，舱门回到嵌入结构状态。最后，当控制手柄到达极限位置时，松开手柄，在内部弹簧的作用下，手柄自动回到自己的凹槽内。

    需要注意，当飞机在外场时，如果风速低于 40kn，可以操作开关登机门和厨房勤务门；如果风速低于 65kn，可以使舱门保持在打开并锁定状态。不要在大风中或喷气流中操作舱门，否则会使舱门结构损坏或使人员受伤。在打开或关闭舱门时，作用在控制手柄上的力不需要很大，如果操作阻力过大，说明舱门有故障或操作程序不正确。如果舱门不能被很轻易地关闭并上锁，可能是舱门与门框的间隙出现问题，请确保舱门和门框之间没有异物，并检查逃生滑梯的束缚带安装是否正确，是否被夹在舱门和门框之间。如果飞机座舱已经被增压，正确校装的舱门是不会被开锁打开的，这是因为必须操作舱门克服客舱内部的压力才能开锁并打开舱门，舱门上下门板上的压力可以防止舱门被打开。

11.1.2   应急出口门

    如图 11-4 所示，在机身中部，机翼上面，每侧都安装有应急出口门。正常情况下应急出口门关闭，在紧急情况下，打开应急出口门，为机上人员提供疏散的应急通道。每个应急出口门上都安装有一个窗户，内部带有遮光板。在每个门的上部，有一个"EXIT"信号灯，在信号下面安装有泛光灯照亮舱门门口的区域，为人员疏散提供必要的指引和照明。应急出口门可以从飞机内部或外部分别打开，在舱门上部安装有弹簧加载的通风门板，在打开舱门时平衡客舱内外的压差。应急出口门和舱门警告系统相连，每个门的门框上安装有一个舱门关闭电门，舱门关闭时锁滚轮触发这个电门，使驾驶舱 P_5 面板上的翼上逃生门警告灯熄灭。

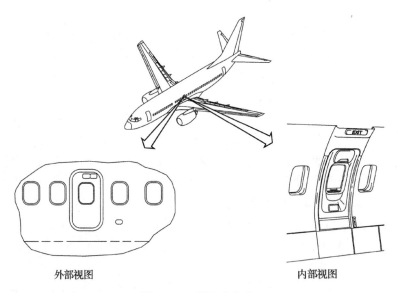

外部视图   内部视图

图 11-4   翼上应急出口

    如图 11-5 所示，在舱门上部安装有一个手柄/通气板组件，用于在紧急情况下操作打开舱门。通气板和手柄是一体的，正常情况下，由弹簧加载在关闭位置。操作者使用手柄打开应急出口门时，通气板和手柄绕着同一个扭矩管转动，如果客舱内是增压的，通气板最初会阻碍手柄的操作，当客舱压力通过通气板和机舱外压力达到平衡后，才允许打开舱门。当手柄被拉出后，手柄转动扭矩管将锁定滚轮拉出锁滑轨，舱门向内下方移动，使舱门与门框上的止动装置脱开，舱门才可以向外打开。在舱门的上部安装有一个铰链臂，舱门通过铰链臂与机身结构相连接，给舱门提供一个可绕着旋转的连接点，使舱门可以打开和关闭。一个平衡结构连接在铰链臂的顶部和门框的辅助结构上，用于转动舱门和铰链臂到完全打开位置。平衡结构由平衡组件和液压缓冲器组成，平衡组件用来引导并控制其内部被压缩的弹簧，弹簧力用来打开舱门并保持舱门在打开位置，平衡组件内部的止动装置限制舱门在打开方向的行程，液压缓冲器在舱门打开时限制铰链臂运动的最大角速度，使舱门在规定的时间内打开，并防止舱门与机身结构发生刚性撞击。在应急出口门的门框两侧各安装有一个铰链臂锁爪机构，用于将舱门锁定在打开位置。一个飞行锁定机构安装在铰链臂后方，当飞机在起飞和飞行过程中，飞行锁定机构内部的电磁线圈通电，使应急出口门锁定在关闭位置，不会被意外打开。

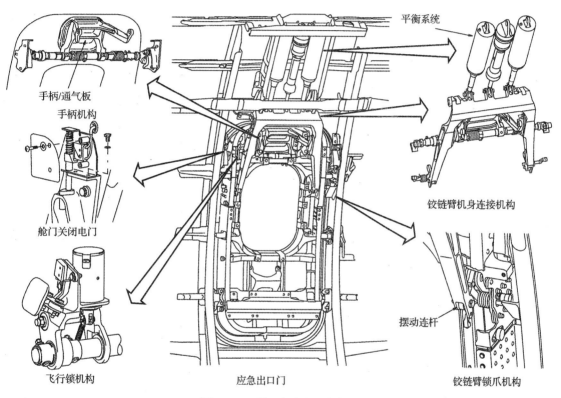

图 11 - 5　翼上应急出口部件

应急出口门可以从机舱内部打开，也可以在机舱外机翼上从外面打开。从内部打开舱门时，只须拉下手柄机构，手柄驱动扭力管转动使锁定滚轮沿锁滑轨向下滑动，舱门向下向内移动脱开止动装置，平衡组件作动舱门向外转出门框，直至完全打开位置，并由铰链臂锁爪机构将舱门锁定在打开位置。从外部打开舱门时，只须站在机翼上方，向内按压通气板，内部机构作动使舱门向下向内移动脱开止动装置，之后由平衡组件自动打开舱门。从飞机外部打开舱门时，操作人员须要用屈膝顶住舱门，防止舱门快速向外翻转，导致人员受伤。应急出口门只能从内部关闭，在舱门底部的衬板上有一个小盖板，打开盖板可以发现一条皮带，向下拉皮带可以关闭舱门。首先使用皮带将舱门拉进门框内，然后向下拉内部的手柄，使锁定滚轮对齐锁滑轨，同时使舱门靠近门框，最后双手向内上方拉动皮带，直至舱门关闭锁好，与此同时内部手柄自动向上移动至锁定位置。在操作时，请保持脸部远离舱门的内部手柄，防止手柄自由移动撞伤脸部。

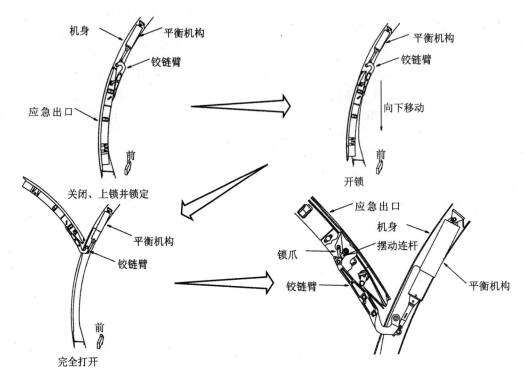

图 11 - 6　翼上应急出口操作

11.1.3　货舱门

货舱门位于下部机身的右侧，机翼前方和后方各有一个，共有两个货舱门：前货舱门和后货舱门。前后货舱门的形状、设计和操作是相似的，只是尺寸大小稍微有不同。

如图 11 -7 所示，货舱门是嵌入式的，有两个铰链位于舱门的顶部，与机身结构相连，舱门通过铰链可以向机身内侧翻转打开。在舱门的内侧和外侧各有一个操作手柄，可以从舱门内部和外部分别打开货舱门，舱门只能人工打开，没有电动操作机构。在舱门外部蒙皮上有两个小盖板，用来接近舱门锁机构，如果操作手柄机构失效，可以拆下小盖板，直接操作锁机构打开舱门。在舱门结构的内部，安装有一个平衡机构，平衡机构通过平衡钢索与货舱天花板支架相连。平衡机构是一个弹簧加载的机械机构，用来平衡舱门的重量，减小抬起舱门需要的力。在平衡机构上有一个上锁凹槽可以保持舱门在完全打开位置。舱门上部，安装有一个缓冲器，如果平衡机构失效，缓冲器可以确保舱门不会下落的太快。在舱门上还连接着一条带有把手的松紧绳，地面人员可以通过拉动松紧绳来放下舱门。每个舱门的锁定机构上都有一个微动电门，用于给舱门警告系统提供舱门位置信号。当舱门关闭并锁定时，微动电门给舱门警告系统提供一个接地信号，使 P_5 前顶板上的警告灯（前货舱或后货舱）熄灭。另外微动电门还给货舱灯光系统提供一个接地信号，当舱门关闭并锁定时，货舱内的照明灯光熄灭。

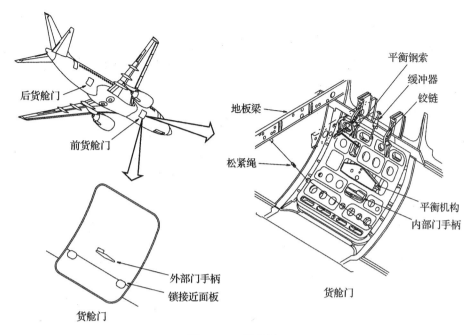

图 11 - 7　货舱门

　　如图 11 - 8 所示，货舱门可以人工操作打开或关闭，打开舱门时，货舱门向内上方移动，通过舱门内的平衡机构帮助抬起舱门并保持舱门在锁定位置。从货舱内部和外部都可以打开舱门。当从货舱外部打开货舱门时，把外部手柄从凹槽内完全拉出，逆时针转动手柄，舱门在平衡机构的作用下向内移动，当舱门脱开锁机构时，松开手柄使其回到凹槽内，然后

图 11 - 8　货舱门操作

向上推动舱门打开，舱门平衡机构将舱门拉起到完全打开位置并且保持在完全打开位置。从货舱内打开货舱门时，使用内部操纵手柄，将手柄顺时针转动，打开舱门锁机构，拉动舱门打开。在从货舱外部关闭货舱门之前，须先固定货舱内部的拦网，防止货物接触货舱门，同时检查货舱门框周围是否有障碍物。关闭舱门时，首先站在地面拉动舱门前缘的松紧绳的把手，将舱门拉出上锁位置并向下移动，直到能抓住手柄，然后用手抓到手柄并松开松紧绳，并确保松紧绳完全收缩回货舱内，逆时针转动手柄，舱门锁定滚轮将进入锁定导轨，用手柄拉舱门到关闭位置并顺时针转动手柄，直至舱门完全关闭并锁定，最后将手柄放回到它的凹槽内。内部关闭舱门的方法类似。需要注意，货舱内的货物必须用货舱内的拦网和其他设备正确固定，防止货物接触舱门和舱门上的机械机构。正常操作舱门时需要的力并不是很大，如果遇到舱门很难操作，可能是松散的货物压住舱门或者舱门操纵部件发生故障。

11.1.4　前设备舱门和电子设备舱门

如图 11 - 9 所示，前设备舱门位于机头前轮舱的前部，舱门是一个嵌入式舱门，在舱门后缘安装有铰链，连接在飞机结构上，使舱门可以向内上方移动进入机身。舱门有锁定机构使舱门保持在关闭位置，一个操作手柄位于舱门外表面中部，与舱门外表面平齐，当按下手柄上标有 PUSH（按压）的按钮时，在弹簧力的作用下，手柄伸出，逆时针转动手柄，作动锁定销缩回并从门框上的锁槽内脱开，给舱门开锁，然后向机身内用力推开舱门，在舱门左侧有一个弹簧片可以将舱门保持在完全打开位置。当舱门完全打开后，顺时针转动手柄，将手柄推入它的凹槽内，使手柄与舱门表面平齐。当关闭舱门时，重新拉出手柄，逆时针转动手柄，使锁销缩回，这样才能拉动舱门与门框贴合，然后顺时针转动手柄，锁定销伸出，进

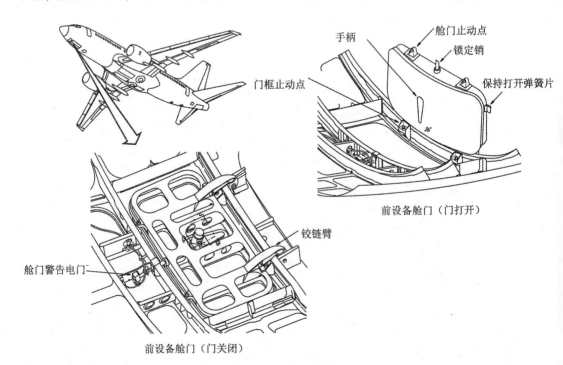

图 11 - 9　前设备舱门

入门框上的锁槽内，使舱门锁定，当舱门关闭并锁定，推手柄回到它的凹槽内。前设备舱门通过一个警告电门给舱门警告系统提供舱门位置信号，并且前设备舱门和电子设备舱门共用 P_5 面板上的一个设备舱警告灯。当前设备舱门没有锁定时，锁定销没有压在舱门警告微动电门上，电门闭合，使 P_5 面板上的设备舱灯点亮；当舱门已经锁定，锁定销已进入门框锁槽内，触发舱门警告微动电门，使 P_5 面板上的设备舱灯熄灭。

如图 11-10 所示，电子设备舱舱门位于机身的底部，前轮舱的后部，舱门也是一个嵌入式舱门。电子设备舱内，舱门右侧有一套滑轨机构，当舱门打开时，舱门通过 4 个滚轮可以沿着滑轨滑向右上方，进入电子设备舱内部。在舱门中部，有一个手柄用来作动锁定机构打开或关闭舱门，手柄位于舱门上的凹槽内，当舱门关闭时，手柄和舱门外表面平齐。从飞机外部打开舱门时，按压手柄上的触发按钮释放手柄，弹簧力将手柄从凹槽内弹出，逆时针转动手柄，通过手柄内部机构驱动 4 个锁定销脱离门框上的锁槽，然后向上推动舱门，并稍微施加向右侧的力，使舱门进入滑轨并沿着滑轨滑动，直至完全打开。当舱门完全打开后，滑轨可以被折叠起来，以便维护人员更方便进入电子设备舱并接近电子设备架，每个滑轨端部都有一个弹簧锁，可以将滑道锁定在折叠位置或展开位置。在关闭舱门前，请确保滑轨已经展开，并且门框区域没有异物。关闭舱门时，将舱门从完全打开位置拉出，在重力作用下舱门将向左下方沿滑轨滑动，当舱门接近门框时，逆时针转动手柄，使锁定销缩回，然后向左拉动手柄，使舱门滑入，完全贴近门框，顺时针转动手柄作动锁定销锁定舱门，最后将舱门手柄压回到它的凹槽内。

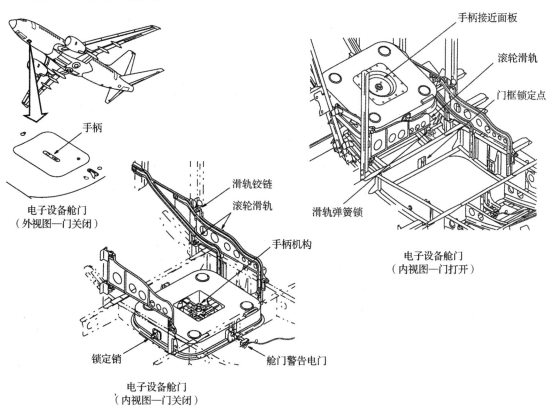

图 11-10　电子设备舱门

电子设备舱门也通过一个警告电门给舱门警告系统提供舱门位置信号，并且前设备舱门和电子设备舱门共用 P_5 面板上的一个设备舱门警告灯，两个舱门中只要有一个舱门没有锁定，都会触发舱门警告灯。电子设备舱门的警告电门位于门框左侧锁槽处，由左侧舱门锁定销触发，当舱门锁定后，锁定销压在警告电门上，电门触发使 P_5 面板的设备舱门警告灯熄灭；当舱门没有锁定时，锁定销与警告电门脱开，使电门内部电路闭合，使设备舱门警告灯点亮。

11.1.5　驾驶舱门

如图 11 – 11 所示，驾驶舱门位于前厨房和前厕所中间的过道上，是通往驾驶舱的入口，驾驶舱门将驾驶舱与客舱分隔开来，舱门可以围绕安装在左侧门框上的铰链向客舱方向转动打开。有一套键盘接近系统可以打开驾驶舱门，这套系统包含一个位于驾驶舱外侧的数字键盘，一个位于驾驶舱内部的门铃组件和一个安装在右侧门框上的电控锁。数字键盘由数字1 ~ 5 和一个 "ENTER" 键组成，机组人员可以通过预先设定的密码进入驾驶舱。电控锁可以通过电磁线圈作动打开，也可以锁定防止舱门从外部打开。门铃组件位于驾驶舱门内部的右侧，用于控制舱门接近系统，并给机组人员提供提醒铃声。在 P_8 板上，有一个驾驶舱门锁电门，机组人员在驾驶舱内操作该电门控制电控锁的开锁与锁定，电门旁边有两盏驾驶舱门指示灯，分别指示舱门锁定失效和自动锁定状态。驾驶舱门上装有泄压板，当驾驶舱突然失压，泄压板向驾驶舱方向打开，使驾驶舱和客舱的压力均衡。驾驶舱门上有锁定插销，可以将驾驶舱门机械锁定。舱门上的观察口和透镜组件使机组人员可以在舱门关闭时观察到驾驶舱门口外侧区域的情况，舱门上部固定有放置飞机三证的透明框架，舱门上部还有一个镜子供机组使用。

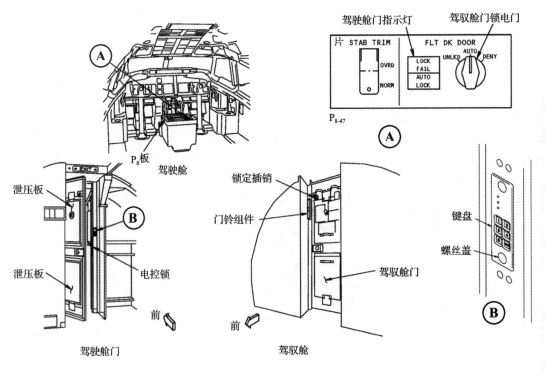

图 11 – 11　驾驶舱门

11.1.6　舱门警告系统

当舱门没有被锁定时，舱门警告系统给机组人员提供灯光指示。在 P_5 面板的前顶板上，有一块舱门警告指示面板，如图 11-12 所示，上面有 9 盏琥珀色的警告灯，分别对应前/后登机门、前/后厨房勤务门、左/右应急出口门、前/后货舱门、前设备舱门和电子设备舱的门，其中前设备舱门和电子设备舱门共用一盏警告灯。当这些舱门不在锁定位置时，对应的舱门警告灯点亮，提醒机组人员舱门没有关闭锁定。在 P_5 面板的后顶板上，有一盏 PSEU（接近电门电子组件）琥珀色灯，当应急出口门灯点亮时，PSEU 灯也点亮。在各个舱门上，都安装有接近传感器或者微动电门来探测舱门位置，这些接近传感器和微动电门将信号传递到 PSEU，由 PSEU 处理信号来控制舱门警告灯的电路，使警告灯点亮或熄灭。当一个警告灯点亮时，位于 P_7 遮光板上的主告诫灯和舱门信号牌也会被点亮，共同提醒机组人员。

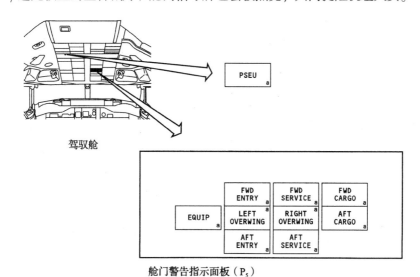

图 11-12　舱门警告指示面板

11.2　窗　户

如图 11-13 所示，飞机上的窗户包含有：驾驶舱窗户、客舱窗户、应急出口门窗户和登机门窗户。所有的窗户都能够承载舱内的压力负荷，并且具有防失效的能力。

11.2.1　驾驶舱窗户

驾驶舱窗户为驾驶员提供良好的视野，如图 11-14 所示，驾驶舱窗户共有 6 块，左右对称放置，从中间向两侧编号分别为 1 号、2 号和 3 号。其中 1 号和 3 号窗为固定窗户，2 号窗为活动窗，所有窗户都是电热加温防冰的。

1 号窗户又称为风挡，左 1 号窗为机长的风挡，右 1 号窗为副驾驶风挡。1 号窗户是多层结构，中间为乙烯基有机玻璃，两侧为玻璃结构。外层玻璃基本不承受负载，它是一层坚硬耐磨的刚性表面，用来防止划伤，并且外表面涂有憎水涂层，提高了在雨天的透视性；内

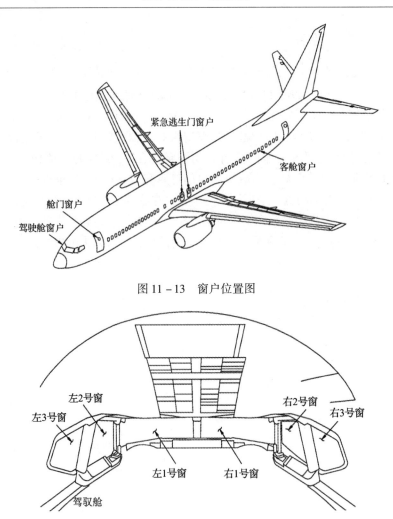

图 11 – 13　窗户位置图

图 11 – 14　驾驶舱窗户

层玻璃比外层玻璃厚，是主要的结构件，用来承受座舱的压力负载；中间乙烯基有机玻璃层起破损安全作用，如果内层玻璃破裂，用来防止碎片飞散。外层玻璃的内表面有一层导体薄膜，用于窗户的电加热防冰和除雾。2 号、3 号窗户与 1 号窗户结构相似，都是多层结构，也有导电层用于电加热防冰。

　　2 号活动窗安装在滑轨上，它可以在地面维护时向后滑动打开，用于通风和联络。活动窗上部和下部都装有滑轨，通过滚轮在滑轨内滑动完成窗户的开关。下窗框安装有滑动控制机构，一个操作手柄位于活动窗的前下角，有锁定机构可以将活动窗锁在全关位和全开位。打开活动窗时，用手握住手柄，拇指按压手柄顶部的触发器开锁，然后向后内侧转动手柄，活动窗向内移出窗框，继续向后移动活动窗，直到窗户在打开位置锁定。关闭活动窗时，首先向前扳动位于下窗框的锁定机构杆使窗户开锁，握住手柄并用拇指按压触发器向前移动窗户直到手柄向前外侧转动到尽头，松开触发器，窗户被锁定。另外，副驾驶一侧的 2 号活动窗还可以从机外打开，用作应急出口，在右活动窗外侧下部机身蒙皮上，有一个小接近门，按下外部紧急门，拉出活动窗外部释放手柄，将使窗户开锁并向内移动，然后用手向后推动活动窗直至完全打开。

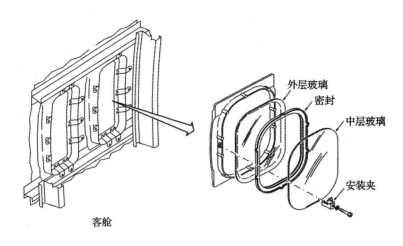

图 11－15　客舱窗户

11.2.2　客舱窗户

　　客舱窗户包括客舱窗户和应急出口门窗户，旅客通过窗户可以欣赏到窗外的风景。客舱窗户位于客舱两侧机身框架之间，应急出口门窗户位于客舱中段的应急出口门上，窗户形状接近长方形。客舱窗户和应急出口门窗户结构都是一样的，都由三层玻璃组成。外层和中层玻璃是铸造丙烯酸树脂材料，两层玻璃通过一个密封件组装在一起，固定在窗框结构上，使窗户周边密封。外层和中层玻璃都能单独承受所有的气压载荷，在中层玻璃的下部有一个小孔，正常情况下，气压载荷由外层玻璃承担。中层玻璃提供防失效功能，它的强度设计成比正常载荷高 1.5 倍，可以确保破损安全。内层玻璃安装在客舱侧壁板的窗框内，不承受气压载荷。维护人员检查客舱窗户时，如果发现在外层玻璃上与中层玻璃通气小孔相对的地方有气体冲击留下的雾状痕迹，说明外层玻璃密封出现了渗漏，如果渗漏超标，须要拆下窗户密封进行更换。

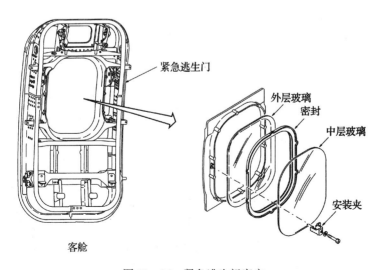

图 11－16　紧急逃生门窗户

11.2.3 客舱门窗户

在客舱门上，安装有圆形的窗户，供机组人员观察对面的状况。客舱门窗户由外、中、内三层玻璃组成，外层和中层玻璃能够承受的气压载荷，在70℉环境温度下，能够承受1.5倍的正常气压载荷。外层玻璃由弹性丙烯酸树脂制成，使玻璃强度更高；中层玻璃由丙烯酸树脂浇铸而成。内层玻璃连接在舱门内侧衬板上，由聚碳酸酯制成，不承受气压载荷。

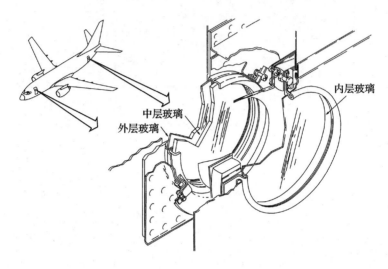

图 11 - 17　客舱门窗户

11.3　机上设施和装饰

机上设施和装饰为机组和乘客提供舒适、方便的环境，提供行李、货物的存放，并在紧急情况下保证人员顺利疏散，这些设备分布在驾驶舱、客舱、货舱内，遍布整架飞机。

11.3.1 驾驶舱设施

驾驶舱设备/装饰为机长、副驾驶和观察员提供安全和舒适工作环境以及所必需的设备。

图 11 - 18为机长和副驾驶座椅，驾驶舱中央操纵台两侧各安装一个座椅，左侧为机长座椅，右侧为副驾驶座椅。座椅分上、下两部分，上半部分包括座垫、靠背和扶手，以及座垫高度、靠背倾斜度、腿垫高度、扶手高度、腰垫位置等调节机构，使得座椅可以多方位进行调节，为飞行员提供最大的舒适度。扶手可以在不用时抬起，与椅背平齐，另外在座椅上还装有安全带，包括肩带和腰带。下半部分包括 4 个滑架组件和 1 个铝合金箱式底座。滑架组件卡在地板上的滑轨内，通过滚轮可在滑轨上自由运动。座椅内侧有 1 个轨道锁手柄，座椅调节好后，被锁定在轨道上，如果须要移动座椅，必须先扳动手柄开锁，然后座椅可以在滑轨上向前或向后移动。座椅拆卸非常方便，首先拆掉地板滑轨上的限位螺栓，扳动手柄开锁，然后将座椅向前推，直到座椅滑架组件与滑轨脱离。在安装座椅后，应通过滑架组件上的调节螺帽调节滚轮和滑轨的配合情况，须保证座椅上坐一个人后，前后滑动自如并且无摇摆现象。

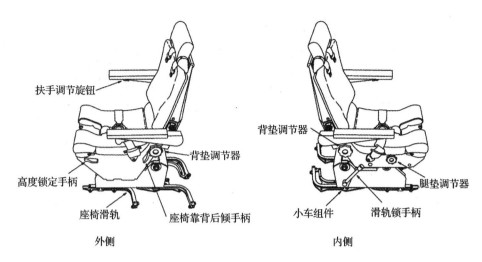

图 11 – 18　飞行员座椅

扶手调节旋钮

背垫调节器

高度锁定手柄

背垫调节器

座椅滑轨

座椅靠背后倾手柄

腿垫调节器

小车组件

滑轨锁手柄

外侧　　　　　　　　内侧

　　图 11 – 19 为观察员座椅，为额外机组人员提供机组位置。第一观察员座椅收藏在 P_6 板后面，位于驾驶舱过道侧壁上的凹槽处，使用时将座椅拉出，不使用时收起并折叠在驾驶舱墙内。一个金属框架用来固定椅垫，椅垫由海绵材料制作，可作为应急漂浮设备使用。在座椅底板左侧有两个可收起的销钉，当使用座椅时，销钉将座椅固定在临近的墙上。拉出座椅时，须按压一个锁销开锁，将座椅放到使用位置，然后将座椅靠背提起，固定在驾驶舱过道侧壁支架的锁销上。收起座椅时，按照相反程序操作。第二观察员座椅连接在机长座椅后面的驾驶舱壁板上，座椅分为上下两部分，上半部分靠背安装在驾驶舱后壁板上，下半部分坐垫通过金属框架连接在地板上。

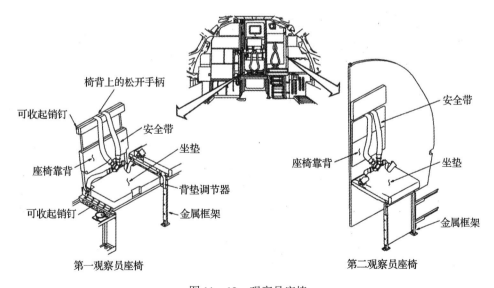

椅背上的松开手柄

安全带

可收起销钉

安全带

座椅靠背

座椅靠背

座椅靠背

坐垫

坐垫

可收起销钉

背垫调节器

金属框架

金属框架

第一观察员座椅　　　　　　　　第二观察员座椅

图 11 – 19　观察员座椅

　　图 11 – 20 和图 11 – 21 为驾驶舱其他杂项设备和驾驶舱面板，其中包含应急设备、存储设备、驾驶舱面板和其他设备。应急设备包括以下部件：飞行机组氧气、逃离绳、航空斧、

呼吸保护设备、防烟护目镜、救生背心和灭火瓶等。存储设备包括位于驾驶舱左右两侧的飞行器材束缚带和存储箱。驾驶舱面板有很多，其中三个主仪表板位于风挡之下，分别是 P_1 机长仪表板、P_2 中央仪表板和 P_3 副驾驶仪表板；P_5 面板位于机长和副驾驶座椅之间驾驶舱上部，面板分为两块，分别是 P_5 前顶板和 P_5 后顶板；两个电子控制面板分别位于中央操纵台的前方和后方，其中操纵台前方为 P_9 面板，操纵台后方为 P_8 面板；P_7 遮光板位于主仪表板的上方，避免窗外阳光直射在主仪表板上；还有两块跳开关面板位于驾驶舱后壁板上，P_6 板位于副驾驶座椅后方，P_{18} 面板位于机长座椅后方。驾驶舱内还有一些其他设备，比如，地图灯、内话插孔、麦克风、检查单保持夹、115V 交流插座、28V 直流插座、镜子和三证保存架等。

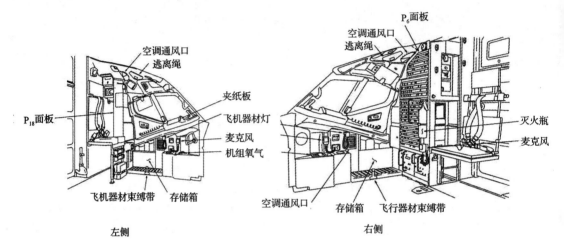

图 11 - 20　驾驶舱设备

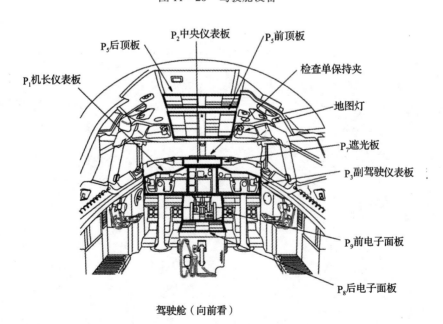

图 11 - 21　驾驶舱面板

11.3.2　客舱设施

客舱设备/装饰为客舱的旅客和乘务员提供舒适、方便和安全的环境，客舱设施包括乘客座椅、乘务员座椅、侧壁板、地毯、天花板、行李箱、服务组件和应急设备。

如图 11 - 22 所示，乘客座椅固定在客舱地板的轨道上，轨道是挤压成形的，上边有间隔为 1in 的安装孔，维护人员可以根据不同的客舱布局而前后移动座椅。座椅的靠背可以调整，通过按压扶手上的控制按钮靠背可以向后移动。大部分座椅后背上带有小桌板，小桌板放下后是水平的，与座椅靠背的位置无关，有些座椅的小桌板收藏在固定的扶手内。客舱座椅每两个或三个组装在一起，座椅位于客舱过道两侧，所以客舱每排可以有 4、5 或 6 个座椅并排配置。每个座椅上都有扣接式安全带，座椅坐垫由海绵材料制成，可以作为应急救生浮漂设备使用，每个座椅下面的空间都存储有一个救生背心，供海上迫降时使用。

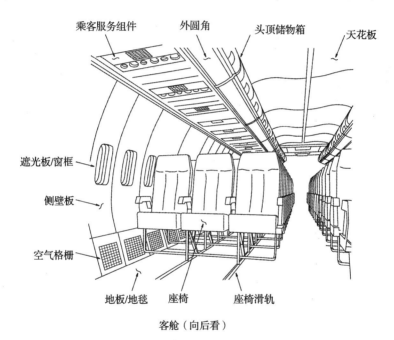

客舱（向后看）

图 11 - 22　客舱设备

在机身蒙皮内壁覆盖着用于隔声、隔热的复合材料层，侧壁板和天花板可以将这些复合材料层遮住，使客舱变得整洁美观。侧壁板位于客舱左右两侧的蒙皮内侧，通过边缘的支撑架安装在飞机结构上，同时使用装饰带镶嵌在两块侧壁板之间用来遮挡紧固件。在每块侧壁板的中央区域，安装有两个内窗组件，由客舱窗内层玻璃和可滑动的遮光板组成。天花板位于客舱过道上方，排列在天花板中部空调出气槽的两边。天花板外侧边缘有两个铰链，与行李箱上部的两个铰链座配合连接，天花板内侧卡在空调出气槽的侧槽内。侧壁板和天花板都是压制成形的复合材料板，并且在内表面涂有一层装饰性抗污涂层。

头顶储物箱位于旅客座椅上方，用于存储行李和一些杂项设备，头顶储物箱结构为蜂窝复合材料，表面涂有装饰性抗污涂层。每个头顶储物箱通过几根带松紧螺套的拉杆安装在机身壁板上，松紧螺套可以调整拉杆的长度，进而调整头顶储物箱的安装角度和高低位置，相邻的头顶储物箱用校装销定位。每个头顶储物箱有一个向上开启的门，按压门中部的手柄可以给门开锁，在门板两侧铰链处安装有机械作动器协助打开门，并使门保持在打开位置。

如图 11-23 所示，在每排座椅的上方、头顶储物箱的下面，安装有旅客服务组件（PSU），为旅客提供应急氧气、忠告信息和乘务呼叫服务。旅客服务组件包括下列部件：氧气面罩、氧气发生器、扬声器、可调空调出气口、阅读灯、乘务员呼叫按钮、系紧安全带和禁止吸烟信号。旅客服务组件安装在头顶储物箱下部的支撑滑轨上，并可以在滑轨上前后移动，用于调整安装位置对齐每排座椅。旅客服务组件面板的外侧装有铰链，内侧装有锁定装置，面板内侧的角落有两个小孔，拆下组件时须用一个细的内六角扳手插进销孔，打开锁定装置，当旅客服务组件向下转动打开时，一条系留绳可以限制其打开角度。

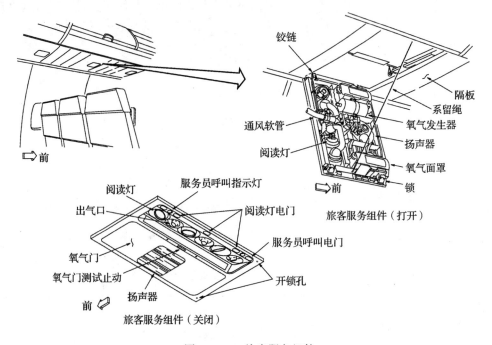

图 11-23　旅客服务组件

如图 11-24 所示，客舱服务站位于前后登机门过道处，前后服务站安装有供乘务人员使用的设备，包括乘务员座椅、乘务员面板、乘务员话筒、登机灯、服务组件和存储设备等。乘务员座椅安装在厕所壁板上，底座可以自动收起的，当座椅不使用时，每个座椅都会在弹簧力作用下收入存储位。椅垫用粘扣固定在座椅组件上，必要时可以拆下用作应急漂浮设备，乘务员椅垫、背垫和头垫由防火材料制作可提供火焰隔绝保护。座椅上有肩部安全带和扣接式安全带，为乘务员提供保护。乘务员面板位于头垫上方，用于客舱服务工作。乘务员话筒安装在两个头垫之间，用于广播和机组之间联系。在前服务站乘务员面板上方的存储盒内有音乐广播面板并提供用于杂项设备和紧急设备的附加存储空间。座椅底部的隔舱用于存储救生衣和应急手电筒。乘务员服务组件位于每个客舱服务台上方的天花板内，服务组件内有两个氧气面罩和一个氧气发生器，紧急情况下为每个乘务员提供所需的氧气。

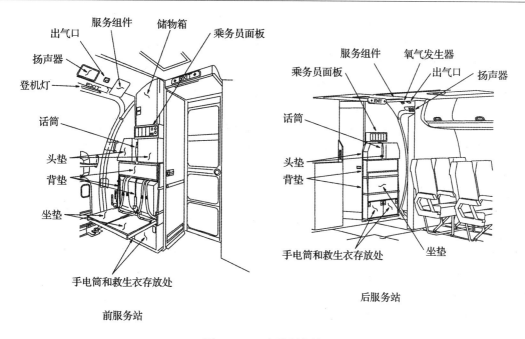

图 11 – 24　客舱服务站

11.3.3　货舱设施

货舱提供空间来运载行李和货物。如图 11 – 25 所示，货舱位于客舱地板下方，前货舱位于电子设备舱和中央翼盒之间，后货舱位于主轮舱后面。货舱地板由玻璃纤维加强的酚醛

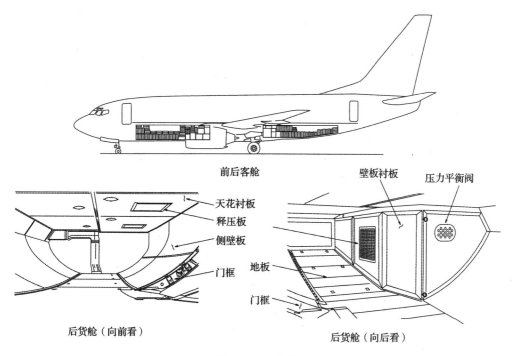

图 11 – 25　货舱

树脂制成或者由铝合金板制成，通过螺杆固定在飞机结构上。货舱的侧壁板和天花板都是防火盖板，通过螺钉固定在飞机结构上，并且用防火胶带将螺钉头和盖板之间的缝隙密封，使货舱内部相对封闭，即使着火也会由于缺少流通的空气而自动熄灭。在货舱顶部和货舱壁板上安装有释压板，在飞机快速减压期间，1.0psi 的压差将释压板推出它们的结构框架，使机身上下压力迅速趋于平衡，防止了飞机结构在较大的压差下损坏。前后货舱的侧壁上装有一个压力平衡阀，允许空气流进或流出货舱来保持货舱压力和客舱的压力相同。

　　每个货舱右侧有一个可以向内侧打开的货舱门，为防止货物移动阻挡舱门，在舱门区域安装有货舱拦网。如果真的由于舱内货物阻挡，货舱门难以打开，我们还可以通过其他接近口接近前后货舱，进入货舱，移开阻挡舱门的货物，打开舱门。如图 11-26 所示，前货舱接近板位于客舱右侧地板上，从前向后的第八个窗户的附近，移开一块有毛边的地毯，拆下该处地板可以发现一块 20in 长、20in 宽的接近盖板。在盖板上面有一个把手，四周由快卸螺丝固定在结构上。松开快卸螺丝，通过把手提起接近面板后，维护人员就可以从客舱进入前货舱。如果后货舱门难以打开，在客舱从后向前第八个窗口附近，拆下客舱右侧地板，可以通过后货舱天花板上的释压板接近后货舱。

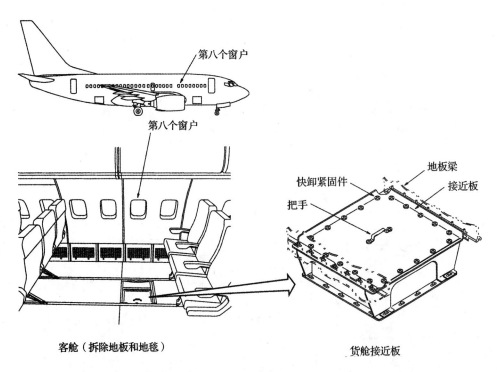

图 11-26　货舱接近板

11.3.4　应急设备

　　机上的应急设备包括翼上逃生绳、驾驶舱逃生绳、逃生滑梯和其他可拆卸应急设备等。翼上逃生绳位于每个应急出口门上方，使乘客能够安全地从翼上应急出口到达地面。驾驶舱逃生绳存储在驾驶舱 2 号窗上方的衬板内，使飞行机组能够安全通过 2 号活动窗到达地面。在驾驶舱和客舱，还安装有很多应急设备，如应急定位发射机、航空斧、防烟护目镜、防火手套、救生衣、应急手电筒、扩声器、保护性呼吸设备和急救包等，可以通过飞机上的提示性标牌找到这些应急设备。

如图 11 – 27 所示，逃生滑梯位于每个登机门、勤务门内侧下部，包装在滑梯包内并存储在舱门内侧的滑梯罩内。应急滑梯充气打开后，可代替登机梯，帮助旅客和机组人员在紧急情况下快速撤离飞机，当飞机在水面迫降时，滑梯还可以与飞机脱离，用作救生阀使用。在客舱门槛内侧，过道的前后两端各安装有一个滑梯锁钩，舱门关闭时，将滑梯挂杆安装进锁钩内，称为滑梯预位，此时打开舱门将释放滑梯。逃生滑梯上有快速拆下机构，可以使逃生滑梯很容易从飞机上分离，从而在水上迫降时用于漂浮设备。滑梯末端有一串白织灯泡，用于在夜间撤离时提供地面照明，滑梯内部的电瓶给这些灯泡提供电源。

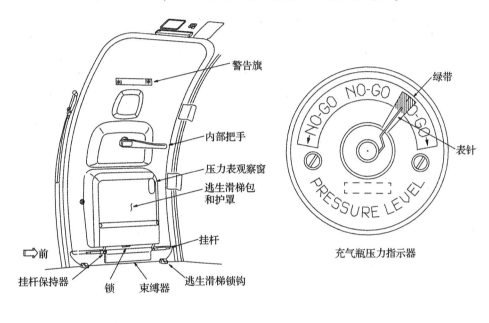

前登机门

图 11 – 27　逃生滑梯

在正常航行时，滑梯会处于预位状态，确保在紧急情况发生时能够及时使用。所以在正常打开舱门之前，必须确保滑梯处于取消预位状态，即滑梯挂杆从门槛锁钩上取出，并由滑梯挂杆保持器保持在收起状态。如果在滑梯处于预位状态时将门打开，滑梯将会被释放快速向外展开。机组人员在预位滑梯时，须同时设置滑梯警告旗斜跨过舱门观察窗，用于警告飞机外面的人员舱门滑梯处于预位状态，不要从外部打开舱门。

日常维护过程中，需要确保滑梯一直处于完好备用状态，根据航空公司程序必须在一定的时间间隔内检查滑梯气瓶压力。在每个滑梯护罩的右上角，有一个气瓶压力表观察窗，通过观察窗可以检查滑梯气瓶压力，如图 11 – 27 所示。压力指示器的指针读数是经过温度补偿的，所以检查气压时不需要考虑环境温度，只要指示器指针处于绿色带范围内，滑梯气瓶压力就是正常的。在滑梯背包内有一个存储袋，内部放有一个带红色飘带的安全销。在拆卸或安装逃离滑梯包过程中，为了防止滑梯被意外充气，必须在气瓶充气阀上安装安全销来锁定充气阀，当工作完成使飞机返回正常状态时，必须从阀门上拆下安全销并放回存储袋内。

　　当须要操作释放滑梯时，首先预位逃生滑梯，将滑梯挂杆从门上的保持器中取出并将挂杆安装到地板锁钩上，然后像平常一样打开舱门，并且在舱门完全打开前，不要停顿。当打开舱门时，滑梯下部束缚器会展开，固定在地板上的滑梯挂杆将滑梯包从滑梯罩中拉出，随着滑梯包的落下，滑梯内高压气瓶启动滑梯充气，滑梯会在大约 6s 内完全充气，同时白炽灯照明系统在滑梯充气过程中自动激活，滑梯搭建完毕，如图 11 - 28 所示。如果滑梯不能自动充气，可以人工快速拉动充气手柄来给滑梯充气。滑梯上部有一个挂杆脱开手柄，拉动手柄可以使滑梯与挂杆脱离，但此时滑梯还有系留绳与飞机保持连接，直到系留绳被松开、剪断或在外力下被拉断。

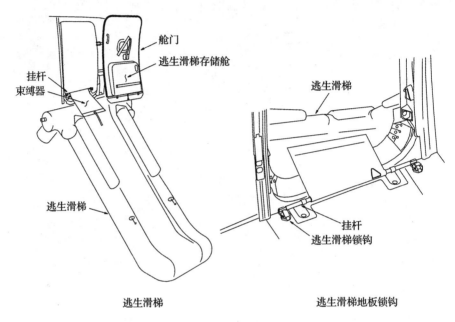

图 11 - 28　逃生滑梯释放

11.4　饮用水和污水系统

　　饮用水系统和污水系统向厨房和厕所提供饮用水，并把废水直接排出机外，把厕所污水储存在污水箱里，等飞机降落到地面时使用污水车将污水抽走。

11.4.1　饮用水系统

　　饮用水系统储存一定量的饮用水，并分配到所有厨房和厕所，供乘务员和旅客使用。图 11 - 29 所示为饮用水系统图，引用水系统包括饮用水箱、水量指示装置、勤务面板和分配管道等部件。飞机在地面时，通过勤务面板可以向水箱内加水，水箱使用高压气体增压后，通过分配管道可以输送到各个厨房的水龙头和厕所的水龙头、马桶。每个厕所有一个供水关断阀，可接通或切断饮用水供向水盆或马桶。在每个厕所内有一个水加温器用来给供向热水龙头的水进行加温。水量指示系统测量并显示饮用水系统内的水量，水箱水位传感器感受饮用水箱剩余水量，通过水量传感器将水量数据传送到服务面板上的水量指示器，显示水箱的水位。厕所洗手盆和厨房使用后的废水通过管路由排放口排出到机外。前厕所有一个排放阀，可以排放前供水管路内的水，饮用水勤务面板上有一个排放手柄，操作手柄可以作动水箱排放阀，用来排放后供水管路和水箱内的水。

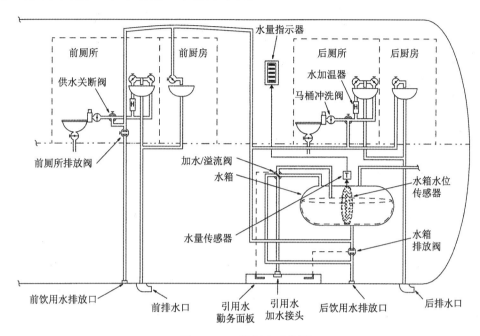

图 11-29　饮用水系统图

　　饮用水系统内的水每 3 天就要排放一次，如果水在系统内存放超过 3 天，就会滋生细菌，饮用这些水后会导致疾病产生。地面维护人员还会定期对饮用水系统进行消毒杀菌，在添加消毒剂之前，必须完全排空饮用水系统。在寒冷的天气，如果飞机较长时间停留，为了防止水系统结冰，也须要排空饮用水系统。当须要排空饮用水系统时，必须将每一个厕所内的水供给关断阀打开，否则连接马桶或厕所水龙头管路内的水不能排出。

11.4.2　饮用水勤务面板

　　饮用水勤务面板可以为饮用水系统加水，也可以用来排放水箱和后供水管路。如图 11-30 所示，饮用水勤务面板在飞机机体后段，机身底部的右侧。打开饮用水勤务接近门，可以接近饮用水勤务面板。面板上有一个饮用水加水接头，一个加水/溢流阀手柄，一个水箱排放阀手柄，还有一个压缩机切断电门，饮用水排放口位于饮用水勤务接近门后方。加水车通过加水接头向水箱内加水，加水/溢流阀手柄通过钢索打开加水/溢流阀，加水/溢流阀可使水注入水箱，同时在加水过程中使空气从水箱内流出。当水达到水箱的最大容量后，水经过溢流管路和饮用水排放口排出机外。操作水箱排放阀手柄，可以打开水箱排放阀，使水箱和后分配管路内的水通过后饮用水排放口流出。打开饮用水勤务接近门，铰链附近的压缩机切断电门会使水箱增压系统的空气压缩机停止工作。加水工作完成后，应将勤务接近门关闭锁好，在接近门上固定有两个阻挡支架，如果勤务面板上的手柄不在关闭位置，阻挡支架会阻挡接近门使其不能关闭，所以关闭接近门前，请确保两个操作手柄设置在关闭位置。

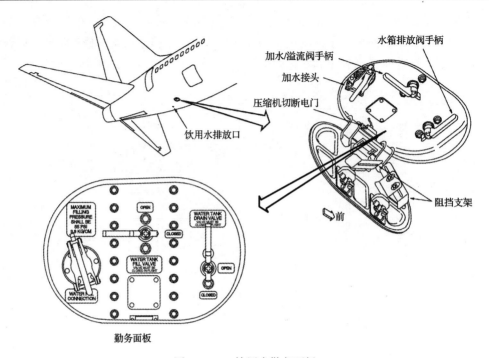

图 11 – 30　饮用水勤务面板

11.4.3　饮用水箱和水量指示

如图 11 – 31 所示，饮用水箱位于后货舱后壁板的后面，储存饮用水供乘客和机组使用。

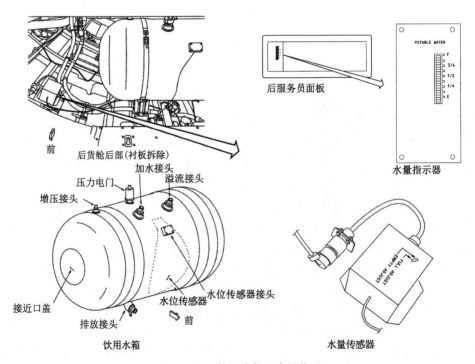

图 11 – 31　饮用水箱和水量指示

水箱容量为 62.1USgal（235L），水箱内部装有一根竖管可以将最大容量减小到 60USgal（227L）、50USgal（189L）或 40USgal（151L），竖管根据不同的航线要求可以更换，当安装不同的竖管时，必须同时更换水量传感器的适配电缆，如果使用不正确的适配电缆，会导致水量指示器显示水位错误。

　　水箱为复合材料结构，内部有模压热塑材料衬里。水位传感器是一个铜网状电容型传感器，安装在水箱内部，被永久地焊接在水箱的内衬里和复合材料结构之间，是水箱结构的一部分。当水箱内水位改变时，水位传感器的电容会随之改变。水量传感器安装在水箱右侧下部的框架结构上，它使用来自水位传感器的信号计算水位，将水位传感器的电容信号转换为 $-10 \sim 0V$ 的直流输出电压，输出电压与水箱内水量成比例。水箱水位由服务员面板上的水位指示器显示，服务员面板上的饮用水组件感受水量传感器的输出电压，然后将电压转换为数字信号并用来控制水量指示器的显示，水量指示器上的 LED 分段显示屏给出一个连续的水量指示，以满水量的百分比来显示水量，从 E（空）到 F（满）分为 8 格，每格为 1/8 水箱容量。

11.4.4　水箱增压系统

　　水箱增压系统使用来自气源系统或空气压缩机的增压空气为水箱增压。如图 11 - 32 所示，当飞机气源系统工作时，由气源系统向水箱提供增压空气，经过进气管气滤清洁气管内的空气，然后由压力调节器调节供气管内气压最大为 35psi，最后经单向阀给水箱进行增压。如果气源系统不工作，并且水箱上部的压力限制电门探测到水箱内压力低于 30psi，水勤务面板接近门关闭，同时飞机 115V 1 号交流主汇流条有电时，由空气压缩机向水箱提供增压空气。空气压缩机从货舱顶板上的消声器获得空气，空气经进口气滤清洁后进入压缩机增压，然后经单向阀进入水箱。当水箱内气压上升到 40psi 时，压力限制电门断开电路并停止空

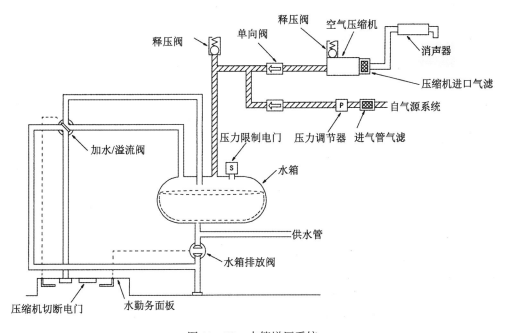

图 11 - 32　水箱增压系统

气压缩机的工作；当水箱内气压下降到30psi时，压力限制电门闭合电路，空气压缩机再次起动工作。水箱增压管路上有一个释压阀，用来防止水箱超压，当水箱内压力过高时，释压阀打开释放过高的气压，当气压降低到规定要求，释压阀关闭。

如图11-33所示，水箱增压部件都位于后货舱内。气源设备组件位于后货舱天花板上面，须拆下天花板才可以接近，气源设备组件包含下列部件：进气管气滤、压力调节器、单向阀（两个）和释压阀。进气管气滤是一个$10\sim20\mu m$的纸制滤芯，用于去除气源供应管道内的污染物。压力调节器控制从气源系统进入水箱的空气压力，将压缩空气的压力保持在35psi以下。单向阀用来防止水箱内空气压力损失并确保水不会流向水箱增压系统，共有两个单向阀，在空气压缩机供气管路上和气源系统供气管路上各安装有一个单向阀。释压阀用于防止水箱压力管路内出现超压的情况，如果供气管内的气压上升到60psi，释压阀打开，当气压降至55psi，释压阀关闭。

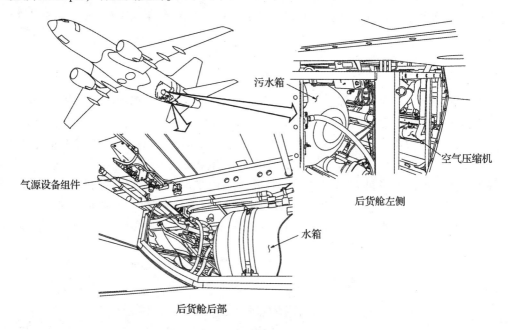

图11-33 水箱增压部件

一个三相交流电机驱动的空气压缩机安装在后货舱左侧，污水箱的前面的一个托架上，须要拆下货舱侧壁板才可以接近。当气源系统未工作时，空气压缩机吸入货舱顶板区域内的空气为水箱增压。在空气压缩机的进气口端安装有进口气滤，气滤为$40\mu m$多层盘片式过滤器，用于清洁进入压缩机的空气。空气压缩机出口装有释压阀，释压阀在90psi时打开，防止空气压缩机超压。一个压力限制电门安装在水箱顶部，探测水箱内的气压，当水箱内压力小于等于30psi时，压力限制电门接通电路，空气压缩机启动开始增压，当水箱内压力升高至40psi时，压力限制电门切断电路使空气压缩机停止工作。在水勤务面板接近门的铰链旁边，安装有一个压缩机切断电门，当水勤务面板接近门打开时，电门切断电路使空气压缩机停止工作。

11.4.5 厕所供水

厕所的供水管路，位于厕所水盆的下方。如图11-34所示，打开水盆柜橱门，可以看到厕所供水的管路和部件。每个厕所都有一个供水关断阀，位于柜橱的下部区域，供水关断阀是一个四通阀门，阀门由一个阀体和一个控制手柄组成，转动手柄可以使阀门处于 4 个不同的位置，当阀门转动到"OFF"位时，阀门关断该厕所的水源供给；当阀门转动到"TOI-LET ONLY"位时，阀门只向马桶供水；当阀门转动到"SUPPLY ON"位时，阀门向水龙头和马桶一起供水；当阀门转动到"FAUCET ONLY"位时，阀门只向水龙头供水。当维护人员在厕所内工作须要拆下厕所供水部件时，须提前将厕所供水关断阀旋转到"OFF"位，这样就不会有水从任何断开的管路中流出。当维护人员须要排放厕所供应管路时，必须将厕所供水关断阀旋转到"SUPPLY ON"位，如果未执行该工作，则厕所水龙头或马桶供水管路内的水将不会被排出。

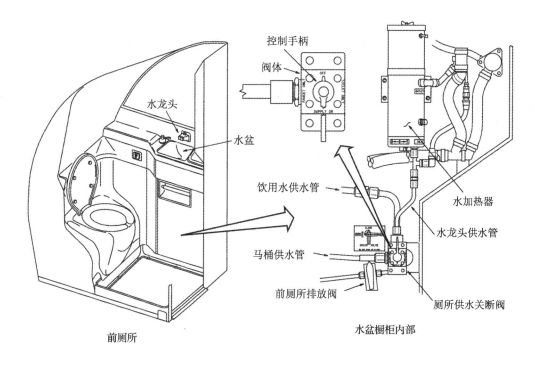

图 11 - 34　厕所供水

饮用水经过供水关断阀后，分两路供水到水龙头。一路是冷水管路，直接供冷水到水龙头；另一路供水到水加温器，加热后经热水管路供热水到水龙头。当按压水龙头上的控制按钮时，水龙头内部阀门打开，冷热调和的水从水龙头流出，每次按压水龙头可维持 4～10s 的水流。每个厕所内有一个水加温器，为厕所水龙头提供热水。水加温器底部有温度选择电门可设定低（105 ℉（40 ℃））、中（115 ℉（46 ℃））、高（125 ℉（52 ℃））三种不同的水温。在水加温器上部，有电源电门和电源指示灯，电源电门用于切断或接通水加温器的电源供给，电源指示灯指示水加温器的电源是否可用。水加温器内部有一个过热电门，当探测到水温超过 170 ℉（76 ℃）时，过热电门断开，切断水加温器电源，此时电源指示灯会熄灭，过热电门不会自动复位，必须拆下加温器顶盖人工复位过热电门，成功复位后电源指示灯点亮，水加温器才可以继续使用。

只有在前厕所安装有一个排放阀，位于供水关断阀的旁边，阀门由一个阀体和一个红色手柄组成，手柄可将阀门设置在打开或关闭位置，阀门旁边安装有一个铭牌提示阀门的位置。当排放阀设置在打开位时，前厕所和前厨房供水管路中的水通过排放阀，经前饮用水排放口排出机外；当排放阀设置在关闭位时，饮用水才可以供给到前厕所和前厨房。因此给前厕所和前厨房供水前，必须将前厕所排放阀设置在关闭位置，否则在工作过程中水将从前饮用水排放口排出。

11.4.6　真空污水系统

真空污水系统清除马桶内的污水物质并将污水储存在废水箱内，图 11 – 35 所示为真空污水系统图。在每个厕所内有一个马桶组件，用来收集污水。马桶组件附近有一个冲水电门，用来控制真空污水系统冲水循环。按压冲水电门，会发送一个信号到冲水控制组件（FCU），FCU 控制清洗阀向抽水马桶供应 8USfl oz[①] 饮用水，0.7s 后清洗阀关闭，然后 FCU 控制冲水阀打开 4s，使马桶污水排出马桶，然后冲水阀关闭。污水箱内的低压产生真空，座舱内的高压将污物推入真空污水箱。当飞机在高空时，污水箱通过一个单向阀与外界环境压力保持一致，客舱与外界环境的压差使污水箱产生真空；当飞机在地面时，单向阀关闭，由一个真空抽气机使污水箱压力降低。污水被储存在污水箱内直到飞机在地面进行勤务，勤务人员从污水勤务面板为污水箱提供勤务，将污水排放软管连接到污水排放阀并打开污水排放球形阀，将污水排放到地面污水车。当污水箱排空后，通过污水箱清洗接头，供应高压水到污水箱内的冲洗喷嘴，清洁污水箱和水箱内的点水位传感器，高压水还通过排放管堵塞清除阀流进排放管弯头并可以将堵塞物冲出排放管。

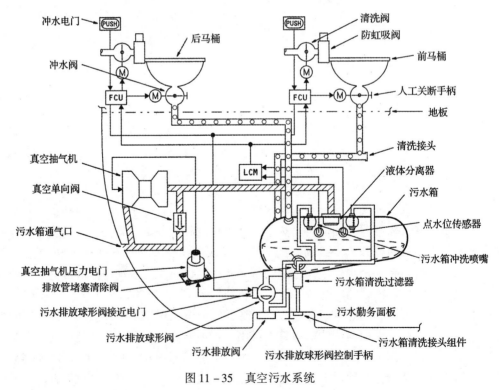

图 11 – 35　真空污水系统

---

① 美液盎斯，1USfl oz = 29.5735mL。

　　污水箱内的点水位传感器探测水箱水位信号，发送给逻辑控制组件（LCM），FCU 必须接收到 LCM 的启动信号才会操作马桶部件。如果污水箱已满，LCM 收到两个点水位传感器满水位信号后，则 LCM 发布指令禁止 FCU 工作。如果污水箱未满，FCU 才会被 LCM 启动工作。当冲水电门向 FCU 发送冲水信号时，FCU 除了控制清洗阀和冲水阀作动外，还会发送信号来操纵真空抽气机工作 15s，该信号经过污水排放球形阀接近电门和真空抽气机压力电门到达真空抽气机。污水排放球形阀接近电门和真空抽气机压力电门必须闭合，真空抽气机才能工作，当污水排放的球形阀处于关闭位置时，污水排放球形阀接近电门闭合，当飞机高度低于 16000ft 时，真空抽气机压力电门闭合。

11.4.7　马桶组件

　　在每个厕所内有一个马桶组件和冲水电门，如图 11 - 36 所示。一个冲水电门安装在马桶组件附近，它是一个瞬时闭合电门，用于控制真空污水系统冲水循环。按压冲水电门向马桶组件上的冲水控制组件发送信号，启动冲水循环。马桶组件安装在马桶护罩内，打开马桶护罩上部的护盖就可以看到抽水马桶，拆下整个护罩后，才可以接近马桶组件。马桶组件收集污物，并操纵真空污水系统将污物送入污水箱。马桶组件包含抽水马桶、底座、清洗集管、清洗喷头、清洗阀、防虹吸阀、冲水阀、人工关断手柄和冲水控制组件等部件。抽水马桶和底座由不锈钢制成，抽水马桶的内表面有一层不粘材料涂层来保持抽水马桶不被污染。清洗集管是一条有 3 个喷嘴的不锈钢管，清洗集管安装在抽水马桶上缘外侧，并通过防虹吸

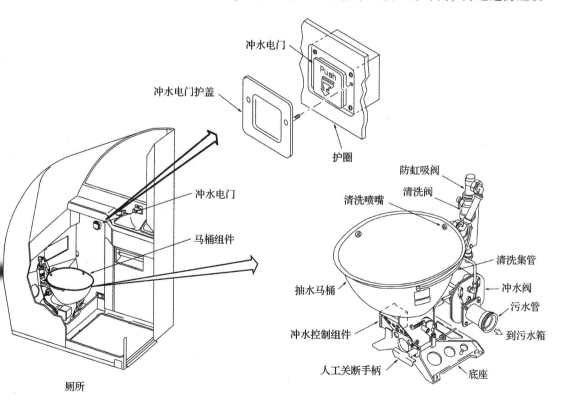

图 11 - 36　马桶组件

阀连接到清洗阀上。清洗阀为马桶冲水提供水源，清洗阀是一个内部带有过滤器的电磁控制阀门，当清洗阀打开时，每次有 8USfl oz 的水冲入马桶。防虹吸阀防止抽水马桶内的水倒流入饮用水系统。冲水阀连接抽水马桶和污水管路，当阀门打开时，使污物从抽水马桶进入污水管道并进入污水箱。

FCU 必须接收来自逻辑控制组件 LCM 的启动信号才能操纵马桶组件部件。当污水箱未满时，LCM 发送启动信号到 FCU，FCU 启动后，冲水循环将从冲水电门操作开始。在冲水循环过程中，FCU 控制清洗阀、冲水阀和真空抽气机的工作。当按压冲水电门时，FCU 接到来自冲水电门的冲水信号，启动一次冲水循环。同时 FCU 启动一个循环禁止功能，防止在 15s 内来自冲水电门的其他输入重复启动冲水循环。FCU 发送信号来操纵真空抽气机，如果飞机高度低于 16000ft 并且污水排放球形阀关闭，则真空抽气机工作。在冲水循环启动后 1s，FCU 打开清洗阀 0.7s，使 8USfl oz 水进入抽水马桶，然后 FCU 关闭清洗阀。冲水循环启动后 2s，FCU 打开冲水阀 4s，用来排放马桶污物，然后 FCU 关闭冲水阀。真空抽气机持续工作 9s，然后停止工作。之后 FCU 准备下一次冲水循环。

如果冲水阀在接到打开或关闭命令 2s 内没有打开或关闭，则冲水阀被认定发生卡滞。此时，正常的冲水循环后将进行一个干冲水循环，在干冲水循环中，只有冲水阀打开或关闭，不使用水进行清洗。如果卡滞被消除，则冲水循环返回正常状态。如果冲水阀失效在打开位置，为避免客舱压力，通过打开冲水阀释压，可以拉出人工关断手柄将冲水阀人工关断。当需要复位冲水阀时，按压冲水电门即可复位冲水阀。

11.4.8　真空污水系统附件

真空污水系统的大部分附件都安装在后货舱左侧侧壁板的后面，如图 11 - 37 所示，拆下后货舱左侧侧壁板后，可以接近这些部件。

污水箱储存来自厕所马桶的污物，可用容积为 60USgal（227L）。污水箱的后端有绑扎带，前端有水箱安装座，将污水箱固定到飞机结构上。在污水箱的两端有接近口盖使维护人员检查或清洁污水箱内部。污水箱与下列部件连接：污水箱清洗喷头、液体分离器、污水管进口、排放管和水位传感器。液体分离器安装在污水箱的顶部，用来去除来自污水箱空气内的水分和污物。真空抽气机将空气从污水箱中吸出并通过排出口排出，空气流经液体分离器时，液体分离器内部的过滤器将空气中的水分和污物去除。

真空抽气机安装在污水箱前面的一个托架上，它是一个三相交流电机驱动的高速风扇。真空抽气机抽取污水箱内的空气排出到机外，使污水箱内压力降低，当冲水阀打开时，客舱内的高压空气将厕所马桶污物推进污水箱。当飞机低于 16000ft 高度并且同时满足下列条件真空抽气机工作：①污水排放球形阀关闭，②污水箱未满，③厕所冲水电门操作。真空抽气机由 3 个串联的热敏电门提供过热保护，当任何一个电门探测到温度高于 270℉（132℃）时，真空抽气机停止工作。真空抽气机的温度降低到低于 270℉（132℃）时，热敏电门复位，真空抽气机可以继续工作。一个真空单向阀安装在排气管道上，防止真空抽气机从污水箱通气口抽吸空气。真空单向阀被弹簧力保持在关闭位置，当污水箱和污水箱通气口存在一定的压差时，真空单向阀打开。

污水排放球形阀安装在污水箱和污水勤务面板之间的排水管上，用于控制流出污水箱的污水。污水排放球形阀是一个人工操纵的双位球形阀门，拉动污水勤务面板上的手柄可作动

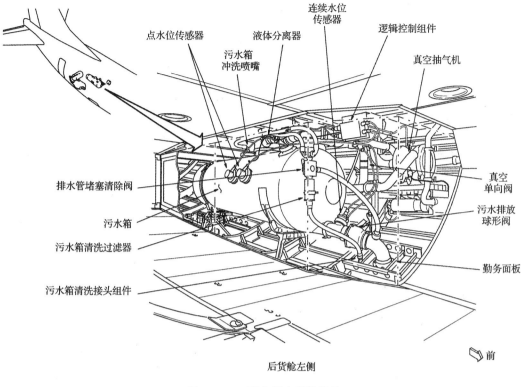

图 11 – 37　真空污水系统部件

打开污水排放球形阀。当污水排放球形阀未关闭时，阀门上一个接近电门切断电路使真空抽气机停止工作。

11.4.9　污水勤务面板

污水勤务面板位于机身后段，下部机身的左侧，维护人员也可从后货舱接近污水勤务面板的内部，它位于污水箱的前下方。污水勤务面板可以用来排放真空污水系统，也可以用来清洗污水箱。污水勤务面板包括一个污水排放阀组件、一个污水排放球形阀控制手柄和一个污水箱清洗接头组件。按压两个锁扣，打开污水勤务面板接近门，可以接近这些部件。污水排放阀组件连接到污水排水管的弯头上。污水箱清洗接头组件连接到污水箱清洗软管上。控制手柄用来打开污水排放球形阀。

执行污水箱勤务工作时，打开污水排放阀组件的盖子，将地面污水车的排放软管连接到污水排放阀组件的快卸接头上，按压排放阀旁边的操纵杆打开排放阀，然后拉动污水排放球形阀控制手柄，使污水从真空污水系统排出到地面污水车。当污水排放球形阀打开时，污水排放球形阀上的接近电门使真空抽气机停止工作。执行污水箱清洗工作时，打开污水箱清洗接头的盖子，将清洗水车的软管连接到快卸接头上，于是清洗水被供到水箱内的喷嘴冲洗点水位传感器和污水箱。每次勤务污水箱后必须执行清洗工作，如果未执行清洗工作，则水箱内的点水位传感器可能被污物污染，产生一个污水箱已满的信号，使厕所马桶停止工作。勤务人员要定期用碎冰冲洗马桶，碎冰可防止有害污物积聚在真空污水管内，预防污水管堵塞。但要注意，不能用冰块替代碎冰，大的冰块有可能损坏污水箱内的点水位传感器。抽水马桶上涂有一层防粘材料涂层，清洁抽水马桶时不要使清洁液在马桶内停留太长时间，否则可能损坏抽水马桶表面的涂层。

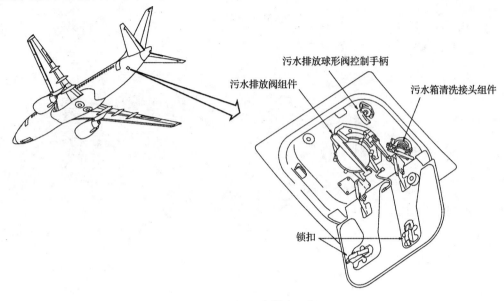

图 11 - 38　污水勤务面板

11.4.10　污水量指示系统

　　污水箱水量指示系统测量并显示污水箱内污水量；当污水箱已满时，停止马桶工作；当厕所因为污水箱已满而停止工作时给出指示；当传感器脏时给出指示。污水箱水量指示系统包括以下部件：污水箱点水位传感器、污水箱连续水位传感器、逻辑控制组件（LCM）和污水量指示器。其中污水箱点水位传感器、污水箱连续水位传感器和LCM都安装在污水箱上（见图11 - 37）。污水量指示器位于后服务员面板上（见图11 - 39）。

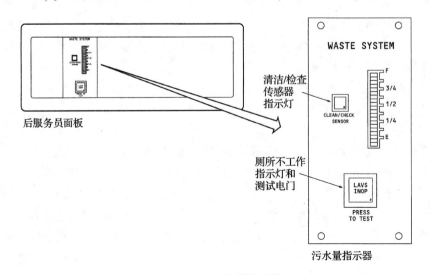

图 11 - 39　污水量指示器

点水位传感器是一个电容型传感器，点水位传感器通过电容的变化来感受污水箱中水位的变化。当污水箱已满时，点水位传感器向 LCM 提供信号。点水位传感器可识别点水位传感器上粘有污物和水箱已满的区别。当粘在点水位传感器上的污物超过 1/8in（3.2mm）时，点水位传感器向 LCM 发送传感器被污染的信号。如果粘在点水位传感器上的污物超过 3/8in（9.5mm），点水位传感器发送水箱已满信号到 LCM。

连续水位传感器测量污水箱内污水水位，传感器组件在污水箱的前底端连接到污水箱的前端下部的排放管上。连续水位传感器是一个电容型压力传感器，由远程膜盒、传感器组件和毛细管组成。传感器组件测量污水箱底部的水压，远程膜盒测量污水箱内的空气压力，气压经过毛细管传送到传感器组件，传感器组件计算在污水箱内空气压力和排放管内液体压力之间的差值，并使用该差值计算污水箱内污水水位，同时输出信号送到 LCM。

LCM 安装在污水箱的前上方，LCM 接收来自两个点水位传感器和连续水位传感器的数据。LCM 使用来自连续水位传感器的数据计算污水箱内水位，并向乘务员面板上的污水箱水量指示器发送污水箱水位信号。LCM 接收到两个点水位传感器满水量信号时，LCM 停止真空污水系统的工作，连续水位传感器的水箱已满信号不影响马桶工作。

污水量指示器是后乘务员面板的一部分，包含污水量指示器、清洁检查传感器指示灯、厕所不工作指示灯和检测电门。污水量指示器使用 LED 分段显示屏显示污水量，从 E（空）到 F（满）以 1/8 水箱容量为增量显示污水量。当污水箱水位为 3in（7.6cm）或大大低于水箱满水位时，只要下列条件之一存在时，清洁检查传感器指示灯点亮：①一个点水位传感器脏；②一个点水位传感器未通过系统自检；③两个传感器的信号不一致。当两个点水位传感器都发送水箱已满信号时，厕所不工作指示灯点亮。当按压厕所不工作测试电门时，污水箱水量指示系统进行系统自检，如果所有部件都通过系统自检，污水量指示器显示水箱已满并且清洁检查传感器指示灯熄灭。

11.5　灯光

灯光系统提供飞机内部、外部的照明，警告信息和飞机的识别。灯光系统由驾驶舱灯光、客舱灯光、货舱和勤务舱照明、外部灯光以及应急灯光等组成。

11.5.1　驾驶舱灯光

驾驶舱灯光包括仪表和面板灯、区域照明灯、机组灯、主暗亮与测试系统。如图 11－40 所示，仪表和面板灯为驾驶舱的飞行仪表、控制和指示面板提供照明。区域照明灯为中央操控台、跳开关面板、备用罗盘等部件提供照明。机组灯为飞行机组提供阅读、操作等专用的照明。主暗亮与测试电门用于测试指示灯和仪表板的灯光，并可以使指示灯和仪表板灯光处于明亮或暗亮的工作方式。另外，驾驶舱照明灯的备用灯泡放置在右侧 3 号窗上方的盖子内。

驾驶舱仪表和面板灯给驾驶舱中仪表板上的电门、选择器和指示器提供照明。仪表和面板灯有以下几种类型：照明面板、仪表灯、指示灯和带照明灯的按键电门。照明面板为驾驶舱中的仪表板的提供背景照明，仪表灯为仪表和仪表板提供照明，每一个仪表和仪表板均有照明灯提供充分的照明。指示器灯为飞行员或维护人员提供飞机系统状态的指示，不同的指示灯透镜的颜色不同，红色表示警告、琥珀色表示告诫、蓝色表示位置信息、绿色表示电源

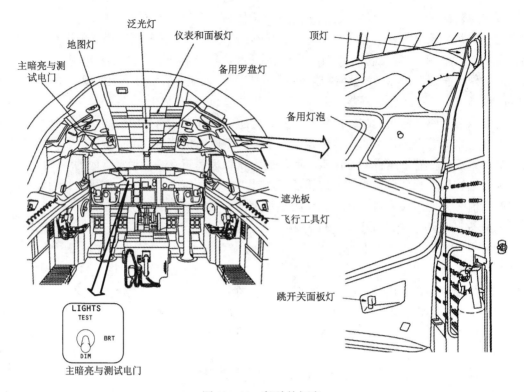

图 11 - 40　驾驶舱灯光

接通、白色表示提示信息。还有一些按键电门是带照明灯的，为飞行员或维护人员提供飞机控制输入或相关系统信息的指示。

　　驾驶舱中的区域照明灯为驾驶舱的指定区域提供照明，包括有顶灯、泛光灯、跳开关面板灯和备用罗盘灯。驾驶舱共有两个顶灯，一个位于 P_6 板上方，另一个位于 P_{18} 板上方，用于整个驾驶舱的照明。泛光灯用于驾驶舱各面板的照明。跳开关面板灯向 P_6 和 P_{18} 跳开关面板提供照明。备用罗盘灯是备用罗盘的一部分，位于 P_5 板的前部，为备用罗盘提供照明。机组灯为可调节的灯光，为飞行机组提供专用阅读照明。机组灯包括飞行工具灯、地图灯、图表灯和观察员阅读灯。飞行工具灯可为机长和副驾驶提供灵活的照明，观察员阅读灯用于向第一和第二观察员位置提供照明灯光。观察员阅读灯与飞行工具灯是可以互换的。地图灯用于向机长和副驾驶提供可调节的灯光，灯光的亮度、灯光的照射区域和照射范围都可以调节。图表灯用于向机长和副驾驶的检查单夹板区域提供灯光照明。

11.5.2　客舱灯光

　　客舱灯光为客舱的各个区域提供照明，还可以为旅客呼叫乘务员提供帮助。客舱灯光包括：窗灯、天花板灯、阅读灯、旅客提醒信号灯、厕所灯、旅客和厕所呼叫灯、乘务员工作灯、厨房灯和入口灯。这些灯光大部分在前后乘务员面板进行控制。

　　如图 11 - 41 所示，窗灯安装在客舱窗户的上方，侧壁板和旅客服务组件之间，用于提供客舱行李架下方区域内的照明。窗灯由镇流器组件、荧光灯管和灯罩透镜组成。镇流器组件安装在灯管的安装支撑架上，一个镇流器组件为相邻两个荧光灯管提供电源。窗灯由前、后乘务员面板上的三位电门控制，电门有断开、暗亮、明亮 3 个位置，可以使窗灯分别处于关闭、暗亮和明亮工作模式。天花板灯安装在行李架舱的顶部，用于提供客舱走廊和行李架上方区域的照明。天花板灯由荧光灯管和白炽灯泡两种灯组成，荧光灯管提供座舱区域照明，亮度可以调节，白炽灯泡提供夜间座舱照明。天花板灯由前、后乘务员面板上的 5 位旋转电门控制，电门有断开、夜间、暗亮、中等和明亮 5 个位置，可以调节荧光灯管的亮度，当将电门置于夜间位时，荧光灯管熄灭，只有白炽灯泡点亮。

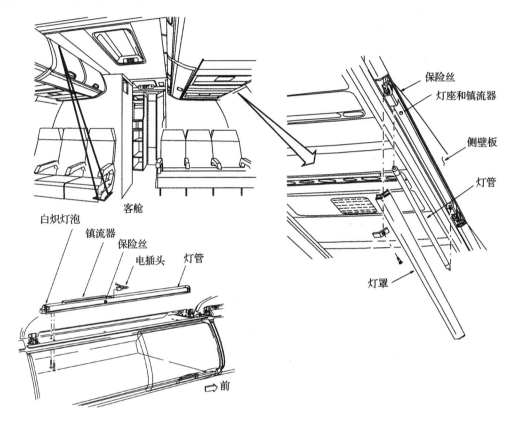

图 11 - 41　客舱窗灯和天花板灯

　　如图 11 - 42 所示，每个旅客服务组件上都有阅读灯和旅客提醒信号灯。阅读灯向每个旅客提供专属的灯光照明，每个旅客服务组件上有三个阅读灯，分别对应了三联排座椅的三个座位，每个阅读灯旁边有一个阅读灯电门，当按压电门时，对应的阅读灯亮，提供该乘客的阅读照明，再按压一次电门，对应阅读灯熄灭。每个阅读灯可以单独调节，放下旅客服务组件接近阅读灯的后部，将锁定/开锁手柄扳至开锁位，然后转动灯组件调节阅读灯照射区域，最后扳动锁定/开锁手柄至锁定位将阅读灯锁定。客舱内的每个旅客服务组件上有一个旅客提醒信号牌，为旅客提供系紧安全带和禁止吸烟的提醒，在每个厕所内的乘务员呼叫面板上还有返回座位的提醒信号牌，信息牌用白炽灯泡来照亮显示。旅客提醒信号由前顶板 P_5 上的两个三位电门控制，分别是请勿吸烟灯电门和系好安全带灯电门。当电门位于接通位时，所有的旅客提醒信号灯通亮，并且伴随一个低谐声。当请勿吸烟和系好安全带灯电门位于断开位时，所有的旅客提醒信号熄灯灭。当请勿吸烟和系好安全带灯电门位于自动位并且后缘襟翼极限电门不是收上位时，会出现下列指示：系好安全带灯信号显示；请回座位灯亮；伴随一个低谐声。当请勿吸烟和系好安全带灯电门位于自动位并且起落架手柄电门位于放下位时，会出现下列指示：系好安全带灯信号显示；请勿吸烟符号显示；请回座位符号显示；伴随一个低谐声。

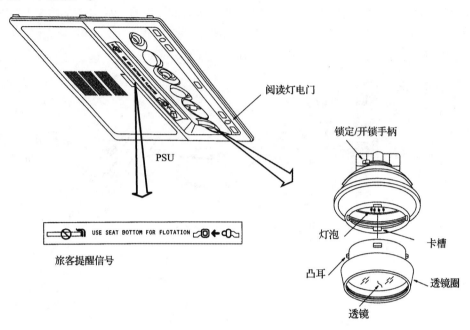

图 11 −42　阅读灯和旅客提醒信号

　　如图 11 −43 所示，入口灯和门槛灯用于提供飞机入口区域的照明。入口灯位于客舱前端和后端，前、后入口灯分别位于前、后登机门内的天花板上；前、后门槛灯装在前、后登机

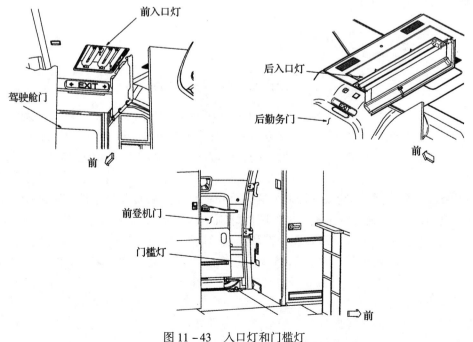

图 11 −43　入口灯和门槛灯

门旁边的壁板上。每个入口灯包括两个莹光灯管和一个白炽灯泡，门槛灯只有一个白炽灯泡。在前乘务员板上，一个三位电门控制入口灯，电门处于断开位置时，所有入口灯均熄灭；电门处于暗亮位置时，荧光灯暗亮；电门处于明亮位置时，荧光灯明亮；当飞机连接地面电源时，白炽入口灯暗亮。

11.5.3　货舱和勤务舱灯光

货舱和勤务舱灯用于向维护人员和地面人员提供照明。如图 11 - 44 所示，前后货舱有货舱照明灯，下列区域有勤务灯：前设备舱、电子设备舱、右空调舱、左空调舱、后附件舱、APU 舱和尾锥舱。

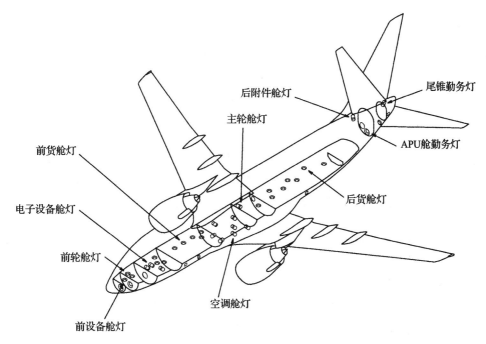

图 11 - 44　货舱和勤务舱灯光

货舱灯安装在前后货舱的天花板上和货舱门框的顶部，为维护人员和地面人员提供货舱的照明。货舱灯为白炽灯，货舱灯的控制电门位于前货舱门框上。货舱灯由控制电门和舱门接近电门来控制，当舱门打开时，由控制电门操控货舱灯；当舱门关闭时，接近电门切断电路，不管控制电门在什么位置，货舱灯都不亮。轮舱、空调舱和其他勤务舱都有照明灯，为维护人员和地面人员提供各区域的照明，勤务灯的控制电门都在舱内或舱门附近。

11.5.4　外部灯光

外部灯光用于飞机的识别、指引，帮助飞机安全运行。如图 11 - 45 所示，飞机上的外部灯光包括：大翼照明灯、着陆灯、防撞灯、位置灯、滑行灯、转弯灯和标志灯。

大翼照明灯安装在大翼前方的机身两侧，位置高于大翼。大翼照明灯用于照明大翼前缘和发动机进气道，使飞行员在夜间可以观察大翼前缘和发动机进气道的结冰情况。飞机起飞

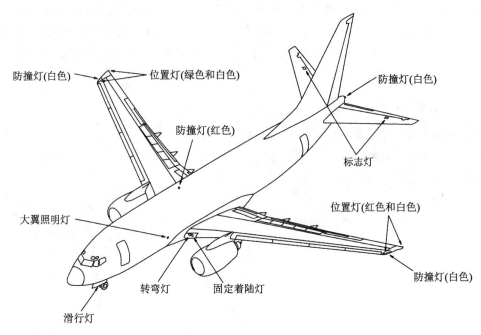

图 11 – 45　外部灯光

和着陆期间，着陆灯用于帮助飞行员看清跑道，着陆灯分为固定式和可收放式两种。固定着陆灯安装在每侧大翼前缘的翼根区域，可收放着陆灯安装在机身底部邻近空调系统冲压空气入口处。着陆灯不适合在空中连续使用，只适合瞬时使用。

　　位置灯安装在飞机的两侧大翼的翼尖处，位于翼尖的前缘或后缘，用于向其他飞机或地面的人员提示飞机的位置、方向和姿态。位置灯包括红色、绿色和白色 3 种颜色的白炽灯，左翼前缘翼尖的位置灯是红色的，右翼前缘翼尖的位置灯是绿色的，机翼后缘翼尖的位置灯是白色的。机身的腹部和背部各装有一个红色的防撞灯，上下防撞灯是相同的；3 个白色防撞灯分别装在两侧大翼的翼尖和飞机尾锥处，防撞灯使飞机在空中或地面更容易被发现。防撞灯是频闪灯，以 42 次/min 的速率闪烁。上部防撞灯是从飞机内部拆卸的，下部防撞灯和白色防撞灯是从飞机外部拆卸的。不要使闪光灯直接对着眼睛闪烁，闪光灯的亮度可引起你眼睛的暂时失明。在关断防撞灯电源 5min 之内不得裸手接触防撞灯，5min 之内接触防撞灯会灼伤皮肤或导致电击。滑行灯和转弯灯用于飞行员在滑行中观察跑道和滑行道。滑行灯安装前起落架缓冲支柱的前方，前轮转弯作动筒的下方。转弯灯位于大翼翼根的前缘，靠近飞机翼身整流罩，与固定着陆灯相邻。滑行灯和转弯灯的工作时间不能超过 5min，灯关闭散热时间应与其工作时间相当，连续的工作会降低灯的寿命。标志灯安装在两侧水平安定面的上表面，靠近水平安定面的前缘，帮助识别垂直安定面上的航徽或标志，如图 11 – 46 所示，所有外部灯光的控制电门都在驾驶舱 P_5 前顶板的底端。

11.5.5　应急灯光

　　在紧急情况下，如果正常照明系统的电源失效时，应急灯光自动点亮，提供飞机内部和外部所必需的区域照明，并指示撤离路线。应急灯光包括出口标志灯、走廊灯、地板过道指示灯、滑梯灯和电源组件。

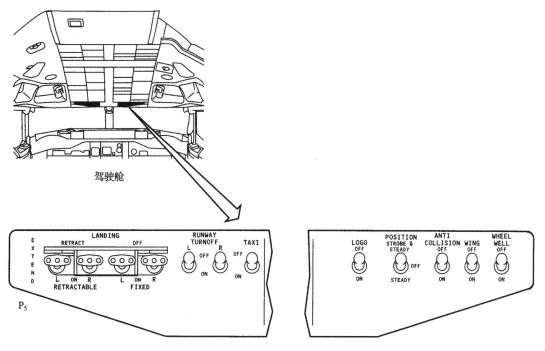

图 11－46　外部灯光控制电门

如图 11－47 所示，出口标志灯位于登机门、勤务门、机翼上应急出口和走廊接近天花板处，用于指示出口的位置。走廊灯安装在整个走廊中的行李架侧板上，用于照明全部走廊

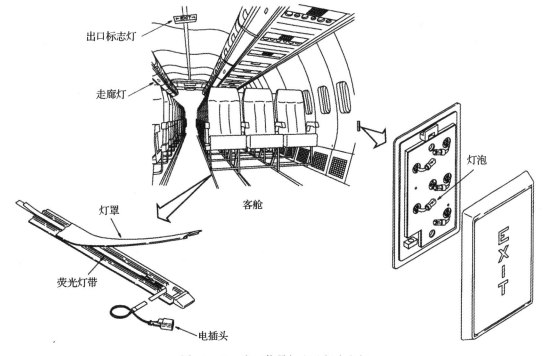

图 11－47　出口信号灯和地板应急灯

区域。地板过道指示灯是固定在地板上的照明灯带，向旅客和机组指示出通往所有出口的方向。如图 11 - 48 所示，滑梯灯安装在飞机的外表面，每个登机门和勤务门的后面，为飞机的出口区域提供照明；翼上逃生灯安装在翼上逃生门的旁边，照亮翼上逃生通道。

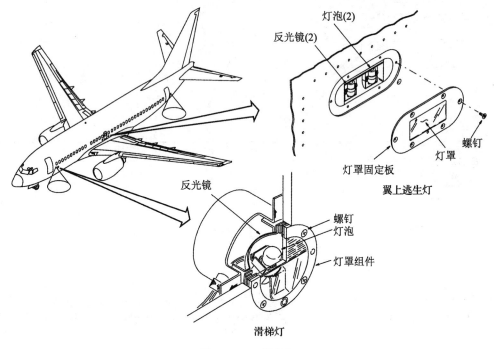

图 11 - 48　滑梯灯

　　应急电源组件向飞机内部和外部的应急灯提供电源。如图 11 - 49 所示，电源组件安装在前后入口区域的天花板上部和客舱中段飞机侧壁板接近地板处。每个电源组件向串联的几个应急灯提供电源，可使应急灯提供 10min 以上的照明。当电源组件电压降低时，所对应的应急灯熄灭。电源组件可以通过飞机电网的直流汇流条进行充电，完全充电在 90min 内完成。电源组件上有一个测试电门，用于对该电源组范围内的所有应急灯进行测试，按压测试电门，电源组件向应急灯供电，应急灯点亮 1min 后自动熄灭。

　　应急灯由两个应急出口灯电门控制，一个位于驾驶舱 P_5 前顶板上，另一个位于后乘务员面板上。P_5 上的应急出口灯电门有断开、接通和预位三个位置，断开位用于防止应急灯自动工作；接通位使应急灯点亮；预位位置使应急灯系统准备自动工作。后乘务员面板上的应急出口灯电门有接通和正常两个位置，接通位使应急灯点亮，正常位置使应急灯自动工作。当 P_5 上的应急灯电门置于断开位时，后乘务员面板上的电门可在紧急情况下接通应急灯。当 P_5 板上的应急灯电门置于预位位置时，如果飞机失去直流电源，应急灯自动点亮。当飞机 1 号直流汇流条有电，P_5 上的应急灯电门置于预位或断开位，后乘务员面板上的应急出口灯电门在正常位置，飞机电网的 1 号直流汇流条给应急电源组件充电。如果断开飞机上的所有电源，P5 上的应急灯电门必须置于断开位，而后乘务员面板上的应急出口灯电门必须置于正常位，这样可以防止应急灯工作而使电瓶放电。

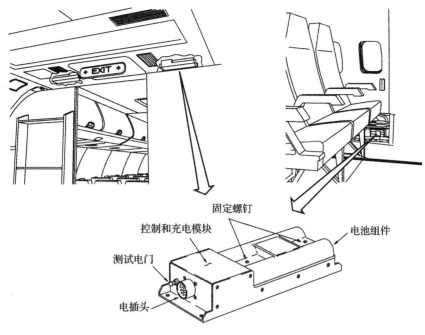

图 11 - 49　应急电源组件

参 考 文 献

［1］ B737NG Aircraft Maintenance Manual. Boeing Company, 2014.

［2］ B737NG AircraftTraining Manual. Boeing Company, 2014.

［3］ 737 NG CONFIGURATIONSPECIFICATION. Boeing Company, 2014.

［4］ Aviation Maintenance Technician Handbook—Airframe. U. S Department of Transportation, 2012.